普通高等教育卓越工程能力培养系列教材

新工科·普通高等教育电气工程/自动化系列教材

基于ARM的单片机应用及实践

——GD32案例式教学

第2版

武奇生　刘维宇 ◎ 编著

机 械 工 业 出 版 社

本书以国产微处理器为核心，涵盖了基于ARM的GD32系统的基本概念、原理、技术和应用案例，以计算机的发展史阐明了单片机技术的最新进展和发展趋势，结合“卓越工程师教育培养计划”和“新工科”等教改要求，以案例式教学为主，在第1版的基础上增加了以太网协议栈实例和嵌入式操作系统实例等内容，每章的实验和实践均配有相应的视频资料，达到“互联网+”数字化新形态，以实际工程案例为导向，培养学生的工程实践能力。

本书论述严谨、内容新颖、图文并茂，注重基本原理和基本概念的阐述，强调理论联系实际，突出应用技术和实践，通过教学实验和实际场景训练，可巩固掌握单片机理论知识，培养学生的工程能力。

扫描书中二维码可观看实验和实践环节视频，本书还提供PPT课件、习题答案等电子资源，读者可在机械工业出版社教育服务网（www.cmpedu.com）下载。

本书可作为高等院校自动化及相关专业大学本科的教材或参考教材，也可作为从事检测、自动控制等工作的广大科技人员及工程技术人员的参考用书。

图书在版编目（CIP）数据

基于ARM的单片机应用及实践：GD32案例式教学 / 武奇生，刘维宇编著. —2版. —北京：机械工业出版社，2024.2

普通高等教育卓越工程能力培养系列教材　新工科·普通高等教育电气工程.自动化系列教材

ISBN 978-7-111-74623-2

Ⅰ.①基…　Ⅱ.①武…②刘…　Ⅲ.①单片微型计算机－高等学校－教材　Ⅳ.①TP368.1

中国国家版本馆CIP数据核字（2024）第016986号

机械工业出版社（北京市百万庄大街22号　邮政编码100037）
策划编辑：刘琴琴　　责任编辑：刘琴琴　王　荣
责任校对：杜丹丹　张昕妍　　封面设计：王　旭
责任印制：李　昂
河北鹏盛贤印刷有限公司印刷
2024年3月第2版第1次印刷
184mm×260mm·23印张·599千字
标准书号：ISBN 978-7-111-74623-2
定价：69.80元

电话服务	网络服务
客服电话：010-88361066	机　工　官　网：www.cmpbook.com
010-88379833	机　工　官　博：weibo.com/cmp1952
010-68326294	金　　书　　网：www.golden-book.com
封底无防伪标均为盗版	机工教育服务网：www.cmpedu.com

前　言 / PREFACE

党的二十大报告强调要加快建设网络强国、数字中国，对培养青年科技人才提出了更高的要求和期许。为了树立学生为建设中国特色社会主义现代化强国自强自立的坚定信念，积极投身我国自动控制、人工智能等领域的事业，本书在再版过程中，将“科学家精神”“新时代北斗精神”等优秀视频教育资源，以二维码的形式融入了相关章节，与本书配套的数字化新形态视频教学资源融合，为培养德才兼备的科技人才做好服务。

作为“卓越工程师教育培养计划”教改的第二阶段，国家提出了“新工科”等新的教改要求；近年我国科技发展日新月异，很多国内信息行业的知名企业突破各种封锁，走向了世界，扬我国威；载人航天、深海探测等工程振奋了国人的爱国热情，提升了建设中国特色社会主义的决心。党的二十大报告指出，要全面贯彻新发展理念，坚持把中国发展进步的命运牢牢掌握在自己手中。这给我们提出了新的要求，在教材中使用我国的科技成就是高等教育内涵式发展的关键所在，是教师义不容辞的责任，也是作者修订第 2 版的动力。

本书由武奇生和刘维宇编著，武奇生编写了第 1~6 章和第 15 章并负责统稿，刘维宇编写了第 7~14 章。

在本书的编写过程中，作者参阅了许多资料，在此对所参考资料的作者一并表示衷心的感谢。本书引用了互联网上的最新资讯及报道，在此一并向原作者和刊发机构表示诚挚的谢意，并对不能一一注明来源深表歉意。对于收集到的共享资料没有标明出处或找不到出处的，以及对有些资料进行加工、修改后纳入本书的，我们在此郑重声明其著作权属于原作者，并向原作者致敬和表示感谢。

由于作者水平和时间有限，书中难免存在错误和不妥之处，恳请同行专家和其他读者批评指正。

作　者

二维码索引

名称	二维码	页码	名称	二维码	页码
1-1 科学家精神		24	3-2 按键中断		55
1-2 新时代北斗精神		24	4-1 流水灯		74
1-3 丝路精神		24	5-1 DMA		100
2-1 安装软件		43	6-1 程序调试		108
2-2 新建工程		43	7-1 ADC		148
3-1 启动流程及 SysTick		55	8-1 Timer		190

（续）

名称	二维码	页码	名称	二维码	页码
9-1 串口中断		202	13-3 LwIP 移植		310
10-1 I²C		215	14-1 USB		327
11-1 Flash		259	15-1 FreeRTOS 简介		348
11-2 I²S		259	15-2 FreeRTOS 移植		348
12-1 CAN		273	15-3 FreeRTOS 应用实例		348
13-1 以太网简介		310	15-4 中国创造：天河三号		348
13-2 LwIP 简介		310	15-5 “两路”精神		348

目 录 / CONTENTS

前言

二维码索引

第 1 章 概述 ······1

1.1 计算机发展史 ······1

1.1.1 计算机的诞生 ······1

1.1.2 计算机的发展 ······5

1.2 计算机体系结构 ······6

1.2.1 冯·诺依曼架构模型 ······6

1.2.2 面向嵌入式应用的架构改进 ······8

1.3 单片机发展史 ······10

1.3.1 计算机及早期单片机 ······10

1.3.2 单片机发展趋势——走向集成、嵌入式 ······11

1.4 ARM、Cortex 和 GD32 简介 ······12

1.4.1 ARM 系列内核 ······12

1.4.2 Cortex 系列内核 ······16

1.4.3 GD32F4xx 系列微控制器 ······17

1.4.4 GD32F450 评估板简介 ······20

1.5 计算机发展的趋势和工程设计开发 ······20

1.5.1 计算机发展的趋势 ······20

1.5.2 嵌入式系统工程设计和开发 ······21

1.6 小结 …… 24
学习视频 …… 24
习题 …… 24

第 2 章 系统及存储器架构 …… 25

2.1 Arm® Cortex®-M4 处理器 …… 25
2.2 系统架构 …… 26
2.3 存储器映射 …… 29
2.3.1 位带操作 …… 32
2.3.2 片上 SRAM 存储器 …… 33
2.3.3 片上 Flash 存储器 …… 33
2.4 引导配置 …… 33
2.5 系统配置寄存器（SYSCFG） …… 34
2.5.1 配置寄存器 0（SYSCFG_CFG0） …… 34
2.5.2 配置寄存器 1（SYSCFG_CFG1） …… 35
2.5.3 EXTI 源选择寄存器 0（SYSCFG_EXTISS0） …… 36
2.5.4 EXTI 源选择寄存器 1（SYSCFG_EXTISS1） …… 36
2.5.5 EXTI 源选择寄存器 2（SYSCFG_EXTISS2） …… 39
2.5.6 EXTI 源选择寄存器 3（SYSCFG_EXTISS3） …… 40
2.5.7 I/O 补偿控制寄存器（SYSCFG_CPSCTL） …… 42
2.6 小结 …… 42
实验视频 …… 43
习题 …… 43

第 3 章 中断 / 事件控制器 …… 44

3.1 简介 …… 44
3.2 主要特性 …… 44
3.3 中断功能描述 …… 45
3.4 结构框图 …… 48
3.5 外部中断及事件功能概述 …… 49
3.6 EXTI 寄存器 …… 50
3.6.1 中断使能寄存器（EXTI_INTEN） …… 50
3.6.2 事件使能寄存器（EXTI_EVEN） …… 51
3.6.3 上升沿触发使能寄存器（EXTI_RTEN） …… 51

3.6.4　下降沿触发使能寄存器（EXTI_FTEN）…… 52
3.6.5　软件中断 / 事件寄存器（EXTI_SWIEV）…… 52
3.6.6　挂起寄存器（EXTI_PD）…… 53
3.7　EXTI操作实例 …… 53
3.7.1　实例介绍 …… 53
3.7.2　程序 …… 54
3.7.3　运行结果 …… 55
3.8　小结 …… 55
实验视频 …… 55
习题 …… 55

第4章　通用和备用输入 / 输出接口 …… 56

4.1　简介 …… 56
4.2　主要特性 …… 56
4.3　功能描述 …… 57
4.3.1　GPIO引脚配置 …… 58
4.3.2　外部中断 / 事件线 …… 58
4.3.3　备用功能（AF）…… 58
4.3.4　附加功能 …… 58
4.3.5　输入配置 …… 59
4.3.6　输出配置 …… 59
4.3.7　模拟配置 …… 59
4.3.8　备用功能（AF）配置 …… 60
4.3.9　GPIO锁定功能 …… 60
4.3.10　GPIO单周期输出翻转功能 …… 61
4.4　GPIO寄存器 …… 61
4.4.1　端口控制寄存器（GPIOx_CTL，x=A~I）…… 61
4.4.2　端口输出模式寄存器（GPIOx_OMODE，x=A~I）…… 63
4.4.3　端口输出速度寄存器（GPIOx_OSPD，x=A~I）…… 64
4.4.4　端口上拉 / 下拉寄存器（GPIOx_PUD，x=A~I）…… 66
4.4.5　端口输入状态寄存器（GPIOx_ISTAT，x=A~I）…… 67
4.4.6　端口输出控制寄存器（GPIOx_OCTL，x=A~I）…… 68
4.4.7　端口位操作寄存器（GPIOx_BOP，x=A~I）…… 68
4.4.8　端口配置锁定寄存器（GPIOx_LOCK，x=A~I）…… 68

4.4.9 备用功能选择寄存器 0（GPIOx_AFSEL0，x=A~I）······69
4.4.10 备用功能选择寄存器 1（GPIOx_AFSEL1，x=A~I）······70
4.4.11 位清除寄存器（GPIOx_BC，x=A~I）······71
4.4.12 端口位翻转寄存器（GPIOx_TG，x=A~I）······72
4.5 GPIO 操作实例······72
4.5.1 实例介绍······72
4.5.2 程序······72
4.5.3 运行结果······74
4.6 小结······74
实验视频······74
习题······74

第 5 章 直接存储器访问控制器······75

5.1 简介······75
5.2 主要特性······75
5.3 结构框图······76
5.4 功能描述······77
5.4.1 外设握手······78
5.4.2 数据处理······78
5.4.3 地址生成······79
5.4.4 循环模式······79
5.4.5 存储切换模式······80
5.4.6 传输控制器······80
5.4.7 传输操作······80
5.4.8 传输完成······81
5.4.9 通道配置······82
5.5 中断······83
5.5.1 标志······84
5.5.2 异常······84
5.5.3 错误······85
5.6 DMA 寄存器······85
5.6.1 中断标志位寄存器 0（DMA_INTF0）······85
5.6.2 中断标志位寄存器 1（DMA_INTF1）······86
5.6.3 中断标志位清除寄存器 0（DMA_INTC0）······87
5.6.4 中断标志位清除寄存器 1（DMA_INTC1）······87

5.6.5 通道x控制寄存器（DMA_CHxCTL）……89
5.6.6 通道x计数寄存器（DMA_CHxCNT）……92
5.6.7 通道x外设基地址寄存器（DMA_CHxPADDR）……93
5.6.8 通道x存储器0基地址寄存器（DMA_CHxM0ADDR）……93
5.6.9 通道x存储器1基地址寄存器（DMA_CHxM1ADDR）……94
5.6.10 通道xFIFO控制寄存器（DMA_CHxFCTL）……94
5.7 DMA操作实例……95
5.7.1 实例介绍……95
5.7.2 程序……96
5.7.3 运行结果……99
5.8 小结……100
实验视频……100
习题……100

第6章 调试……101

6.1 简介……101
6.2 JTAG/SW功能描述……101
6.2.1 切换JTAG/SW接口……101
6.2.2 引脚分配……102
6.2.3 JTAG链状结构……102
6.2.4 调试复位……102
6.2.5 JEDEC-106 ID代码……103
6.3 调试保持功能描述……103
6.3.1 低功耗模式调试支持……103
6.3.2 TIMER、I^{2}C、RTC、WWDGT、FWDGT和CAN外设调试支持……103
6.4 DBG寄存器……103
6.4.1 ID寄存器（DBG_ID）……103
6.4.2 控制寄存器0（DBG_CTL0）……104
6.4.3 控制寄存器1（DBG_CTL1）……105
6.4.4 控制寄存器2（DBG_CTL2）……107
6.5 小结……108
实验视频……108
习题……108

第 7 章　模数转换器 ············ 109

7.1　简介 ············ 109
7.2　主要特征 ············ 109
7.3　引脚和内部信号 ············ 110
7.4　功能描述 ············ 111
7.4.1　校准（CLB） ············ 111
7.4.2　ADC 时钟 ············ 112
7.4.3　ADCON 开关 ············ 112
7.4.4　规则组和注入组 ············ 112
7.4.5　转换模式 ············ 112
7.4.6　注入组通道管理 ············ 116
7.4.7　模拟看门狗 ············ 117
7.4.8　数据对齐 ············ 117
7.4.9　可编程的采样时间 ············ 118
7.4.10　外部触发 ············ 118
7.4.11　DMA 请求 ············ 120
7.4.12　溢出检测 ············ 120
7.4.13　温度传感器，内部参考电压 V_{REFINT} 和外部电池电压 V_{BAT} ············ 120
7.4.14　可编程分辨率（DRES）——快速转换模式 ············ 120
7.4.15　片上硬件过采样 ············ 121
7.5　ADC 同步模式 ············ 122
7.5.1　独立模式 ············ 122
7.5.2　规则并行模式 ············ 122
7.5.3　注入并行模式 ············ 123
7.5.4　跟随模式 ············ 124
7.5.5　交替触发模式 ············ 124
7.5.6　规则并行和注入并行组合模式 ············ 125
7.5.7　规则并行和交替触发组合模式 ············ 126
7.5.8　在 ADC 同步模式中使用 DMA ············ 127
7.6　中断 ············ 127
7.7　ADC 寄存器 ············ 128
7.7.1　状态寄存器（ADC_STAT） ············ 128
7.7.2　控制寄存器 0（ADC_CTL0） ············ 129
7.7.3　控制寄存器 1（ADC_CTL1） ············ 131

7.7.4 采样时间寄存器0（ADC_SAMPT0） 134
7.7.5 采样时间寄存器1（ADC_SAMPT1） 134
7.7.6 注入通道数据偏移寄存器x（ADC_IOFFx）（x=0~3） 135
7.7.7 看门狗高阈值寄存器（ADC_WDHT） 136
7.7.8 看门狗低阈值寄存器（ADC_WDLT） 136
7.7.9 规则序列寄存器0（ADC_RSQ0） 137
7.7.10 规则序列寄存器1（ADC_RSQ1） 137
7.7.11 规则序列寄存器2（ADC_RSQ2） 138
7.7.12 注入序列寄存器（ADC_ISQ） 139
7.7.13 注入数据寄存器x（ADC_IDATAx）（x=0~3） 139
7.7.14 规则数据寄存器（ADC_RDATA） 140
7.7.15 过采样控制寄存器（ADC_OVSAMPCTL） 140
7.7.16 摘要状态寄存器（ADC_SSTAT） 142
7.7.17 同步控制寄存器（ADC_SYNCCTL） 143
7.7.18 同步规则数据寄存器（ADC_SYNCDATA） 144

7.8 ADC操作实例 145
7.8.1 实例介绍 145
7.8.2 程序 145
7.8.3 运行结果 147

7.9 小结 147

实验视频 148

习题 148

第8章 定时器 149

8.1 基本定时器（TIMERx，x=5、6） 150
8.1.1 简介 150
8.1.2 主要特性 150
8.1.3 结构框图 150
8.1.4 功能描述 150
8.1.5 TIMERx寄存器（x=5、6） 151

8.2 通用定时器L0（TIMERx，x=1~4） 156
8.2.1 简介 156
8.2.2 主要特性 156
8.2.3 功能描述 156
8.2.4 TIMERx寄存器（x=1~4） 163

8.3 通用定时器操作实例……188
8.3.1 实例介绍……188
8.3.2 程序……188
8.3.3 运行结果……190
8.4 小结……190
实验视频……190
习题……191

第 9 章 通用同步异步收发器……192

9.1 简介……192
9.2 主要特性……192
9.3 功能描述……193
9.3.1 USART 帧格式……193
9.3.2 波特率发生器……195
9.3.3 USART 发送器……195
9.3.4 USART 接收器……196
9.3.5 DMA 方式访问数据缓冲区……197
9.3.6 硬件流控制……198
9.3.7 USART 中断……199
9.4 USART 操作实例……200
9.4.1 串口接收中断模式……200
9.4.2 串口 DMA 操作……201
9.5 小结……201
实验视频……202
习题……202

第 10 章 内部集成电路总线接口……203

10.1 简介……203
10.2 主要特征……203
10.3 功能描述……204
10.3.1 SDA 线和 SCL 线……205
10.3.2 数据有效性……205
10.3.3 时钟同步……205
10.3.4 仲裁……206

10.3.5 I^2C 通信流程 …… 206
10.3.6 软件编程模型 …… 206
10.3.7 SCL 线控制 …… 210
10.4 I^2C 操作实例 …… 211
10.4.1 I^2C 初始化 …… 211
10.4.2 I^2C 发送 …… 211
10.4.3 I^2C 接收 …… 213
10.5 小结 …… 215
实验视频 …… 215
习题 …… 215
第11章 串行外设接口/片上音频接口 …… 216
11.1 简介 …… 216
11.2 主要特性 …… 216
11.2.1 SPI 主要特性 …… 216
11.2.2 I^2S 主要特性 …… 217
11.3 SPI 结构框图 …… 217
11.4 SPI 信号线描述 …… 217
11.4.1 常规配置（非 SPI 四线模式） …… 217
11.4.2 SPI 四线配置 …… 218
11.5 SPI 功能描述 …… 218
11.5.1 SPI 时序和数据帧格式 …… 218
11.5.2 NSS 功能 …… 219
11.5.3 SPI 运行模式 …… 220
11.5.4 DMA 功能 …… 227
11.5.5 CRC 功能 …… 227
11.6 SPI 中断 …… 227
11.6.1 状态标志位 …… 227
11.6.2 错误标志 …… 228
11.7 I^2S 结构框图 …… 228
11.8 I^2S 信号线描述 …… 229
11.9 I^2S 功能描述 …… 229
11.9.1 I^2S 音频标准 …… 229
11.9.2 I^2S 时钟 …… 231
11.9.3 运行 …… 232

11.9.4 DMA 功能 ······ 234
11.10 I^2S 中断 ······ 234
11.10.1 状态标志位 ······ 234
11.10.2 错误标志 ······ 235
11.11 操作实例 ······ 235
11.11.1 SPI 操作实例 ······ 235
11.11.2 I^2S 操作实例 ······ 254
11.12 小结 ······ 259
实验视频 ······ 259
习题 ······ 259

第 12 章　控制器局域网 ······ 260

12.1 简介 ······ 260
12.2 主要特征 ······ 260
12.3 功能说明 ······ 261
12.3.1 工作模式 ······ 261
12.3.2 通信模式 ······ 262
12.3.3 数据发送 ······ 262
12.3.4 数据接收 ······ 264
12.3.5 过滤功能 ······ 265
12.3.6 通信参数 ······ 268
12.3.7 错误标志 ······ 269
12.3.8 中断 ······ 270
12.4 CAN 操作实例 ······ 270
12.5 小结 ······ 272
实验视频 ······ 273
习题 ······ 273

第 13 章　以太网 ······ 274

13.1 简介 ······ 274
13.2 主要特性 ······ 274
13.2.1 模块框图 ······ 275
13.2.2 MAC 802.3 以太网数据包描述 ······ 276
13.2.3 以太网信号描述 ······ 277

13.3 功能描述……278
13.3.1 接口配置……278
13.3.2 MAC功能简介……280
13.3.3 MAC统计计数器……288
13.3.4 DMA控制器描述……289
13.3.5 典型的以太网配置流程示例……291
13.4 以太网协议栈LwIP……292
13.4.1 LwIP简介……292
13.4.2 LwIP源码分析……293
13.4.3 无操作系统移植LwIP……296
13.5 小结……310
实验视频……310
习题……310

第14章 通用串行总线全速接口……311

14.1 概述……311
14.2 主要特性……311
14.3 结构框图……312
14.4 信号线描述……312
14.5 功能描述……313
14.5.1 USBFS时钟及工作模式……313
14.5.2 USB主机功能……314
14.5.3 USB设备功能……315
14.5.4 OTG功能概述……316
14.5.5 数据FIFO……317
14.5.6 操作流程……318
14.5.7 中断……321
14.6 USBFS操作实例……322
14.6.1 实例介绍……322
14.6.2 程序……323
14.6.3 运行结果……326
14.7 小结……326
实验视频……327
习题……327

第 15 章 嵌入式操作系统及实践 …… 328
15.1 嵌入式操作系统简介 …… 328
15.1.1 嵌入式操作系统的特点 …… 328
15.1.2 常见的嵌入式操作系统 …… 329
15.2 嵌入式操作系统 FreeRTOS 实践 …… 335
15.2.1 FreeRTOS 简介 …… 336
15.2.2 FreeRTOS 的移植 …… 337
15.2.3 实验现象 …… 342
15.3 嵌入式操作系统 FreeRTOS 应用实例 …… 342
15.3.1 充电桩操作管理平台功能介绍 …… 343
15.3.2 充电桩操作管理平台程序设计 …… 346
15.4 小结 …… 348
实验、学习视频 …… 348
习题 …… 348

参考文献 …… 349

Chapter 1

第 1 章 概 述

信息技术发展到今天，离不开计算机技术的发展，计算机技术的发展，走过了几十年的历程。本章首先回顾计算机的发展过程，介绍计算机系统和单片机系统，为后面 GD32 单片机的学习打下基础。

1.1 计算机发展史

1.1.1 计算机的诞生

什么是计算机？现代意义上的计算机，与古代的计算辅助工具，如中国的算盘和欧洲中世纪的莱布尼茨计算器有何本质不同？对后一问题的回答归根到底还是要回到后文将要提到的图灵计算机模型。该模型的计算能力取决于两点：存储程序及其动态修改能力，而这恰恰是一切“计算器”设备所缺乏的。而“计算机”就可以认为是这一理论模型的物理实现，而不论该物理实现是采用机械装置、电子管技术、晶体管和集成电路技术、光计算器件还是生物分子技术。

过去，大多数人认为第一台计算机是 1946 年 2 月由宾夕法尼亚大学的莫奇利和艾克特研制成功的电子数字积分计算机（Electronic Numerical Integrator and Calculator，ENIAC），它从 1946 年 2 月投入使用，到 1955 年 10 月最后切断电源，服役 9 年多。虽然它每秒只能进行 5000 次加、减运算，但它预示了科学家将从奴隶般的计算中解脱出来。然而 ENIAC 本身存在两大缺点：一是没有严格意义上的存储器；二是用布线接板进行控制，非常麻烦，计算速度也被这一人工操作所抵消。所以，ENIAC 是否被认为是一台计算机也引起了一些争议。

几乎在同一时期，先后就有十几所大学和科研机构宣称实现了计算机，共同推动了计算机的早期发展。有意思的是，计算机设计制造技术的突破几乎是在同一时期由不同的人和机构分别独立实现的，这也反映了科技上的重大发明从来都是时代进步的结果，并不完全取决于某个个人的努力。

美国艾奥瓦州立大学的数学物理教授阿塔纳索夫与同事和研究生贝利，用 500 美元的资助和自己的工资，最早采用电子管技术设计了 ABC 计算机。设计始于 1935 年，于 1939 年完工。阿塔纳索夫等最终完成了控制器等一些关键部件，但却由于战争期间转入军队服务未全部完工。莫奇利曾亲自到艾奥瓦州立大学所在地住了5天，仔细了解了ABC的设计细节和内部工作原理，1941年将曾阅读过的阿塔纳索夫关于ABC计算机设计的笔记内容，运用到之后ENIAC的设计中。1973年，美国明尼苏达地区法院经过数年调查，确认莫奇利的设计是来自与艾奥瓦州立大学阿塔那索夫的交谈和其笔记，深受阿塔纳索夫设计的ABC计算机的影响，因此ENIAC不能作为一项独立发明，故最终正式宣判取消了莫奇利等的计算机专利，肯定了ABC的设计者阿塔纳索夫才是真正的现代计算机的发明人。作为一段小插曲，阿塔纳索夫终于得到人们的承认，不过，这也不妨碍ENIAC在计算机发展历史上的地位。

1. 从数值计算到通用信息处理和智能计算

下面从计算机和计算机的基本模型谈起。在计算机诞生之前，"计算"主要是指数值计算，即使是在计算机发展的早期，计算机本质上也只不过是个体积巨大的机器，主要用于科学研究和军事领域，用于执行数值计算任务。例如，由美国陆军兵器局出资，数学家冯·诺依曼主持设计的ENIAC作为电子计算机最早期的代表，主要用于弹道计算，该机在30s内即可完成弹道计算，在当时被称为"比子弹还快"的超人。这一发明实现了计算机科学家的第一设想——自动化的计算。ENIAC是早期的电子计算机之一，但就自动化的计算或者是机械辅助的计算机这一主题而言，人类早已开始了各种探索。英国工程师巴贝奇（1791—1871）在1834年设计了一台完全用程序控制的机械计算机，通过齿轮旋转来进行计算，用齿轮和杠杆传送数据，用穿孔卡片输入程序和数据，用穿孔卡片和打印机输出计算结果。限于当时的技术条件，这台机器未能制造出来，但巴贝奇的设计思想是不朽的，他与现代电子计算机的设计完全吻合。

伴随着电子技术特别是微电子技术的发展，计算机本身的成本得以大幅度降低，使得其应用范围真正地从极少数尖端科研机构走向普通大众，PC一度成为计算机的代名词。而在成本降低的同时，计算机本身的性能却在大幅度提高，特别是存储器容量的增加、工作速度的提高和外围接口（I/O）设备的增加，使得计算机有能力将物理世界中的大量模拟信息，如文字、语音、图片和视频，转换成二进制数字格式进行存储、处理、传输和展示，使得计算机能够处理的数据范围远远扩大，计算机的主要用途也终于由传统的单纯的数值计算演化为通用的信息处理，实现了早期计算机科学家所梦想的第二个目标：通用信息处理，而不是仅仅局限在数值计算。"计算"这个术语的内涵也随之同步扩大，在今天，"计算"应理解为"信息处理"而不限于"科学计算"，计算机本身，更准确地说，也应称之为"通用信息处理机"。在这一历史趋势下，诞生了IBM的PC286、Apple的图形用户界面、Microsoft的MSDOS和Windows操作系统等一系列优秀的产品，它们使得计算机步入人们日常的生活，成为日常工作、交流、娱乐的核心平台，这一趋势至今也没有改变。

尽管计算机作为通用信息处理机，在过去30年里，成功地改造了我们的世界，但是仍应看到，绝大多数情况下，计算机是在人的操作和控制下机械式地处理数据，尽管性能比较高，但是就其智力程度而言，还不如人类的一个3岁小孩。而计算机科学家的第三个梦想，就是希望计算机能够成为机械脑，能够像人脑那样处理输入的数据，如语音和图像，并能自主运行，与人类协作。这一目标也就是智能计算机的终极目标。

但是，在追求智能终极目标的过程中，在许多具体的应用中，却出现了计算能力相对过剩的问题，许多实际系统的设计更看重功能的完整性、可靠性及成本等非性能问题。因此，计算机工程应用中的一个重要问题是：如何在保证功能完整性、满足用户需求的前提下，综合考虑功能、性能、成本、可靠性多种因素，实现平衡设计，以及如何借助网络通信实现分布式计算。对平衡设计的追求，最终以嵌入式系统的具体形式体现出来，比如一部手机、一台洗衣机、一个机器人等。可以这么说，如同 PC 在 20 世纪 80 年代成为计算机技术的代名词一样，单片机技术 + 智能是目前这个时代计算机技术的主流。

2. 计算的基本模型：图灵机理论模型

为什么计算机具有近乎无限的处理能力而不是像人类发明的其他工具那样在诞生之后功能即被固定化？计算的能力边界在何处？它可以应付今天还没有出现的未来问题吗？究竟应该如何理解“计算”的内涵？

为了回答这些最基本问题，计算机理论界的先驱者阿兰·图灵（Alan Turing）提出了图灵机理论模型。阿兰·图灵，1912 年 6 月 23 日出生于英国伦敦，他被认为是 20 世纪最著名的数学家之一和计算机科学的先驱。1936 年，年仅 24 岁的图灵在其著名论文《论可计算数在判定问题中的应用》（*On Computer Number with an Application to the Entscheidungs-problem*）一文中，以布尔代数为基础，将逻辑中的任意命题（即可用数学符号）用一种通用的机器来表示和完成，并能按照一定的规则推导出结论。这篇论文被誉为现代计算机原理开山之作，它描述了一种假想的可实现通用计算机的机器，后人称之为“图灵机”。

图灵的基本思想是用机器来模拟人用纸笔进行数学运算的过程，他把这样的过程看作下列两种简单的动作：

1）在纸上写上或擦除某个符号。

2）把注意力从纸的一个方向移动到另一个方向。

而在每个阶段，人要决定下一步的动作，依赖于此人当前所关注的纸上某个位置的符号，即此人当前思维的状态。

如图 1-1 所示，图灵假想的这台抽象机器包括这样几部分：

1）一条无限长的纸带（TAPE）。纸带被划分为一个接一个的小格子，每个格子上包含一个来自有限字母表的符号，字母表中有一个特殊的符号表示空白。纸带上的格子从左到右依次被编号为 0，1，2，3，…，纸带的右端可以无限伸展。

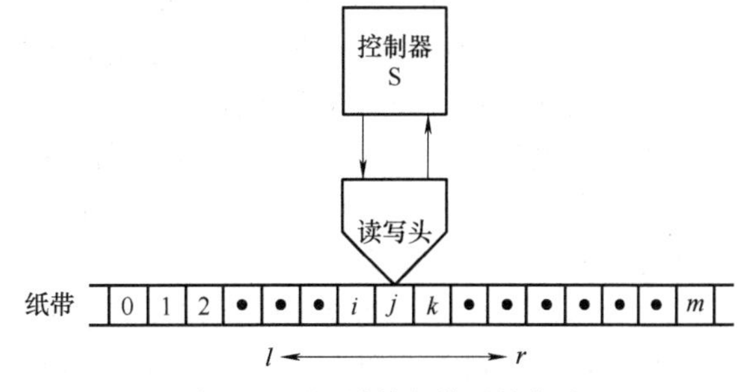

图 1-1 图灵计算机模型的构造

2）一个读写头（HEAD）。该读写头可以在纸带上左右移动，它能读出当前所指的格子上的符号，并能改变当前格子上的符号。

3）一套控制规则（TABLE）。它根据当前机器所处的状态以及当前读写头所指的格子上的符号来确定读写头下一步的动作，并改变状态寄存器的值，令机器进入一个新的状态。

4）一个控制器。它用来保存机器当前所处的状态。机器的所有可能状态的数目是有限的，并且有一个特殊的状态，称为停机状态。

注意，这个机器的每一部分都是有限的，但它有一个潜在的无限长的纸带，因此这种机器只是一个理想设备。图灵认为这样的一台机器就能模拟人类所能进行的任何计算过程。

对于任意一个图灵机，因为它的描述是有限的，因此总可以用某种方式将其编码成一个长字符串，这里用 <M> 表示图灵机 M 的编码。可以构造出一个特殊的图灵机，它接收任意一个图灵机 M 的编码 <M>，然后模拟 M 的运作，这样的图灵机就称为通用图灵机（Universal Truing Machine）。现代电子计算机本质上就是一种通用图灵机，它能接收一段描述其他图灵机的程序，并运行程序实现该程序所描述的算法。

图灵说明了这种机器能进行多种运算并可用于证明一些著名的定理。这就是最早给出的通用计算机模型，尽管遵照这一思想设计的具体机器还要再经过10年左右才能问世，所谓图灵机设计还是一纸空文，但其思想奠定了整个现代计算机发展的理论基础。

图灵机模型的贡献突出表现在下面几个方面：

（1）它回答了计算的能力范围

这是实现通用信息处理机的必备理论基础。作为计算机领域中的最基本模型，它从最抽象的层次回答了最基本的计算机系统是什么样子，以及这一系统为什么具备“完成通用计算”的能力而不是像历史上其他人类发明的工具那样仅具有少数特征化的功能。换言之，它回答了计算机为什么可以是一台通用信息处理机而不是专用信息处理机。图灵机模型对于一大类有限步数可计算的问题给出了一个普适性的定义，每一个这样的问题都存在一个图灵机可对其进行计算和给出答案。换言之，一个现实问题，不论其多么复杂，如果可以抽象为这样一个有限步数的计算问题，那么它一定是图灵可解的，对这些问题的讨论导致可计算性和计算复杂度领域的诞生。

（2）符合图灵机原理的不同技术实现在理论上具有相同的计算原理

图灵机模型并没有限定用什么技术来实现它，可以用电子管、晶体管、集成电路等实现，甚至用机械装置实现也没有问题，只要它们符合图灵机原理，这些装置的计算能力在本质上就是相同的。因此，任何一个符合图灵机模型的计算机系统，不论其简单或复杂，都具备了在理论上处理一切可解问题的能力，这是计算机在理论上能够处理纷繁的信息、进行处理并得到结果的理论保证。因此，这也是计算机技术能够吸引很多研究者的重要原因，因为其能力是无限的。用于计算天气预报和模拟核爆炸的巨型机、用作办公的笔记本计算机以及洗衣机中控制电动机转动的微控制器，都是图灵机理论模型的具体实现，都可以用来解决问题。

就嵌入式系统而言，普遍存在着存储器容量、运算速度、电源、尺寸、成本等各方面的约束，但这并不妨碍一个控制洗衣机的4位低成本微处理芯片和一个用于高速图像处理的64位高性能处理芯片在“能力”上的理论等价性，因为它们都是图灵机模型的具体实现。它们的区别不在于理论上可求解问题的不同，而在于解决问题的快慢，即所谓的“性能”。一个问题在巨型机上可解，那么换成笔记本计算机或微控制器，理论上也是一定可解的，只不过计算的过程慢许多而已。而这个区别在汉语中常常被混淆，比如我们在评价某人说他很有能力的时候，往往隐含着两重含义，一是他可以解决未知问题和疑难问题，这是他的能力；另一重含义是他做事做得又快又好，这其实是效率问题。而图灵机模型中的“能力”（Capability）是指前者，后者应属于“性能”（Performance）范畴。今天的计算机，尽管形态各异，本质上都是图灵计算机模型的一个个技术实现，因此它们都具有相同的理论计算能力。

（3）它在理论上规范了计算机的实现思路

图灵机模型并没有说明如何设计和实现一个计算机系统，但是它已经隐含地说明了一个计算装置应该至少包含存储器（代替图灵机中的纸带）、运算器和控制器（代替图灵机的读写头和控制器）。只要再配上输入输出设备就几乎是冯·诺依曼模型了。

1945年，图灵结束了战争期间的密码服务工作，来到英国国家物理实验室工作。他结合自己多年的理论研究和战时制造密码破译机的经验，起草了一份关于研制自动计算机器（Automatic Computer Engine，ACE）的报告，以期实现他曾提出的通用计算机的设计思想。通过长期研究和深入思考，图灵预言总有一天计算机可通过编程获得能与人类竞争的智能。1950年10月，图灵发表了题为《机器能思考吗？》的论文，在计算机科学界引起巨大震撼，为人工智能学的创立奠定了基础。同年，图灵花费4万英镑、用了约800个电子管的ACE

样机研制成功，ACE 被认为是当时世界上速度最快、功能最强的计算机之一。图灵还设计了著名的“模仿游戏试验”，后人称之为“图灵测试”。该实验把被提问的一个人和一台计算机分别隔离在两间屋子里，让提问者用人和计算机都能接受的方式来进行问题测试。如果提问者分不清回答者是人还是机器，那就证明计算机已具备人的智能。

现代计算机之父冯·诺依曼生前曾评价说：如果不考虑巴贝奇等人早先提出的有关思想，现代计算机的概念当属于阿兰·图灵。冯·诺依曼能把“计算机之父”的桂冠戴到比自己小 10 岁的图灵头上，足见图灵对计算机科学影响之巨大。为了纪念图灵在计算机学科的开创性贡献，计算机领域的最高奖命名为图灵奖。

1.1.2 计算机的发展

计算在本质上就是信息处理。人类对信息处理的需求自古就存在，最早的结绳计算和古老的算盘都可以认为是计算的具体形式之一。但是，现代意义上的信息处理，主要是指基于电子计算机的信息处理，开始于 20 世纪 40 年代，基于第三次工业革命，即电气革命的技术和物理成就，是在军事、科学计算等领域的需求推动下发展起来的。计算机的历史沿革如图 1-2 所示。它大致上可以概括为以下 3 个趋势。

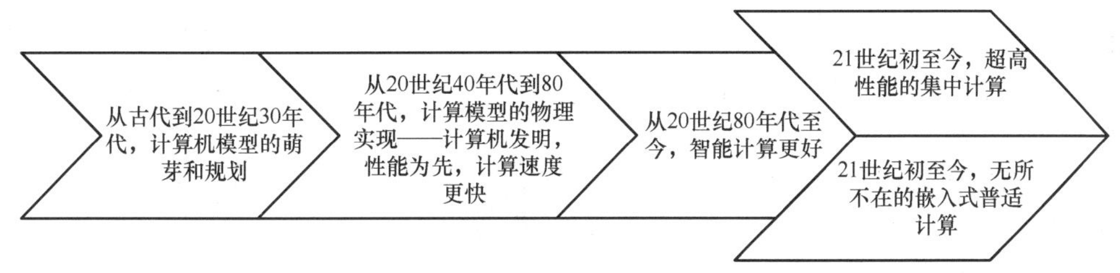

图 1-2 计算机的历史沿革

1. 从人动计算迈向机动计算——追求更快的计算

从 20 世纪 40 年代计算机诞生之初到 80 年代末，计算机界的主流工作是如何设计制造更高性能的计算机，以拓展计算机的应用范围，使机器可以代替人，让以人为主的工作变成以机器为主的工作，典型的代表就是军事弹道轨道计算、科学研究、财务处理、办公文字处理、计算机辅助设计制造（CAD/CAM）等。

2. 从科学计算迈向智能计算——追求最好的计算

事实上，对智能计算的期待，即让计算机能够像人一样思考和工作并替代人是计算机科学发展的基本目标，但是，限于这一问题的难度，特别是早期计算机无法在性能上提供有效的支持，真正与智能相关的工程实践主要萌芽于 20 世纪 70 年代，并在 20 世纪八九十年代达到第一个小高峰。这一阶段的主要工作以人工智能和专家系统、神经网络、模糊计算、遗传与进化计算、统计学习、复杂自适应系统、自然语言处理、图形处理和模式识别等为典型代表，它们的成果部分地应用在高级工业过程控制、监控、故障监测与诊断、语音识别和自动输入等领域，解决了传统方法不能解决的一大批问题。许多方面的工作在今天依然是研究的热点。

3. 从集中计算迈向普适计算——计算无处不在

在学术界集中大部分精力处理智能问题的时候，工业界也在为降低计算机的成本、提高计算机的性能做长期的努力。特别是自 20 世纪 90 年代以来，计算机的性能已经可以满足许多领域的需求，计算机核心芯片的生产成本也已经降低到可被许多系统采用之后，计算机应用的范围也进一步扩大，计算机系统本身也从传统的温室般的机房走向恶劣的应用现场，与物理环境的融合趋势更加明显，这一趋势从而引导和推动了嵌入式系统的发展。例如，仅ARM公司的ARM7类芯片，在全球就运行于60多亿个设备中。

导致出现这一趋势的另外一个重要原因是网络的迅速普及，而大量联网的设备比少数孤立设备在很多应用中更能发挥作用。所以，今天的重要趋势就是计算无处不在，分布化、网络化、嵌入化，而这一技术趋势对传统的一些计算理论和方法也提出了新的挑战。

1.2 计算机体系结构

1.2.1 冯·诺依曼架构模型

事实上，图灵机模型已经包含了如何设计并实现一台计算机的基本思路，图灵机包含3个基本组成模块，分别是纸带、读写头和控制器，它们反映到计算式机设计中，分别就是存储器、运算器和控制器。冯·诺依曼意识到这一点，进一步扩展了输入设备和输出设备，并在莫奇利建造的ENIAC基础上，对计算机组织结构进一步规范化，总结出了指导计算机设计的早期的冯·诺依曼架构，如图1-3所示。

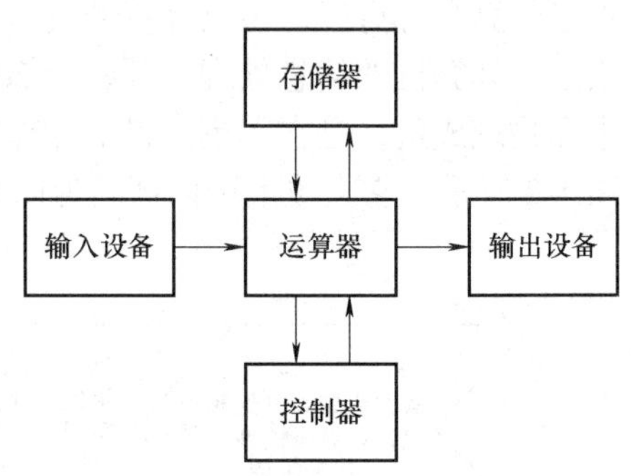

图1-3　早期的冯·诺依曼架构

在冯·诺依曼架构中，完整的计算机系统被认为应包含5部分：存储器、运算器、控制器、输入设备和输出设备，其中，运算器作为计算环节需要处理好操作数的输入（从哪里来）和输出（到哪里去）问题，因此自然地被作为整个系统的中心。但是，这种架构很快就暴露出其弱点，就是运算器的数据吞吐能力十分有限，会成为系统的瓶颈，因此很快演化为以存储器为中心的改进型冯·诺依曼架构，如图1-4所示。这样在各个模块的高速数据交换中心就可以利用存储器这个大容量中介，极大地提高了效率。

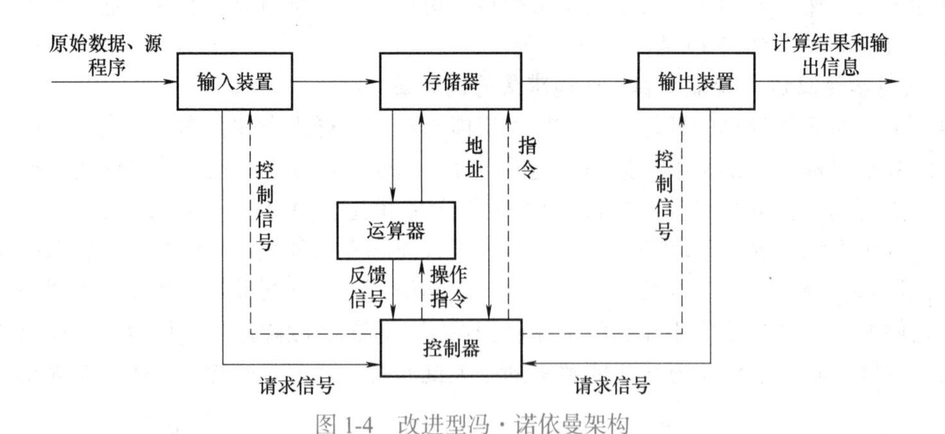

图1-4　改进型冯·诺依曼架构

冯·诺依曼架构的价值在于它首次规范了计算机系统的具体设计技术，回答了“应如何构建一台计算机”的问题。在冯·诺依曼模型诞生之前，历史上也曾出现过许多个具有计算能力的设备，从中国早期的算盘，到欧洲的水力计算机、达·芬奇的计算机，但是所有这些更多的是依赖设计者本人的巧妙构思，并未上升到通用的层次。冯·诺依曼模型清楚地说明：只要分别设计存储器、运算器、输入设备、输出设备和控制器 5 大部件，然后把它们连接到一起，就组成了计算机。至于这些部件采用何种方式实现，使用人力驱动、水力驱动还是电力驱动，是采用原始的石头摆放、穿孔卡片存储、磁记录方式存储还是触发器电路存储，都没有关系。电子技术的发展在竞争中提供了最有力、最方便的实现手段，并在计算机发展中成为主流，直到今天。

冯·诺依曼清楚地意识到 ENIAC 的设计不足，并加入到 EDVAC 的设计群体中。1945 年 6 月，他在内部发布了 EDVAC 设计初稿《关于 EDVAC 的报告草案》（*First Draft of a Report the EDVAC*），报告提出的体系结构一直延续至今，即冯·诺依曼结构。长达 101 页的 EDVAC 最终版设计方案明确指出了新机器有 5 个构成部分，即计算机（CA）、逻辑控制装置（CC）、存储器（M）、输入（I）、输出（O），并描述了这 5 个部分的职能和相互关系。这份报告也因此成为一份划时代的文献，它奠定了现代计算机的设计基础，直接推动了 20 世纪 40 年代末数十种早期计算机的诞生。EDVAC 方案有两个非常重大的改进：一是为了充分发挥电子元器件的高速度而采用了二进制；二是提供了“存储程序”，可以自动地从一个程序指令进入下一个程序指令，其作业顺序可以通过一种称为“条件转移”的指令而自动完成。“指令”包括数据和程序，把它们用码的形式输入机器的记忆装置中，即用记忆数据的同一记忆装置存储执行运算的命令，这就是所谓存储程序的新概念。这个概念也被誉为计算机史上的一个里程碑。EDVAC 的发明才是真正为现代计算机在体系结构和工作原理上奠定了基础。

EDVAC 于 1949 年 8 月交付给弹道研究实验室，它使用了大约 6000 个真空电子管和 12000 个二极管，占地 45.5m^2，重达 7850kg，消耗电力 56kW，具有加、减、乘和除的功能，整个系统包括一个使用汞延迟线容量为 1000 个字的存储器（每个字 44bit）、一个磁带记录仪、一个连接示波器的控制单元、一个分发单元用于从控制器和内存接收指令并分发到其他单元、一个运算单元及一个定时器。

在发现和解决许多问题之后，EDVAC 直到 1951 年才开始运行，而且局限于基本功能。延迟的原因是莫奇利和艾克特从宾夕法尼亚大学离职并带走了大部分高级工程师，开始组建莫奇利 - 艾克特电子计算机公司，由此与宾夕法尼亚大学产生了专利纠纷。到 1960 年，EDVAC 每天运行超过 20h，平均 8h 无差错时间。EDVAC 的硬件不断升级，1953 年添加穿孔卡片输入输出；1954 年添加额外的磁鼓内存；1958 年添加浮点运算单元。直到 1961 年，EDVAC 才被 BRLESC 所取代，在其生命周期里，EDVAC 被证明是一台可靠和可生产的计算机。

现代的嵌入式计算机往往在图 1-4 基础上进一步做了如下两个改进（见图 1-5）：

1）区分内存储器和外存储器，以平衡功能、性能和成本之间的矛盾。一般用速度快、性能高但是价格贵的静态存储器（SRAM）作为内存储器，用于存放正在运行的程序代码与数据；用闪存（Flash）、硬盘等速度较慢但是单位存储成本较低的器件作为外存储器，用于脱机断电期间提供程序和数据存储。这种

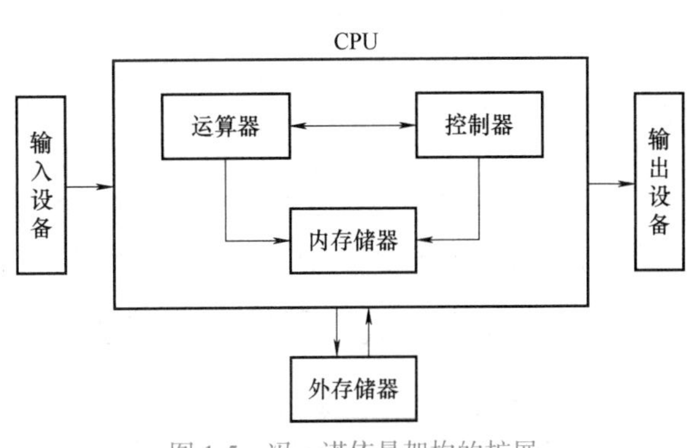

图 1-5 冯·诺依曼架构的扩展

存储层次在嵌入式系统中经常体现为高速 SRAM 和大容量 Flash 的区别。

2）区分指令存储器和数据存储器，并分别设置指令总线和数据总线进行存取。这样可以进一步提高中央处理器（CPU）访问的性能，这种架构被称为哈佛架构。这一设计在高性能芯片如 TI 和 ADI 公司的各种数字信号处理芯片中广泛存在；而在低成本微控制器应用中，出于降低成本和复杂度的需要，大多只提供一条总线通向存储器。一个折中的方案是，总线仍然只是一条，但是允许程序代码和数据可以分开存储在不同的存储器区域中，这样就可以根据不同存储器的性能来分配指令存储器和数据存储器，以达到较优的性能。ARM 和 Cortex 都支持存储器重映射以提供上述功能。

图 1-6 所示是冯・诺依曼架构和哈佛架构的比较。

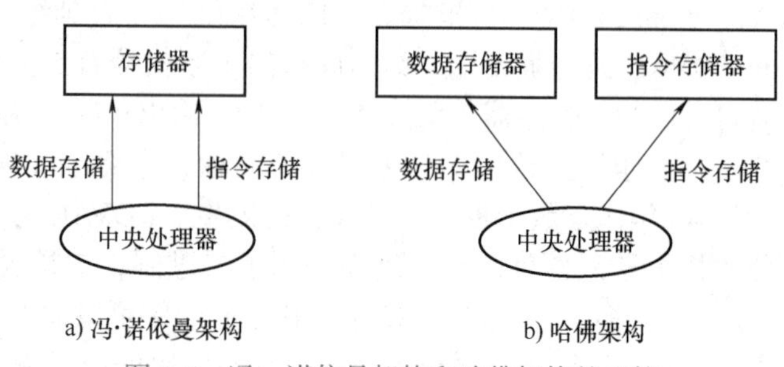

图 1-6 冯・诺依曼架构和哈佛架构的比较

与阿塔纳索夫等设计 ABC、莫奇利等设计 ENIAC、冯・诺依曼设计 EDVAC 同时期，世界上其他大学和科研机构也纷纷展开这方面的工作。德国的许莱尔、朱斯合作，计划制造一台有 1500 个电子管、每秒能运行 10000 次的通用机，这台机器的运算部件于 1942 年完成，但整个计划由于遭到政府的拒绝而夭折。图灵在第二次世界大战期间曾参与英国军方破译德国密码的工作，并在战争结束后于 1945 年 2 月向英国国家物理实验室（NPL）执行委员会提交了一份详细文档，给出了存储程序式计算机的第一份完全可行性设计。但是，由于图灵和他最初的工程师朋友都已签署了保密协议，图灵在 NPL 的同事不了解图灵先期工作的成就，认为建造完整 ACE 的工作太宏大。在图灵离开 NPL 后，威尔金森接受整个项目，建造了 ACE 的一个简化版本，也是第一台 ACE 的实现——Pilot ACE，于 1950 年 5 月 10 日运行了第一个程序。它比图灵先前设计的规模要小，使用了大约 80 个真空电子管，存储器是汞延迟线，它有 12 条汞延迟线，每条包含 32 条 32 位元的指令或数据，时钟频率为 1MHz，这在当时的电子计算机中是最快的，但由于 Pilot ACE 完工时间较晚，因此与第一台计算机诞生的荣誉失之交臂。第一款商用计算机是 1951 年开始生产的 UNIVAC 计算机。1947 年，ENIAC 的两个发明人莫奇利和艾克特创立了自己的计算机公司，开始生产 UNIVAC 计算机，计算机第一次作为商品被出售，并用于公众领域的数据处理，共生产了近 50 台，不像 ENIAC 只有一台并且只用于军事目的。莫奇利、艾克特以及 UNIVAC 奠定了早期计算机工业的基础。

回顾计算机诞生和发展的这段历史，令人不得不思考这样一个问题：阿塔纳索夫、朱斯等人具备了电子计算机的构想，当时也拥有相应的技术手段，为什么他们都不能最后完成这项发明呢？原因在于，技术的进步已经进入新的历史时期，电子计算机的诞生不再是凭借某位杰出人物个人的努力就能诞生的，制造电子计算机不仅需要巨大的投资，而且需要科学家、工程技术人员以及科学组织管理人员的密切合作。这一点恰恰反映了 20 世纪的科学已经进入各门学科互相渗透，科学研究社会化的特点。

1.2.2 面向嵌入式应用的架构改进

充分了解计算机科学家们的理论追求以及现实技术条件支持和约束，对理解和把握计算机产业发展的规律和趋势非常重要。限于冯・诺依曼架构提出时的技术条件限制，冯・诺依曼架构并未在如何构建更好的计算机系统这一问题上给出回答。随着这一问题的探讨最后演变成为对计算机系统结构领域的研究，它主要考虑在现有技术水平和工艺条件下，如何设计更快、更高、更强的计算机。特别是在嵌入式领域，常用的系统结构技术如下：

1）从冯·诺依曼架构到改进的冯·诺依曼架构到哈佛架构：最初的冯·诺依曼架构由运算器或控制器负责传递，改进的冯·诺依曼架构利用存储器来实现中转，提高了性能。哈佛架构进一步将指令流和数据流分开，并支持进行传输，进一步提高了性能。

2）流水线技术：由于每条指令的执行都需要经过取指、分析、取操作数、执行、保存结果等环节，而每个环节所用的硬件资源是不同的，因此下一条指令可以在上一条指令尚未彻底执行完毕时即开始执行而不会冲突。流水线技术只需要简单地对控制器进行改进，即可在有限的时间内执行 3~8 倍同等非流水线技术的 CPU。但是，流水线技术的引入也使得中断处理变得复杂。绝大多数现代微控制器和嵌入式 CPU 都支持流水线，如 ARM7 和 Cortex-M 支持三级流水。

3）并行处理：并行处理的方式之一是在不同物理空间放置多个功能部件或类似功能部件，同时处理多个类似任务以加快多任务执行的技术。并行处理技术可以在不同层面实现，如指令级并行、任务级并行、处理级并行乃至多个计算机模块并行。例如，英特尔（Intel）公司提出并命名的“超线程”技术和“多核”技术，就分别是在任务级和处理器内核级的并行。

4）硬件加速：针对特定的应用，找出其中对性能影响最大的软件环节，并用硬件以电路方式直接实现，从而达到提高性能的目的，如高速路由器中的快速查找表、便携媒体播放器中解码器核心算法的部分耗时操作、高级图形图像显示卡中的图形图像处理等。

5）指令预取和推断执行：为进一步提高指令执行性能，可在指令尚未进入取值阶段前，即安排有关部件提前从存储器中取至 CPU 中，并在面临分支判断时猜测可能执行路径，减少了流水线中断的次数，提高了性能。

6）层次设计和缓存：冯·诺依曼架构中并没有层次观念，但是在具体设计和实现时，出于技术手段、成本和性能的综合考虑，可以引入层次设计，如存储器的层次设计，即灵活搭配 CPU 内部具有最高性能可与 CPU 同步工作但容量很小的寄存器组，速度略慢但仍具有高性能、高成本的半导体存储器和性能低但容量大、成本低的磁存储器，并在各个层次之间加入缓存（Cache）匹配读写速度，实现一个性能接近于最快层次、容量接近于最大层次的复合存储器，满足多方面需求。

7）总线和交换式部件互连：冯·诺依曼架构规范了部件，但没有明确各个部件之间应如何交换数据并通信。事实上，在现代计算机包括嵌入式系统中，各个部件之间的通信设计与实现在整个系统也占据了相当多资源，可根据需求和设计要求取舍。

8）虚拟化技术：即在某一个平台上模拟出另外一个平台的功能，如 ARM9 中开始引入 Jazzler 技术，引入硬件加速的 Java 指令执行，并配合软件虚拟机使整个系统成为一个理想的 Java 运行平台。

9）寄存器窗口：函数调用是现代程序设计语言的重要特征，寄存器窗口技术可降低频率函数调用所花费的时间。

10）实时技术：评估每个设计细节，使得执行成为一个时间确保或近似确保的严格实时或准实时平台；Cortex-R 就是这样一个面向关键实时应用的平台。

从上述罗列的特点来看，早期的系统架构技术偏重于硬件改进，而现代则更多地考虑了应用和软件的需求，如寄存器窗口技术和超线程，以及各种与应用有关的硬件加速技术，它们往往需要软硬件配合在一起方能发挥威力，相应的软硬件之间的界限也不再那么清楚，如图1-7所示。

由图1-7可以看到，对任何一个真实的、技术可实现的计算机系统，都需要有最基础的一层硬件来实现，这一最基础的硬件实现了图灵机模型的要求，其余大部分都是各种硬件加速手段，对一个具体的计算机系统而言，软硬件的分割在哪里，主要取决于性能和成本之间的折中。如果要求高性能，那么硬件加速的部件可以多些，相应成本也不可避免会增加；如果要求低成本，那么图中曲线可以下移，即用软件完成大部分处理，但性能会有所下降。

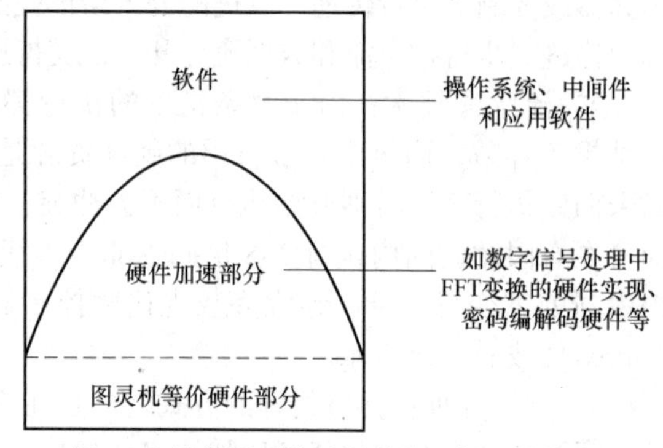

图1-7　计算机系统软硬件的比例及其分界线

针对不同的应用市场和应用场景，不同公司的不同产品都制定了自己的软硬件分割线，使嵌入式系统这一领域百花齐放，日益繁荣。

1.3 单片机发展史

1.3.1 计算机及早期单片机

20世纪30~50年代，计算机诞生，十余台设计各异的计算机诞生在世界各地，并很快统一到冯·诺依曼架构下。

1958年，德州仪器（TI）公司的杰克·基尔比（Jack Kilby）发明了第一块集成电路（IC），从此，计算机技术的发展与集成电路工艺的发展紧密结合在一起。

1961年，TI公司研发出第一台基于IC的计算机。

1964年，全球IC出货量首次超出10亿美元。

1965年，高登·摩尔（Gordon Moore）提出描述集成电路工业发展规律的摩尔定律；同年，中国的第一块集成电路诞生，比美国晚了7年。

1968年，Intel公司诞生，推出第一片1KB的RAM（随机存储器）。

1971年，Intel公司推出微处理器4004，这是第一块在实际中被广泛使用的CPU芯片。紧接着，TI公司、Zilog公司、摩托罗拉（Motorola）公司分别于1971年、1973年、1974年推出了基于半导体集成电路技术的CPU，集成电路技术成为计算机工业的基础支持技术。嵌入式系统从此也步入了它的早期发展阶段。这一阶段的突出特征是：以微处理器CPU芯片为核心，辅以外围电路，形成一块相对完整的电路模块，用于工业控制等系统中，这种架构与同时期的计算机的架构基本完全相同，只不过用途不同而已。这种模块被称为单片机，意指在一块电路板上实现了一台计算机。即使是在今天，单片机模块依然在很多领域发挥余热。

1981年，Intel公司推出了8位微控制器8051，它在单片机内集成了CPU、4KB内存、通用I/O、计数器、串行通信模块以及终端管理模块，已经是一个实用的微控制器（MCU）芯片了。在IC工业的支持下，8051的出现极大降低了计算机应用的门槛，实现了单板到单片的飞跃（因此也被称为单片机），8051因此也在实际中获得了极其广泛的应用。之后，其他各大公司如 ATMEL、飞利浦（Philips）、华邦等也相继开发了功能更多、更强大的 8051 兼容产品，即使是在今天，8051 架构仍然随处可见。这一阶段的主要特征就是从单板到单片的技术飞跃，以及 8051 在实际中的广泛应用，可认为是嵌入式系统发展的中期阶段。

1.3.2 单片机发展趋势——走向集成、嵌入式

嵌入式系统的发展主要来源于两大动力：社会需求的牵引和先进技术的驱动，而且需求牵引为主，技术驱动为辅，如图 1-8 所示。一方面，需求提供了市场，带动了新技术的产生，刺激了新技术的推广，如果没有需求就没有市场，再好的技术最终也会走向消亡；另一方面，技术在一定程度上也可以作用于需求，现今的技术使得不可能成为可能，使人们最终的梦想成为现实，最终有可能创造出新的需求和市场。

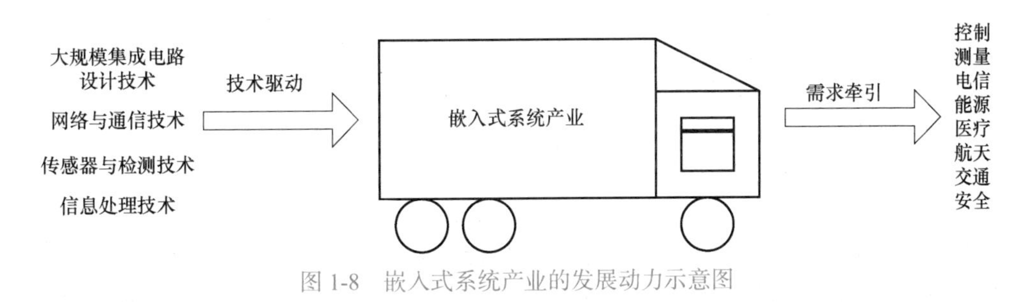

图 1-8 嵌入式系统产业的发展动力示意图

嵌入式系统的发展也深受这两大动力的左右。下面简单回顾一下，以体味其中蕴含的发展规律：

第一发展阶段：见 1.3.1 节。

1990 年，ARM 公司诞生。

1991 年，ARM 公司推出 32 位 ARM6 低功耗内核，随即升级为 ARM7。ARM7 成为世界上采用量最大的 CPU 内核，当今世界 ARM7 内核驱动了超过 60 亿的设备，称为嵌入式系统，是该领域发展中的重要里程碑。至 2009 年，采用 ARM 内核的处理器的销售量已经超过了 100 亿个。

但是，在这一过程中，ARM 公司的发展并非一帆风顺。ARM 的前身 Acorn 公司早在 1985 年即成立，并继承了英国剑桥大学从图灵以来从事计算机 CPU 研发的传统，采用精简指令集计算机（RISC）从事通用 CPU 芯片的研发，明显不及 Intel 公司基于复杂指令集计算机（CISC）技术的 X86 系列 CPU。Intel 公司依靠逐步升级和强化、并向下兼容的 X86 系列 CPU 芯片，以及丰富的配套软件，牢牢占据着高端 CPU 市场。在这种情况下，ARM 公司无法在市场上突破，被迫转型走嵌入式和低功耗路线，并在 20 世纪 90 年代末搭上了无线通信系统在全球迅速发展的快车，最终独辟蹊径，发展成为嵌入式世界的领头羊。细究 ARM 系列芯片的设计，可以明显地看到许多早期 RISC 设计思想的延续，如流水线技术、寄存器窗口技术、精简指令系统设计等。

从 20 世纪末开始，嵌入式系统的发展进入了黄金期，社会需求的释放极大地促进了嵌入式领域的发展，与此相适应，一些嵌入式底层的技术也相应地做出了调整，如流水线处理（含指令预取分支预测等）、中断、内存保护、启动引导、安全、与嵌入式操作系统的配合、对 Java 的加速、图形和媒体处理指令的引入等。这一阶段，是嵌入式系统需求和技术相互影响的阶段。

2004 年，ARM 公司推出了 Cortex 内核系列，Cortex 的 A、M 和 R 系列分别针对高性

能类、微控制器类和实时类应用，既是对过去ARM产品线的重新整理，又包含了大量的技术突破，特别是进一步强化了ARM在低功耗领域的技术优势。Cortex的优点也正在逐步为各大厂商和客户所认识，正在代替传统的ARM系列内核成为客户的首选技术方案。本书即是以Cortex-M4内核为主要介绍对象。

回顾过去的这段历史可以发现，需求是嵌入式技术和系统得以生存和发展的根本动因，但是技术的突破也可能创造出新的需求，两者的发展呈现典型的互动关系。任何产业趋势的动向，都应放到需求拉动和技术驱动的框架下去体味。

1.4 ARM、Cortex和GD32简介

1.4.1 ARM系列内核

ARM这个缩写至少有两种含义，一是指ARM公司，二是指ARM公司设计的低功耗CPU内核及其架构，包括ARM1~ARM11以及Cortex，其中获得广泛应用的有ARM7、ARM9、ARM11以及正在被广大客户接受的Cortex系列。

1. ARM公司简介

作为全球领先的32位嵌入式RISC芯片内核设计公司，ARM公司的经营模式与众不同，它以出售ARM内核的知识产权为主要业务模式，并据此建立了与各大芯片厂商和软件厂商的产业联盟，形成了包括内核设计、芯片制定与生产、开发模式与支撑软件、整机集成等领域的完整产业链，在32位高端嵌入式系统领域居于统治地位，也是嵌入式系统课程学习的主流内容。

ARM公司的前身是成立于1983年的英国Acorn公司，最初只有4名工程师，其第一个产品Acorn RISC于1985年问世。该产品集成了25000个晶体管，是世界上首个商用单芯片处理器，但是市场方面并不成功，无法与Intel公司等大型企业竞争。针对当时的市场形势和发展趋势，公司决定转攻低功耗低成本领域，避免Intel公司等强大对手的竞争和市场方面的不足，并于1990年11月联合苹果公司和VLSI Technology合资成立了ARM（Advanced RISC Machine的缩写），由此可见该公司的技术定位仍然是采用精简指令设计方案。1991年，公司的12位工程设计人员正式开始了ARM产品的研发，并迅速推出ARM6并授权给VLSI和夏普公司使用，并在之后用于苹果公司的创新产品Apple Newton PDA中，这是历史上第一个PDA产品，是今天各种便携智能终端包括智能手机的鼻祖。1993年，ARM推出ARM7并授权给TI和Cirrus Logic公司，本身也开始盈利。值得称道的是，ARM7系列到今天仍然被广泛使用。1994—1997年，公司的工程师达到了100人，提供了面向低成本应用的16位Thumb扩展指令集，并在世界各地开设办事处，1998年在伦敦和纳斯达克成功上市，同年，采用ARM公司产品的出货量达到了5000万件，ARM9E系列问世，并推出了针对Java字节码的Jazelle硬件加速方案，使得能够在基于ARM的手机系统中流畅高速有效地运行Java程序。1999—2000年，ARM的合作伙伴采用ARM 16/32位处理器解决方案的产品出货量达到了1.8亿件。2000年，Intel公司宣布推出基于ARM芯核的Xcale微处理器架构。由于无线通信特别是手机对低功耗芯片的强劲需求，2001年ARM芯片出货量达到10亿件，世界顶级的半导体公司和晶圆厂商Intel、TI、高通（Qualcomm）、Motorola、三星（Samsung）及台积电（TSMC）、联电（UMC）纷纷取得了公司的专利授权，ARM公司成为IP市场最为炫目的一颗明珠。在全球半导体行业大为下滑的2001年，ARM公司的销售

收入达到了 1.46 亿英镑（2.25 亿美元），比 2000 年的 1.01 亿英镑增长了 45%，并从 2000 年占全球 18.2% 的份额增长到 20.1%，远远超过了竞争对手。2008 年 1 月 24 日，基于 ARM 技术的处理器出货总量已超过 100 亿个，ARM 的迅速发展已经成为 IC 发展史上的一个奇迹。

目前，可以提供 ARM 芯片的著名欧美半导体公司有 Intel、TI、恩智浦（NXP）、飞利浦（Philips）、意法半导体（STMicroelectronics）、矽映（Silicon）等。日本的许多著名半导体公司如瑞萨、三菱半导体、爱普生、富士通半导体、松下半导体等早期都大力投入开发自主的 32 位 CPU 结构，但现在都转向购买 ARM 公司的内核 IP 进行新产品设计。我国的中兴、华为等大型企业也购买了 ARM 授权用于自主版权专用芯片的设计。追踪 ARM 公司的发展历史不难发现，ARM 公司在合适的时间（20 世纪 80 年代）转向低功耗嵌入式领域，并搭上了手机和无线通信的发展浪潮（20 世纪 90 年代），实现了自身的快速发展，同时坚持扶持产业联盟的政策、广泛授权并培养第三方软硬件厂商，确立了难以撼动的竞争优势。

2. ARM 指令集和架构的发展

如果说 ARM 公司的发展历史是产业趋势的代表，那么从 ARM 指令集和架构的发展则可以了解技术发展的趋势，如图 1-9 所示。

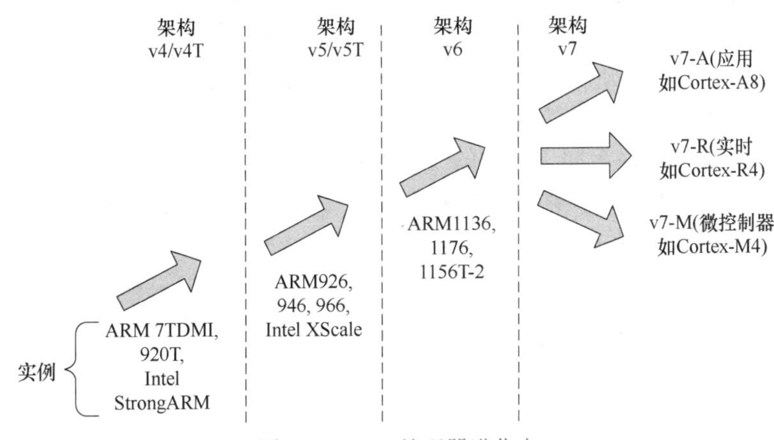

图 1-9 ARM 处理器进化史

ARM 的设计具有典型的 RISC 风格，从其诞生起就具有以下 RISC 系统中常见的特征：

1）提供专门的读取 / 保存指令访问存储器，其他指令主要指针对寄存器操作，不允许直接访问。这样可简化指令实现的复杂度，便于提高性能。

2）访存时要求地址对齐（从 ARMv6 开始才开放此限制）。

3）CPU 内部设置了大量 16 × 32bit 寄存器。

4）固定的 32bit 指令宽度，且指令结构十分规整，便于存储、传输、解析和执行。

5）大多数指令可在平均一个 CPU 周期内完成。

为了提高效率，早期的 ARM 架构相比于同时代的 CPU，如 Intel 80286 和 Motorola 68020，还增加了以下特征，其中有一些一直延续到今天的 Cortex 设计中。

- 大部分指令可以条件式地执行，即指令本身可以带有 4bit 条件前缀，以出现的条件执行指令，这样就不必使用专门的条件判断与跳转指令，可以降低 CPU 指令流水线为处理分支跳转产生的停顿，并弥补传统分支预测器的不足。
- 提供 32bit 筒型移位寄存器。
- 强大的索引模式（相比 X86 系统更加简单并且更强大）。

• 精简快速的双中断子系统（快速中断和普通中断），并支持不同模式下寄存区组的自动切换。

以上特征在今天的Cortex设计中也大多保留，但早期的双中断子系统已升级为今天专门的支持嵌套和抢断的嵌套中断向量控制器（NVIC）。

严格意义上来说，这一时期的ARM还在遵循传统的微控制器（MCU）的设计思路，但是32位ARM和传统的8位单片机在成本上相比并无过多优势。为了更好地满足低成本嵌入式系统市场的需求，自ARM7开始增加了Thumb指令集。Thumb是一个精简的16位指令集，从功能上看，它只能完成32位标准ARM指令集的大部分而不是全部功能，但是由于它的16位设计，可以有效减小最终二进制代码的大小，降低对存储器容量的要求，从而降低成本。

16位的Thumb指令集和32位标准ARM指令集一起，较好地平衡了性能和成本及低功耗之间的矛盾，但是Thumb的引入也使得整个CPU体系更加复杂，特别是开发人员必须谨慎处理两类指令模式的切换。这一复杂性直到Cortex系列中才得到简化和彻底解决，以Cortex-M4为例，它仅支持Thumb-2指令集，且Thumb-2本身就已经是一个16/32位混合指令集，因此就可以取消自ARM7以来一直存在的两种指令切换。

Thumb-2指令集首现于ARMv6，发表于2003年，它扩充了Thumb原先受限的16位Thumb指令集，辅以部分32位指令，最终目标是使这套指令集能独立工作、保持接近Thumb的指令密度以及近乎32位标准ARM指令集的性能。事实上，这种区分主要是历史传统而非技术必需，故最终走向了统一的Thumb-2指令。

以下为几个采用ARM指令集实现高效率程序代码编译的例子。在C程序语言中，以求最大公约数的gcd函数为例：

```
Int gcd(int i,int j)
{
   While(i!=j)
   If(i>j)i-=j;else j-=I;
   Return i;
}
```

可被编译器翻译为如下汇编语言，假定参数i和j已经被放入寄存器Ri和Rj中：

```
Loop:
CMP Ri,Rj;通过比较设备状态寄存器条件标志,条件标志位有“NE”(不等于)、“GT”(大于)、
         ;“LT”(小于)
SUBGT Ri,Ri,Rj;若“GT”(大于)标志置位,则执行 i=i-j 操作
SUBLT Rj,Rj,Ri;若“LT”(小于)标志置位,则执行 j=j-i 操作
BNE loop;若“NE”(不等于)标志置位,则继续循环
```

这种设计可避免IF分支判断，提供性能。

ARM指令集的另外一个技巧和特点是，能将移位（Shift）和回转（Rotate）等功能与数据处理型指令的执行合并，例如，C语言中的：

```
a+=(j<<2);
```

可被编译成如下一条指令：

```
ADD Ra,Ra,Rj,LSL#2
```

只需要占用 1 个字的存储空间并在 1 个周期内执行完毕，不会因为增加了移位操作而消耗额外的周期。

正是由于 ARM 指令集这些精心的设计，使得其既具有类似 CISC 体系强大的指令功能，又具有 RISC 体系的高效特点：

1）流水线设计：作为 RISC CPU 的典型特征，ARM 内核也采用了流水线设计以提高连续指令段的执行效果。例如，ARM7TDMI 采用了三级流水，ARM9 则采用了五级流水并增加了分支预测，Cortex-M4 因为定位在中低级成本控制器类应用，所以也采用了三级流水。

2）Jazelle：针对手机产业的兴起特别是在手机上运行并下载 Java 程序的需要，ARM 的 ARM926EJ-S 内核支持以硬件方式而不是纯软件的虚拟机程序运行 J2ME 程序，这种技术称为 Jazelle，可大幅度提高 Java 程序的运行性能，使得在手机上能够流畅地显示视频和运行游戏。

3）单指令流多数据流支持：为了更好地支持多媒体应用，ARM 的高端版本中加入了单指令流多数据流支持（SIMD），它采用 64 位或 128 位 SIMD 指令支持，可同时执行多个动作并有效提高视频的编解码性能。

4）安全性扩充（TrustZone）：TrustZone 技术出现在 ARMv6KZ 以及较晚期的应用核心架构中。它提供了一种低成本的安全支持方案，通过在硬件中加入专用的安全模块，使得内核可以在较可信的核心领域与较不安全的领域间切换并执行，各个领域可以各自独立运作但却仍能使用同一颗内核。该技术有助于在一个缺乏安全性的环境下完整地执行操作系统，并减少在可信环境中的安全性编码。

可以看出，ARM 指令集的变化不仅仅是技术上的改进，更多的是反映了产业趋势的要求。这也反映了嵌入式系统发展的一个特点，就是与实际紧密结合，一般不作为一个独立的技术领域出现。目前，ARM 体系结构已经经历了 9 个版本，版本号分别为 1~9，从 v6 开始，各个版本几乎都在实际中获得了广泛应用。各版本中还有一些变种，如支持 Thumb 指令集的 T 变种、长乘法指令（M）变种、ARM 媒体功能扩展（SIMI）变种，支持 Java 的 J 变种和增强功能的 E 变种。例如，ARM7TDMI 就表示该变种支持 Thumb 指令集（T）、片上 Debug（D）、内嵌硬件乘法器（M）、嵌入式 ICE（I）。

需要注意的是，ARM 的各个版本并不完全说明高版本一定应该替换低版本使用，不同版本由于其设计定位和特色不同，在实际中应用的领域也有所区分。应用数量中最多的 ARM7 实际上是 v4 版本的代表，它采用三级流水、空间统一的指令与数据 Cache，平均功耗为 0.6mW/MHz，时钟速度为 66MHz 或更高，每条指令平均执行 1.9 个时钟周期，由于其结构简单、功耗低、可靠性高，因此主要在工业控制、因特网（Internet）设备、网络和调制解调器设备等多种嵌入式应用。

ARM9 实际上是 v5 版本，采用五级流水处理以及指令、数据分离的 Cache 结构，平均功耗为 0.7mW/MHz。时钟频率为 120~200MHz，每条指令平均执行 1.5 个时钟周期。ARM9E 系列微处理器也是可综合的处理器，能够在单一处理器内核上提供微控制器、数字信号处理（DSP）、Java 应用系统的解决方案，极大地减少了芯片的面积和系统的复杂度。例如，ARM9E 系列微控制器提供了增强的 DSP 能力，很适合那些需要同时使用 DSP 和微控制器的场合。与ARM7最大的区别之一在于ARM9中引入了内存管理单元（MMU），这使得ARM9可以更好地支持各种现代操作系统，如Embedded Linux、Windows CE等。但也因此引入了程序执行中额外的不确定，所以在对实时性可靠性要求较高的监控监测类应用中，ARM7反而是更加合适的选择。

ARM10采用了v5架构，采用了六级流水，平均功耗为1000mW/MHz，时钟频率高达300MHz，指令Cache和数据Cache分别为32KB，宽度为64bit，能够运行多种商用操作系统，适用于高性能手持式因特网设备及数字式消费类应用。相比于ARM9，ARM10的性能提高了近50%。

ARM11发布于2001年，采用了v6架构，时钟频率为350~500MHz，最高可达1GHz，在提供高性能的同时，也允许在性能和功耗间做权衡以满足某些特殊应用。通过动态调整时钟频率和供应电压，开发者完全可以控制这两者的平衡。在0.13μm、1.2V条件下，ARM11处理器的功耗可以低至0.4mW/MHz。ARM11强大的多媒体处理能力，低功耗、高数据吞吐量和高性能的特点使其成为无线和消费类电子产品、网络处理应用、汽车电子类应用的理想选择。

1.4.2 Cortex系列内核

Cortex是ARM的新一代处理器内核，它在本质上也是ARM v7架构的实现。与前代的向下兼容、逐步升级策略不同，Cortex系列是全新开发的，见表1-1，因此在设计上没有包袱，可以大胆采用各种新设计，但因为放弃了向前兼容，老版本的程序必须经过移植才能在Cortex上运行，因此对软件和支持环境提出了更高的要求。

表1-1 ARM7TDMI-S内核和Cortex-M4内核的比较

特性	ARM7TDMI-S	Cortex-M4
架构	ARMv4T（冯·诺依曼架构）	ARMv7-M（哈佛架构）
ISA支持	Thumb/ARM	Thumb/Thumb-2
流水线	三级	三级+分支预测
中断	快速中断请求（FIQ）/中断请求（IRQ）	不可屏蔽中断（NMI）+1~240个物理中断
中断延迟	24~42个时钟周期	12个时钟周期
休眠模式	无	内置
存储器保护	无	8段存储器保护单元
浮点运算单元	无	单精度浮点数学运算

Cortex按照三类典型的嵌入式系统应用，即高性能（High Performance）类、微控制器（Microcontroller）类和实时类分成3个系列，即Cortex-A、Cortex-M和Cortex-R。本书主要讲述Cortex-M4F系列。ARM的Cortex-M4F处理器的开发旨在提供一种高性能、低成本平台，以满足最小存储器实现、小引脚数和低功耗的需求，同时提供卓越的计算性能和出色的对中断的系统响应。

在设计上，Cortex不再区分ARM标准指令和Thumb指令，而是完全采用Thumb-2指令，达到精简高效的目标。绝大部分厂家提供的基于Cortex内核的微控制器芯片会在内部集成大量Flash（数十KB到数百KB）以及A/D采样、通用同步异步收发器（USART）、定时器等组件，这样几乎可以用一块芯片就构建一个低成本的监测系统，在实际中使用更加方便，受到广大工程师欢迎。

除了整个体系的全新设计与开发，Cortex 全面改革了调试技术及其支持，将调试用的引脚数从 5 个减少到 1 个，这是通过采用新的调试接口技术——单线调试实现的，它可以取代现有的多引脚 JTAG（联合测试行动小组）端口，更加适合于空间有限的微型电池供电系统。

Cortex-M4 处理器中存在一个名为嵌套向量中断控制器（NVIC）的中断控制器，它是可编程的且其寄存器经过了存储器映射，NVIC 的地址固定，而且 NVIC 的编程模型对于所有的 Cortex-M 处理器都是一致的。通过用硬件实现在处理中断时所需要的寄存器操作，这个内核能够以最小的时钟开销进入中断以及在挂起或更高优先级的中断之间进行切换，只需 6 个时钟周期。这种设计的标准中断通道数是 32，但是也能够配置为 1~240 条通道。

不仅如此，Cortex-M4 处理器还包含了一个可选的存储器保护单元（MPU），以便为复杂应用提供特权工作模式，以协助操作系统软件工作或者在对可靠性要求更高的安全软件中应用。

1.4.3　GD32F4xx 系列微控制器

GD32F4xx 系列微控制器属于 GD32 MCU 系列的增强性能系列。它是一款基于 Arm®Cortex®-M4 RISC 内核的新型 32 位通用微控制器，在增强处理能力、降低功耗和外围设备（简称外设）方面具有最佳的性价比。Cortex®-M4 内核具有一个浮点单元（FPU），可加速单精度浮点数学运算，并支持所有 Arm® 单精度指令和数据类型。它实现了一整套 DSP 指令，以满足数字信号控制市场对控制和信号处理能力的高效、易于使用的混合需求。它还提供了内存保护单元（MPU）和强大的跟踪技术，以增强应用程序安全性和高级调试支持。

GD32F470xx 处理器采用 Arm®Cortex®-M4 32 位处理器内核，以 240MHz 频率运行，闪存访问零等待状态，以获得最大效率。它提供高达 3072KB 的片上闪存和 768KB 的 SRAM。广泛的增强型 I/O 和外设连接到两条高级外围总线（APB）。这些设备提供最多 3 个 12 位 2.6MS/s 模数转换器（ADC）、2 个 12 位数模转换器（DAC）、最多 8 个通用 16 位计时器、2 个 16 位脉宽调制（PWM）高级计时器、2 个 32 位通用计时器和 2 个 16 位基本计时器，以及标准和高级通信接口：最多 6 个串行外设接口（SPI）、3 个内部集成电路（I^2C）总线接口、4 个 USART 和 4 个通用异步收发传输器（UART）、2 个片上音频（I^2S）、2 个控制器局域网（CAN）、1 个安全数字输入输出（SDIO）、通用串行总线全速（USBFS）和通用串行总线高速（USBHS）以及 1 个以太网（ENET）接口。包括其他外设，如数码相机接口（DCI）、支持 SDRAM 扩展的外部存储器控制器（EXMC）接口、TFT-LCD 接口（TLI）和图像处理加速器（IPA）。

GD32F470xx 处理器特性和外设列表见表 1-2。

该设备在 2.6~3.6V 电源下工作，可在 –40~85℃温度范围内使用。3 种节能模式提供了最大限度优化功耗的灵活性，这在低功耗应用中尤为重要。

上述特性使 GD32F4xx 设备适用于广泛的互连和高级应用，特别是在工业控制、消费和手持设备、嵌入式模块、人机界面、安全和报警系统、图形显示、汽车导航、无人机、物联网等领域。

表 1-2 GD32F470xx 处理器特性和外设列表

器件编号		GD32F470xx										
		VE	VG	VI	VK	ZE	ZG	ZI	ZK	IG	II	IK
闪存	代码区域 /KB	512	768	512	1024	512	768	256	1024	768	512	1024
	数据区域 /KB	0	256	1536	2048	0	256	1536	2048	256	1536	2048
	共计 /KB	512	1024	2048	3072	512	1024	2048	3072	1024	2048	3072
静态随机存储器 /KB		256	512	768	256	256	512	768	256	512	768	256
定时器	通用定时器（16位）	$8_{(2,3,8\sim13)}$	$8_{(2,3,8\sim13)}$	$8_{(2,3,8\sim13)}$	$8_{(2,3,8\sim13)}$	$8_{(2,3,8\sim13)}$	$8_{(2,3,8\sim13)}$	$8_{(2,3,8\sim13)}$	$8_{(2,3,8\sim13)}$	$8_{(2,3,8\sim13)}$	$8_{(2,3,8\sim13)}$	$8_{(2,3,8\sim13)}$
	通用定时器（32位）	$2_{(1,4)}$	$2_{(1,4)}$	$2_{(1,4)}$	$2_{(1,4)}$	$2_{(1,4)}$	$2_{(1,4)}$	$2_{(1,4)}$	$2_{(1,4)}$	$2_{(1,4)}$	$2_{(1,4)}$	$2_{(1,4)}$
	高级定时器（16位）	$2_{(0,7)}$	$2_{(0,7)}$	$2_{(0,7)}$	$2_{(0,7)}$	$2_{(0,7)}$	$2_{(0,7)}$	$2_{(0,7)}$	$2_{(0,7)}$	$2_{(0,7)}$	$2_{(0,7)}$	$2_{(0,7)}$
	基本定时器（16位）	$2_{(5,6)}$	$2_{(5,6)}$	$2_{(5,6)}$	$2_{(5,6)}$	$2_{(5,6)}$	$2_{(5,6)}$	$2_{(5,6)}$	$2_{(5,6)}$	$2_{(5,6)}$	$2_{(5,6)}$	$2_{(5,6)}$
	滴答定时器	1	1	1	1	1	1	1	1	1	1	1
	看门狗	2	2	2	2	2	2	2	2	2	2	2
	实时时钟	1	1	1	1	1	1	1	1	1	1	1
互联性	通用同步异步收发器	4	4	4	4	4	4	4	4	4	4	4
	通用异步收发器	4	4	4	4	4	4	4	4	4	4	4
	内部集成电路总线	3	3	3	3	3	3	3	3	3	3	3

（续）

器件编号		GD32F470xx										
		VE	VG	VI	VK	ZE	ZG	ZI	ZK	IG	II	IK
互联性	串行外设接口 / 片上音频接口	5/2$_{(0-4)/(1, 2)}$	5/2$_{(0-4)/(1, 2)}$	5/2$_{(0-4)/(1, 2)}$	5/2$_{(0-4)/(1, 2)}$	6/2$_{(0-5)/(1, 2)}$	6/2$_{(0-5)/(1, 2)}$	6/2$_{(0-5)/(1, 2)}$	6/2$_{(0-5)/(1, 2)}$	6/2$_{(0-5)/(1, 2)}$	6/2$_{(0-5)/(1, 2)}$	6/2$_{(0-5)/(1, 2)}$
	安全的数字输入 / 输出接口	1	1	1	1	1	1	1	1	1	1	1
	控制器局域网络	2	2	2	2	2	2	2	2	2	2	2
	通用串行总线	全速 + 高速	全速 + 高速	全速 + 高速	全速 + 高速	全速 + 高速	全速 + 高速	全速 + 高速	全速 + 高速	全速 + 高速	全速 + 高速	全速 + 高速
	以太网	1	1	1	1	1	1	1	1	1	1	1
	TFT-LCD 接口	1	1	1	1	1	1	1	1	1	1	1
	数字摄像头接口	1	1	1	1	1	1	1	1	1	1	1
通用输入 / 输出接口		82	82	82	82	114	114	114	114	140	140	140
外部存储器控制器		1/0	1/0	1/0	1/0	1/1	1/1	1/1	1/1	1/1	1/1	1/1
模数转换器（通道数）		3（16）	3（16）	3（16）	3（16）	3（24）	3（24）	3（24）	3（24）	3（24）	3（24）	3（24）
数模转换器		2	2	2	2	2	2	2	2	2	2	2
封装		LQFP100				LQFP144				BGA176		

1.4.4 GD32F450评估板简介

GD32450Z-EVAL评估板使用GD32F450ZKT6作为主控制器。评估板使用微型USB接口或者DC-005连接器提供5V电源。提供包括扩展引脚在内的SWD、Reset、Boot、用户按键（User button key）、LED、CAN、I^2C、I^2S、USART、实时时钟（RTC）、LCD、SPI、ADC、DAC、EXMC、时钟校准控制器（CTC）、SDIO、ENET、USBFS、USBHS、GD-Link等外设资源。GD32450Z-EVAL全功能评估板实物如图1-10所示。

图1-10 GD32450Z-EVAL全功能评估板

1.5 计算机发展的趋势和工程设计开发

1.5.1 计算机发展的趋势

计算机发展必须结合物联网，物联网大致被认为有3个层次：底层是用来感知数据的感知层，中层是传输的网络层，最上层则是应用层，如图1-11所示。

1. 感知层

感知层包括传感器等数据采集设备，包括数据接入到网关之前的传感器网络。感知层是物联网发展和应用的基础，射频识别（RFID）技术、传感和控制技术、短距离无线通信技术是感知层涉及的主要技术，其中又包括芯片研发、通信协议研究、RFID材料、智能节点供电等细分技术。例如，加利福尼亚大学伯克利分校等研究机构主要研发通信协议，西安优势微电子有限责任公司研发的“唐芯一号”是国内自主研发的首片短距离物联网通信芯片，Perpetuum公司针对无线节点的自主供电已经研发出通过采集振动能供电的产品，而Powermat公司已推出了一种无线充电平台。

2. 网络层

物联网的网络层建立在现有的移动通信网和互联网的基础上。物联网通过各种接入设备与移动通信网和互联网相连，如手机付费系统中，由刷卡设备将内置手机的RFID信息采集并上传到互联网，网络层完成后台鉴权认证并从银行网络划账。

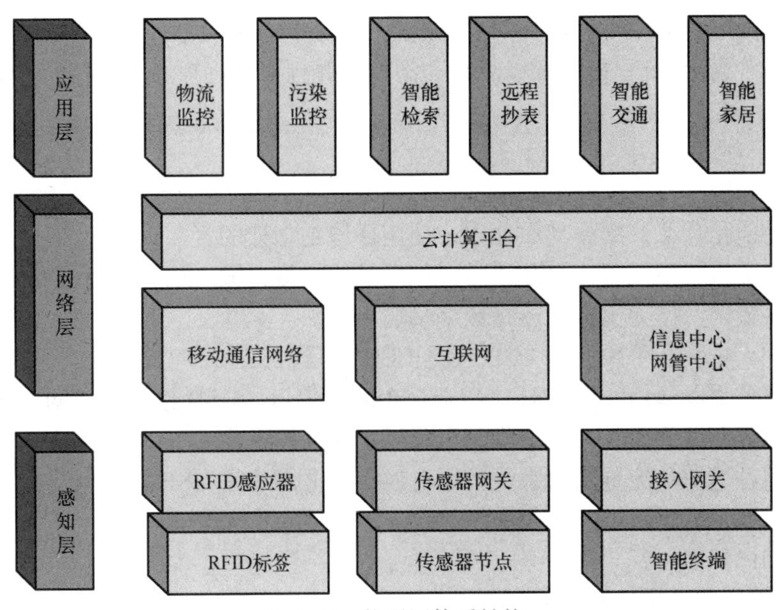

图 1-11 物联网体系结构

网络层中的感知数据管理与处理技术是实现以数据为中心的物联网的核心技术，其包括传感网数据的存储、查询、分析、挖掘、理解及基于感知数据决策和行为的理论和技术。云计算平台作为海量感知数据的存储、分析平台，将是物联网网络层的重要组成部分，也是应用层众多应用的基础。

通信网络运营商将在物联网的网络层占据重要地位，而正在高速发展的云计算平台将是物联网发展的基础。

3. 应用层

物联网的应用层利用经过分析处理的感知数据为用户提供丰富的特定服务，可分为监控型（物流监控、污染监控）、查询型（智能检索、远程抄表）、控制型（智能交通、智能家居、路灯控制）、扫描型（手机钱包、高速公路不停车收费）等应用类型。

应用层是物联网发展的目的，软件开发、智能控制技术将会为用户提供丰富多彩的物联网应用。各种行业和家庭应用的开发将会推动物联网的普及，也给整个物联网产业链带来了利润。

物联网的感知层要大量使用嵌入传感器的感知设备，因此嵌入式技术是使物联网具有感知能力的基础。

1.5.2 嵌入式系统工程设计和开发

嵌入式系统和产品的开发过程大致可分为需求分析、架构和概要设计、详细设计和开发与测试反馈。

1. 需求分析

需求分析阶段的根本目的是明确用户对待开发的嵌入式系统和产品的要求，明确用户需要一个怎样的产品。从技术上来看，需求分析文档是对用户要求的明确总结，从商务角度看，需求分析文档是用户和开发人员两方都认可的目标文档，需求分析中的条款往往也就是开发活动需达到的目标。

对需求的凝练和总结需要系统的分析师对目标应用领域有较为深入的了解，与客户具有良好的沟通技能，对技术手段也有深刻的领会。实际中的困难之一是用户往往不能很好地总结其需求，这就需要系统分析师加以总结和沟通，并且帮助用户考虑那些用户本人都没有认真考虑的潜在问题。

常见的需求项目包括：

（1）功能性需求

1）基本功能是什么，用在什么地方，使用环境是怎样的？

2）有哪些输入？模拟量还是数字量？如果是模拟量，输入信号的范围和阻抗如何？

3）有哪些输出？作为模拟量还是数字量输出？

4）有哪些人机交互手段？是LCD还是LED？是否支持蜂鸣器？

5）采用何种手段通信？是RS232串口、RS485串口、USB接口还是网络接口？

6）提供何种调试手段、升级手段、自我校正或维护手段？

7）采用何种电源和能量供给手段？用电池、市电，还是USB供电？

8）功耗如何？

9）质量和体积如何？

10）外观如何？现场如何安装和部署？

（2）性能性需求

1）整体运行速度如何？各模块运行速度又如何？特别是各模块间是否匹配，是否存在瓶颈？

2）内部存储器大小，可存储数据量大小、多少？

（3）可靠性需求

1）抗干扰性和电磁兼容（EMC）特性如何？

2）能承受何种幅度的输入？能承受何种规模的过载输出？

3）整体寿命如何？一些易损元器件如电解电容的最大使用寿命如何？

4）程序跑飞或其他故障情况下能够自我检查并恢复和重新启动？

5）对实时性要求如何？

6）对响应时间（快速性）要求如何？

7）对可靠性还用什么其他期望？

（4）成本

1）总体拥有成本（TCO）如何？包含元器件成本、制造成本、人力成本、运营成本、维护成本等。

2）供货渠道是否稳定？供货风险是高还是低？

需求分析的结果依具体项目有所区别，对开发而言，需求分析宜详细不宜精简，甚至要把用户潜在的还没有提出的需求考虑在内。

2. 架构和概要设计

架构设计规定了整个系统的大致路线，而概要设计则可以认为是其更加具体的描述。因为嵌入式系统是一个软硬件集成的系统，所以在架构和概要设计阶段，较通常的纯软件系统或纯硬件系统考虑得就更多。

1）系统的层次、剖面或模块划分。层次是按照横向对系统进行分层，剖面是按照纵向对系统进行分列，横纵交织的单元就构成一个个模块。这种划分在硬件设计和软件设计中都是存在的，而在软件设计中尤为重要。合理的划分既需要深刻地认识整个目标系统，又带有较多的经验成分。

2）系统软硬件交互的界面放在何处？是采用高性能高成本的硬件加速方案多一些，还是采用性能相对较低但成本也更低的软件实现多一些？

3）硬件上核心关键元器件的选择，如 MCU 或 CPU 的大致型号，在很大程度上会影响到软件方案的选择。

4）软件的工作量较大，所选软件方案是否可以得到良好的支持？这种支持来自开发人员的水平、厂商的技术支持、第三方软件以及各种可以获得的技术资料。鉴于软件的工作量在整个项目中经常超过硬件部分，良好的软件支持和开发支持对保证进度、降低开发成本是必不可少的。处理上述几个问题，嵌入式操作系统的选择、开发语言、开发平台和工具也应在这个阶段明确下来，以方便对人员展开培训。

5）系统的成本和性能如何平衡？通常总是希望在性能达标的情况下尽可能降低成本，但在综合考虑开发成本、维护成本、升级和扩展成本、制造成本等因素后，这一问题就比较复杂了。

3. 详细设计和开发

详细设计是对概要设计的进一步细化，详细设计阶段需要明确一切未确定的问题之外，使工程师可以在工作中具体参照执行。嵌入式系统的开发包括硬件开发、软件开发，也包括两者的集成和联合测试。如果整个系统涉及外设（如电动机、阀门），还需要对具体的外设和物理对象联合在一起进行测试。

在开发阶段，硬件方面的工作相对明确，主要是根据需求和架构设计，选择合适的元器件并设计电路，完成硬件部分的制作、焊接、测试等工作。相比硬件，软件部分由于其复杂度随着模块数量的增加呈指数上升，特别是各模块之间沟通联络协调的困难以及每一个软件模块本身的功能细节不完备性，导致软件反而成为影响进度的最大因素，且越到开发后期越明显。实际中出现这些问题的常见原因是前期需求分析不明确，架构设计、概要设计不到位，为了赶进度而直接进入开发编码阶段。必须认识到项目的执行过程有其自身规律，前期的工作必须到位，否则欲速则不达。不论是采用“自顶向下”的开发策略还是采用“快速原型多次迭代”的开发策略，项目管理者都必须能够有效地管控每个阶段的目标、进度和质量。

4. 测试反馈

测试是整个系统开发中必不可少的环节。从严格意义上讲，测试与反馈并不是一个单独的阶段，它应该贯穿于整个项目生命流程周期管理中的每一个环节：在需求阶段，需要随时就需求分析的结果与用户交流，确保在这一过程中用户需求被准确地传递给开发团队；在详细设计和开发阶段，在每一个模块完成之后都要进行单元测试，在模块之间拼接组装时要进行集成测试，在整个系统完成后要进行整体测试。可以说，测试贯穿整个阶段，随时为前一阶段的工作提供反馈，这是保证质量的最基本途径。如果在任何一个环节发现问题，都必须及时修改避免带入后续环节，因为后期更改的成本远远高于先期修正的成本。

系统软硬件完成后的测试属于整体测试范畴，硬件上主要确认各种功能是否都已实现，各种技术指标是否能够达到，软硬件和可能的其他设备在一起是否可以协同工作，对外部干扰是否具有足够的鲁棒性等（如 EMC 测试），以及可靠性测试。软件测试从目标上分，主要可分为正确性测试和性能测试（或称压力测试）两大类。正确性主要是提高软件质量，保证软件按照预期的设计路径演进并能得到正确的结果，而性能测试主要用于确认整个系统在面临大数据量、大负载输入时是否依然可以稳定工作。由于现今的软硬件大量采用了第三方开发的独立模块，其质量难以度量，因此在这样的基础上构建的整个系统只能进行充分的测试，没有太多的好办法可以保证其质量。

测试的结果通常反馈给直接的开发人员修正，但也可能导致整个系统在方案上必须做出重大修改，这往往会带来重大损失，因此，需求分析和架构设计的责任尤为重大，因为这两个阶段工作到位至少可以保证后期不会出现重大修改。

1.6　小结

本课程的学习目标是：掌握单片机系统的基础原理和技术，领悟和理解单片机和嵌入式系统是如何实现软硬件集成并达到需求的。

单片机和嵌入式系统在本质上是一门实践课而非理论课，内容跨度大，知识点多，技能要求高，在有限的时间内难以充分掌握所有相关知识点。因此在学习时，可选择少数应用实例，抽象其需求，从上到下完成整个系统的分析设计，然后从下向上自行搭建整个系统，并在后期实践中体悟基本原理，准确掌握基本概念、培养和锻炼实际系统开发的技能。实际中切忌贪多求全，而应选择重点进行学习，因为整个开发技能的训练是一个长期的过程，入门和举一反三很重要。

本章以计算机的发展史，引入到计算机发展的一个重要方向，单片机走向集成、网络化、嵌入式，结合国内外信息产业形势，介绍了当今最新的国产化单片机核心系统GD32F4xx 系列微控制器，通过学习，为我国单片机系统在工业控制、消费和手持设备、嵌入式模块、人机界面、安全和报警系统、图形显示、汽车导航、无人机、物联网等各个领域的应用打下基础。

学习视频

1-1　科学家精神

1-2　新时代北斗精神

1-3　丝路精神

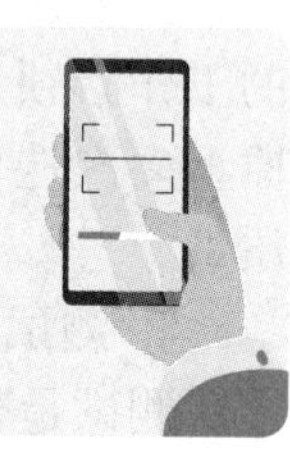

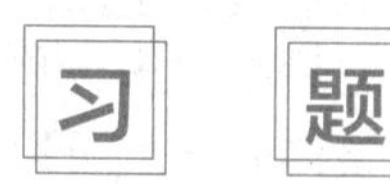

1. 请举例 10 个以上身边单片机系统的例子。

2. 请归纳整理嵌入式系统开发全流程中涉及的知识领域，并思考哪些属于嵌入式系统初学者应该掌握的关键技能。

3. 嵌入式系统设计中有哪些矛盾需要设计者和开发者解决？

4. 如何理解计算机的计算能力和性能之间的概念差异？

5. 在 20 世纪五六十年代，阿塔纳索夫等人都具备了电子计算机的构思，当时也拥有相应的技术手段，但为什么他们都未能成为计算机的发明人？

6. 如何理解计算机系统软硬件边界？

ARM

Chapter 2

第 2 章 系统及存储器架构

要使用好一款微处理器产品，首先需要了解它的系统架构和存储架构。本章介绍 Arm® Cortex®-M4 处理器的结构功能、系统架构、存储器设计、引导配置等，使读者建立对 Arm® Cortex®-M4 处理器的宏观认识。

GD32F4xx 系列微控制器是基于 Arm® Cortex®-M4 处理器的 32 位通用微控制器。Arm® Cortex®-M4 处理器包括 3 条高级高性能总线（AHB）（分别称为 I-CODE 总线、D-Code 总线和系统总线）。Cortex®-M4 处理器的所有存储访问，根据不同的目的和目标存储空间，都会在这 3 条总线上执行。存储器的组织采用了哈佛结构，预先定义的存储器映射和高达 4GB 的存储空间，充分保证了系统的灵活性和可扩展性。

2.1 Arm® Cortex®-M4 处理器

Cortex®-M4 处理器是一个具有浮点运算功能、低中断延迟时间和低成本调试特性的 32 位处理器。高集成度和增强的特性使 Cortex®-M4 处理器适合于那些需要高性能和低功耗微控制器的市场领域。Cortex®-M4 处理器基于 ARMv7 架构，并且支持一个强大且可扩展的指令集，包括通用数据处理 I/O 控制任务、增强的数据处理位域操作、数字信号处理（DSP）和浮点运算指令。下面列出由 Cortex®-M4 提供的一些系统外设：

1）内部总线矩阵，用于实现 I-Code 总线、D-Code 总线、系统总线、专用总线（PPB）以及调试专用总线（AHB-AP）的互连。

2）嵌套向量中断控制器（NVIC）。

3）闪存地址重载及断点单元（FPB）。

4）数据观察点及跟踪单元（DWT）。

5）指令跟踪宏单元（ITM）。

6）嵌入式跟踪宏单元（ETM）。

7）串行线和 JTAG 调试接口（SWJ-DP）。

8）跟踪端口接口单元（TPIU）。

9）内存保护单元（MPU）。

10）浮点运算单元（FPU）。

图 2-1 显示了 Cortex®-M4 处理器结构框图。

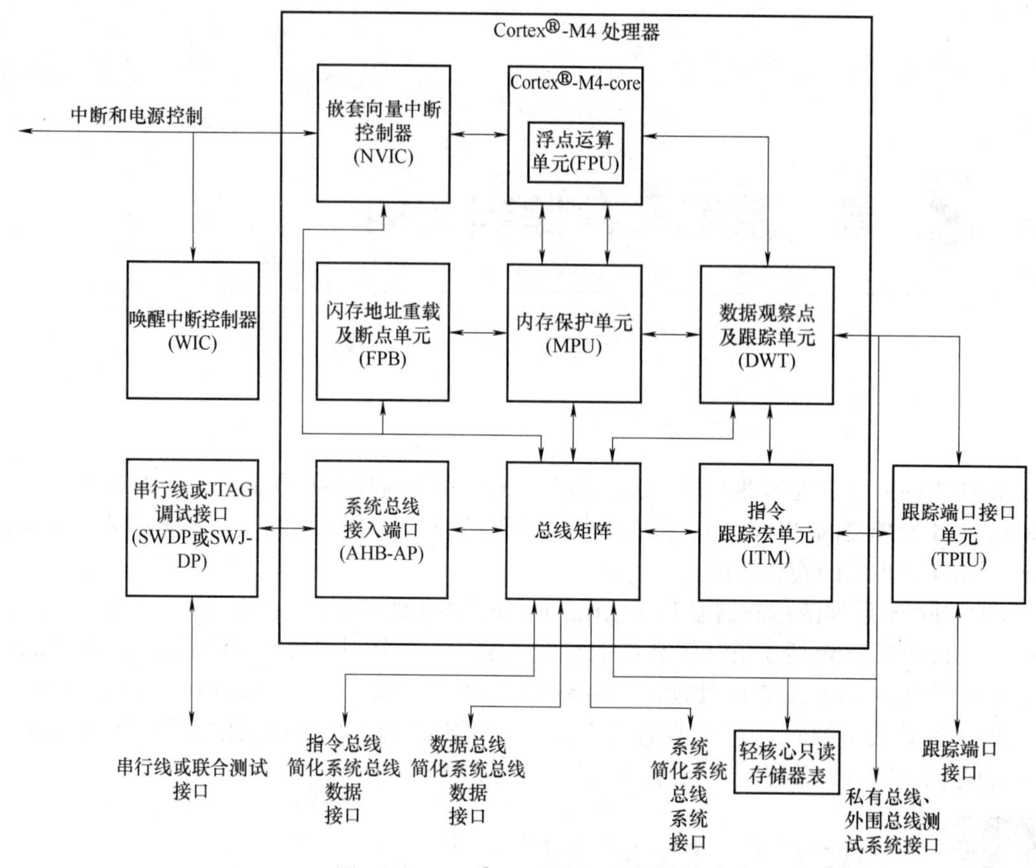

图 2-1　Cortex®-M4 处理器结构框图

2.2 系统架构

GD32F4xx 系列微控制器采用 32 位多层总线结构，该结构可使系统中的多个主机和从机之间的并行通信成为可能。多层总线结构包括一个 AHB 互连矩阵、两条 AHB 和两条 APB。AHB 互连矩阵的互连关系接下来将进行说明。在表 2-1 中，“1”表示相应的主机可以通过 AHB 互连矩阵访问对应的从机，空白的单元格表示相应的主机不可以通过 AHB 互连矩阵访问对应的从机。

如表 2-1 所示，AHB 互连矩阵共连接 11 个主机，分别为 IBUS、DBUS、SBUS、DMA0M、DMA0P、DMA1M、DMA1P、ENET、TLI、USBHS 和 IPA。

IBUS 是 Cortex®-M4 内核的指令总线，用于从代码区域（0x0000 0000~0x1FFF FFFF）中取指令和向量。DBUS 是 Cortex®-M4 内核的数据总线，用于加载和存储数据，以及代码区域的调试访问。同样，SBUS 是 Cortex®-M4 内核的系统总线，用于指令和向量获取、数据加载和存储以及系统区域的调试访问。系统区域包括内部 SRAM 区域和外设区域。DMA0M 和 DMA1M 分别是 DMA0 和 DMA1 的存储器总线。DMA0P 和 DMA1P 分别是 DMA0 和 DMA1 的外设总线。ENET 是以太网，TLI 是 TFT LCD 接口，USBHS 是高速 USB，IPA 是图像处理加速器。

表 2-1　AHB 互连矩阵的互连关系列表

	IBUS	DBUS	SBUS	DMA0M	DMA0P	DMA1M	DMA1P	ENET	TLI	USBHS	IPA
FMC-I	1										
FMC-D		1		1		1	1	1	1	1	1
TCMSRAM		1									
SRAM0	1	1	1	1		1	1	1	1	1	1
SRAM1			1	1		1	1	1	1	1	1
SRAM2			1	1		1	1	1	1	1	1
ADDSRAM	1	1	1	1		1	1	1	1	1	1
EXMC	1	1	1	1		1	1	1	1	1	1
AHB1			1		1	1	1				
AHB2			1			1	1				
APB1			1		1	1	1				
APB2			1		1	1	1				

AHB 互连矩阵也连接了 12 个从机，分别为 FMC-I、FMC-D、TCMSRAM、SRAM0、SRAM1、SRAM2、ADDSRAM、EXMC、AHB1、AHB2、APB1 和 APB2。FMC-I 是闪存存储器控制器的指令总线，而 FMC-D 是闪存存储器的数据总线。TCMSRAM 是紧耦合存储器 SRAM，只可通过 DBUS 访问。SRAM0、SRAM1 和 SRAM2 是片上静态随机存取存储器。ADDSRAM 是附加的 SRAM，仅在一些特殊的 GD32F4xx 系列微控制器中有效。EXMC 是外部存储器控制器。AHB1 和 AHB2 是连接所有 AHB 从机的两条 AHB，而 APB1 和 APB2 是连接所有 APB 从机的两条 APB。

GD32F4xx 系列微控制器的系统架构如图 2-2 所示。

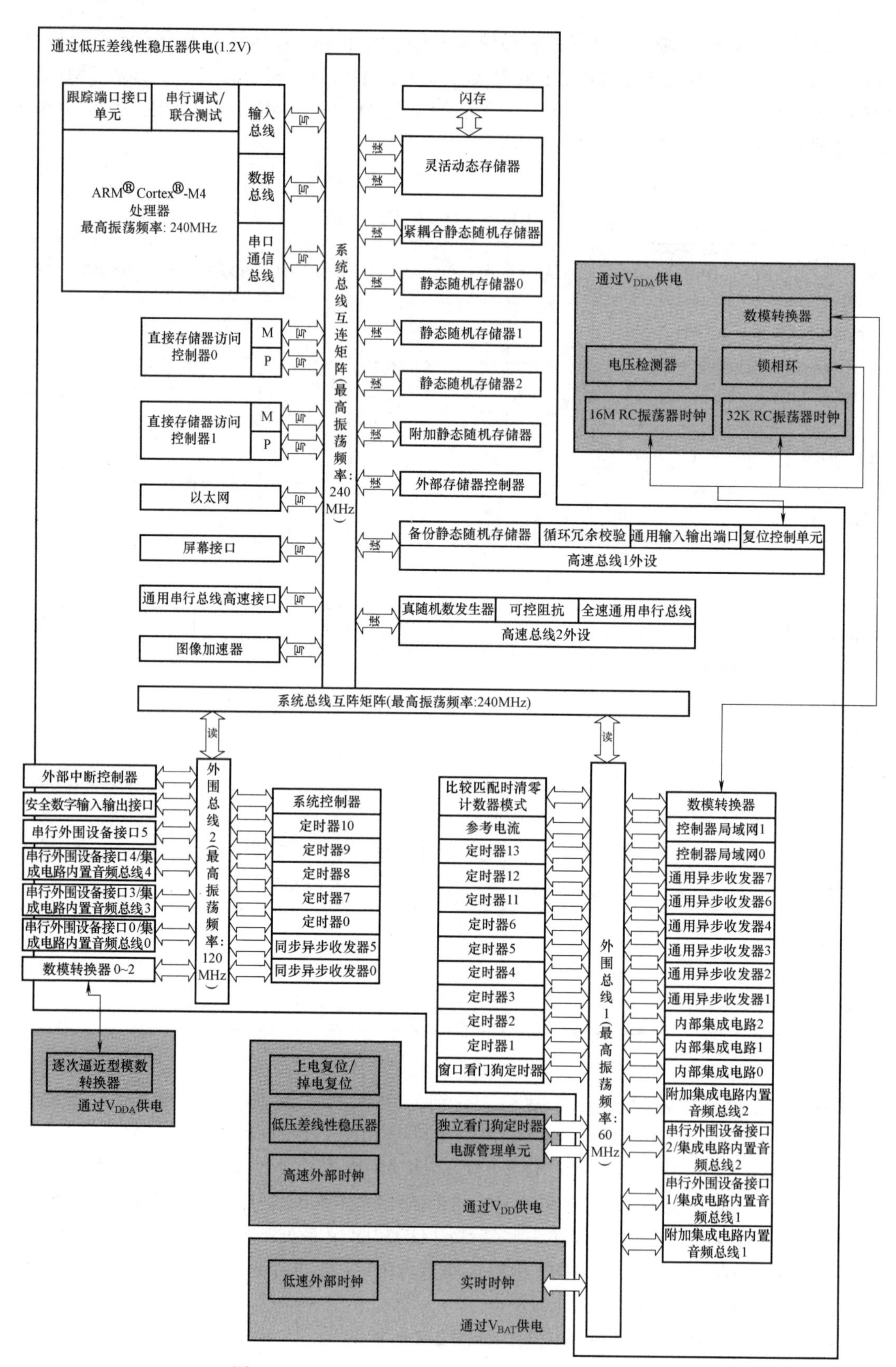

图 2-2 GD32F4xx 系列微控制器的系统架构示意图

2.3 存储器映射

Arm® Cortex®-M4 处理器采用哈佛结构，可以使用相互独立的总线来读取指令和加载 / 存储数据。指令代码和数据都位于相同的存储器地址空间，但在不同的地址范围。程序存储器、数据存储器、寄存器和 I/O 端口都在同一个线性的 4GB 的地址空间之内。这是 Cortex®-M4 的最大地址范围，因为它的地址总线宽度是 32 位。此外，为了降低不同客户在相同应用时的软件复杂度，存储映射是按 Cortex®-M4 处理器提供的规则预先定义的。在存储器映射表中，一部分地址空间由 Arm® Cortex®-M4 的系统外设所占用，且不可更改。此外，其余部分地址空间可由芯片供应商定义使用。表 2-2 显示了 GD32F4xx 系列微控制器的存储器映射，包括代码、SRAM、外设和其他预先定义的区域。几乎每个外设都分配了 1KB 的地址空间，这样可以简化每个外设的地址译码。

表 2-2　GD32F4xx 系列微控制器的存储器映射表

预先定义的地址空间	总线	地址范围	外设
外部设备	AHB 互连矩阵	0xC000 0000~0xDFFF FFFF	外部存储器控制器（EXMC）- 同步动态随机存储器（SDRAM）
		0xA000 1000~0xBFFF FFFF	保留
		0xA000 0000~0xA000 0FFF	EXMC- 软件寄存器（SWREG）
外部 RAM		0x9000 0000~0x9FFF FFFF	EXMC- 个人计算机卡（PC CARD）
		0x7000 0000~0x8FFF FFFF	EXMC-NAND
		0x6000 0000~0x6FFF FFFF	EXMC-NOR/PSRAM/SRAM
外设	AHB2	0x5006 0C00~0x5FFF FFFF	保留
		0x5006 0800~0x5006 0BFF	真随机数发生器（TRNG）
		0x5005 0400~0x5006 07FF	保留
		0x5005 0000~0x5005 03FF	数字摄像头接口（DCI）
		0x5004 0000~0x5004 FFFF	保留
		0x5000 0000~0x5003 FFFF	USB 全速接口（USBFS）
	AHB1	0x4008 0000~0x4FFF FFFF	保留
		0x4004 0000~0x4007 FFFF	USB 高速接口（USBHS）
		0x4002 BC00~0x4003 FFFF	保留
		0x4002 B000~0x4002 BBFF	图像处理加速器（IPA）
		0x4002 A000~0x4002 AFFF	保留
		0x4002 8000~0x4002 9FFF	以太网（ENET）
		0x4002 6800~0x4002 7FFF	保留

（续）

预先定义的地址空间	总线	地址范围	外设
外设	AHB1	0x4002 6400~0x4002 67FF	DMA1
		0x4002 6000~0x4002 63FF	DMA0
		0x4002 5000~0x4002 5FFF	保留
		0x4002 4000~0x4002 4FFF	后备静态随机存储器（BKPSRAM）
		0x4002 3C00~0x4002 3FFF	闪存控制器（FMC）
		0x4002 3800~0x4002 3BFF	复位和时钟单元（RCU）
		0x4002 3400~0x4002 37FF	保留
		0x4002 3000~0x4002 33FF	循环冗余检验计算单元（CRC）
		0x4002 2400~0x4002 2FFF	保留
		0x4002 2000~0x4002 23FF	GPIOI
		0x4002 1C00~0x4002 1FFF	GPIOH
		0x4002 1800~0x4002 1BFF	GPIOG
		0x4002 1400~0x4002 17FF	GPIOF
		0x4002 1000~0x4002 13FF	GPIOE
		0x4002 0C00~0x4002 0FFF	GPIOD
		0x4002 0800~0x4002 0BFF	GPIOC
		0x4002 0400~0x4002 07FF	GPIOB
		0x4002 0000~0x4002 03FF	GPIOA
	APB2	0x4001 6C00~0x4001 FFFF	保留
		0x4001 6800~0x4001 6BFF	TFT-LCD 接口
		0x4001 5800~0x4001 67FF	保留
		0x4001 5400~0x4001 57FF	串行外设接口（SPI）5
		0x4001 5000~0x4001 53FF	SPI4/ 片上音频接口（I^2S）4
		0x4001 4C00~0x4001 4FFF	保留
		0x4001 4800~0x4001 4BFF	定时器 10
		0x4001 4400~0x4001 47FF	定时器 9
		0x4001 4000~0x4001 43FF	定时器 8
		0x4001 3C00~0x4001 3FFF	中断 / 事件控制器（EXTI）
		0x4001 3800~0x4001 3BFF	系统配置寄存器（SYSCFG）
		0x4001 3400~0x4001 37FF	SPI3/I^2S3
		0x4001 3000~0x4001 33FF	SPI0/I^2S0
		0x4001 2C00~0x4001 2FFF	安全的数字输入 / 输出接口（SDIO）

（续）

预先定义的地址空间	总线	地址范围	外设
外设	APB2	0x4001 2400~0x4001 2BFF	保留
		0x4001 2000~0x4001 23FF	模数转换器（ADC）
		0x4001 1800~0x4001 1FFF	保留
		0x4001 1400~0x4001 17FF	通用同步异步收发器（USART）5
		0x4001 1000~0x4001 13FF	USART0
		0x4001 0800~0x4001 0FFF	保留
		0x4001 0400~0x4001 07FF	定时器 7
		0x4001 0000~0x4001 03FF	定时器 0
	APB1	0x4000 C800~0x4000 FFFF	保留
		0x4000 C400~0x4000 C7FF	可编程参考电流
		0x4000 8000~0x4000 C3FF	保留
		0x4000 7C00~0x4000 7FFF	UART7
		0x4000 7800~0x4000 7BFF	UART6
		0x4000 7400~0x4000 77FF	数模转换器（DAC）
		0x4000 7000~0x4000 73FF	电源管理单元（PMU）
		0x4000 6C00~0x4000 6FFF	时钟校准控制器（CTC）
		0x4000 6800~0x4000 6BFF	控制器局域网（CAN）1
		0x4000 6400~0x4000 67FF	CAN0
		0x4000 6000~0x4000 63FF	保留
		0x4000 5C00~0x4000 5FFF	内部集成电路总线（I^2C）2
		0x4000 5800~0x4000 5BFF	I^2C1
		0x4000 5400~0x4000 57FF	I^2C0
		0x4000 5000~0x4000 53FF	通用异步收发器（UART）4
		0x4000 4C00~0x4000 4FFF	UART3
		0x4000 4800~0x4000 4BFF	USART2
		0x4000 4400~0x4000 47FF	USART1
		0x4000 4000~0x4000 43FF	附加 I^2S2
		0x4000 3C00~0x4000 3FFF	SPI2/I^2S2
		0x4000 3800~0x4000 3BFF	SPI1/I^2S1
		0x4000 3400~0x4000 37FF	附加 I^2S1
		0x4000 3000~0x4000 33FF	独立看门狗定时器（FWDGT）
		0x4000 2C00~0x4000 2FFF	窗口看门狗定时器（WWDGT）

（续）

预先定义的地址空间	总线	地址范围	外设
外设	APB1	0x4000 2800~0x4000 2BFF	实时时钟（RTC）
		0x4000 2400~0x4000 27FF	保留
		0x4000 2000~0x4000 23FF	定时器 13
		0x4000 1C00~0x4000 1FFF	定时器 12
		0x4000 1800~0x4000 1BFF	定时器 11
		0x4000 1400~0x4000 17FF	定时器 6
		0x4000 1000~0x4000 13FF	定时器 5
		0x4000 0C00~0x4000 0FFF	定时器 4
		0x4000 0800~0x4000 0BFF	定时器 3
		0x4000 0400~0x4000 07FF	定时器 2
		0x4000 0000~0x4000 03FF	定时器 1
SRAM	AHB 互连矩阵	0x2007 0000~0x3FFF FFFF	保留
		0x2003 0000~0x2006 FFFF	附加 SRAM（256KB）
		0x2002 0000~0x2002 FFFF	SRAM2（64KB）
		0x2001 C000~0x2001 FFFF	SRAM1（16KB）
		0x2000 0000~0x2001 BFFF	SRAM0（112KB）
外设	AHB 互连矩阵	0x1FFF C010~0x1FFF FFFF	保留
		0x1FFF C000~0x1FFF C00F	选项字节（页面 0）
		0x1FFF 7A10~0x1FFF BFFF	保留
		0x1FFF 7800~0x1FFF 7A0F	一次性可编程（OTP）（528B）
		0x1FFF 0000~0x1FFF 77FF	引导加载程序（30KB）
		0x1FFE C010~0x1FFE FFFF	保留
		0x1FFE C000~0x1FFE C00F	选项字节（页面 1）
		0x1001 0000~0x1FFE BFFF	保留
		0x1000 0000~0x1000 FFFF	紧耦合存储器（TCMSRAM）（64KB）
		0x0830 0000~0x0FFF FFFF	保留
		0x0800 0000~0x082F FFFF	主闪存（3072KB）
		0x0000 0000~0x07FF FFFF	启动设备别名

2.3.1 位带操作

为了减少“读—改—写”操作的次数，Cortex®-M4 处理器提供了一个可以执行单原子比特操作的位带功能。存储器映射包含了两个支持位带操作的区域。其中一个是 SRAM 区的最低 1MB 范围，另一个是片内外设区的最低 1MB 范围。这两个区域中的地址除了普通应用外，还有自己的“位带别名区”。位带别名区把每个比特扩展成一个 32 位的字。当用户访问位带别名区时，就可以达到访问原始比特的目的。

下面的公式表明了位带别名区中的每个字如何对应位带区的相应比特或目标比特。

$$\text{bit\_word\_addr} = \text{bit\_band\_base} + (\text{byte\_offset} \times 32) + (\text{bit\_number} \times 4) \tag{2-1}$$

式中，bit_word_addr 是位带区目标比特对应在位带别名区的地址；bit_band_base 是位带别名区的起始地址；byte_offset 是位带区目标比特所在的字节的字节地址偏移量；bit_number 是目标比特在对应字节中的位置（0~7）。

例如，要想访问 0x2000 0200 地址的第 7 位，可访问的位带别名区地址是

$$\text{bit\_word\_addr} = \text{0x2200 0000} + (\text{0x200} \times 32) + (7 \times 4) = \text{0x2200 401C} \tag{2-2}$$

如果对 0x2200 401C 进行写操作，那么 0x2000 0200 的第 7 位将会相应变化；如果对 0x2200 401C 进行读操作，那么视 0x2000 0200 的第 7 位状态而返回 0x01 或 0x00。

2.3.2 片上 SRAM 存储器

GD32F4xx 系列微控制器含有高达 256KB 的片上 SRAM、4KB 备份 SRAM 和 256KB 附加 SRAM，所有的 SRAM 均支持字节、半字（16bit）和整字（32bit）访问。片上 SRAM 可分为 4 块，分别为 SRAM0（112KB）、SRAM1（16KB）、SRAM2（64KB）和 TCMSRAM（64KB）。SRAM0、SRAM1 和 SRAM2 可以被所有的 AHB 主机访问，然而，TCMSRAM（紧耦合存储器 SRAM）只可被 Cortex®-M4 内核的数据总线访问。BKPSRAM（备份 SRAM）应用于备份域，即使当 VDD 供电电源掉电时，该 SRAM 仍可保持其内容。附加 SRAM（ADDSRAM）只在一些特殊的 GD32F4xx 系列微控制器中可用。由于采用 AHB 互连矩阵，上述 SRAM 块可以同时被不同的 AHB 主机访问，例如，即使 CPU 正在访问 SRAM0，USBHS 也可以访问 SRAM1。

2.3.3 片上 Flash 存储器

GD32F4xx 系列微控制器可以提供高密度片上 Flash 存储器，按以下分类进行组织：

1）高达 3072KB 主 Flash 存储器。

2）高达 30KB 引导装载程序（boot loader）信息块存储器。

3）高达 512B OTP（一次性可编程）存储器。

4）器件配置的选项字节。

2.4 引导配置

GD32F4xx 系列微控制器提供了 3 种引导源，可以通过 BOOT0 和 BOOT1 引脚来进行选择，详细说明见表 2-3。该两个引脚的电平状态会在复位后的第 4 个 CK_SYS（系统时钟）的上升沿进行锁存。用户可自行选择所需要的引导源，通过设置上电复位和系统复位后的 BOOT0 和 BOOT1 的引脚电平。一旦这两个引脚电平被采样，它们可以被释放并用于其他用途。

上电序列或系统复位后，Arm® Cortex®-M4 处理器先从 0x0000 0000 地址获取栈顶值，再从 0x0000 0004 地址获得引导代码的基地址，然后从引导代码的基地址开始执行程序。

表 2-3 引导模式

引导源选择	启动模式选择引脚	
	BOOT1	BOOT0
主 Flash 存储器	x	0
引导装载程序	0	1
片上 SRAM	1	1

所选引导源对应的存储空间会被映射到引导存储空间，即从 0x0000 0000 开始的地址空间。如果片上 SRAM（开始于 0x2000 0000 的存储空间）被选为引导源，用户必须在应用程序初始化代码中通过修改 NVIC 异常向量表和偏移地址将向量表重置到 SRAM 中。当主 Flash 存储器被选择作为引导源，从 0x0800 0000 开始的存储空间会被映射到引导存储空间。由于主 Flash 存储器的 Bank0 或 Bank1 均可映射到地址 0x0800 0000（通过配置 SYSCFG_CFG0 寄存器的 FMC_SWP 控制位，具体参考 2.5.1 节），所以微控制器可以使用该方法从 Bank0 或 Bank1 中启动。

为了使能引导块功能，选项字节中的 BB 控制位需要被置位。当该控制位被置位并且主 Flash 存储器被选择作为引导源，微控制器从引导装载程序中启动并且引导装载程序跳至主 Flash 存储器的 Bank1 中执行代码。在应用程序初始化代码中，用户必须通过修改 NVIC 异常向量表和偏移地址将向量表重置到 Bank1 基地址。

引导装载程序在生产器件的过程中已经被编程，用于通过以下其中一个通信接口重新编程主 Flash 存储器：USART0（PA9 和 PA10）、USART2（PB10 和 PB11 或 PC10 和 PC11）。

2.5 系统配置寄存器（SYSCFG）

SYSCFG 基地址：0x4001 3800。

2.5.1 配置寄存器 0（SYSCFG_CFG0）

地址偏移：0x00。

复位值：0x0000 000X（根据 BOOT0 和 BOOT1 引脚的状态，X 表示 BOOT_MODE［1:0］，可能为任意值）。

该寄存器只能按字（32 位）访问，字的格式如图 2-3 所示。

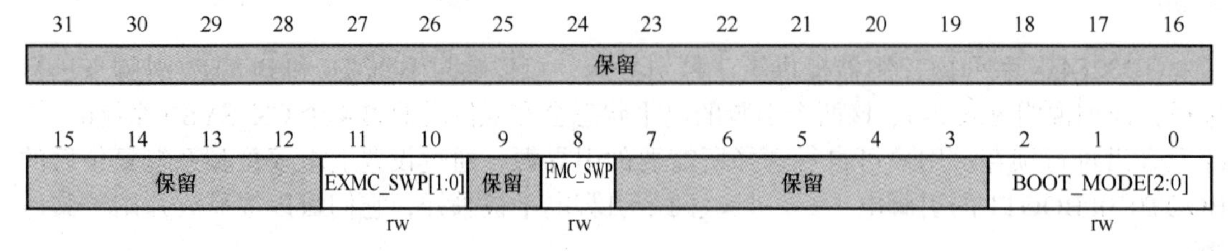

图 2-3 配置寄存器 0 的 32 位字格式

配置寄存器 0 的 32 位字的每个位的含义见表 2-4。

表 2-4 配置寄存器 0 的 32 位字的每个位的含义

<table>
<tr><th>位 / 位域</th><th>名称</th><th>描述</th></tr>
<tr><td>31:12</td><td>保留</td><td>必须保持复位值</td></tr>
<tr><td>11:10</td><td>EXMC_SWP [1:0]</td><td>EXMC 存储器映射切换
这些位控制在 EXMC 存储器中地址映射切换功能
00：无存储器映射切换
01：SDRAM 的 Bank0 和 Bank1 与 NAND Bank1 和 PC CARD 进行切换，然后，SDRAM 的 Bank0 和 Bank1 被映射到 0x8000 0000~0x9FFF FFFF 的地址范围，NAND 的 Bank1 被映射到 0xC000 0000~0xCFFF FFFF 的地址范围，PC CARD 被映射到 0xD000 0000~0xDFFF FFFF 的地址范围
其他配置保留</td></tr>
<tr><td>9</td><td>保留</td><td>必须保持复位值</td></tr>
<tr><td>8</td><td>FMC_SWP</td><td>FMC 存储器映射切换
这些位控制主 Flash 存储器的 Bank0 和 Bank1 的地址映射切换功能
0：主 Flash 存储器的 Bank0 被映射到地址 0x0800 0000，主 Flash 存储器的 Bank1 被映射到地址 0x0810 0000
1：主 Flash 存储器的 Bank1 被映射到地址 0x0800 0000，主 Flash 存储器的 Bank0 被映射到地址 0x0810 0000</td></tr>
<tr><td>7:3</td><td>保留</td><td>必须保持复位值</td></tr>
<tr><td>2:0</td><td>BOOT_MODE [2:0]</td><td>引导模式（详细请参考 2.4 节 BOOT 配置）
这些位选择在地址 0x0000 0000 的访问值，复位之后，根据 BOOT0 和 BOOT1 引脚的配置通过下表获取初始值：
<table>
<tr><th>BOOT1</th><th>BOOT0</th><th>BOOT_MODE [2:0] 的复位值</th><th>系统启动所选存储器</th></tr>
<tr><td>x</td><td>0</td><td>000</td><td>主 Flash 存储器</td></tr>
<tr><td>0</td><td>1</td><td>001</td><td>引导装载代码所在系统存储器</td></tr>
<tr><td>1</td><td>1</td><td>011</td><td>片上 SRAM</td></tr>
</table>
通过软件配置可以选择更多的器件，一旦这些控制位通过软件写入，BOOT0 和 BOOT1 引脚的电平状态将会被忽略
000：主 Flash 存储器（0x0800 0000~0x08FF FFFF）被映射到地址 0x0000 0000
001：引导装载代码所在系统存储器（0x1FFF 0000~0x1FFF 7FFF）被映射到地址 0x0000 0000
010：EXMC 的 SRAM/NOR 0 和 1（0x6000 0000~0x67FF FFFF）被映射到地址 0x0000 0000
011：片上 SRAM 的 SRAM0（0x2000 0000~0x2001 BFFF）被映射到地址 0x0000 0000
100：EXMC 的 SDRAM Device0（0xC000 0000~0xC7FF FFFF）被映射到地址 0x0000 0000
其他配置保留
注意：即使映射到地址 0x0000 0000，相应存储器仍可通过原始存储空间进行访问</td></tr>
</table>

2.5.2 配置寄存器 1（SYSCFG_CFG1）

地址偏移：0x04。

复位值：0x0000 0000。

该寄存器只能按字（32位）访问，字的格式如图2-4所示。

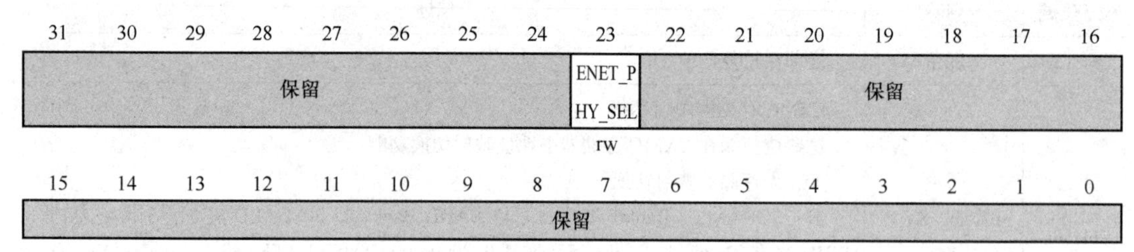

图2-4 配置寄存器1的32位字格式

配置寄存器1的32位字的每个位的含义见表2-5。

表2-5 配置寄存器1的32位字的每个位的含义

位/位域	名称	描述
31:24	保留	必须保持复位值
23	ENET_PHY_SEL	以太网PHY选择 这些位为以太网MAC选择PHY接口 当以太网MAC在复位状态下，且在MAC时钟使能之前，这些控制位必须被配置 0：选择MII 1：选择RMII
22:0	保留	必须保持复位值

2.5.3 EXTI源选择寄存器0（SYSCFG_EXTISS0）

地址偏移：0x08。
复位值：0x0000 0000。
该寄存器只能按字（32位）访问，字的格式如图2-5所示。

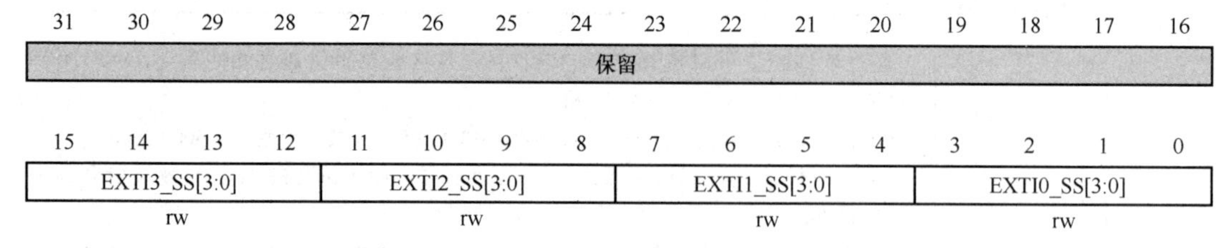

图2-5 EXTI源选择寄存器0的32位字格式

EXTI源选择寄存器0的32位字的每个位的含义见表2-6。

2.5.4 EXTI源选择寄存器1（SYSCFG_EXTISS1）

地址偏移：0x0C。
复位值：0x0000 0000。
该寄存器只能按字（32位）访问，字的格式如图2-6所示。
EXTI源选择寄存器1的32位字的每个位的含义见表2-7。

表 2-6　EXTI 源选择寄存器 0 的 32 位字的每个位的含义

位 / 位域	名称	描述
31:16	保留	必须保持复位值
15:12	EXTI3_SS［3:0］	EXTI 3 源选择 0000：PA3 引脚 0001：PB3 引脚 0010：PC3 引脚 0011：PD3 引脚 0100：PE3 引脚 0101：PF3 引脚 0110：PG3 引脚 0111：PH3 引脚 1000：PI3 引脚 其他配置保留
11:8	EXTI2_SS［3:0］	EXTI 2 源选择 0000：PA2 引脚 0001：PB2 引脚 0010：PC2 引脚 0011：PD2 引脚 0100：PE2 引脚 0101：PF2 引脚 0110：PG2 引脚 0111：PH2 引脚 1000：PI2 引脚 其他配置保留
7:4	EXTI1_SS［3:0］	EXTI 1 源选择 0000：PA1 引脚 0001：PB1 引脚 0010：PC1 引脚 0011：PD1 引脚 0100：PE1 引脚 0101：PF1 引脚 0110：PG1 引脚 0111：PH1 引脚 1000：PI1 引脚 其他配置保留
3:0	EXTI0_SS［3:0］	EXTI 0 源选择 0000：PA0 引脚 0001：PB0 引脚 0010：PC0 引脚 0011：PD0 引脚 0100：PE0 引脚 0101：PF0 引脚 0110：PG0 引脚 0111：PH0 引脚 1000：PI0 引脚 其他配置保留

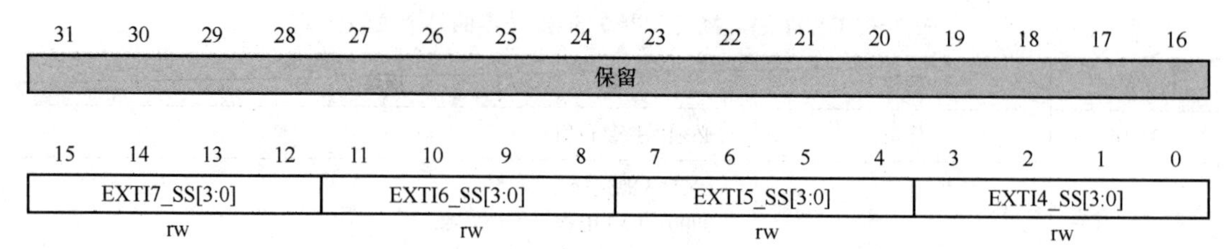

图 2-6 EXTI 源选择寄存器 1 的 32 位字格式

表 2-7 EXTI 源选择寄存器 1 的 32 位字的每个位的含义

位 / 位域	名称	描述
31:16	保留	必须保持复位值
15:12	EXTI7_SS［3:0］	EXTI 7 源选择 0000：PA7 引脚 0001：PB7 引脚 0010：PC7 引脚 0011：PD7 引脚 0100：PE7 引脚 0101：PF7 引脚 0110：PG7 引脚 0111：PH7 引脚 1000：PI7 引脚 其他配置保留
11:8	EXTI6_SS［3:0］	EXTI 6 源选择 0000：PA6 引脚 0001：PB6 引脚 0010：PC6 引脚 0011：PD6 引脚 0100：PE6 引脚 0101：PF6 引脚 0110：PG6 引脚 0111：PH6 引脚 1000：PI6 引脚 其他配置保留
7:4	EXTI5_SS［3:0］	EXTI 5 源选择 0000：PA5 引脚 0001：PB5 引脚 0010：PC5 引脚 0011：PD5 引脚 0100：PE5 引脚 0101：PF5 引脚 0110：PG5 引脚 0111：PH5 引脚 1000：PI5 引脚 其他配置保留

（续）

位 / 位域	名称	描述
3:0	EXTI4_SS［3:0］	EXTI 4 源选择 0000：PA4 引脚 0001：PB4 引脚 0010：PC4 引脚 0011：PD4 引脚 0100：PE4 引脚 0101：PF4 引脚 0110：PG4 引脚 0111：PH4 引脚 1000：PI4 引脚 其他配置保留

2.5.5　EXTI 源选择寄存器 2（SYSCFG_EXTISS2）

地址偏移：0x10。

复位值：0x0000 0000。

该寄存器只能按字（32 位）访问，字的格式如图 2-7 所示。

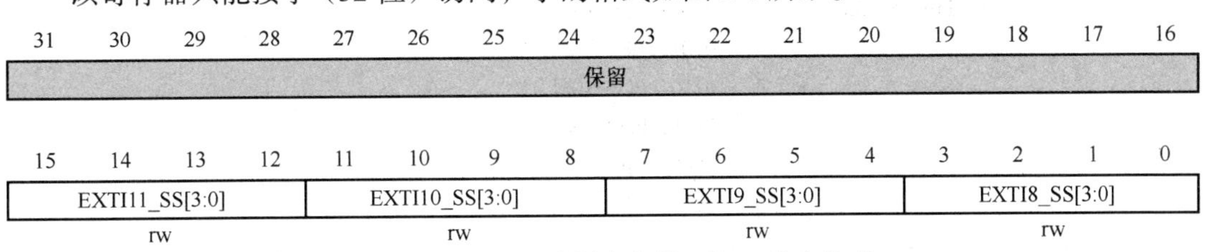

图 2-7　EXTI 源选择寄存器 2 的 32 位字格式

EXTI 源选择寄存器 2 的 32 位字的每个位的含义见表 2-8。

表 2-8　EXTI 源选择寄存器 2 的 32 位字的每个位的含义

位 / 位域	名称	描述
31:16	保留	必须保持复位值
15:12	EXTI11_SS［3:0］	EXTI 11 源选择 0000：PA11 引脚 0001：PB11 引脚 0010：PC11 引脚 0011：PD11 引脚 0100：PE11 引脚 0101：PF11 引脚 0110：PG11 引脚 0111：PH11 引脚 1000：PI11 引脚 其他配置保留

（续）

位/位域	名称	描述
11:8	EXTI10_SS［3:0］	EXTI 10 源选择 0000：PA10 引脚 0001：PB10 引脚 0010：PC10 引脚 0011：PD10 引脚 0100：PE10 引脚 0101：PF10 引脚 0110：PG10 引脚 0111：PH10 引脚 1000：PI10 引脚 其他配置保留
7:4	EXTI9_SS［3:0］	EXTI 9 源选择 0000：PA9 引脚 0001：PB9 引脚 0010：PC9 引脚 0011：PD9 引脚 0100：PE9 引脚 0101：PF9 引脚 0110：PG9 引脚 0111：PH9 引脚 1000：PI9 引脚 其他配置保留
3:0	EXTI8_SS［3:0］	EXTI 8 源选择 0000：PA8 引脚 0001：PB8 引脚 0010：PC8 引脚 0011：PD8 引脚 0100：PE8 引脚 0101：PF8 引脚 0110：PG8 引脚 0111：PH8 引脚 1000：PI8 引脚 其他配置保留

2.5.6　EXTI 源选择寄存器 3（SYSCFG_EXTISS3）

地址偏移：0x14。

复位值：0x0000 0000。

该寄存器只能按字（32 位）访问，字的格式如图 2-8 所示。

EXTI 源选择寄存器 3 的 32 位字的每个位的含义见表 2-9。

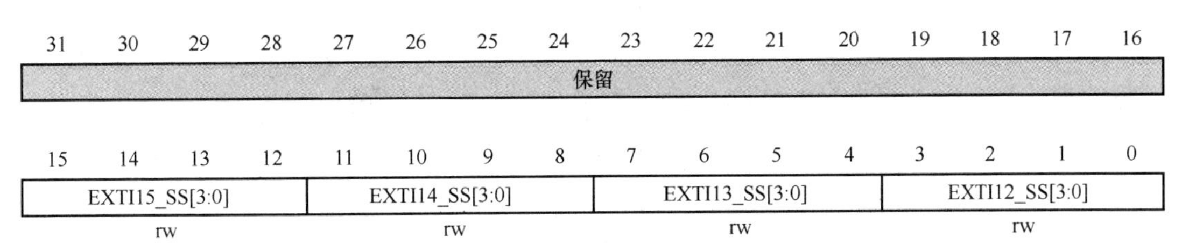

图 2-8　EXTI 源选择寄存器 3 的 32 位字格式

表 2-9　EXTI 源选择寄存器 3 的 32 位字的每个位的含义

位 / 位域	名称	描述
31:16	保留	必须保持复位值
15:12	EXTI15_SS［3:0］	EXTI 15 源选择 0000：PA15 引脚 0001：PB15 引脚 0010：PC15 引脚 0011：PD15 引脚 0100：PE15 引脚 0101：PF15 引脚 0110：PG15 引脚 0111：PH15 引脚 其他配置保留
11:8	EXTI14_SS［3:0］	EXTI 14 源选择 0000：PA14 引脚 0001：PB14 引脚 0010：PC14 引脚 0011：PD14 引脚 0100：PE14 引脚 0101：PF14 引脚 0110：PG14 引脚 0111：PH14 引脚 其他配置保留
7:4	EXTI13_SS［3:0］	EXTI 13 源选择 0000：PA13 引脚 0001：PB13 引脚 0010：PC13 引脚 0011：PD13 引脚 0100：PE13 引脚 0101：PF13 引脚 0110：PG13 引脚 0111：PH13 引脚 其他配置保留

（续）

位 / 位域	名称	描述
3:0	EXTI12_SS［3:0］	EXTI 12 源选择 0000：PA12 引脚 0001：PB12 引脚 0010：PC12 引脚 0011：PD12 引脚 0100：PE12 引脚 0101：PF12 引脚 0110：PG12 引脚 0111：PH12 引脚 其他配置保留

2.5.7 I/O 补偿控制寄存器（SYSCFG_CPSCTL）

地址偏移：0x20。

复位值：0x0000 0000。

该寄存器只能按字（32 位）访问，字的格式如图 2-9 所示。

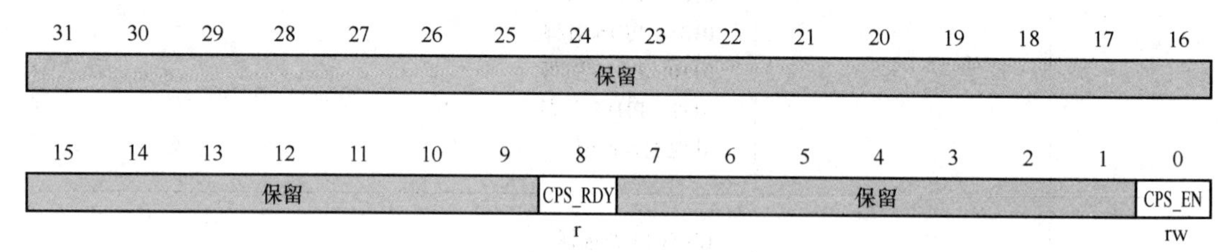

图 2-9 I/O 补偿控制寄存器的 32 位字格式

I/O 补偿控制寄存器的 32 位字的每个位的含义见表 2-10。

表 2-10 I/O 补偿控制寄存器的 32 位字的每个位的含义

位 / 位域	名称	描述
31:9	保留	必须保持复位值
8	CPS_RDY	I/O 补偿单元是否准备好该位只读 0：I/O 补偿单元没有准备好 1：I/O 补偿单元准备好
7:1	保留	必须保持复位值
0	CPS_EN	I/O 补偿单元使能 0：I/O 补偿单元掉电 1：I/O 补偿单元使能

2.6 小结

本章介绍了 Arm® Cortex®-M4 系列微处理器的结构功能、系统架构、存储器设计、引导配置等相关知识。通过学习本章，读者能从宏观上了解 Arm® Cortex®-M4 系列微处理器的功能，为在后续章节中应用该系列微处理器相关模块奠定基础。

实验视频

2-1　安装软件

2-2　新建工程

习　题

1. Arm® Cortex®-M4 处理器有哪几条系统总线？存储器采用什么架构？
2. Cortex®-M4 提供的系统外设有哪些？
3. 程序存储器、数据存储器、寄存器和 I/O 端口的地址空间有多大？为什么？

Chapter 3

第3章 中断/事件控制器

中断是指计算机正常运行过程中，出现某些意外情况需主机干预时，计算机能自动停止正在运行的程序并转入干预程序，处理完毕后又返回被暂停的正常程序继续运行。中断是计算机实现并发执行的关键，也是操作系统工作的根本功能。本章将介绍 Cortex®-M4 处理器的中断/事件控制器，它赋予了微控制器实时响应中断信号/事件的能力。

3.1 简介

Cortex®-M4 处理器集成了嵌套式矢量型中断控制器（Nested Vectored Interrupt Controller，NVIC）来实现高效的异常和中断处理。NVIC 实现了低延迟的异常、中断处理以及电源管理控制，它和内核是紧密耦合的。

中断/事件控制器（EXTI）包括 23 个相互独立的边沿检测电路并且能够向处理器内核产生中断请求或唤醒事件。EXTI 有 3 种触发类型：上升沿触发、下降沿触发和任意沿触发。EXTI 中的每一个边沿检测电路都可以独立配置和屏蔽。

3.2 主要特性

1）Cortex®-M4 系统异常。
2）91 种可屏蔽的外设中断。
3）4 位中断优先级配置位，可提供 16 个中断优先等级。
4）高效的中断处理。
5）支持异常抢占和咬尾中断。
6）将系统从省电模式唤醒。
7）EXTI 中有 23 个相互独立的边沿检测电路。
8）3 种触发类型：上升沿触发、下降沿触发和任意沿触发。
9）软件中断或事件触发。
10）可配置的触发源。

3.3 中断功能描述

Arm® Cortex®-M4 处理器和嵌套式矢量型中断控制器（NVIC）在处理（Handler）模式下对所有异常进行优先级区分以及处理。当异常发生时，系统自动将当前处理器工作状态压栈，在执行完中断服务子程序（ISR）后自动将其出栈。

取向量是和当前工作态压栈并行进行的，从而提高了中断入口效率。处理器支持咬尾中断，可实现背靠背中断，大幅削减了反复切换工作态所带来的开销。表 3-1 列出了所有的异常类型。表 3-2 列出了所有的中断向量。

表 3-1 Cortex-M4 中的 NVIC 异常类型

异常类型	向量编号	优先级（a）	向量地址	描述
—	0	—	0x0000 0000	保留
复位	1	–3	0x0000 0004	复位
NMI	2	–2	0x0000 0008	不可屏蔽中断
硬件故障	3	–1	0x0000 000C	各种硬件级别的故障
存储器管理	4	可编程设置	0x0000 0010	存储器管理
总线故障	5	可编程设置	0x0000 0014	预取指故障，存储器访问故障
用法故障	6	可编程设置	0x0000 0018	未定义的指令或非法状态
—	7~10	—	0x0000 001C~ 0x0000 002B	保留
SVCall 服务调用	11	可编程设置	0x0000 002C	通过 SWI 指令实现系统服务调用
调试监控	12	可编程设置	0x0000 0030	调试监视器
—	13	—	0x0000 0034	保留
PendSV 挂起服务	14	可编程设置	0x0000 0038	可挂起的系统服务请求
系统节拍	15	可编程设置	0x0000 003C	系统节拍定时器

表 3-2 中断向量表

中断编号	向量编号	外设中断描述	向量地址
IRQ 0	16	窗口看门狗中断	0x0000 0040
IRQ 1	17	连接到 EXTI 线的 LVD 中断	0x0000 0044
IRQ 2	18	连接到 EXTI 线的 RTC 侵入和时间戳中断	0x0000 0048
IRQ 3	19	连接到 EXTI 线的 RTC 唤醒中断	0x0000 004C
IRQ 4	20	FMC 全局中断	0x0000 0050
IRQ 5	21	RCU 和 CTC 中断	0x0000 0054

（续）

中断编号	向量编号	外设中断描述	向量地址
IRQ 6	22	EXTI 线 0 中断	0x0000 0058
IRQ 7	23	EXTI 线 1 中断	0x0000 005C
IRQ 8	24	EXTI 线 2 中断	0x0000 0060
IRQ 9	25	EXTI 线 3 中断	0x0000 0064
IRQ 10	26	EXTI 线 4 中断	0x0000 0068
IRQ 11	27	DMA0 通道 0 全局中断	0x0000 006C
IRQ 12	28	DMA0 通道 1 全局中断	0x0000 0070
IRQ 13	29	DMA0 通道 2 全局中断	0x0000 0074
IRQ 14	30	DMA0 通道 3 全局中断	0x0000 0078
IRQ 15	31	DMA0 通道 4 全局中断	0x0000 007C
IRQ 16	32	DMA0 通道 5 全局中断	0x0000 0080
IRQ 17	33	DMA0 通道 6 全局中断	0x0000 0084
IRQ 18	34	ADC 全局中断	0x0000 0088
IRQ 19	35	CAN0 TX 中断	0x0000 008C
IRQ 20	36	CAN0 RX0 中断	0x0000 0090
IRQ 21	37	CAN0 RX1 中断	0x0000 0094
IRQ 22	38	CAN0 EWMC 中断	0x0000 0098
IRQ 23	39	EXTI 线［9:5］中断	0x0000 009C
IRQ 24	40	TIMER0 中止中断和 TIMER8 全局中断	0x0000 00A0
IRQ 25	41	TIMER0 更新中断和 TIMER9 全局中断	0x0000 00A4
IRQ 26	42	TIMER0 触发与通道换相中断和 TIMER10 全局中断	0x0000 00A8
IRQ 27	43	TIMER0 捕获比较中断	0x0000 00AC
IRQ 28	44	TIMER1 全局中断	0x0000 00B0
IRQ 29	45	TIMER2 全局中断	0x0000 00B4
IRQ 30	46	TIMER3 全局中断	0x0000 00B8
IRQ 31	47	I^2C0 事件中断	0x0000 00BC
IRQ 32	48	I^2C0 错误中断	0x0000 00C0
IRQ 33	49	I^2C1 事件中断	0x0000 00C4
IRQ 34	50	I^2C1 错误中断	0x0000 00C8
IRQ 35	51	SPI0 全局中断	0x0000 00CC

（续）

中断编号	向量编号	外设中断描述	向量地址
IRQ 36	52	SPI1 全局中断	0x0000 00D0
IRQ 37	53	USART0 全局中断	0x0000 00D4
IRQ 38	54	USART1 全局中断	0x0000 00D8
IRQ 39	55	USART2 全局中断	0x0000 00DC
IRQ 40	56	EXTI 线［15：10］中断	0x0000 00E0
IRQ 41	57	连接到 EXTI 线的 RTC 闹钟中断	0x0000 00E4
IRQ 42	58	连接到 EXTI 线的 USBFS 唤醒中断	0x0000 00E8
IRQ 43	59	TIMER7 中止中断和 TIMER11 全局中断	0x0000 00EC
IRQ 44	60	TIMER7 更新中断和 TIMER12 全局中断	0x0000 00F0
IRQ 45	61	TIMER7 触发与通道换相中断和 TIMER13 全局中断	0x0000 00F4
IRQ 46	62	TIMER7 捕获比较中断	0x0000 00F8
IRQ 47	63	DMA0 通道 7 全局中断	0x0000 00FC
IRQ 48	64	EXMC 全局中断	0x0000 0100
IRQ 49	65	SDIO 全局中断	0x0000 0104
IRQ 50	66	TIMER4 全局中断	0x0000 0108
IRQ 51	67	SPI2 全局中断	0x0000 010C
IRQ 52	68	UART3 全局中断	0x0000 0110
IRQ 53	69	UART4 全局中断	0x0000 0114
IRQ 54	70	TIMER5 全局中断 DAC0，DAC1 下溢错误中断	0x0000 0118
IRQ 55	71	TIMER6 全局中断	0x0000 011C
IRQ 56	72	DMA1 通道 0 全局中断	0x0000 0120
IRQ 57	73	DMA1 通道 1 全局中断	0x0000 0124
IRQ 58	74	DMA1 通道 2 全局中断	0x0000 0128
IRQ 59	75	DMA1 通道 3 全局中断	0x0000 012C
IRQ 60	76	DMA1 通道 4 全局中断	0x0000 0130
IRQ 61	77	以太网全局中断	0x0000 0134
IRQ 62	78	连接到 EXTI 线的以太网唤醒中断	0x0000 0138
IRQ 63	79	CAN1 TX 中断	0x0000 013C

（续）

中断编号	向量编号	外设中断描述	向量地址
IRQ 64	80	CAN1 RX0 中断	0x0000 0140
IRQ 65	81	CAN1 RX1 中断	0x0000 0144
IRQ 66	82	CAN1 EWMC 中断	0x0000 0148
IRQ 67	83	USBFS 全局中断	0x0000 014C
IRQ 68	84	DMA1 通道 5 全局中断	0x0000 0150
IRQ 69	85	DMA1 通道 6 全局中断	0x0000 0154
IRQ 70	86	DMA1 通道 7 全局中断	0x0000 0158
IRQ 71	87	USART5 全局中断	0x0000 015C
IRQ 72	88	I²C2 事件中断	0x0000 0160
IRQ 73	89	I²C2 错误中断	0x0000 0164
IRQ 74	90	USBHS 端点 1 输出中断	0x0000 0168
IRQ 75	91	USBHS 端点 1 输入中断	0x0000 016C
IRQ 76	92	连接到 EXTI 线的 USBHS 唤醒中断	0x0000 0170
IRQ 77	93	USBHS 全局中断	0x0000 0174
IRQ 78	94	DCI 全局中断	0x0000 0178
IRQ 79	95	保留	0x0000 017C
IRQ 80	96	TRNG 全局中断	0x0000 0180
IRQ 81	97	FPU 全局中断	0x0000 0184
IRQ 82	98	UART6 全局中断	0x0000 0188
IRQ 83	99	UART7 全局中断	0x0000 018C
IRQ 84	100	SPI3 全局中断	0x0000 0190
IRQ 85	101	SPI4 全局中断	0x0000 0194
IRQ 86	102	SPI5 全局中断	0x0000 0198
IRQ 87	103	保留	0x0000 019C
IRQ 88	104	TLI 全局中断	0x0000 01A0
IRQ 89	105	TLI 错误中断	0x0000 01A4
IRQ 90	106	IPA 全局中断	0x0000 01A8

3.4 结构框图

中断 / 事件控制器（EXTI）结构框图如图 3-1 所示。

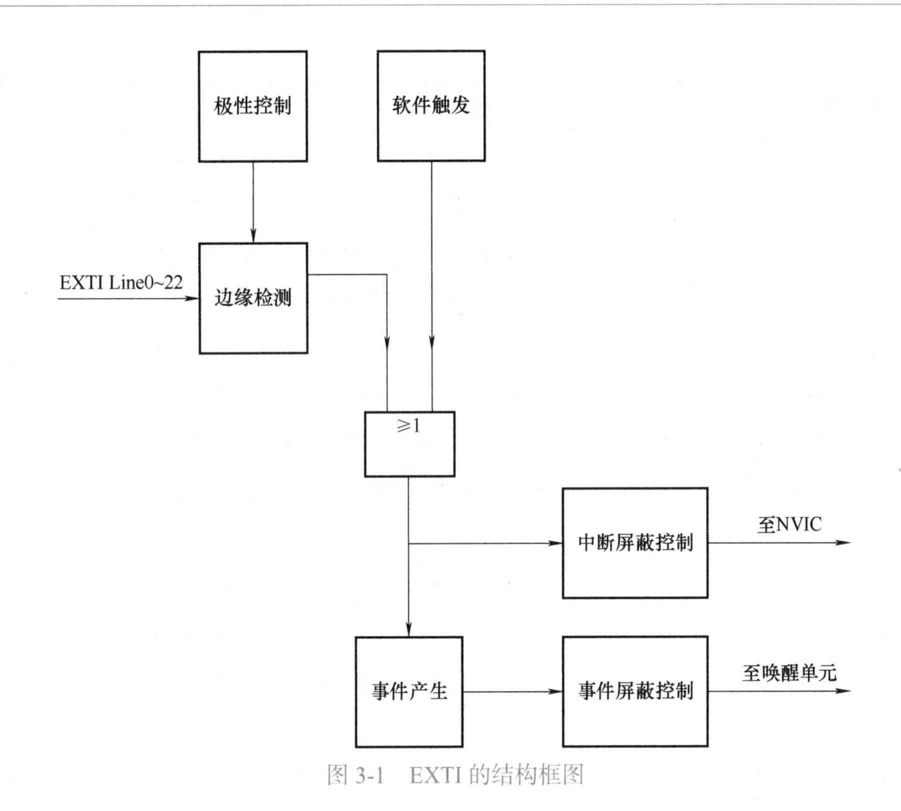

图 3-1　EXTI 的结构框图

3.5 外部中断及事件功能概述

EXTI 包含 23 个相互独立的边沿检测电路，并且可以向处理器产生中断请求或事件唤醒。EXTI 提供 3 种触发类型：上升沿触发、下降沿触发和任意沿触发。EXTI 中每个边沿检测电路都可以分别予以配置或屏蔽。

EXTI 触发源包括来自 I/O 引脚的 16 根线以及来自内部模块的 7 根线（包括 LVD、RTC 闹钟、USB 唤醒、以太网唤醒、RTC 侵入和时间戳、RTC 唤醒）。通过配置 SYSCFG_EXTISSx 寄存器，所有的 GPIO 引脚都可以被选作 EXTI 的触发源。EXTI 触发源见表 3-3。

除了中断，EXTI 还可以向处理器提供事件信号。Cortex®-M4 内核完全支持等待中断（WFI）、等待事件（WFE）和发送事件（SEV）指令。芯片内部有一个唤醒中断控制器（WIC），用户可以让处理器和 NVIC 进入功耗极低的省电模式，由 WIC 来识别中断和事件以及判断优先级。当某些预期的事件发生时，如一个特定的 I/O 引脚电平翻转或者 RTC 闹钟动作，EXTI 能唤醒处理器及整个系统。

表 3-3　EXTI 触发源

EXTI 线编号	触发源
0	PA0/PB0/PC0/PD0/PE0/PF0/PG0/PH0/PI0
1	PA1/PB1/PC1/PD1/PE1/PF1/PG1/PH1/PI1
2	PA2/PB2/PC2/PD2/PE2/PF2/PG2/PH2/PI2
3	PA3/PB3/PC3/PD3/PE3/PF3/PG3/PH3/PI3

（续）

EXTI 线编号	触发源
4	PA4/PB4/PC4/PD4/PE4/PF4/PG4/PH4/PI4
5	PA5/PB5/PC5/PD5/PE5/PF5/PG5/PH5/PI5
6	PA6/PB6/PC6/PD6/PE6/PF6/PG6/PH6/PI6
7	PA7/PB7/PC7/PD7/PE7/PF7/PG7/PH7/PI7
8	PA8/PB8/PC8/PD8/PE8/PF8/PG8/PH8/PI8
9	PA9/PB9/PC9/PD9/PE9/PF9/PG9/PH9/PI9
10	PA10/PB10/PC10/PD10/PE10/PF10/PG10/PH10/PI10
11	PA11/PB11/PC11/PD11/PE11/PF11/PG11/PH11/PI11
12	PA12/PB12/PC12/PD12/PE12/PF12/PG12/PH12
13	PA13/PB13/PC13/PD13/PE13/PF13/PG13/PH13
14	PA14/PB14/PC14/PD14/PE14/PF14/PG14/PH14
15	PA15/PB15/PC15/PD15/PE15/PF15/PG15/PH15
16	LVD
17	RTC 闹钟
18	USBFS 唤醒
19	以太网唤醒
20	USBHS 唤醒
21	RTC 侵入和时间戳事件
22	RTC 唤醒

3.6 EXTI 寄存器

EXTI 基地址：0x4001 3C00。

3.6.1 中断使能寄存器（EXTI_INTEN）

地址偏移：0x00。

复位值：0x0000 0000。

该寄存器只能按字（32 位）访问，字的格式如图 3-2 所示。

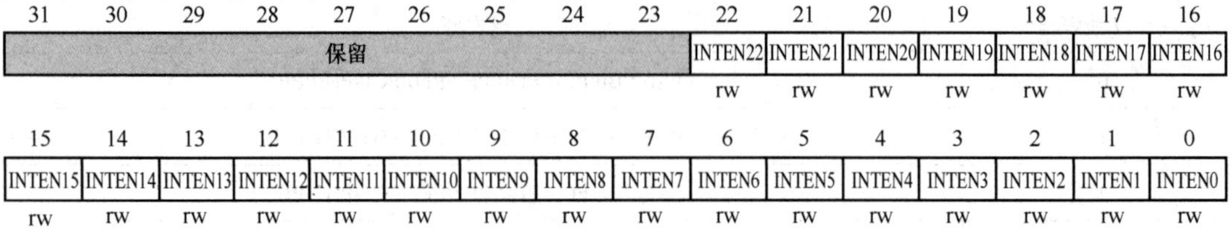

31	30	29	28	27	26	25	24	23	22	21	20	19	18	17	16
保留									INTEN22	INTEN21	INTEN20	INTEN19	INTEN18	INTEN17	INTEN16
									rw	rw	rw	rw	rw	rw	rw

15	14	13	12	11	10	9	8	7	6	5	4	3	2	1	0
INTEN15	INTEN14	INTEN13	INTEN12	INTEN11	INTEN10	INTEN9	INTEN8	INTEN7	INTEN6	INTEN5	INTEN4	INTEN3	INTEN2	INTEN1	INTEN0
rw	rw	rw	rw	rw	rw	rw	rw	rw	rw	rw	rw	rw	rw	rw	rw

图 3-2　中断使能寄存器的 32 位字格式

中断使能寄存器的 32 位字的每个位的含义见表 3-4。

表 3-4 中断使能寄存器的 32 位字的每个位的含义

位 / 位域	名称	描述
31:23	保留	必须保持复位值
22:0	INTENx	中断使能位，x=0~22 0：第 x 线中断被禁止 1：第 x 线中断被使能

3.6.2 事件使能寄存器（EXTI_EVEN）

地址偏移：0x04。
复位值：0x0000 0000。
该寄存器只能按字（32 位）访问，字的格式如图 3-3 所示。

31	30	29	28	27	26	25	24	23	22	21	20	19	18	17	16
保留									EVEN22	EVEN21	EVEN20	EVEN19	EVEN18	EVEN17	EVEN16
									rw	rw	rw	rw	rw	rw	rw

15	14	13	12	11	10	9	8	7	6	5	4	3	2	1	0
EVEN15	EVEN14	EVEN13	EVEN12	EVEN11	EVEN10	EVEN9	EVEN8	EVEN7	EVEN6	EVEN5	EVEN4	EVEN3	EVEN2	EVEN1	EVEN0
rw	rw	rw	rw	rw	rw	rw	rw	rw	rw	rw	rw	rw	rw	rw	rw

图 3-3 事件使能寄存器的 32 位字格式

事件使能寄存器的 32 位字的每个位的含义见表 3-5。

表 3-5 事件使能寄存器的 32 位字的每个位的含义

位 / 位域	名称	描述
31:23	保留	必须保持复位值
22:0	EVENx	事件使能位，x=0~22 0：第 x 线事件被禁止 1：第 x 线事件被使能

3.6.3 上升沿触发使能寄存器（EXTI_RTEN）

地址偏移：0x08。
复位值：0x0000 0000。
该寄存器只能按字（32 位）访问，字的格式如图 3-4 所示。

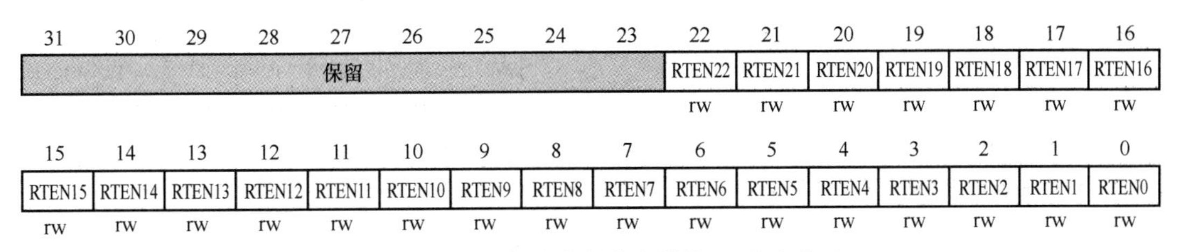

图 3-4 上升沿触发使能寄存器的 32 位字格式

上升沿触发使能寄存器的32位字的每个位的含义见表3-6。

表3-6 上升沿触发使能寄存器的32位字的每个位的含义

位/位域	名称	描述
31:23	保留	必须保持复位值
22:0	RTENx	上升沿触发使能，x=0~22 0：第x线上升沿触发无效 1：第x线上升沿触发有效（中断/事件请求）

3.6.4 下降沿触发使能寄存器（EXTI_FTEN）

地址偏移：0x0C。

复位值：0x0000 0000。

该寄存器只能按字（32位）访问，字的格式如图3-5所示。

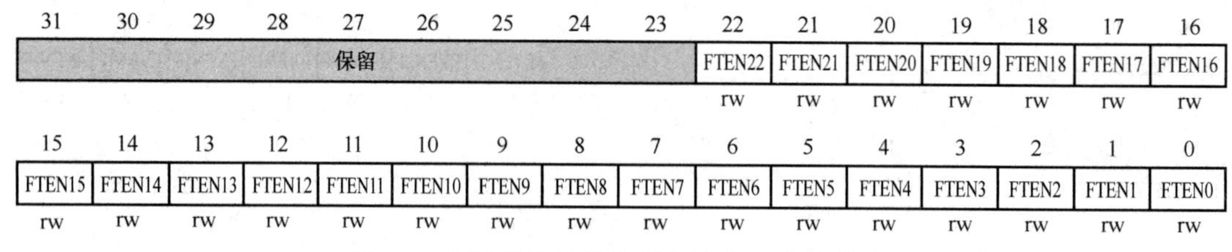

图3-5 下降沿触发使能寄存器的32位字格式

下降沿触发使能寄存器的32位字的每个位的含义见表3-7。

表3-7 下降沿触发使能寄存器的32位字的每个位的含义

位/位域	名称	描述
31:23	保留	必须保持复位值
22:0	FTENx	下降沿触发使能，x=0~22 0：第x线下降沿触发无效 1：第x线下降沿触发有效（中断/事件请求）

3.6.5 软件中断/事件寄存器（EXTI_SWIEV）

地址偏移：0x10。

复位值：0x0000 0000。

该寄存器只能按字（32位）访问，字的格式如图3-6所示。

31	30	29	28	27	26	25	24	23	22	21	20	19	18	17	16
保留									SWIEV22	SWIEV21	SWIEV20	SWIEV19	SWIEV18	SWIEV17	SWIEV16
									rw	rw	rw	rw	rw	rw	rw

15	14	13	12	11	10	9	8	7	6	5	4	3	2	1	0
SWIEV15	SWIEV14	SWIEV13	SWIEV12	SWIEV11	SWIEV10	SWIEV9	SWIEV8	SWIEV7	SWIEV6	SWIEV5	SWIEV4	SWIEV3	SWIEV2	SWIEV1	SWIEV0
rw	rw	rw	rw	rw	rw	rw	rw	rw	rw	rw	rw	rw	rw	rw	rw

图3-6 软件中断/事件寄存器的32位字格式

软件中断 / 事件寄存器的 32 位字的每个位的含义见表 3-8。

表 3-8　软件中断 / 事件寄存器的 32 位字的每个位的含义

位 / 位域	名称	描述
31:23	保留	必须保持复位值
22:0	SWIEVx	中断 / 事件软件触发，x=0~22 0：禁用 EXTI 线 x 软件中断 / 事件请求 1：激活 EXTI 线 x 软件中断 / 事件请求

3.6.6　挂起寄存器（EXTI_PD）

地址偏移：0x14。
复位值：未定义。
该寄存器只能按字（32 位）访问，字的格式如图 3-7 所示。

31	30	29	28	27	26	25	24	23	22	21	20	19	18	17	16
保留									PD22	PD21	PD20	PD19	PD18	PD17	PD16
									rc_wl	rc_wl	rc_wl	rc_wl	rc_wl	rc_wl	rc_wl

15	14	13	12	11	10	9	8	7	6	5	4	3	2	1	0
PD15	PD14	PD13	PD12	PD11	PD10	PD9	PD8	PD7	PD6	PD5	PD4	PD3	PD2	PD1	PD0
rc_wl	rc_wl	rc_wl	rc_wl	rc_wl	rc_wl	rc_wl	rc_wl	rc_wl	rc_wl	rc_wl	rc_wl	rc_wl	rc_wl	rc_wl	rc_wl

图 3-7　挂起寄存器的 32 位字格式

挂起寄存器的 32 位字的每个位的含义见表 3-9。

表 3-9　挂起寄存器的 32 位字的每个位的含义

位 / 位域	名称	描述
31:23	保留	必须保持复位值
22:0	PDx	中断挂起状态，x=0~22 0：EXTI 线 x 没有被触发 1：EXTI 线 x 被触发，对这些位写 1，可将其清 0

3.7　EXTI 操作实例

3.7.1　实例介绍

功能：使用按键 Tamper 触发外部中断控制 LED1 灯亮灭。
硬件连接：按键 Tamper 连接在单片机 PC13 引脚，LED1 连接在单片机 PD4 引脚。

3.7.2 程序

1. 主程序

```
#include "gd32f4xx.h"
/*!
    \brief      main function
    \param[in]  none
    \param[out] none
    \retval     none
*/
int main(void)
{
    /* enable the LED1 GPIO clock */
    rcu_periph_clock_enable(RCU_GPIOD);
    /* configure LED1 GPIO port */
    gpio_mode_set(GPIOD,GPIO_MODE_OUTPUT,GPIO_PUPD_NONE,GPIO_PIN_4);
    gpio_output_options_set(GPIOD,GPIO_OTYPE_PP,GPIO_OSPEED_50MHz,GPIO_PIN_4);
    /* reset LED1 GPIO pin */
    gpio_bit_reset(GPIOD,GPIO_PIN_4);

    /* enable the Tamper key GPIO clock */
    rcu_periph_clock_enable(RCU_GPIOC);
    rcu_periph_clock_enable(RCU_SYSCFG);

    gpio_mode_set(GPIOC,GPIO_MODE_INPUT,GPIO_PUPD_NONE,GPIO_PIN_13);

    /* enable and set key EXTI interrupt priority */
    nvic_irq_enable(EXTI10_15_IRQn,2U,0U);
    /* connect key EXTI line to key GPIO pin */
    syscfg_exti_line_config(EXTI_SOURCE_GPIOC,EXTI_SOURCE_PIN13);
    /* configure key EXTI line */
    exti_init(EXTI_13,EXTI_INTERRUPT,EXTI_TRIG_RISING);
    exti_interrupt_flag_clear(EXTI_13);

    while(1){
    }
}
```

2. 中断服务函数

```
/*!
    \brief      this function handles external lines 10 to 15 interrupt request
    \param[in]  none
    \param[out] none
    \retval     none
*/
```

```
void EXTI10_15_IRQHandler(void)
{
    if(RESET!=exti_interrupt_flag_get(EXTI_13)){
        gpio_bit_toggle(GPIOD,GPIO_PIN_4);
    }
    exti_interrupt_flag_clear(EXTI_13);
}
```

3.7.3　运行结果

按下 Tamper 按键，LED1 将会点亮，再次按下 Tamper 按键，LED1 将会熄灭。

3.8　小结

本章介绍了 Cortex®-M4 处理器的中断 / 事件控制器，实例说明了中断 / 事件控制器的使用方法，希望读者能够在学习中理解中断系统的重要意义。

实验视频

3-1　启动流程及 SysTick

3-2　按键中断

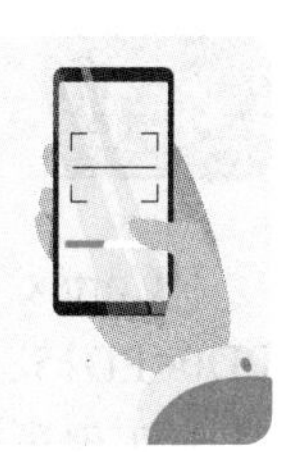

1. 中断 / 事件控制器有哪几种触发类型？
2. 绘制 EXTI 结构框图。
3. EXTI 触发源有哪些？

Chapter 4

第4章 通用和备用输入/输出接口

通用输入/输出（GPIO）接口和备用输入/输出（AFIO）接口是单片机系统的主要组成部分，是外设和单片机内部数据、控制等指令互传的通道桥梁。本章介绍通用输入/输出（GPIO）接口和备用输入/输出（AFIO）接口功能、引脚、配置等内容，通过实例讲解具体应用。

4.1 简介

Cortex®-M4 最多可支持 140 个 GPIO 引脚，分别为 PA0~PA15、PB0~PB15、PC0~PC15、PD0~PD15、PE0~PE15、PF0~PF15、PG0~PG15、PH0~PH15 和 PI0~PI11，各片上设备用其来实现逻辑输入/输出功能。每个 GPIO 端口有相关的控制和配置寄存器以满足特定应用的需求。GPIO 引脚上的外部中断在中断/事件控制器（EXTI）中有相关的控制和配置寄存器。

GPIO 端口和其他的备用功能（AF）备用引脚，在特定的封装下获得最大的灵活性。GPIO 引脚通过配置相关的寄存器可以用作备用功能引脚，备用功能输入/输出也可以。

每个 GPIO 引脚可以由软件配置为输出（推挽或开漏）、输入、外设备用功能或者模拟模式。每个 GPIO 引脚都可以配置为上拉、下拉或无上拉/下拉。除模拟模式外，所有的 GPIO 引脚都具备大电流驱动能力。

4.2 主要特性

1）输入/输出方向控制。
2）施密特触发器输入功能使能控制。
3）每个引脚都具有弱上拉/下拉功能。
4）推挽/开漏输出使能控制。
5）置位/复位输出使能。
6）可编程触发沿的外部中断——使用 EXTI 配置寄存器。
7）模拟输入/输出配置。

8）备用功能输入 / 输出配置。
9）端口锁定配置。
10）单周期输出翻转功能。

4.3 功能描述

每个 GPIO 端口都可以通过 32 位控制寄存器（GPIOx_CTL）配置为 GPIO 输入、GPIO 输出、备用功能（AF）或模拟模式。当选择 AF 时，引脚 AFIO 通过 AF 输出使能来选择。当端口配置为输出（GPIO 输出或 AFIO 输出）时，可以通过 GPIO 输出模式寄存器（GPIOx_OMODE）配置为推挽或开漏模式。输出端口的最大速度可以通过 GPIO 输出速度寄存器（GPIOx_OSPD）配置。每个端口可以通过 GPIO 上 / 下拉寄存器（GPIOx_PUD）配置为浮空（无上拉或下拉）、上拉或下拉功能。GPIO 功能配置见表 4-1。

表 4-1　GPIO 功能配置

<table>
<tr><th colspan="3">PAD TYPE</th><th>CTLy</th><th>OMy</th><th>PUDy</th></tr>
<tr><td rowspan="3">GPIO
输入</td><td rowspan="3">×</td><td>浮空</td><td rowspan="3">00</td><td rowspan="3">×</td><td>00</td></tr>
<tr><td>上拉</td><td>01</td></tr>
<tr><td>下拉</td><td>10</td></tr>
<tr><td rowspan="6">GPIO
输出</td><td rowspan="3">推挽</td><td>浮空</td><td rowspan="6">01</td><td rowspan="3">0</td><td>00</td></tr>
<tr><td>上拉</td><td>01</td></tr>
<tr><td>下拉</td><td>10</td></tr>
<tr><td rowspan="3">开漏</td><td>浮空</td><td rowspan="3">1</td><td>00</td></tr>
<tr><td>上拉</td><td>01</td></tr>
<tr><td>下拉</td><td>10</td></tr>
<tr><td rowspan="3">AFIO
输入</td><td rowspan="3">×</td><td>浮空</td><td rowspan="3">10</td><td rowspan="3">×</td><td>00</td></tr>
<tr><td>上拉</td><td>01</td></tr>
<tr><td>下拉</td><td>10</td></tr>
<tr><td rowspan="6">AFIO
输出</td><td rowspan="3">推挽</td><td>浮空</td><td rowspan="6">10</td><td rowspan="3">0</td><td>00</td></tr>
<tr><td>上拉</td><td>01</td></tr>
<tr><td>下拉</td><td>10</td></tr>
<tr><td rowspan="3">开漏</td><td>浮空</td><td rowspan="3">1</td><td>00</td></tr>
<tr><td>上拉</td><td>01</td></tr>
<tr><td>下拉</td><td>10</td></tr>
<tr><td>模拟</td><td>×</td><td>×</td><td>11</td><td>×</td><td>××</td></tr>
</table>

图 4-1 为标准 I/O 端口位的基本结构。

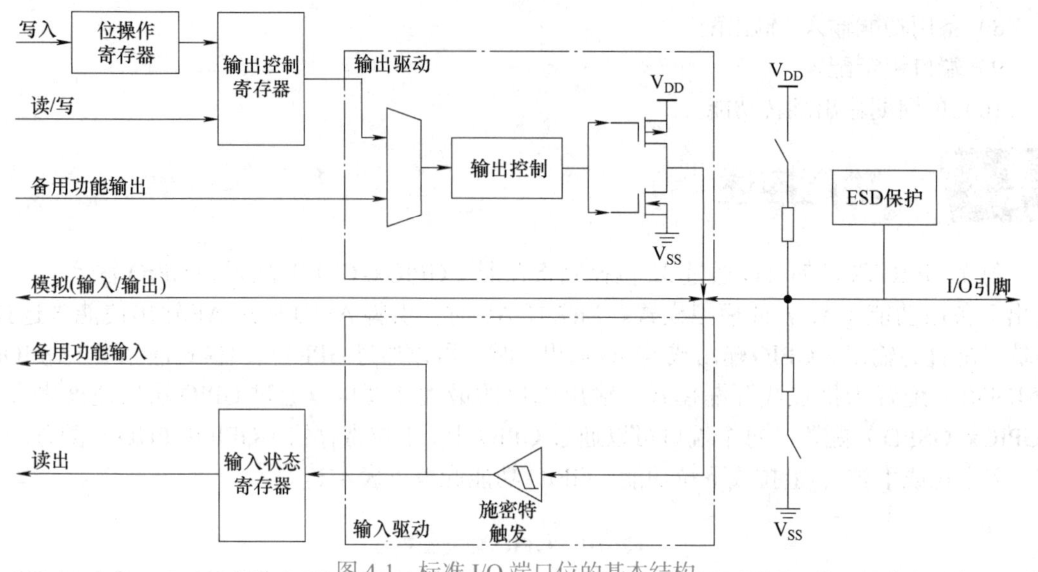

图 4-1 标准 I/O 端口位的基本结构

4.3.1 GPIO 引脚配置

在复位期间或复位之后，备用功能并未激活，所有 GPIO 端口都被配置成输入浮空模式，这种输入模式禁用上拉（PU）/ 下拉（PD）电阻。但是复位后，串行线调试端口（JTAG/Serial-WiredDebug pins）为输入 PU/PD 模式：PA15——JTDI 为上拉模式；PA14——JTCK/SWCLK 为下拉模式；PA13——JTMS/SWDIO 为上拉模式；PB4——NJTRST 为上拉模式；PB3——NJTRST 为浮空模式。

GPIO 引脚可以配置为输入或输出模式，当 GPIO 引脚配置为输入引脚时，所有的 GPIO 引脚内部都有一个可选择的弱上拉和弱下拉电阻。外部引脚上的数据在每个 AHB 时钟周期时都会装载到数据输入寄存器（GPIOx_ISTAT）；当 GPIO 引脚配置为输出引脚时，用户可以配置端口的输出速度和选择输出驱动模式：推挽或开漏模式。输出寄存器（GPIOx_OCTL）的值将会从相应 I/O 引脚上输出。

当对 GPIOx_OCTL 进行位操作时，不需要先读再写，用户可以通过写"1"到位操作寄存器（GPIOx_BOP，或用于清 0 的 GPIOx_BC，或用于翻转操作的 GPIOx_TG）修改一位或几位，该过程仅需要一个最小的 AHB 写访问周期，而其他位不受影响。

4.3.2 外部中断 / 事件线

所有的端口都有外部中断能力，为了使用外部中断线，端口必须配置为输入模式。

4.3.3 备用功能（AF）

当端口配置为 AFIO（设置 GPIOx_CTL 寄存器中的 CTLy 值为"0b10"）时，该端口用作外设备用功能。通过配置 GPIO 备用功能选择寄存器（GPIOx_AFSELz（z=0，1）），每个端口可以配置 16 个备用功能。端口备用功能分配的详细介绍见芯片数据手册。

4.3.4 附加功能

有些引脚具有附加功能，它们优先于标准 GPIO 寄存器中的配置。当用作 A/D 转换器或

D/A 转换器附加功能时，引脚必须配置成模拟模式；当引脚用作 RTC、WKUPx 和振荡器附加功能时，端口类型通过相关的 RTC、PMU 和 RCU 寄存器自动设置；当附加功能禁用时，这些端口可用作普通 GPIO。

4.3.5 输入配置

当 GPIO 引脚配置为输入时：

1）施密特触发输入使能。

2）可选择弱上拉和下拉电阻。

3）当前 I/O 引脚上的数据在每个 AHB 时钟周期都会被采样并存入端口输入状态寄存器，输出缓冲器禁用。

图 4-2 所示为 I/O 引脚的输入配置。

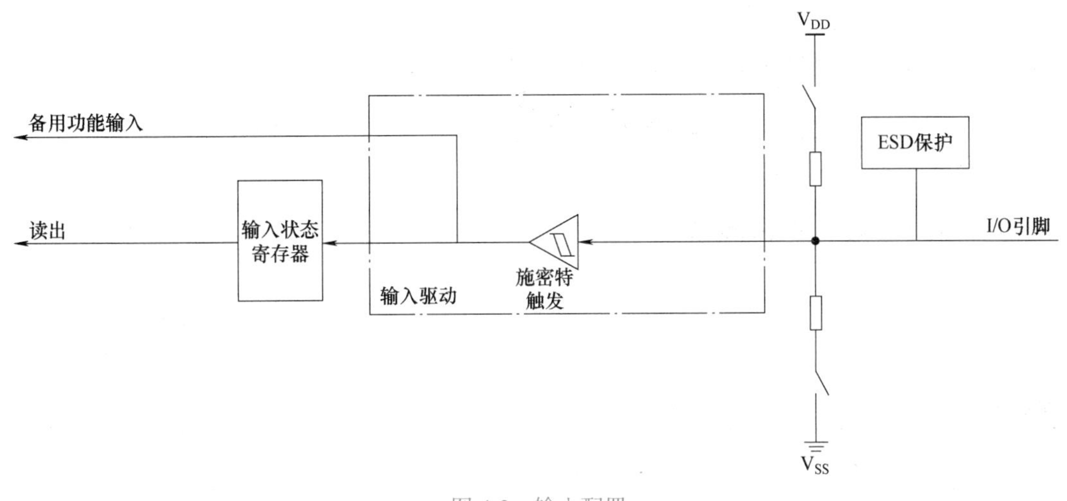

图 4-2 输入配置

4.3.6 输出配置

当 GPIO 配置为输出时：

1）施密特触发输入使能。

2）可选择弱上拉和下拉电阻。

3）输出缓冲器使能。

开漏模式：输出控制寄存器设置为“0”时，相应引脚输出低电平；输出控制寄存器设置为“1”时，相应引脚处于高阻状态。

推挽模式：输出控制寄存器设置为“0”时，相应引脚输出低电平；输出控制寄存器设置为“1”时，相应引脚输出高电平。

4）对端口输出控制寄存器进行读操作，将返回上次写入的值。

5）对端口输入状态寄存器进行读操作，将获得当前 I/O 端口的状态。

图 4-3 所示为 I/O 引脚的输出配置。

4.3.7 模拟配置

当 GPIO 引脚用于模拟模式时，弱上拉和下拉电阻禁用，输出缓冲器禁用，施密特触发输入禁用，端口输入状态寄存器相应位为0。

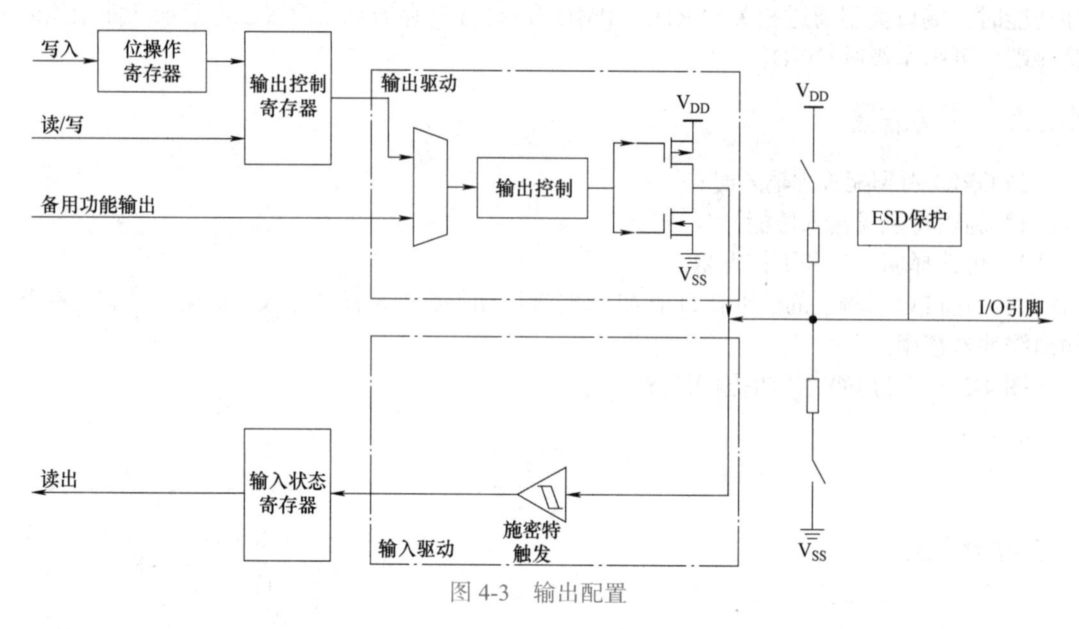

图4-3　输出配置

图4-4是I/O端口的模拟配置。

图4-4　模拟配置

4.3.8　备用功能（AF）配置

为了适应不同的器件封装，GPIO引脚支持软件配置将一些备用功能应用到其他引脚上。当引脚配置为备用功能时，使用开漏或推挽功能时，可使能输出缓冲器；输出缓冲器由外设驱动；施密特触发输入使能；在输入配置时，可选择弱上拉/下拉电阻；I/O引脚上的数据在每个AHB时钟周期采样并存入端口输入状态寄存器；对端口输入状态寄存器进行读操作，将获得I/O端口的状态；对端口输出控制寄存器进行读操作，将返回上次写入的值。

图4-5是I/O端口备用功能配置图。

4.3.9　GPIO锁定功能

GPIO的锁定机制可以保护I/O端口的配置。

被保护的寄存器有GPIOx_CTL、GPIOx_OMODE、GPIOx_OSPD、GPIOx_PUD和GPIOx_AFSELz（z=0，1）。通过配置32位锁定寄存器（GPIOx_LOCK）可以锁定I/O端口的配置。通过特定的锁定序列配置GPIOx_LOCK中的LKK位和LKy位，相应的端口位被锁定，直到下一个复位信号前，相应端口位的配置都不能修改。建议在电源驱动模块的配置中使用锁定功能。

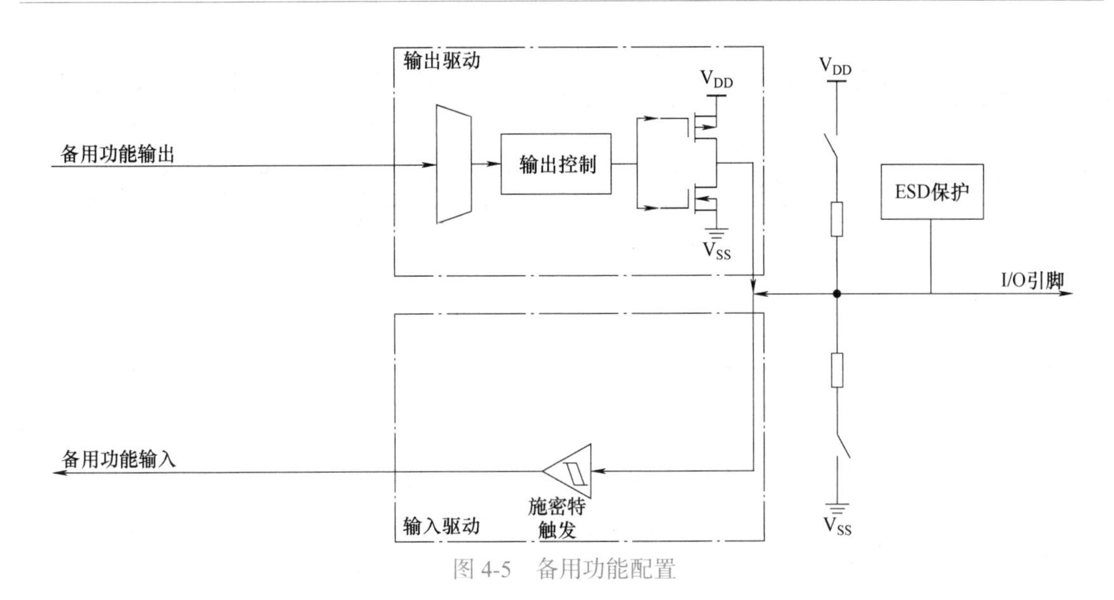

图 4-5 备用功能配置

4.3.10 GPIO 单周期输出翻转功能

通过将 GPIOx_TG 寄存器中对应的位写 1，GPIO 可以在一个 AHB 时钟周期内翻转 I/O 的输出电平。输出信号的频率可以达到 AHB 时钟的一半。

4.4 GPIO 寄存器

GPIOA 基地址：0x4002 0000；
GPIOB 基地址：0x4002 0400；
GPIOC 基地址：0x4002 0800；
GPIOD 基地址：0x4002 0C00；
GPIOE 基地址：0x4002 1000；
GPIOF 基地址：0x4002 1400；
GPIOG 基地址：0x4002 1800；
GPIOH 基地址：0x4002 1C00；
GPIOI 基地址：0x4002 2000。

4.4.1 端口控制寄存器（GPIOx_CTL，x=A~I）

地址偏移：0x00。
复位值：

端口 A	0xA8000000；
端口 B	0x00000280；
其他端口	0x00000000。

该寄存器可以按字节（8 位）、半字（16 位）或字（32 位）访问，字的格式如图 4-6 所示。

端口控制寄存器的 32 位字的每个位的含义见表 4-2。

31 30	29 28	27 26	25 24	23 22	21 20	19 18	17 16
CTL15[1:0]	CTL14[1:0]	CTL13[1:0]	CTL12[1:0]	CTL11[1:0]	CTL10[1:0]	CTL9[1:0]	CTL8[1:0]
rw	rw	rw	rw	rw	rw	rw	rw
15 14	**13 12**	**11 10**	**9 8**	**7 6**	**5 4**	**3 2**	**1 0**
CTL7[1:0]	CTL6[1:0]	CTL5[1:0]	CTL4[1:0]	CTL3[1:0]	CTL2[1:0]	CTL1[1:0]	CTL0[1:0]
rw	rw	rw	rw	rw	rw	rw	rw

图 4-6 端口控制寄存器的 32 位字格式

表 4-2 端口控制寄存器的 32 位字的每个位的含义

位 / 位域	名称	描述
31:30	CTL15［1:0］	引脚 15 配置位 该位由软件置位和清除。参考 CTL0［1:0］的描述
29:28	CTL14［1:0］	引脚 14 配置位 该位由软件置位和清除。参考 CTL0［1:0］的描述
27:26	CTL13［1:0］	引脚 13 配置位 该位由软件置位和清除。参考 CTL0［1:0］的描述
25:24	CTL12［1:0］	引脚 12 配置位 该位由软件置位和清除。参考 CTL0［1:0］的描述
23:22	CTL11［1:0］	引脚 11 配置位 该位由软件置位和清除。参考 CTL0［1:0］的描述
21:20	CTL10［1:0］	引脚 10 配置位 该位由软件置位和清除。参考 CTL0［1:0］的描述
19:18	CTL9［1:0］	引脚 9 配置位 该位由软件置位和清除。参考 CTL0［1:0］的描述
17:16	CTL8［1:0］	引脚 8 配置位 该位由软件置位和清除。参考 CTL0［1:0］的描述
15:14	CTL7［1:0］	引脚 7 配置位 该位由软件置位和清除。参考 CTL0［1:0］的描述
13:12	CTL6［1:0］	引脚 6 配置位 该位由软件置位和清除。参考 CTL0［1:0］的描述
11:10	CTL5［1:0］	引脚 5 配置位 该位由软件置位和清除。参考 CTL0［1:0］的描述
9:8	CTL4［1:0］	引脚 4 配置位 该位由软件置位和清除。参考 CTL0［1:0］的描述
7:6	CTL3［1:0］	引脚 3 配置位 该位由软件置位和清除。参考 CTL0［1:0］的描述
5:4	CTL2［1:0］	引脚 2 配置位 该位由软件置位和清除。参考 CTL0［1:0］的描述
3:2	CTL1［1:0］	引脚 1 配置位 该位由软件置位和清除。参考 CTL0［1:0］的描述

（续）

位 / 位域	名称	描述
1:0	CTL0［1:0］	引脚 0 配置位 该位由软件置位和清除 00：GPIO 输入模式（复位值） 01：GPIO 输出模式 10：备用功能描述 11：模拟模式（输入和输出）

4.4.2 端口输出模式寄存器（GPIOx_OMODE，x=A~I）

地址偏移：0x04。

复位值：0x0000 0000。

该寄存器可以按字节（8 位）、半字（16 位）或字（32 位）访问，字的格式如图 4-7 所示。

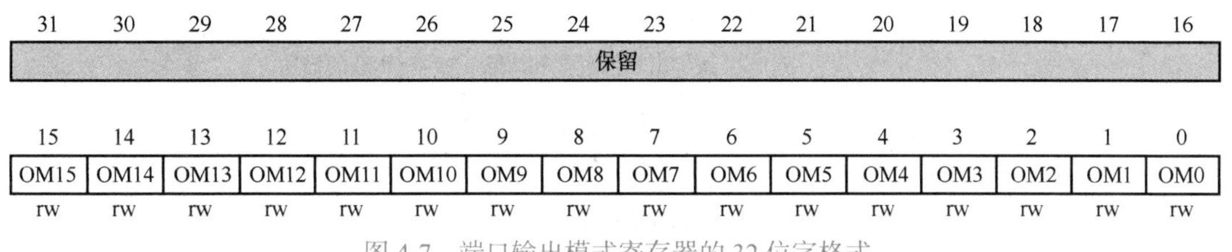

图 4-7 端口输出模式寄存器的 32 位字格式

端口输出模式寄存器的 32 位字的每个位的含义见表 4-3。

表 4-3 端口输出模式寄存器的 32 位字的每个位的含义

位 / 位域	名称	描述
31:16	保留	必须保持复位值
15	OM15	引脚 15 输出模式位 该位由软件置位和清除。参考 OM0 的描述
14	OM14	引脚 14 输出模式位 该位由软件置位和清除。参考 OM0 的描述
13	OM13	引脚 13 输出模式位 该位由软件置位和清除。参考 OM0 的描述
12	OM12	引脚 12 输出模式位 该位由软件置位和清除。参考 OM0 的描述
11	OM11	引脚 11 输出模式位 该位由软件置位和清除。参考 OM0 的描述
10	OM10	引脚 10 输出模式位 该位由软件置位和清除。参考 OM0 的描述
9	OM9	引脚 9 输出模式位 该位由软件置位和清除。参考 OM0 的描述

（续）

位 / 位域	名称	描述
8	OM8	引脚 8 输出模式位 该位由软件置位和清除。参考 OM0 的描述
7	OM7	引脚 7 输出模式位 该位由软件置位和清除。参考 OM0 的描述
6	OM6	引脚 6 输出模式位 该位由软件置位和清除。参考 OM0 的描述
5	OM5	引脚 5 输出模式位 该位由软件置位和清除。参考 OM0 的描述
4	OM4	引脚 4 输出模式位 该位由软件置位和清除。参考 OM0 的描述
3	OM3	引脚 3 输出模式位 该位由软件置位和清除。参考 OM0 的描述
2	OM2	引脚 2 输出模式位 该位由软件置位和清除。参考 OM0 的描述
1	OM1	引脚 1 输出模式位 该位由软件置位和清除。参考 OM0 的描述
0	OM0	引脚 0 输出模式位 该位由软件置位和清除 0：端口输出推挽模式（复位值） 1：端口输出开漏模式

4.4.3 端口输出速度寄存器（GPIOx_OSPD，x=A~I）

地址偏移：0x08。

复位值：

端口 A　　0x0C00 0000；

端口 B　　0x0000 00C0；

其他端口　　0x0000 0000。

该寄存器可以按字节（8 位）、半字（16 位）或字（32 位）访问，字的格式如图 4-8 所示。

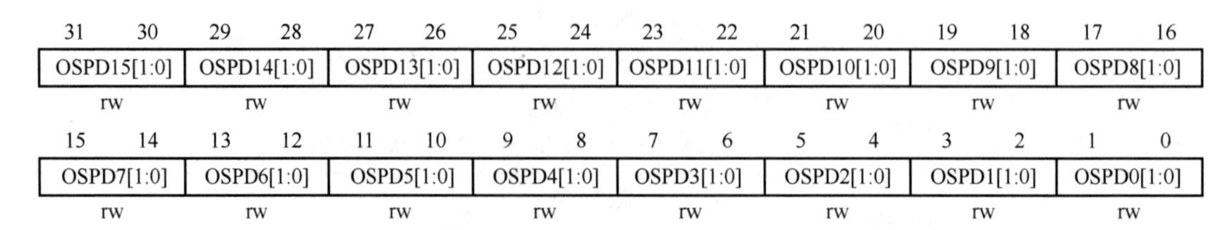

图 4-8 端口输出速度寄存器的 32 位字格式

端口输出速度寄存器的 32 位字的每个位的含义见表 4-4。

表 4-4 端口输出速度寄存器的 32 位字的每个位的含义

位 / 位域	名称	描述
31:30	OSPD15［1:0］	引脚 15 输出最大速度位 该位由软件置位和清除。参考 OSPD0［1:0］的描述
29:28	OSPD14［1:0］	引脚 14 输出最大速度位 该位由软件置位和清除。参考 OSPD0［1:0］的描述
27:26	OSPD13［1:0］	引脚 13 输出最大速度位 该位由软件置位和清除。参考 OSPD0［1:0］的描述
25:24	OSPD12［1:0］	引脚 12 输出最大速度位 该位由软件置位和清除。参考 OSPD0［1:0］的描述
23:22	OSPD11［1:0］	引脚 11 输出最大速度位 该位由软件置位和清除。参考 OSPD0［1:0］的描述
21:20	OSPD10［1:0］	引脚 10 输出最大速度位 该位由软件置位和清除。参考 OSPD0［1:0］的描述
19:18	OSPD9［1:0］	引脚 9 输出最大速度位 该位由软件置位和清除。参考 OSPD0［1:0］的描述
17:16	OSPD8［1:0］	引脚 8 输出最大速度位 该位由软件置位和清除。参考 OSPD0［1:0］的描述
15:14	OSPD7［1:0］	引脚 7 输出最大速度位 该位由软件置位和清除。参考 OSPD0［1:0］的描述
13:12	OSPD6［1:0］	引脚 6 输出最大速度位 该位由软件置位和清除。参考 OSPD0［1:0］的描述
11:10	OSPD5［1:0］	引脚 5 输出最大速度位 该位由软件置位和清除。参考 OSPD0［1:0］的描述
9:8	OSPD4［1:0］	引脚 4 输出最大速度位 该位由软件置位和清除。参考 OSPD0［1:0］的描述
7:6	OSPD3［1:0］	引脚 3 输出最大速度位 该位由软件置位和清除。参考 OSPD0［1:0］的描述
5:4	OSPD2［1:0］	引脚 2 输出最大速度位 该位由软件置位和清除。参考 OSPD0［1:0］的描述
3:2	OSPD1［1:0］	引脚 1 输出最大速度位 该位由软件置位和清除。参考 OSPD0［1:0］的描述
1:0	OSPD0［1:0］	引脚 0 输出最大速度位 该位由软件置位和清除 00：输出速度等级 0（复位值） 01：输出速度等级 1 10：输出速度等级 2 11：输出速度等级 3

4.4.4 端口上拉/下拉寄存器（GPIOx_PUD，x=A~I）

地址偏移：0x0C。

复位值：

端口A 0x6400 0000；

端口B 0x0000 0100；

其他端口 0x0000 0000。

该寄存器可以按字节（8位）、半字（16位）或字（32位）访问，字的格式如图4-9所示。

31 30	29 28	27 26	25 24	23 22	21 20	19 18	17 16
PUD15[1:0]	PUD14[1:0]	PUD13[1:0]	PUD12[1:0]	PUD11[1:0]	PUD10[1:0]	PUD9[1:0]	PUD8[1:0]
rw	rw	rw	rw	rw	rw	rw	rw
15 14	13 12	11 10	9 8	7 6	5 4	3 2	1 0
PUD7[1:0]	PUD6[1:0]	PUD5[1:0]	PUD4[1:0]	PUD3[1:0]	PUD2[1:0]	PUD1[1:0]	PUD0[1:0]
rw	rw	rw	rw	rw	rw	rw	rw

图4-9 端口上拉/下拉寄存器的32位字格式

端口上拉/下拉寄存器的32位字的每个位的含义见表4-5。

表4-5 端口上拉/下拉寄存器的32位字的每个位的含义

位/位域	名称	描述
31:30	PUD15［1:0］	引脚15上拉/下拉位 该位由软件置位和清除。参考PUD0［1:0］的描述
29:28	PUD14［1:0］	引脚14上拉/下拉位 该位由软件置位和清除。参考PUD0［1:0］的描述
27:26	PUD13［1:0］	引脚13上拉/下拉位 该位由软件置位和清除。参考PUD0［1:0］的描述
25:24	PUD12［1:0］	引脚12上拉/下拉位 该位由软件置位和清除。参考PUD0［1:0］的描述
23:22	PUD11［1:0］	引脚11上拉/下拉位 该位由软件置位和清除。参考PUD0［1:0］的描述
21:20	PUD10［1:0］	引脚10上拉/下拉位 该位由软件置位和清除。参考PUD0［1:0］的描述
19:18	PUD9［1:0］	引脚9上拉/下拉位 该位由软件置位和清除。参考PUD0［1:0］的描述
17:16	PUD8［1:0］	引脚8上拉/下拉位 该位由软件置位和清除。参考PUD0［1:0］的描述
15:14	PUD7［1:0］	引脚7上拉/下拉位 该位由软件置位和清除。参考PUD0［1:0］的描述
13:12	PUD6［1:0］	引脚6上拉/下拉位 该位由软件置位和清除。参考PUD0［1:0］的描述

（续）

位 / 位域	名称	描述
11:10	PUD5［1:0］	引脚 5 上拉 / 下拉位 该位由软件置位和清除。参考 PUD0［1:0］的描述
9:8	PUD4［1:0］	引脚 4 上拉 / 下拉位 该位由软件置位和清除。参考 PUD0［1:0］的描述
7:6	PUD3［1:0］	引脚 3 上拉 / 下拉位 该位由软件置位和清除。参考 PUD0［1:0］的描述
5:4	PUD2［1:0］	引脚 2 上拉 / 下拉位 该位由软件置位和清除。参考 PUD0［1:0］的描述
3:2	PUD1［1:0］	引脚 1 上拉 / 下拉位 该位由软件置位和清除。参考 PUD0［1:0］的描述
1:0	PUD0［1:0］	引脚 0 上拉 / 下拉位 该位由软件置位和清除 00：浮空模式，无上拉 / 下拉（复位值） 01：端口上拉模式 10：端口下拉模式 11：保留

4.4.5　端口输入状态寄存器（GPIOx_ISTAT，x=A~I）

地址偏移：0x10。

复位值：0x0000 × × × × ×。

该寄存器可以按字节（8 位）、半字（16 位）或字（32 位）访问，字的格式如图 4-10 所示。

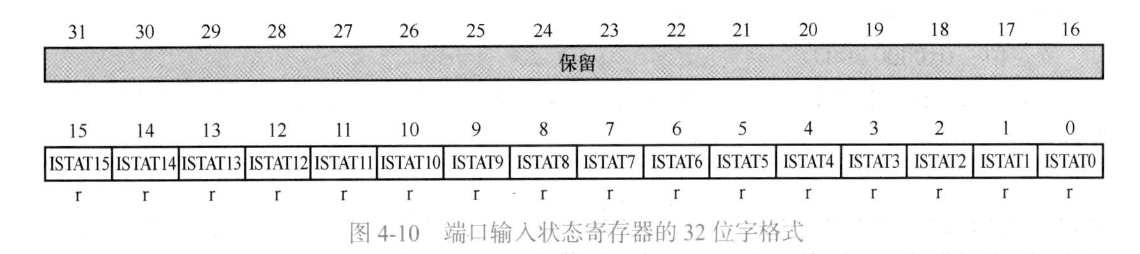

图 4-10　端口输入状态寄存器的 32 位字格式

端口输入状态寄存器的 32 位字的每个位的含义见表 4-6。

表 4-6　端口输入状态寄存器的 32 位字的每个位的含义

位 / 位域	名称	描述
31:16	保留	必须保持复位值
15:0	ISTATy	端口输入状态位（y=0~15） 这些位由软件置位和清除 0：引脚输入信号为低电平 1：引脚输入信号为高电平

4.4.6 端口输出控制寄存器（GPIOx_OCTL，x=A~I）

地址偏移：0x14。

复位值：0x0000 0000。

该寄存器可以按字节（8位）、半字（16位）或字（32位）访问，字的格式如图4-11所示。

31	30	29	28	27	26	25	24	23	22	21	20	19	18	17	16
保留															

15	14	13	12	11	10	9	8	7	6	5	4	3	2	1	0
OCTL15	OCTL14	OCTL13	OCTL12	OCTL11	OCTL10	OCTL9	OCTL8	OCTL7	OCTL6	OCTL5	OCTL4	OCTL3	OCTL2	OCTL1	OCTL0
rw	rw	rw	rw	rw	rw	rw	rw	rw	rw	rw	rw	rw	rw	rw	rw

图4-11 端口输出控制寄存器的32位字格式

端口输出控制寄存器的32位字的每个位的含义见表4-7。

表4-7 端口输出控制寄存器的32位字的每个位的含义

位/位域	名称	描述
31:16	保留	必须保持复位值
15:0	OCTLy	端口输出控制位（y=0~15） 这些位由软件置位和清除 0：引脚输出低电平 1：引脚输出高电平

4.4.7 端口位操作寄存器（GPIOx_BOP，x=A~I）

地址偏移：0x18。

复位值：0x0000 0000。

该寄存器可以按字节（8位）、半字（16位）或字（32位）访问，字的格式如图4-12所示。

31	30	29	28	27	26	25	24	23	22	21	20	19	18	17	16
CR15	CR14	CR13	CR12	CR11	CR10	CRP9	CR8	CR7	CR6	CR5	CR4	CR3	CR2	CR1	CR0
w	w	w	w	w	w	w	w	w	w	w	w	w	w	w	w

15	14	13	12	11	10	9	8	7	6	5	4	3	2	1	0
BOP15	BOP14	BOP13	BOP12	BOP11	BOP10	BOP9	BOP8	BOP7	BOP6	BOP5	BOP4	BOP3	BOP2	BOP1	BOP0
w	w	w	w	w	w	w	w	w	w	w	w	w	w	w	w

图4-12 端口位操作寄存器的32位字格式

端口位操作寄存器的32位字的每个位的含义见表4-8。

4.4.8 端口配置锁定寄存器（GPIOx_LOCK，x=A~I）

地址偏移：0x1C。

复位值：0x0000 0000。

表 4-8　端口位操作寄存器的 32 位字的每个位的含义

位 / 位域	名称	描述
31:16	CRy	端口清除位 y（y=0~15） 这些位由软件置位和清除 0：相应的 OCTLy 位没有改变 1：清除相应的 OCTLy 位为 0
15:0	BOPy	端口置位位 y（y=0~15） 这些位由软件置位和清除 0：相应的 OCTLy 位没有改变 1：设置相应的 OCTLy 位为 1

该寄存器只能按字（32 位）访问，字的格式如图 4-13 所示。

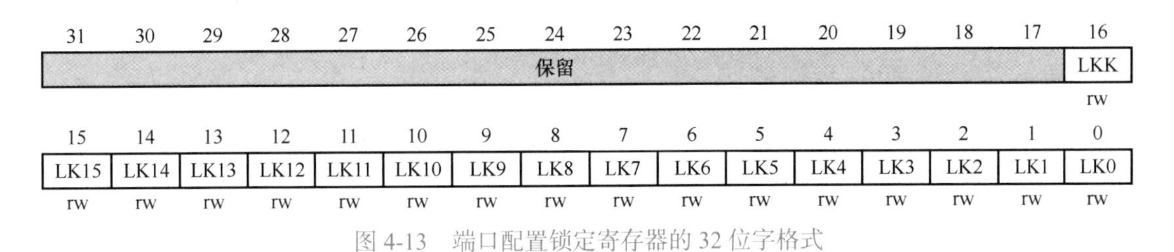

图 4-13　端口配置锁定寄存器的 32 位字格式

端口配置锁定寄存器的 32 位字的每个位的含义见表 4-9。

表 4-9　端口配置锁定寄存器的 32 位字的每个位的含义

位 / 位域	名称	描述
31:17	保留	必须保持复位值
16	LKK	锁定序列键 该位只能通过使用 LOCK Key 写序列设置，始终可读 0：GPIO_LOCK 寄存器和端口配置没有锁定 1：直到下一次 MCU 复位前，GPIO_LOCK 寄存器被锁定 LOCK Key 写序列：写 1 →写 0 →写 1 → 读 0 → 读 1 注意：在 LOCK Key 写序列期间，LK [15:0] 的值必须保持
15:0	LKy	端口锁定位 y（y=0~15） 这些位由软件置位和清除 0：相应的端口位配置没有锁定 1：当 LKK 位置 1 时，相应的端口位配置被锁定

4.4.9　备用功能选择寄存器 0（GPIOx_AFSEL0，x=A~I）

地址偏移：0x20。

复位值：0x0000 0000。

该寄存器可以按字节（8 位）、半字（16 位）或字（32 位）访问，字的格式如图 4-14 所示。

备用功能选择寄存器 0 的 32 位字的每个位的含义见表 4-10。

31	30	29	28	27	26	25	24	23	22	21	20	19	18	17	16
SEL7[3:0]				SEL6[3:0]				SEL5[3:0]				SEL4[3:0]			
rw				rw				rw				rw			
15	14	13	12	11	10	9	8	7	6	5	4	3	2	1	0
SEL3[3:0]				SEL2[3:0]				SEL1[3:0]				SEL0[3:0]			
rw				rw				rw				rw			

图 4-14 备用功能选择寄存器 0 的 32 位字格式

表 4-10 备用功能选择寄存器 0 的 32 位字的每个位的含义

位 / 位域	名称	描述
31:28	SEL7［3:0］	引脚 7 备用功能选择 该位由软件置位和清除。参考 SEL0［3:0］的描述
27:24	SEL6［3:0］	引脚 6 备用功能选择 该位由软件置位和清除。参考 SEL0［3:0］的描述
23:20	SEL5［3:0］	引脚 5 备用功能选择 该位由软件置位和清除。参考 SEL0［3:0］的描述
19:16	SEL4［3:0］	引脚 4 备用功能选择 该位由软件置位和清除。参考 SEL0［3:0］的描述
15:12	SEL3［3:0］	引脚 3 备用功能选择 该位由软件置位和清除。参考 SEL0［3:0］的描述
11:8	SEL2［3:0］	引脚 2 备用功能选择 该位由软件置位和清除。参考 SEL0［3:0］的描述
7:4	SEL1［3:0］	引脚 1 备用功能选择 该位由软件置位和清除。参考 SEL0［3:0］的描述
3:0	SEL0［3:0］	引脚 0 备用功能选择 该位由软件置位和清除 0000：选择 AF0 功能（复位值） 0001：选择 AF1 功能 0010：选择 AF2 功能 0011：选择 AF3 功能 … 1111：选择 AF15 功能

4.4.10 备用功能选择寄存器 1（GPIOx_AFSEL1，x=A~I）

地址偏移：0x24。

复位值：0x0000 0000。

该寄存器可以按字节（8 位）、半字（16 位）或字（32 位）访问，字的格式如图 4-15 所示。

31	30	29	28	27	26	25	24	23	22	21	20	19	18	17	16
SEL15[3:0]				SEL14[3:0]				SEL13[3:0]				SEL12[3:0]			
rw				rw				rw				rw			
15	14	13	12	11	10	9	8	7	6	5	4	3	2	1	0
SEL11[3:0]				SEL10[3:0]				SEL9[3:0]				SEL8[3:0]			
rw				rw				rw				rw			

图 4-15 备用功能选择寄存器 1 的 32 位字格式

备用功能选择寄存器 1 的 32 位字的每个位的含义见表 4-11。

表 4-11 备用功能选择寄存器 1 的 32 位字的每个位的含义

位 / 位域	名称	描述
31:28	SEL15［3:0］	引脚 15 备用功能选择 该位由软件置位和清除。参考 SEL8［3:0］的描述
27:24	SEL14［3:0］	引脚 14 备用功能选择 该位由软件置位和清除。参考 SEL8［3:0］的描述
23:20	SEL13［3:0］	引脚 13 备用功能选择 该位由软件置位和清除。参考 SEL8［3:0］的描述
19:16	SEL12［3:0］	引脚 12 备用功能选择 该位由软件置位和清除。参考 SEL8［3:0］的描述
15:12	SEL11［3:0］	引脚 11 备用功能选择 该位由软件置位和清除。参考 SEL8［3:0］的描述
11:8	SEL10［3:0］	引脚 10 备用功能选择 该位由软件置位和清除。参考 SEL8［3:0］的描述
7:4	SEL9［3:0］	引脚 9 备用功能选择 该位由软件置位和清除。参考 SEL8［3:0］的描述
3:0	SEL8［3:0］	引脚 8 备用功能选择 该位由软件置位和清除 0000：选择 AF0 功能（复位值） 0001：选择 AF1 功能 0010：选择 AF2 功能 0011：选择 AF3 功能 … 1111：选择 AF15 功能

4.4.11 位清除寄存器（GPIOx_BC，x=A~I）

地址偏移：0x28。

复位值：0x0000 0000。

该寄存器可以按字节（8 位）、半字（16 位）或字（32 位）访问，字的格式如图 4-16 所示。

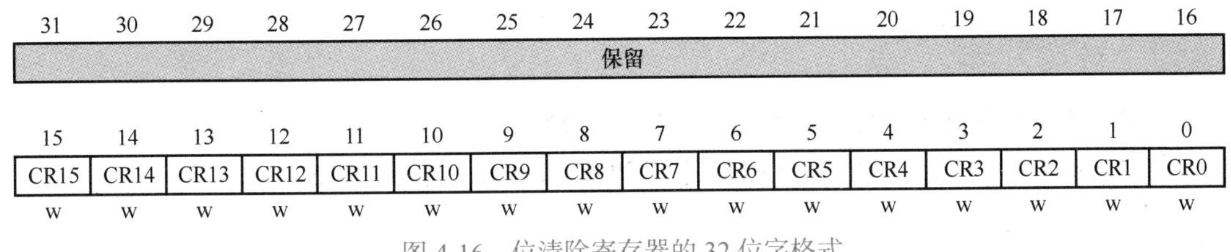

图 4-16 位清除寄存器的 32 位字格式

位清除寄存器的 32 位字的每个位的含义见表 4-12。

表 4-12 位清除寄存器的 32 位字的每个位的含义

位 / 位域	名称	描述
31:16	保留	必须保持复位值
15:0	CRy	端口清除位 y（y=0~15） 这些位由软件置位和清除 0：相应 OCTLy 位没有改变 1：清除相应的 OCTLy 位

4.4.12 端口位翻转寄存器（GPIOx_TG，x=A~I）

地址偏移：0x2C。
复位值：0x0000 0000。
该寄存器可以按字节（8 位）、半字（16 位）或字（32 位）访问，字的格式如图 4-17 所示。

31	30	29	28	27	26	25	24	23	22	21	20	19	18	17	16
保留															

15	14	13	12	11	10	9	8	7	6	5	4	3	2	1	0
TG15	TG14	TG13	TG12	TG11	TG10	TG9	TG8	TG7	TG6	TG5	TG4	TG3	TG2	TG1	TG0
w	w	w	w	w	w	w	w	w	w	w	w	w	w	w	w

图 4-17 端口位翻转寄存器的 32 位字格式

端口位翻转寄存器的 32 位字的每个位的含义见表 4-13。

表 4-13 端口位翻转寄存器的 32 位字的每个位的含义

位 / 位域	名称	描述
31:16	保留	必须保持复位值
15:0	TGy	端口翻转位 y（y=0~15） 这些位由软件置位和清除 0：相应 OCTLy 位没有改变 1：翻转相应的 OCTLy 位

4.5 GPIO 操作实例

4.5.1 实例介绍

功能：依次循环单独点亮 LED1、LED2、LED3。
硬件连接：LED1 连接 PD4，LED2 连接 PD5，LED3 连接到 PG3。

4.5.2 程序

主程序如下：

```
#include "gd32f4xx.h"
#include "gd32f450z_eval.h"
#include "systick.h"

/*!
    \brief  main function
    \param[in]  none
    \param[out] none
    \retval     none
*/
int main(void)
{
    /* configure systick*/
    systick_config( );

    /* enable the LEDs GPIO clock*/
    rcu_periph_clock_enable(RCU_GPIOD);
    rcu_periph_clock_enable(RCU_GPIOG);

    /* configure LED1 and LED2 GPIO port */
    gpio_mode_set(GPIOD,GPIO_MODE_OUTPUT,GPIO_PUPD_NONE,GPIO_PIN_4 | GPIO_PIN_5);
    gpio_output_options_set(GPIOE,GPIO_OTYPE_PP,GPIO_OSPEED_50MHz,
GPIO_PIN_4 | GPIO_PIN_5);
    /* reset LED1 and LED2 GPIO pin */
    gpio_bit_reset(GPIOE,GPIO_PIN_4 | GPIO_PIN_5);

    /* configure LED3 GPIO port */
    gpio_mode_set(GPIOG,GPIO_MODE_OUTPUT,GPIO_PUPD_NONE,GPIO_PIN_3);
    gpio_output_options_set(GPIOG,GPIO_OTYPE_PP,GPIO_OSPEED_50MHz,GPIO_PIN_3);
    /* reset LED3 GPIO pin */
    gpio_bit_reset(GPIOG,GPIO_PIN_3);

    while(1){
        /* turn on LED1,turn off LED2 and LED3 */
        gpio_bit_set(GPIOD,GPIO_PIN_4);
        gpio_bit_reset(GPIOD,GPIO_PIN_5);
        gpio_bit_reset(GPIOG,GPIO_PIN_3);
        delay_1ms(400);

        /* turn on LED2,turn off LED1 and LED3 */
        gpio_bit_set(GPIOD,GPIO_PIN_5);
        gpio_bit_reset(GPIOD,GPIO_PIN_4);
        gpio_bit_reset(GPIOG,GPIO_PIN_3);
        delay_1ms(400);

        /* turn on LED3,turn off LED1 and LED2 */
```

```
        gpio_bit_set(GPIOG,GPIO_PIN_3);
        gpio_bit_reset(GPIOD,GPIO_PIN_4);
        gpio_bit_reset(GPIOD,GPIO_PIN_5);
        delay_1ms(400);
    }
}
```

4.5.3　运行结果

系统启动后，首先 LED1 单独亮，然后 LED2 单独亮，再 LED3 单独亮，…，3 个 LED 依次周期性循环点亮。

4.6　小结

本章主要介绍了通用输入 / 输出（GPIO）接口和备用输入 / 输出（AFIO）接口，包括引脚配置，同时详细描述了相关寄存器。希望读者通过本章的学习，能对通用输入 / 输出（GPIO）接口和备用输入 / 输出（AFIO）接口有一个清晰的认识和理解。

实验视频

4-1　流水灯

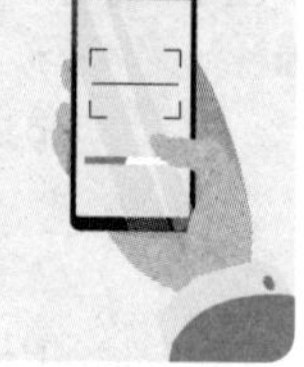

习　题

1. Cortex®-M4 处理器通用输入 / 输出接口和备用输入 / 输出接口有哪些特征？

2. 复位之后 GPIO 接口、串行线调试端口、JTDI、JTCK/SWCLK、JTMS/SWDIO、NJTRST、NJTRST 各是什么输入模式？

Chapter 5

第 5 章　直接存储器访问控制器

第 4 章介绍的 GPIO 提供了单片机和外设之间通信的一种方式，使用过程中需要微控制单元（MCU）参与控制。在实际使用时，经常遇到要求传输数据量大、传输速度高的场景，若持续占用 MCU，势必影响系统其他功能。使用直接存储器访问（DMA）能够有效避免这些问题、提高存储器访问效率，本章对 DMA 控制器进行详细介绍。

5.1 简介

DMA 控制器提供了一种硬件的方式在外设和存储器之间或者存储器和存储器之间传输数据，无须 MCU 的介入，避免了 MCU 多次进入中断进行大规模的数据复制，最终提高整体的系统性能。

每个 DMA 控制器包含 2 个 AHB 接口和 8 个 4 字深度的 FIFO（先进先出数据缓存器），使 DMA 可以高效地传输数据。DMA 控制器（DMA0、DMA1）共有 16 个通道，每个通道可以被分配给一个或多个特定的外设进行数据传输。两个内置的总线仲裁器用来处理 DMA 请求的优先级问题。

Cortex®-M4 处理器与 DMA 控制器都是通过系统总线来处理数据，引入仲裁机制来处理它们之间的竞争关系。当 MCU 和 DMA 指定相同的外设时，MCU 将会在特定的总线周期挂起。总线矩阵使用了轮询的算法保证 MCU 至少占用了一半的带宽。

5.2 主要特性

1）两个 AHB 主机接口传输数据，一个 AHB 从机接口配置 DMA。

2）16 个通道（每个 DMA 控制器有 8 个通道），每个通道连接 8 个特定的外设请求。

3）存储器和外设支持单一传输，4 拍、8 拍和 16 拍增量突发传输。

4）当外设和存储器传输数据时，支持存储器切换。

5）支持软件优先级（低、中、高、超高）和硬件优先级（通道号越低，优先级越高）。

6）存储器和外设的数据传输宽度可配置：字节、半字、字。

7）存储器和外设的数据传输支持固定寻址和增量式寻址。

8）支持循环传输模式。

9）支持3种传输方式：存储器到外设、外设到存储器、存储器到存储器（仅DMA1支持）。

10）DMA和外设均可配置为传输控制器。DMA作为传输控制器，可配置数据传输长度，最大为65535；外设作为传输控制器，数据传输的完成取决于外设的最后一个传输请求。

11）支持单数据传输和多数据传输模式。单数据传输模式：当且仅当FIFO为空时从源地址读取数据，存进FIFO，然后把FIFO的数据写到目标地址；多数据传输模式：当存储器数据宽度和外设数据宽度不同时，自动打包/解包数据。

12）每个通道有5种类型的事件标志和独立的中断，支持中断的使能和清除。

5.3 结构框图

如图5-1所示，DMA控制器由4部分组成：

1）AHB从接口。AHB从接口配置DMA。

2）AHB主接口。两个AHB主接口进行数据传输。

3）仲裁器。两个仲裁器进行DMA请求的优先级管理。

4）数据处理和计数。

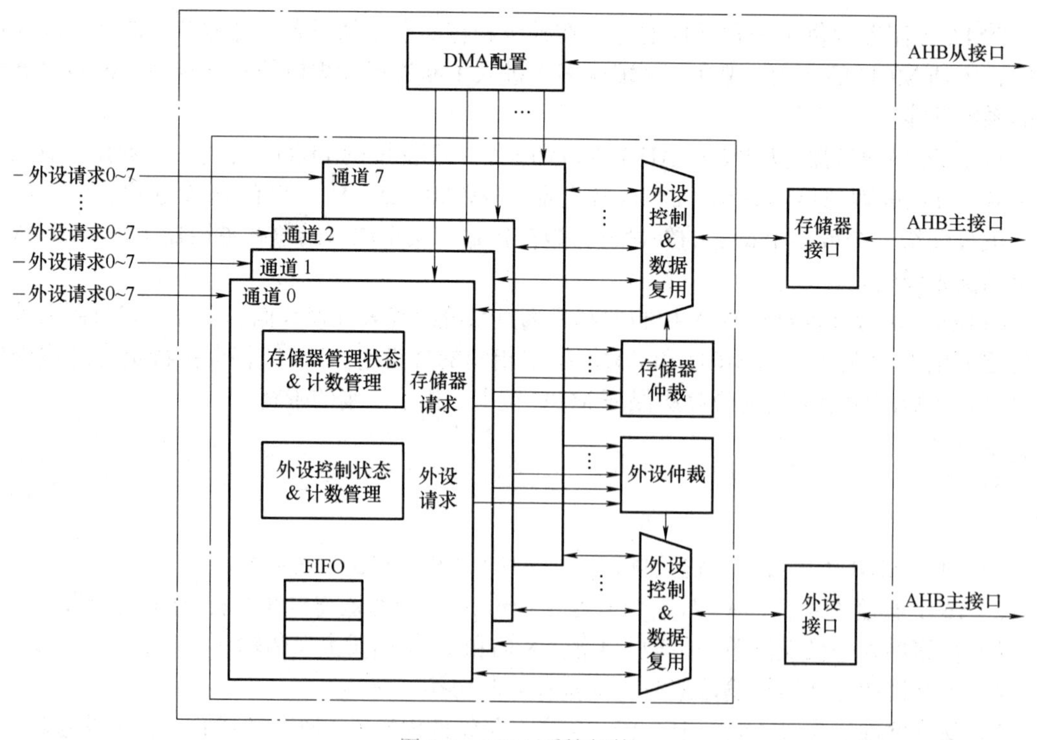

图5-1 DMA系统架构

5.4 功能描述

DMA 控制器在没有 MCU 参与的情况下从一个地址向另一个地址传输数据，它支持多种数据宽度、突发类型、地址生成算法、优先级和传输模式，可以灵活地配置以满足应用的需求。所有的寄存器都可以通过 AHB 从机接口进行 32 位的操作。

寄存器 DMA_CHxCTL 的 TM 位域决定了 DMA 的数据传输模式，见表 5-1。

表 5-1 传输模式

传输模式	TM［1:0］	源地址	目的地址
外设到存储器	00	DMA_CHxPADDR	DMA_CHxM0ADDR、DMA_CHxM1ADDR
存储器到外设	01	DMA_CHxM0ADDR、DMA_CHxM1ADDR	DMA_CHxPADDR
存储器到存储器	10	DMA_CHxPADDR	DMA_CHxM0ADDR、DMA_CHxM1ADDR

注：1. 寄存器 DMA_CHxCTL 的 MBS 位选择 DMA_CHxM0ADDR 或者 DMA_CHxM1ADDR 作为存储器地址。
2. 寄存器 DMA_CHxCTL 的 TM 位域禁止配置成“0b11”，否则通道将会自动关闭。

如图 5-2 所示，DMA 控制器的两个 AHB 主机接口分别对应存储器和外设的数据访问。

1）外设到存储器：通过 AHB 外设主机接口从外设读取数据，通过 AHB 存储器主机接口向存储器写入数据。

2）存储器到外设：通过 AHB 存储器主机接口从存储器读取数据，通过 AHB 外设主机接口向外设写入数据。

3）存储器到存储器：通过 AHB 外设主机接口从存储器读取数据，通过 AHB 存储器主机接口向存储器写入数据。

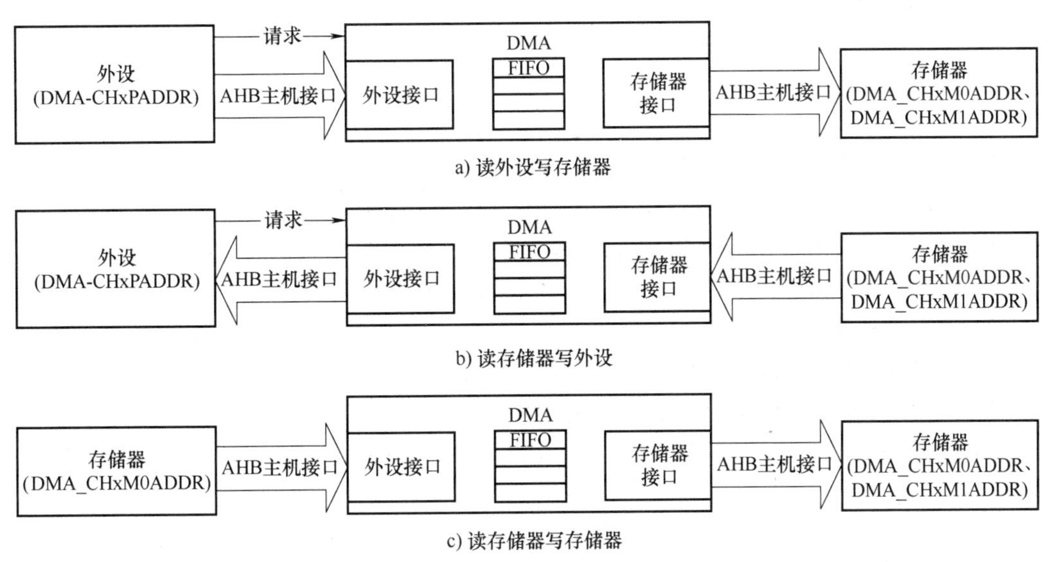

图 5-2 3 种传输模式的数据流

5.4.1 外设握手

为了保证数据的有效传输，DMA 控制器中引入了外设和存储器的握手机制，包括请求信号和应答信号。

1）请求信号：由外设发出，表明外设已经准备好发送或接收数据。

2）应答信号：由 DMA 控制器响应，表明 DMA 控制器已经发送 AHB 命令去访问外设。

图 5-3 详细描述了 DMA 控制器与外设之间的握手机制。

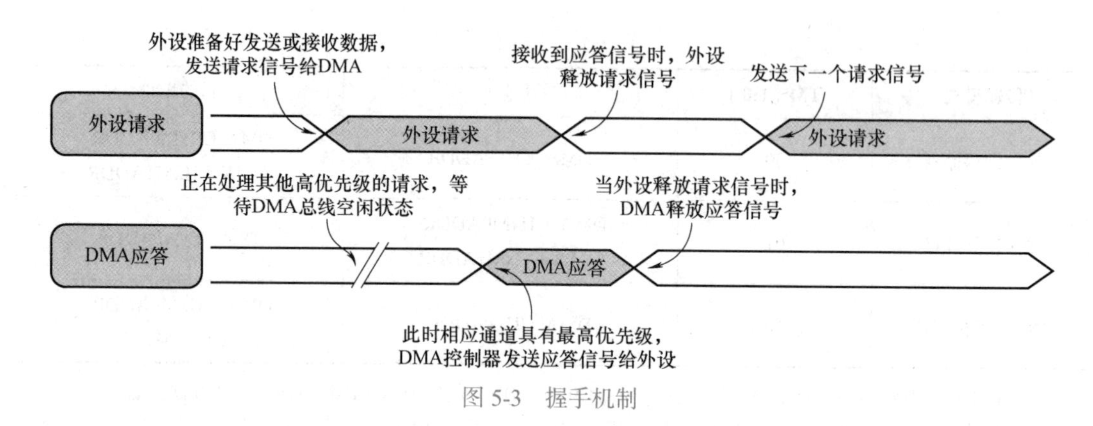

图 5-3 握手机制

5.4.2 数据处理

1. 仲裁

每个 DMA 控制器有两个分别对应于外设和存储器的仲裁器。当 DMA 控制器在同一时间接收到多个外设请求时，仲裁器将根据外设请求的优先级来决定响应哪一个外设请求。优先级规则如下：

1）软件优先级：分为 4 级，即低、中、高和超高。可以通过寄存器 DMA_CHxCTL 的 PRIO 位域来配置。

2）硬件优先级：当通道具有相同的软件优先级时，编号低的通道优先级高。例如，通道 0 和通道 2 配置为相同的软件优先级时，通道 0 的优先级高于通道 2。

2. 传输宽度、突发传输和计数

（1）传输宽度

寄存器 DMA_CHxCTL 的 PWIDTH 和 MWIDTH 位域决定了外设和存储器的数据传输宽度。DMA 控制器支持 8 位、16 位和 32 位的数据宽度。在多数据传输模式中，如果 PWIDTH 和 MWIDTH 不相等，DMA 会自动地打包 / 解包数据来进行完整的数据传输。在单数据传输模式中，MWIDTH 在通道使能以后，会被硬件强制设置与 PWIDTH 相等。

（2）突发传输类型

寄存器 DMA_CHxCTL 的 PBURST 和 MBURST 位域决定了外设和存储器的突发传输方式。DMA 控制器的外设和存储器接口均支持单一传输，4 拍、8 拍、16 拍的增量突发传输。对于单数据传输模式，当使能通道后，PBURST 和 MBURST 会被强制设为 0，仅支持单一传输。

在外设到存储器或者存储器到外设传输模式中，如果 PBURST 不为 0，在每次外设请求之后，DMA 控制器会根据 PBURST 的值进行 4 拍、8 拍、16 拍的增量突发传输。如果剩余的数据不够一次突发传输，剩余的数据将会进行单一传输。

AMBA 协议指定突发传输不能超过 1KB 的地址边界，否则会产生传输错误。对于外设和存储器，当突发传输超过 1KB 的地址边界，硬件会自动把 4 拍、8 拍、16 拍（由 PBURST 和 MBURST 决定）的突发传输拆分为单一传输。

（3）传输计数

当 DMA 作为传输控制器时，寄存器 DMA_CHxCN 的 CNT 位域决定了需要传输数据的数量，在使能 DMA 通道之前，数据的传输量必须完成配置。当外设作为传输控制器时，在使能通道后，CNT 位会被强制设置为“4bFFFF”。在传输过程中，CNT 表示剩余需要传输的数据数量。

CNT 位的大小与外设的数据传输宽度有关，数据传输总量的字节数等于 CNT 乘以外设数据传输宽度。例如，如果 PWIDTH 的值设置为“2b11”，则传输的数据总量的字节数等于 CNT × 4。CNT 的值在外设的每次单一传输或者在突发模式中每个节拍传输完成后都会减 1。

3. 打包 / 解包

在单数据传输模式中，MWIDTH 会被硬件强制设置与 PWIDTH 相等，无须使用数据的打包 / 解包功能。

在多数据传输模式中，MWIDTH 与 PWIDTH 相互独立，配置更为灵活。当 MWIDTH 与 PWIDTH 不相等时，DMA 的读写传输宽度不同，DMA 会自动对数据打包 / 解包操作。在传输过程中，外设和寄存器都只支持小端操作㊀。

5.4.3 地址生成

存储器和外设都独立地支持两种地址生成算法：固定模式和增量模式。寄存器 DMA_CHxCTL 的 PNAGA 和 MNAGA 位用来设置存储器和外设地址生成算法。

在固定模式中，地址一直固定为初始化的基地址（DMA_CHxPADDR，DMA_CHxM0ADDR，DMA_CHxM1ADDR）。

在增量模式中，下一次传输数据的地址是当前地址加 1（或者 2、4），这个值取决于数据传输宽度。在多数据传输模式中，若寄存器 DMA_CHxCTL 的 PBURST 配置为“2b00”，当寄存器 DMA_CHxCTL 的 PAIF 位置 1 使能时，外设下一次传输的地址增量被固定为 4，与外设的数据传输宽度无关。PAIF 与存储器地址生成无关。

注意：若 PAIF 配置为“1”，外设的基地址（寄存器 DMA_CHxPADDR）必须配置为 4B 对齐。

5.4.4 循环模式

循环模式用来处理连续的外设请求。可以通过寄存器 DMA_CHxCTL 的 CMEN 位置 1 使能。循环模式只在 DMA 作为传输控制器时有效。当寄存器 DMA_CHxCTL 的 TFCS 位被置 1 时，外设作为传输控制器，在通道使能后，循环模式会被自动关闭。

在循环模式中，当每次 DMA 传输完成后，CNT 值会被重新载入，且传输完成标志位会被置 1。DMA 会一直响应外设的请求，直到出现传输错误或者通道使能位被清 0。

㊀ 小端操作即指用小端模式进行数据存储和配置。数据在内存单元中的存储方式有大端模式和小端模式。数据的高字节部分保存在低地址，低字节部分保存在高地址为大端模式；反之，数据的低字节部分保存在低地址，高字节部分保存在高地址为小端模式。

5.4.5 存储切换模式

与循环模式相同，存储切换模式也用来处理连续的外设请求。可以通过寄存器DMA_CHxCTL的SBMEN位置1使能。若打开了存储切换模式，在通道使能后，硬件会自动打开循环模式。存储切换模式只能应用于外设与存储器之间的数据传输，在存储器到存储器模式中禁止使用。

存储切换模式支持两个存储器缓冲区，两个存储器基地址可以分别在寄存器DMA_CHxM0ADDR和DMA_CHxM1ADDR中配置。在每次DMA传输完成后，存储器指针指向另一个存储器缓冲区。在DMA传输过程中，没有被DMA占用的缓冲区可以被其他的AHB主机接口操作，且其基地址可以改变。

软件可以通过设定寄存器DMA_CHxCTL的MBS位来指定第一次数据传输DMA使用的缓冲区。DMA通道使能以后，MBS可以视为DMA存储器缓冲区的标志位，它会在每次传输完成后自动在“0”和“1”之间切换，如图5-4所示。

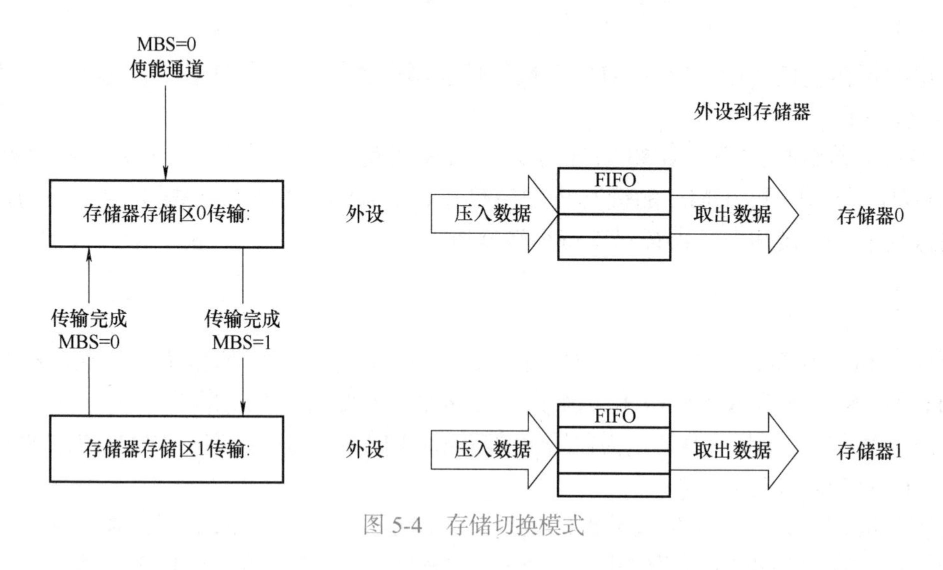

图5-4 存储切换模式

5.4.6 传输控制器

数据传输量的大小由传输控制器决定。寄存器DMA_CHxCTL的TFCS位决定了传输控制器是外设还是DMA。

1）DMA为传输控制器：寄存器DMA_CHxCNT的CNT位域决定传输数据量的大小，必须在通道使能前配置。

2）外设为传输控制器：在通道使能后寄存器DMA_CHxCNT的CNT位域会被硬件强制配置为“FFFF”，因此配置CNT没有意义。DMA数据传输完成由外设发送最后一次传输请求决定。

注意：当传输模式是存储器到存储器时，传输控制器只能是DMA。

5.4.7 传输操作

数据传输支持3种操作方式：外设到存储器、存储器到外设、存储器到存储器。存储器和外设都可以配置为源端和目的端。

1. 存储器端数据传输

（1）外设到存储器

单数据传输模式：当 FIFO 非空时，DMA 启动存储器数据传输，写数据到相应的存储器地址中。

多数据传输模式：当 FIFO 计数器达到临界值时，DMA 启动单一或突发数据传输，把 FIFO 的数据全部写入存储器中。

（2）存储器到外设

单数据传输模式：当通道使能时，DMA 会立刻进行存储器数据传输，读取数据到 FIFO。数据传输过程中，当且仅当 FIFO 为空时，DMA 控制器就会进行存储器读取操作。

多数据传输模式：当通道使能后，不论是否有外设请求，DMA 都会进行单一或突发数据传输填满 FIFO。在数据传输过程中，当 FIFO 有足够的空间进行一次单一或突发传输时，DMA 控制器就会进行存储器读取操作。

（3）存储器到存储器

只支持多数据传输模式。当 FIFO 计数器到达临界值时，DMA 进行单一或突发传输把 FIFO 的数据全部写入存储器中。

2. 外设端数据传输

（1）外设到存储器

当 DMA 收到外设请求且 FIFO 有足够的空间进行数据传输时，DMA 启动外设数据传输从外设读取数据写入 FIFO。

（2）存储器到外设

当 DMA 收到外设请求且 FIFO 有足够的数据进行数据传输时，DMA 启动外设数据传输从 FIFO 读取数据写入外设。

（3）存储器到存储器

只支持多数据传输模式。当通道使能时，DMA 启动单一或突发传输读取数据写满 FIFO。在数据传输过程中，当 FIFO 有足够的空间进行一次单一或突发传输时，DMA 控制器就会进行存储器读取操作。

5.4.8 传输完成

DMA 传输由硬件自动完成，寄存器 DMA_INTF0 与 DMA_INTF1 位 FTFIFx 在以下情况下会被置 1：传输完成、软件清除、传输错误。

1. 传输完成

当 DMA 使能以后，数据会在外设和存储器之间传输。当寄存器 DMA_CHxCNT 的 CNT 中配置的数据量传输完成或处理完最后一次外设请求以后，DMA 传输结束，寄存器 DMA_CHxCTL 的 CHEN 位自动清 0。

（1）外设到存储器

如果 DMA 是传输控制器，CNT 减数到 0 且 FIFO 中的数据完全写入到存储器中，传输完成。如果外设是传输控制器，当外设的最后一个请求完成且 FIFO 中的数据完全写入到存储器中，传输完成。

（2）存储器到外设

如果 DMA 是传输控制器，当 CNT 减数到 0 时传输完成。如果外设传输流控制器，当外设的最后一个请求完成时，传输完成。

（3）存储器到存储器

只支持DMA为传输控制器，CNT减数到0且FIFO中的数据完全写入到存储器中，传输完成。

2. 软件清除

DMA传输可以通过对寄存器DMA_CHxCTL的CHEN位清0停止。在清0操作之后，若CHEN位仍然为1，代表存储器或者外设仍然处在传输状态，或者FIFO中还有剩余的数据没有传输。

（1）外设到存储器

软件清0操作后，当前的单次或突发传输完成后，DMA的外设传输将会停止。为了保证从外设读取的数据完全被写入存储器中，存储器在FIFO非空的状态下仍然会进行数据传输，直到FIFO中的数据完全被写入存储器中。若FIFO中剩余的数据量不满足一次存储器突发传输，这些数据将会被拆分成单一传输。如果FIFO总剩余的数据量小于存储器传输宽度，这个数据会被高位补0并写入存储器中。此时读取CNT的值可以计算出存储器中的有效数据量。在FIFO中的数据传输完毕之后，CHEN位会被硬件自动清0，寄存器DMA_INTF0或DMA_INTF1相应通道标志位FTFIFx会被置1。

（2）存储器到外设

软件清0操作后，当前的存储器和外设传输完成以后，DMA传输将会停止。CHEN位会自动清0，寄存器DMA_INTF0或DMA_INTF1相应通道标志位FTFIFx会被置1。

（3）存储器到存储器

与外设到存储器相同，其中源端存储器的传输通过外设端口来实现。

3. 传输错误

3种类型的错误会关闭DMA传输：

（1）FIFO错误

当检测到FIFO错误配置，通道会立即关闭且不会进行任何传输。这种情况下，FTFIFx不会被置1。

（2）总线错误

当存储器或者外设端口试图访问超出范围的地址时，DMA控制器会检测到总线错误，通道停止传输且FTFIFx不会被置1。如果错误是由外设端口引起的，CNT仍会进行一次减1操作。

（3）寄存器访问错误

在存储切换模式下，当对DMA正在访问的存储器的基地址寄存器进行写操作时，DMA控制器会检测到寄存器访问错误。发生这个错误后，DMA控制器的操作与软件清0时相同。

5.4.9 通道配置

要启动一次新的DMA数据传输，建议遵循以下步骤进行操作：

1）读取CHEN位，如果为1（通道已使能），清0或等待DMA传输完成。当CHEN位为0时，请按照下列步骤配置DMA。

2）清除寄存器DMA_INTF0或DMA_INTF1相应通道标志位FTFIFx，否则无法使能DMA。

3）配置寄存器DMA_CHxCTL的TM位选择数据传输方式。

4）配置寄存器 DMA_CHxCTL 的 PERIEN 位域选择外设。当数据传输方式是存储器到存储器时，PERIEN 没有具体意义，这一步可以跳过。

5）在寄存器 DMA_CHxCTL 中配置存储器和外设突发类型、目标存储器（memory0 或 memory1）、存储切换模式、通道优先级、存储器和外设的传输宽度、存储器和外设的地址生成算法、循环模式、传输控制器。

6）在寄存器 DMA_CHxFCTL 中配置数据处理方式，如果使用多数据传输方式，需要配置 FCCV 位域以设置 FIFO 计数器临界值。

7）在寄存器 DMA_CHxCTL 中配置传输完成中断、半传输完成中断、传输错误中断、单数据传输模式异常中断的使能位。在寄存器 DMA_CHxFCTL 中配置 FIFO 错误和异常中断的使能位。中断使能位可根据实际需求配置。

8）在寄存器 DMA_CHxPADDR 中配置外设基地址。

9）如果使用存储切换模式，在寄存器 DMA_CHxM0ADDR 和 DMA_CHxM1ADDR 中配置两个存储器基地址。如果只使用一个存储器，寄存器 CHxCTL 的 MBS 位决定配置 DMA_CHxM0ADDR 或者 DMA_CHxM1ADDR。

10）在寄存器 DMA_CHxCNT 中配置数据传输总量。

11）寄存器 DMA_CHxCTL 的 CHEN 位置 1，使能 DMA 通道。

如果要继续挂起 DMA 传输，建议遵循以下步骤进行操作：

1）读取 CHEN 位，确定 DMA 的挂起操作已经完成。当 CHEN 位为 0 时，DMA 处于空闲状态，可以重新配置 DMA 以继续挂起 DMA 传输。

2）清除寄存器 DMA_INTF0 或 DMA_INTF1 相应通道标志位 FTFIFx，否则 DMA 通道可能无法再使能。

3）读取寄存器 DMA_CHxCNT，计算出已经发送的数据量与剩余待发的数据量。

4）在寄存器 DMA_CHxPADDR 中更新外设基地址。

5）在寄存器 DMA_CHxM0ADDR 或 DMA_CHxM1ADDR 中更新存储器基地址。

6）在寄存器 DMA_CHxCNT 中配置剩余待发的数据总量。

7）寄存器 DMA_CHxCTL 的 CHEN 位置 1，重新启动 DMA 通道。

5.5 中断

每个DMA通道都有专有的中断，包括5个中断事件：传输完成中断、半传输完成中断、传输错误中断、单数据传输模式异常中断、FIFO 错误和异常中断。任何一个中断事件都可以引发 DMA 中断。

寄存器 DMA_INTF0 或 DMA_INTF1 包含每个中断事件的标志位，寄存器 DMA_INTC0 或 DMA_INTC1 包含每个中断事件的标志清除位，寄存器 DMA_CHxCTL 和 DMA_CHxFCTL 包含每个中断事件的使能位，DMA 中断事件见表 5-2。

这 5 个事件可以分为 3 种类型：

1）标志：传输完成和半传输完成。

2）异常：单数据传输模式异常和 FIFO 异常。

3）错误：传输错误和 FIFO 错误。

发生异常事件时，正在进行的 DMA 传输不会被停止，仍将继续传输。发生错误事件时，正在进行的 DMA 传输会被停止。这 3 种类型的事件在下一节进行详细描述。

表 5-2 DMA 中断事件

中断事件	标志位	使能位	清除位
	DMA_INTF0 或 DMA_INTF1	DMA_CHxCTL 或 DMA_CHxFCTL	DMA_INTC0 或 DMA_INTC1
传输完成	FTFIF	FTFIE	FTFIFC
半传输完成	HTFIF	HTFIE	HTFIFC
传输错误	TAEIF	TAEIE	TAEIFC
单数据模式异常	SDEIF	SDEIE	SDEIFC
FIFO 错误与异常	FEEIF	FEPIE	FEEIFC

5.5.1 标志

有两种标志事件：传输完成事件和半传输完成事件。发生以下情况时，传输完成标志位将会被置 1。

1）DMA 作为传输控制器时，CNT 计数到 0。

2）外设作为传输控制器时，响应完外设的最后一个数据传输请求后（如果是读外设写存储器传输方式，还需满足 FIFO 中的数据全部写入存储器中），传输完成。

3）在数据传输完成之前，通过软件清 0 的方式停止数据传输，当前的存储器和外设数据传输完成后（如果是外设到存储器或存储器到存储器传输模式，还需满足 FIFO 中的数据全部写入存储器中），传输完成。

4）在数据传输完成之前，由于寄存器访问错误导致停止数据传输，当前的存储器和外设数据传输完成后（如果是外设到存储器或存储器到存储器传输模式，还需满足 FIFO 中的数据全部写入存储器），传输完成。

当传输完成标志位置 1，且传输完成中断使能时，DMA 控制器产生传输完成中断。

当 DMA 作为传输控制器且 CNT 减数计数达到初始值的一半时，半传输完成标志位会被置 1。

当半传输完成标志位置 1，且半传输完成中断使能时，DMA 控制器产生半传输完成中断。

5.5.2 异常

有两种异常事件：单数据传输模式异常和 FIFO 异常。异常对于 DMA 传输无影响。

1. 单数据传输模式异常

这个异常只有在使能单数据传输模式且传输方式为外设到存储器时才会发生。当 FIFO 非空时，如果外设请求数据传输，DMA 在响应外设请求以后，会有多个数据存储在 FIFO 中，这可能会对存储器后续的数据处理造成影响，此时单数据传输模式异常标志位置 1。

当单数据传输模式异常标志位置 1，且单数据传输模式异常中断使能，DMA 控制器产生单数据传输模式异常中断。

2. FIFO 异常

这个异常只有数据在外设和存储器之间传输才会发生，当 FIFO 发生上溢或下溢时，FIFO 异常标志位置 1。

当传输模式为外设到存储器时，如果外设请求有效且得到最高优先级时，FIFO 的剩余空间不满足单一或突发外设传输，FIFO 发生上溢。直到 FIFO 有足够空间时，DMA 控制器才会响应此次外设请求，该异常不会影响到数据传输的正确性。

当传输模式为存储器到外设时，如果外设请求有效且得到最高优先级时，FIFO 中的数据不够完成单次或突发外设传输，FIFO 发生下溢。直到 FIFO 有足够数据时，DMA 控制器才会响应此次外设请求，该异常不会影响到数据传输的正确性。

当 FIFO 异常标志位置 1，且 FIFO 异常中断使能时，DMA 控制器产生 FIFO 异常中断。

5.5.3 错误

在数据传输过程中，会发生 FIFO 错误和传输错误（包含寄存器访问错误和总线错误），此时数据传输会被中止。

1. FIFO 错误

当使用多数据传输模式时，FIFO 计数器临界值设置必须与存储器和外设数据传输宽度匹配。错误的配置会引发 FIFO 错误，此时，通道会立即关闭，并不启动任何传输。当 FIFO 错误标志位置 1，且 FIFO 错误中断使能时，DMA 控制器产生 FIFO 错误中断。

2. 寄存器访问错误

只有在存储切换模式下才会发生寄存器访问错误。如果软件对 DMA 正在使用的存储器的基地址寄存器进行写操作，将会发生寄存器访问错误。例如，存储器 0 是 DMA 控制器正在使用的源端或者目的端地址，如果软件对 DMA_CHxM0ADDR 寄存器进行写操作，则会产生寄存器访问错误。寄存器访问错误发生后，当前数据传输完成之后（在读外设写存储器传输模式下，FIFO 中的数据需要全部写入到内存中），DMA 会被自动停止。当寄存器访问错误标志位置 1，且寄存器访问错误中断使能时，DMA 控制器产生寄存器访问错误中断。

3. 总线错误

当 DMA 的存储器端或外设端的主机端口访问的地址超出了允许的范围，会发生总线错误，同时 DMA 通道禁止。当总线错误标志位置 1，且总线错误中断使能时，DMA 控制器产生总线错误中断。

5.6 DMA 寄存器

DMA0 基地址：0x4002 6000。

DMA1 基地址：0x4002 6400。

5.6.1 中断标志位寄存器 0（DMA_INTF0）

地址偏移：0x00。

复位值：0x0000 0000。

该寄存器只能按字（32 位）访问，字的格式如图 5-5 所示。

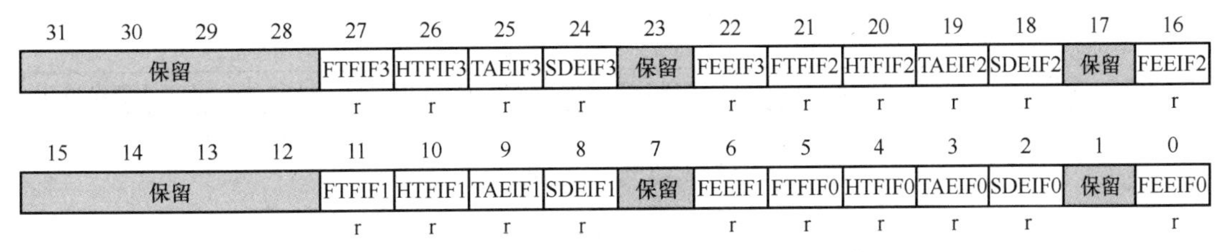

图 5-5 中断标志位寄存器 0 的 32 位字格式

中断标志位寄存器0的32位字的每个位的含义见表5-3。

表5-3 中断标志位寄存器0的32位字的每个位的含义

位/位域	名称	描述
31:28	保留	必须保持复位值
27、21、11、5	FTFIFx	通道x的传输完成标志位（x=0~3） 硬件置位，软件写DMA_INTC0相应位为1清0 0：通道x传输未完成 1：通道x传输完成
26、20、10、4	HTFIFx	通道x的半传输完成标志位（x=0~3） 硬件置位，软件写DMA_INTC0相应位为1清0 0：通道x半传输未完成 1：通道x半传输完成
25、19、9、3	TAEIFx	通道x的传输错误标志位（x=0~3） 硬件置位，软件写DMA_INTC0相应位为1清0 0：通道x未发生传输错误 1：通道x发生传输错误
24、18、8、2	SDEIFx	通道x的单数据传输模式异常标志位（x=0~3） 硬件置位，软件写DMA_INTC0相应位为1清0 0：通道x未发生单数据传输模式异常 1：通道x发生单数据传输模式异常
23、17、7、1	保留	必须保持复位值
22、16、6、0	FEEIFx	通道x的FIFO错误与FIFO异常标志位（x=0~3） 硬件置位，软件写DMA_INTC0相应位为1清0 0：通道x未发生FIFO错误或FIFO异常 1：通道x发生FIFO错误或FIFO异常

5.6.2 中断标志位寄存器1（DMA_INTF1）

地址偏移：0x04。
复位值：0x0000 0000。
该寄存器只能按字（32位）访问，字的格式如图5-6所示。

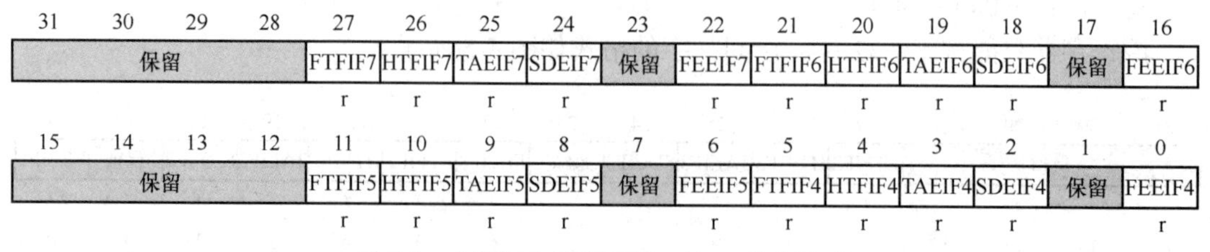

图5-6 中断标志位寄存器1的32位字格式

中断标志位寄存器1的32位字的每个位的含义见表5-4。

表 5-4 中断标志位寄存器 1 的 32 位字的每个位的含义

位 / 位域	名称	描述
31:28	保留	必须保持复位值
27、21、11、5	FTFIFx	通道 x 的传输完成标志位（x=4~7） 硬件置位，软件写 DMA_INTC0 相应位为 1 清 0 0：通道 x 传输未完成 1：通道 x 传输完成
26、20、10、4	HTFIFx	通道 x 的半传输完成标志位（x=4~7） 硬件置位，软件写 DMA_INTC0 相应位为 1 清 0 0：通道 x 半传输未完成 1：通道 x 半传输完成
25、19、9、3	TAEIFx	通道 x 的传输错误标志位（x=4~7） 硬件置位，软件写 DMA_INTC0 相应位为 1 清 0 0：通道 x 未发生传输错误 1：通道 x 发生传输错误
24、18、8、2	SDEIFx	通道 x 的单数据传输模式异常标志位（x=4~7） 硬件置位，软件写 DMA_INTC0 相应位为 1 清 0 0：通道 x 未发生单数据传输模式异常 1：通道 x 发生单数据传输模式异常
23、17、7、1	保留	必须保持复位值
22、16、6、0	FEEIFx	通道 x 的 FIFO 错误与 FIFO 异常标志位（x=4~7） 硬件置位，软件写 DMA_INTC0 相应位为 1 清 0 0：通道 x 未发生 FIFO 错误或 FIFO 异常 1：通道 x 发生 FIFO 错误或 FIFO 异常

5.6.3 中断标志位清除寄存器 0（DMA_INTC0）

地址偏移：0x08。

复位值：0x0000 0000。

该寄存器只能按字（32 位）访问，字的格式如图 5-7 所示。

31	30	29	28	27	26	25	24	23	22	21	20	19	18	17	16
保留				FTFIFC3	HTFIFC3	TAEIFC3	SDEIFC3	保留	FEEIFC3	FTFIFC2	HTFIFC2	TAEIFC2	SDEIFC2	保留	FEEIFC2
				w	w	w	w		w	w	w	w	w		w

15	14	13	12	11	10	9	8	7	6	5	4	3	2	1	0
保留				FTFIFC1	HTFIFC1	TAEIFC1	SDEIFC1	保留	FEEIFC1	FTFIFC0	HTFIFC0	TAEIFC0	SDEIFC0	保留	FEEIFC0
				w	w	w	w		w	w	w	w	w		w

图 5-7 中断标志位清除寄存器 0 的 32 位字格式

中断标志位清除寄存器 0 的 32 位字的每个位的含义见表 5-5。

5.6.4 中断标志位清除寄存器 1（DMA_INTC1）

地址偏移：0x0C。

复位值：0x0000 0000。

表 5-5 中断标志位清除寄存器 0 的 32 位字的每个位的含义

位 / 位域	名称	描述
31:28	保留	必须保持复位值
27、21、11、5	FTFIFCx	通道 x 的传输完成标志清除位（x=0~3） 0：无影响 1：清除传输完成标志位
26、20、10、4	HTFIFCx	通道 x 的半传输完成标志清除位（x=0~3） 0：无影响 1：清除半传输完成标志位
25、19、9、3	TAEIFCx	通道 x 的传输错误标志清除位（x=0~3） 0：无影响 1：清除传输错误标志位
24、18、8、2	SDEIFCx	通道 x 的单数据传输模式异常标志清除位（x=0~3） 0：无影响 1：清除单数据传输模式异常标志位
23、17、7、1	保留	必须保持复位值
22、16、6、0	FEEIFCx	通道 x 的 FIFO 错误与 FIFO 异常标志清除位（x=0~3） 0：无影响 1：清除 FIFO 错误与 FIFO 异常标志位

该寄存器只能按字（32 位）访问，字的格式如图 5-8 所示。

31	30	29	28	27	26	25	24	23	22	21	20	19	18	17	16
保留				FTFIFC7	HTFIFC7	TAEIFC7	SDEIFC7	保留	FEEIFC7	FTFIFC6	HTFIFC6	TAEIFC6	SDEIFC6	保留	FEEIFC6
				w	w	w	w		w	w	w	w	w		w

15	14	13	12	11	10	9	8	7	6	5	4	3	2	1	0
保留				FTFIFC5	HTFIFC5	TAEIFC5	SDEIFC5	保留	FEEIFC5	FTFIFC4	HTFIFC4	TAEIFC4	SDEIFC4	保留	FEEIFC4
							w		w	w		w	w		w

图 5-8 中断标志位清除寄存器 1 的 32 位字格式

中断标志位清除寄存器 1 的 32 位字的每个位的含义见表 5-6。

表 5-6 中断标志位清除寄存器 1 的 32 位字的每个位的含义

位 / 位域	名称	描述
31:28	保留	必须保持复位值
27、21、11、5	FTFIFCx	通道 x 的传输完成标志清除位（x=4~7） 0：无影响 1：清除传输完成标志位
26、20、10、4	HTFIFCx	通道 x 的半传输完成标志清除位（x=4~7） 0：无影响 1：清除半传输完成标志位

（续）

位 / 位域	名称	描述
25、19、9、3	TAEIFCx	通道 x 的传输错误标志清除位（x=4~7） 0：无影响 1：清除传输错误标志位
24、18、8、2	SDEIFCx	通道 x 的单数据传输模式异常标志清除位（x=4~7） 0：无影响 1：清除单数据传输模式异常标志位
23、17、7、1	保留	必须保持复位值
22、16、6、0	FEEIFCx	通道 x 的 FIFO 错误与 FIFO 异常标志清除位（x=4~7） 0：无影响 1：清除 FIFO 错误与 FIFO 异常标志位

5.6.5 通道 x 控制寄存器（DMA_CHxCTL）

x = 0~7，x 为通道编号。

地址偏移：0x10 + 0x18*x。

复位值：0x0000 0000。

该寄存器只能按字（32 位）访问，字的格式如图 5-9 所示。

31	30	29	28	27	26	25	24	23	22	21	20	19	18	17	16
保留				PERIEN[2:0]			MBURST[1:0]		PBURST[1:0]		保留	MBS	SBMEN	PRIO[1:0]	
				rw			rw		rw			rw	rw	rw	

15	14	13	12	11	10	9	8	7	6	5	4	3	2	1	0
PAIF	MWIDTH[1:0]		PWIDTH[1:0]		MNAGA	PNAGA	CMEN	TM[1:0]		TFCS	FTFIE	HTFIE	TAEIE	SDEIE	CHEN
rw	rw		rw		rw	rw	rw	rw		rw	rw	rw	rw	rw	rw

图 5-9 通道 x 控制寄存器的 32 位字格式

通道 x 控制寄存器的 32 位字的每个位的含义见表 5-7。

表 5-7 通道 x 控制寄存器的 32 位字的每个位的含义

位 / 位域	名称	描述
31:28	保留	必须保持复位值
27:25	PERIEN［2:0］	外设使能 软件置 1 与清 0 000：使能外设 0 001：使能外设 1 010：使能外设 2 011：使能外设 3 100：使能外设 4 101：使能外设 5 110：使能外设 6 111：使能外设 7 CHEN 为 1 时不可写入

（续）

位 / 位域	名称	描述
24:23	MBURST［1:0］	存储器突发类型　软件置1与清0 00：单一传输 01：INCR4（4拍增量突发传输） 10：INCR8（8拍增量突发传输） 11：INCR16（16拍增量突发传输） CHEN为1时不可写入 如果寄存器DMA_CHxFCTL的MDMEN位为0，在使能通道后（CHEN置1），该位域会被硬件强制清0
22:21	PBURST［1:0］	外设突发类型　软件置1与清0 00：单一传输 01：INCR4（4拍增量突发传输） 10：INCR8（8拍增量突发传输） 11：INCR16（16拍增量突发传输） CHEN为1时不可写入 如果寄存器DMA_CHxFCTL的MDMEN位为0，在使能通道后（CHEN置1），该位域会被硬件强制清0
20	保留	必须保持复位值
19	MBS	存储器缓冲选择 硬件置1清0，软件置1清0 0：存储器0作为存储器传输区域 1：存储器1作为存储器传输区域 CHEN为1时不可写入 在每次传输完成时，硬件会自动更新该位，以此来表明DMA正在使用哪个存储区
18	SBMEN	存储切换模式使能　软件置1与清0 0：关闭存储切换模式 1：打开存储切换模式 CHEN为1时不可写入
17:16	PRIO［1:0］	软件优先级　软件置1与清0 00：低 01：中 10：高 11：超高 CHEN为1时不可写入
15	PAIF	外设地址增量固定　软件置1与清0 0：外设地址增量由PWIDTH决定 1：外设地址增量固定为4 CHEN为1时不可写入 如果PNAGA设置为0，该位无影响 如果寄存器DMA_CHxFCTL的MDMEN位为0或者PBURST不为00，在使能通道后（CHEN置1），该位域会被硬件强制清0

（续）

位 / 位域	名称	描述
14:13	MWIDTH［1:0］	存储器传输宽度　软件置 1 与清 0 00：8 位 01：16 位 10：32 位 11：保留 CHEN 为 1 时不可写入 如果寄存器 DMA_CHxFCTL 的 MDMEN 位为 0，在使能通道后（CHEN 置 1），该位域会被硬件强制与 PWIDTH 相等
12:11	PWIDTH［1:0］	外设传输宽度　软件置 1 与清 0 00：8 位 01：16 位 10：32 位 11：保留 CHEN 为 1 时不可写入
10	MNAGA	存储器地址生成算法　软件置 1 与清 0 0：固定地址模式 1：增量地址模式 CHEN 为 1 时不可写入
9	PNAGA	外设地址生成算法　软件置 1 与清 0 0：固定地址模式 1：增量地址模式 CHEN 为 1 时不可写入
8	CMEN	循环模式　软件置 1 与清 0 0：关闭循环模式 1：打开循环模式 CHEN 为 1 时不可写入 如果 TFCS 为 1，在使能通道后（CHEN 置 1），该位被自动清 0；如果 SBMEN 为 1，在使能通道后（CHEN 置 1），该位被自动置 1
7:6	TM［1:0］	传输方式　软件置 1 与清 0 00：读外设写存储器 01：读存储器写外设 10：读存储器写存储器 11：保留 CHEN 为 1 时不可写入
5	TFCS	传输控制器选择　软件置 1 与清 0 0：DMA 作为传输控制器 1：外设作为传输控制器 CHEN 为 1 时不可写入
4	FTFIE	传输完成中断使能位　软件置 1 与清 0 0：传输完成中断禁止 1：传输完成中断使能
3	HTFIE	半传输完成中断使能位　软件置 1 与清 0 0：半传输完成中断禁止 1：半传输完成中断使能

（续）

位 / 位域	名称	描述
2	TAEIE	传输错误中断使能位　软件置 1 与清 0 0：传输错误中断禁止 1：传输错误中断使能
1	SDEIE	单数据传输模式异常中断使能位　软件置 1 与清 0 0：单数据传输模式异常中断禁止 1：单数据传输模式异常中断使能
0	CHEN	通道使能 软件置 1，硬件清 0 0：通道禁止 1：通道使能 该位置 1，DMA 传输开始。发生以下情况该位会被自动清 0： • 数据传输完成 • 发生 FIFO 配置错误或者传输错误 软件清 0 操作后，读该位仍为 1 代表还有正在进行的数据传输，软件查询该位可以确定 DMA 通道是否空闲，可以进行新的数据传输

5.6.6　通道 x 计数寄存器（DMA_CHxCNT）

x = 0~7，x 为通道编号。

地址偏移：0x14 + 0x18*x。

复位值：0x0000 0000。

该寄存器只能按字（32 位）访问，字的格式如图 5-10 所示。

31	30	29	28	27	26	25	24	23	22	21	20	19	18	17	16
保留															

15	14	13	12	11	10	9	8	7	6	5	4	3	2	1	0
CNT[15:0]															
rw															

图 5-10　通道 x 计数寄存器的 32 位字格式

通道 x 计数寄存器的 32 位字的每个位的含义见表 5-8。

表 5-8　通道 x 计数寄存器的 32 位字的每个位的含义

位 / 位域	名称	描述
31:16	保留	必须保持复位值
15:0	CNT [15:0]	传输计数 在使能通道后（CHEN 置 1），该位域不可写 传输过程中，CNT 代表剩余未发的数据量。外设每传输一次数据，CNT 减 1。如果寄存器 DMA_CHxCTL 的 CMEN 位或 SBMEN 位置 1，在每次传输完成时，CNT 会由硬件自动重新装载

5.6.7　通道 x 外设基地址寄存器（DMA_CHxPADDR）

x = 0~7，x 为通道编号。

地址偏移：0x18 + 0x18*x。

复位值：0x0000 0000。

该寄存器只能按字（32 位）访问，字的格式如图 5-11 所示。

31	30	29	28	27	26	25	24	23	22	21	20	19	18	17	16
PADDR[31:16]															
rw															

15	14	13	12	11	10	9	8	7	6	5	4	3	2	1	0
PADDR[15:0]															
rw															

图 5-11　通道 x 外设基地址寄存器的 32 位字格式

通道 x 外设基地址寄存器的 32 位字的每个位的含义见表 5-9。

表 5-9　通道 x 外设基地址寄存器的 32 位字的每个位的含义

位 / 位域	名称	描述
31:0	PADDR［31:0］	外设基地址 在使能通道后（CHEN 置 1），该位域不可写 当 PWIDTH 位为 01，最低位被忽略，自动半字对齐 当 PWIDTH 位为 10，最低位两位被忽略，自动字对齐 注意：若寄存器 DMA_CHxCTL 的 PAIF 位置 1，该位域必须配置为 4B 对齐

5.6.8　通道 x 存储器 0 基地址寄存器（DMA_CHxM0ADDR）

x = 0~7，x 为通道编号。

地址偏移：0x1C + 0x18*x。

复位值：0x0000 0000。

该寄存器只能按字（32 位）访问，字的格式如图 5-12 所示。

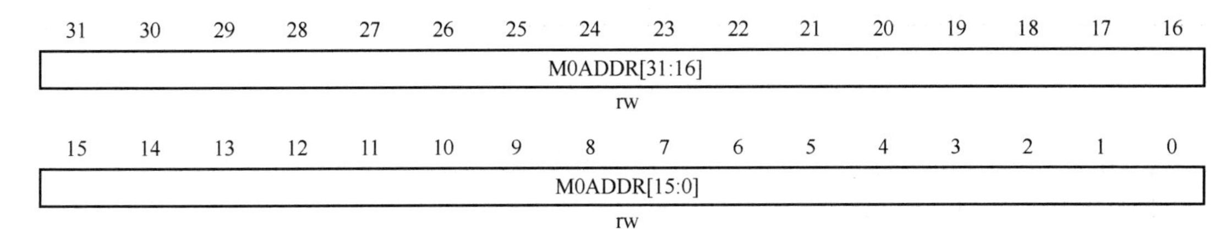

图 5-12　通道 x 存储器 0 基地址寄存器的 32 位字格式

通道 x 存储器 0 基地址寄存器的 32 位字的每个位的含义见表 5-10。

表 5-10 通道 x 存储器 0 基地址寄存器的 32 位字的每个位的含义

位 / 位域	名称	描述
31:0	M0ADDR [31:0]	存储器 0 基地址 若寄存器 DMA_CHxCTL 位 MBS 为 0，该位域定义 DMA 传输过程中存储器的基地址。如果寄存器 DMA_CHxCTL 的 CHEN 位置 1 且 MBS 位为 0 时，该位域不可写 当 MWIDTH 位为 01，最低位被忽略，自动半字对齐 当 MWIDTH 位为 10，最低位两位被忽略，自动字对齐

5.6.9 通道 x 存储器 1 基地址寄存器（DMA_CHxM1ADDR）

x = 0~7，x 为通道编号。

地址偏移：0x20 + 0x18*x。

复位值：0x0000 0000。

该寄存器只能按字（32 位）访问，字的格式如图 5-13 所示。

31	30	29	28	27	26	25	24	23	22	21	20	19	18	17	16
M1ADDR[31:16]															
rw															

15	14	13	12	11	10	9	8	7	6	5	4	3	2	1	0
M1ADDR[15:0]															
rw															

图 5-13 通道 x 存储器 1 基地址寄存器的 32 位字格式

通道 x 存储器 1 基地址寄存器的 32 位字的每个位的含义见表 5-11。

表 5-11 通道 x 存储器 1 基地址寄存器的 32 位字的每个位的含义

位 / 位域	名称	描述
31:0	M1ADDR [31:0]	存储器 1 基地址 若寄存器 DMA_CHxCTL 位 MBS 为 1，该位域定义 DMA 传输过程中存储器的基地址。如果寄存器 DMA_CHxCTL 的 CHEN 位置 1 且 MBS 为 1 时，该位域不可写 当 MWIDTH 位为 01，最低位被忽略，自动半字对齐 当 MWIDTH 位为 10，最低位两位被忽略，自动字对齐

5.6.10 通道 xFIFO 控制寄存器（DMA_CHxFCTL）

x = 0~7，x 为通道编号。

地址偏移：0x24 + 0x18*x。

复位值：0x0000 0000。

该寄存器只能按字（32 位）访问，字的格式如图 5-14 所示。

通道 xFIFO 控制寄存器的 32 位字的每个位的含义见表 5-12。

31	30	29	28	27	26	25	24	23	22	21	20	19	18	17	16
保留															

15	14	13	12	11	10	9	8	7	6	5	4	3	2	1	0
保留								FEEIE	保留	FCNT[2:0]			MDMEN	FCCV[1:0]	
								rw			r		rw	rw	

图 5-14 通道 xFIFO 控制寄存器的 32 位字格式

表 5-12 通道 xFIFO 控制寄存器的 32 位字的每个位的含义

位 / 位域	名称	描述
31:8	保留	必须保持复位值
7	FEEIE	FIFO 错误和异常中断使能位 软件置 1 与清 0 0：FIFO 错误和异常中断禁止 1：FIFO 错误和异常中断使能
6	保留	必须保持复位值
5:3	FCNT［2:0］	FIFO 计数器 硬件置位和清 0 000：FIFO 非空并且数据少于 1 个字 001：FIFO 数据多于 1 个字少于 2 个字 010：FIFO 数据多于 2 个字少于 3 个字 011：FIFO 数据多于 3 个字少于 4 个字 100：FIFO 空 101：FIFO 满 110、111：保留 该位域表明在数据传输过程 FIFO 中的数据量。若 MDMEN 为 0，则该位域无意义
2	MDMEN	多数据传输模式使能 软件置位与清除 0：关闭多数据传输模式 1：打开多数据传输模式 CHEN 为 1 时不可写入 如果寄存器 DMA_CHxCTL 的 TM 位域为 10，在通道使能后，该位由硬件强制置 1
1:0	FCCV［1:0］	FIFO 计数器临界值 软件置位与清除 00：1 个字 01：2 个字 10：3 个字 11：4 个字 在通道使能后，该位域不可写。若 MDMEN 为 0，该位域无实际意义

5.7 DMA 操作实例

5.7.1 实例介绍

功能：串口 DMA 收发。

硬件连接：用跳线帽将 JP13 跳到 USART 上，并将串口线连到开发板的 COM0 上。

5.7.2 程序

主程序如下：

```
#include "gd32f4xx.h"
#include <stdio.h>
#include "gd32f450z_eval.h"
#include <stdio.h>
#include "systick.h"

uint8_t  tx_buffer[]={0x00,0x01,0x02,0x03,0x04,0x05,0x06,0x07,0x08,0x09,
0x0A,0x0B,0x0C,0x0D,0x0E,0x0F,0x10,0x11,0x12,0x13,0x14,0x15,0x16,0x17,
0x18,0x19,0x1A,0x1B,0x1C,0x1D,0x1E,0x1F,0x20,0x21,0x22,0x23,0x24,0x25,
0x26,0x27,0x28,0x29,0x2A,0x2B,0x2C,0x2D,0x2E,0x2F,0x30,0x31,0x32,0x33,
0x34,0x35,0x36,0x37,0x38,0x39,0x3A,0x3B,0x3C,0x3D,0x3E,0x3F,0x40,0x41,
0x42,0x43,0x44,0x45,0x46,0x47,0x48,0x49,0x4A,0x4B,0x4C,0x4D,0x4E,0x4F,
0x50,0x51,0x52,0x53,0x54,0x55,0x56,0x57,0x58,0x59,0x5A,0x5B,0x5C,0x5D,
0x5E,0x5F,0x60,0x61,0x62,0x63,0x64,0x65,0x66,0x67,0x68,0x69,0x6A,0x6B,
0x6C,0x6D,0x6E,0x6F,0x70,0x71,0x72,0x73,0x74,0x75,0x76,0x77,0x78,0x79,
0x7A,0x7B,0x7C,0x7D,0x7E,0x7F,0x80,0x81,0x82,0x83,0x84,0x85,0x86,0x87,
0x88,0x89,0x8A,0x8B,0x8C,0x8D,0x8E,0x8F,0x90,0x91,0x92,0x93,0x94,0x95,
0x96,0x97,0x98,0x99,0x9A,0x9B,0x9C,0x9D,0x9E,0x9F,0xA0,0xA1,0xA2,0xA3,
0xA4,0xA5,0xA6,0xA7,0xA8,0xA9,0xAA,0xAB,0xAC,0xAD,0xAE,0xAF,0xB0,0xB1,
0xB2,0xB3,0xB4,0xB5,0xB6,0xB7,0xB8,0xB9,0xBA,0xBB,0xBC,0xBD,0xBE,0xBF,
0xC0,0xC1,0xC2,0xC3,0xC4,0xC5,0xC6,0xC7,0xC8,0xC9,0xCA,0xCB,0xCC,0xCD,
0xCE,0xCF,0xD0,0xD1,0xD2,0xD3,0xD4,0xD5,0xD6,0xD7,0xD8,0xD9,0xDA,0xDB,
0xDC,0xDD,0xDE,0xDF,0xE0,0xE1,0xE2,0xE3,0xE4,0xE5,0xE6,0xE7,0xE8,0xE9,
0xEA,0xEB,0xEC,0xED,0xEE,0xEF,0xF0,0xF1,0xF2,0xF3,0xF4,0xF5,0xF6,0xF7,
0xF8,0xF9,0xFA,0xFB,0xFC,0xFD,0xFE,0xFF};

#define ARRAYNUM(arr_name)          (uint32_t)(sizeof(arr_name)/sizeof(*(arr_name)))
#define USART0_DATA_ADDRESS    ((uint32_t)0x40011004)
uint8_t rx_buffer[ARRAYNUM(tx_buffer)];
volatile ErrStatus transfer_status=ERROR;

void led_init(void);
void led_flash(int times);
ErrStatus memory_compare(uint8_t* src,uint8_t* dst,uint16_t length);
void usart_dma_config(void);

/*!
    \brief      main function
    \param[in]  none
    \param[out] none
    \retval     none
*/
int main(void)
{
```

```
/* initialize the LEDs */
led_init( );

/* configure systick */
systick_config( );

/* USART interrupt configuration */
nvic_irq_enable(USART0_IRQn,0,0);

/* flash the LEDs for 1 time */
led_flash(1);

/* configure EVAL_COM0 */
gd_eval_com_init(EVAL_COM0);

/* configure USART DMA */
usart_dma_config( );

/* enable USART0 DMA channel transmission and reception */
dma_channel_enable(DMA1,DMA_CH7);
dma_channel_enable(DMA1,DMA_CH2);

/* USART DMA enable for transmission and reception */
usart_dma_transmit_config(USART0,USART_DENT_ENABLE);
usart_dma_receive_config(USART0,USART_DENR_ENABLE);

/* wait until USART0 TX DMA1 channel transfer complete */
while(RESET==dma_flag_get(DMA1,DMA_CH7,DMA_INTF_FTFIF)){
}

/* wait until USART0 RX DMA1 channel transfer complete */
while(RESET==dma_flag_get(DMA1,DMA_CH2,DMA_INTF_FTFIF)){
}
/* check the received data with the send ones */
  transfer_status=memory_compare(tx_buffer ,rx_buffer ,ARRAYNUM(tx_buffer));

while(1){
    if(SUCCESS==transfer_status){
        /* turn on LED1 */
        gd_eval_led_on(LED1);
        delay_1ms(200);
        /* turn on LED2 */
        gd_eval_led_on(LED2);
        delay_1ms(200);
        /* turn on LED3 */
        gd_eval_led_on(LED3);
```

```
            delay_1ms(200);
            /* turn off all the LEDs */
            gd_eval_led_off(LED1);
            gd_eval_led_off(LED2);
            gd_eval_led_off(LED3);
            delay_1ms(200);
        }else{
            /* flash LED for status error */
            led_flash(1);
        }
    }
}

/*!
    \brief      configure USART DMA
    \param[in]  none
    \param[out] none
    \retval     none
*/
void usart_dma_config(void)
{
    dma_single_data_parameter_struct dma_init_struct;
    /* enable DMA1 */
    rcu_periph_clock_enable(RCU_DMA1);
    /* deinitialize DMA channel7(USART0 tx) */
    dma_deinit(DMA1,DMA_CH7);
    dma_init_struct.direction=DMA_MEMORY_TO_PERIPH;
    dma_init_struct.memory0_addr=(uint32_t)tx_buffer;
    dma_init_struct.memory_inc=DMA_MEMORY_INCREASE_ENABLE;
    dma_init_struct.periph_memory_width=DMA_PERIPH_WIDTH_8BIT;
    dma_init_struct.number=ARRAYNUM(tx_buffer);
    dma_init_struct.periph_addr=USART0_DATA_ADDRESS;
    dma_init_struct.periph_inc=DMA_PERIPH_INCREASE_DISABLE;
    dma_init_struct.priority=DMA_PRIORITY_ULTRA_HIGH;
    dma_single_data_mode_init(DMA1,DMA_CH7,&dma_init_struct);
    /* configure DMA mode */
    dma_circulation_disable(DMA1,DMA_CH7);
    dma_channel_subperipheral_select(DMA1,DMA_CH7,DMA_SUBPERI4);

    dma_deinit(DMA1,DMA_CH2);
    dma_init_struct.direction=DMA_PERIPH_TO_MEMORY;
    dma_init_struct.memory0_addr=(uint32_t)rx_buffer;
    dma_single_data_mode_init(DMA1,DMA_CH2,&dma_init_struct);
    /* configure DMA mode */
    dma_circulation_disable(DMA1,DMA_CH2);
    dma_channel_subperipheral_select(DMA1,DMA_CH2,DMA_SUBPERI4);
}
```

```
/*!
    \brief      initialize the LEDs
    \param[in]  none
    \param[out] none
    \retval     none
*/
void led_init(void)
{
    gd_eval_led_init(LED1);
    gd_eval_led_init(LED2);
    gd_eval_led_init(LED3);
}

/*!
    \brief      flash the LEDs for test
    \param[in]  times: times to flash the LEDs
    \param[out] none
    \retval     none
*/
void led_flash(int times)
{
    int i;
    for(i=0; i<times; i++){
        /* delay 400 ms */
        delay_1ms(400);

        /* turn on LEDs */
        gd_eval_led_on(LED1);
        gd_eval_led_on(LED2);
        gd_eval_led_on(LED3);

        /* delay 400 ms */
        delay_1ms(400);

        /* turn off LEDs */
        gd_eval_led_off(LED1);
        gd_eval_led_off(LED2);
        gd_eval_led_off(LED3);
    }
}
```

5.7.3 运行结果

系统启动后，COM0 将首先输出数组 tx_buffer 的内容（0x00~0xFF）到支持 hex 格式的串口助手，并等待接收由串口助手发送的与 tx_buffer 字节数相同的数据。MCU 将接收到的串口助手发来的数据存放在数组 rx_buffer 中。在发送和接收完成后，将比较 tx_buffer 和

rx_buffer 的值。如果结果相同，LED1~LED3 轮流闪烁；如果结果不相同，LED1~LED3 一起闪烁。

通过串口输出的信息如图 5-15 所示。

```
00 01 02 03 04 05 06 07 08 09 0A 0B 0C 0D 0E 0F 10 11 12 13 14 15 16 17 18 19 1A 1B
1C 1D 1E 1F 20 21 22 23 24 25 26 27 28 29 2A 2B 2C 2D 2E 2F 30 31 32 33 34 35 36 37
38 39 3A 3B 3C 3D 3E 3F 40 41 42 43 44 45 46 47 48 49 4A 4B 4C 4D 4E 4F 50 51 52 53
54 55 56 57 58 59 5A 5B 5C 5D 5E 5F 60 61 62 63 64 65 66 67 68 69 6A 6B 6C 6D 6E 6F
70 71 72 73 74 75 76 77 78 79 7A 7B 7C 7D 7E 7F 80 81 82 83 84 85 86 87 88 89 8A 8B
8C 8D 8E 8F 90 91 92 93 94 95 96 97 98 99 9A 9B 9C 9D 9E 9F A0 A1 A2 A3 A4 A5 A6 A7
A8 A9 AA AB AC AD AE AF B0 B1 B2 B3 B4 B5 B6 B7 B8 B9 BA BB BC BD BE BF C0 C1 C2 C3
C4 C5 C6 C7 C8 C9 CA CB CC CD CE CF D0 D1 D2 D3 D4 D5 D6 D7 D8 D9 DA DB DC DD DE DF
E0 E1 E2 E3 E4 E5 E6 E7 E8 E9 EA EB EC ED EE EF F0 F1 F2 F3 F4 F5 F6 F7 F8 F9 FA FB
FC FD FE FF |
```

图 5-15　DMA 实例运行结果

5.8　小结

本章介绍了直接存储器访问（DMA）控制器的功能、结构、中断控制等知识。读者通过学习本章，能够了解 DMA 并掌握 DMA 的基本使用和配置方法，在以后类似的场景中学以致用。

实验视频

5-1　DMA

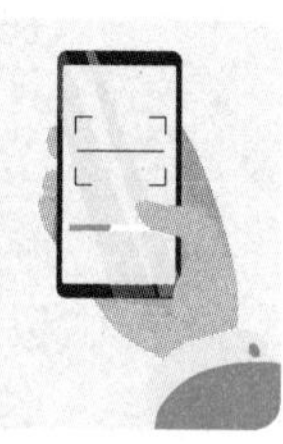

1. DMA 控制器为何能够提高数据传输效率？

2. Cortex®-M4 如何处理内核与 DMA 控制器总线访问之间的冲突？如何保证 MCU 正常工作？

3. DMA 控制器由哪几部分组成？

4. DMA 有几种数据传输模式？各模式的数据读、写源分别是什么？

5. 发生哪几种类型的错误会关闭 DMA 传输？

Chapter 6

第6章 调　试

ARM Cortex-M4 处理器具备强大的调试功能。本章将介绍 GD32F4xx 系列微控制器的调试功能以及配置方式。

6.1 简介

GD32F4xx 系列微控制器提供了各种各样的调试、跟踪和测试功能。这些功能通过 ARM CoreSight 组件的标准配置和链状连接的 TAP 控制器来实现。调试和跟踪功能集成在 ARM Cortex®-M4 内核中。调试系统支持串行（SW）调试和跟踪功能，也支持联合测试行动小组（JTAG）调试。调试和跟踪功能请参考下列文档：Cortex®-M4 技术参考手册、ARM 调试接口 v5 结构规范。

调试系统帮助调试者在低功耗模式下调试或者一些外设调试。当相应的位被置 1，调试系统会在低功耗模式下提供时钟，或者为一些外设保持当前状态，这些外设包括 TIMER、WWDGT、FWDGT、RTC、I^2C 和 CAN。

6.2 JTAG/SW 功能描述

许多微控制器支持 JTAG 串行协议。JTAG 协议是一种工业标准协议（IEEE 1149.1），具有片上或 PCB（印制电路板）级测试等多种用途，还可以提供访问微控制器内的调试特性的入口。JTAG 足以应对许多调试场景，它需要至少 4 个引脚：TCK、TDI、TMS 和 TDO。复位脚 nTRST 是可选的。对于具有引脚数量较少的微控制器来说（如 28 引脚封装），4 个引脚用于调试就太多了。因此，ARM 开发了串行线调试协议，它只需两个引脚：SWCLK 和 SWDIO。串行线调试协议提供了相同的调试访问特性，并且还支持校验错误检测，在电气噪声较高的系统中可以提供更高的可靠性。因此，串行线调试协议对微控制器供应商和用户都很有吸引力。

6.2.1 切换 JTAG/SW 接口

默认使用 JTAG 调试接口，可以通过下列软件序列从 JTAG 调试切换到 SW 调试：

1）发送50个以上TCK周期的TMS=1信号。

2）发送16位TMS = 1110011110011110（0xE79E LSB）信号。

3）发送50个以上TCK周期的TMS=1信号。

切换SW调试到JTAG调试的软件序列：

1）发送50个以上TCK周期的TMS=1信号。

2）发送16位TMS = 1110011100111100（0xE73C LSB）信号。

3）发送50个以上TCK周期的TMS=1信号。

6.2.2 引脚分配

JTAG调试提供5个引脚的接口：JTAG时钟引脚（JTCK）、JTAG模式选择引脚（JTMS）、JTAG数据输入引脚（JTDI）、JTAG数据输出引脚（JTDO）、JTAG复位引脚（NJTRST，低电平有效）。串行调试（SWD）提供两个引脚的接口：数据输入输出引脚（SWDIO）和时钟引脚（SWCLK）。SW调试接口的两个引脚与JTAG调试接口的两个引脚复用，SWDIO和JTMS复用，SWCLK和JTCK复用。

当异步跟踪功能开启时，JTDO引脚也用作异步跟踪数据输出（TRACESWO）。调试引脚分配如下：

PA15：JTDI；

PA14：JTCK/SWCLK；

PA13：JTMS/SWDIO；

PB4：NJTRST；

PB3：JTDO。

默认复位后使用5个引脚的JTAG调试，用户可以在不使用NJTRST引脚情况下正常使用JTAG功能，此时PB4可以用作普通GPIO功能（NJTRST硬件拉高）。如果切换到SW调试模式，PA15、PB4、PB3释放作为普通GPIO功能。如果JTAG和SW调试功能都没有使用，这5个引脚都释放作为普通GPIO功能。5个引脚具体配置请参考通用输入/输出（GPIO）接口和备用输入/输出（AFIO）接口。

6.2.3 JTAG链状结构

Cortex®-M4内核的JTAG TAP和边界扫描（BSD）TAP串行连接。边界扫描（BSD）JTAG的IR（指令寄存器）是5位，而Cortex®-M4内核的JTAG的IR（指令寄存器）是4位。所以当JTAG进行IR移位输入时，首先移位5位旁路（BYPASS）指令给BSD JTAG，然后移位4位标准指令给Cortex®-M4 JTAG。当进行数据移位时，数据链只需要额外添加一位，因为BSD JTAG已处在旁路（BYPASS）模式。

BSD JTAG ID代码是0x7900 07A3。

6.2.4 调试复位

JTAG-DP和SW-DP寄存器位于上电复位域。系统复位初始化了Cortex®-M4的绝大部分组件，除了NVIC，调试逻辑（FPB、DWT、ITM）。NJTRST能复位JTAG TAP控制器。所以，可以在系统复位下实现调试功能。例如，复位后停止，用户在系统复位后配置相应停止位，系统复位释放后处理器会立即停止。

6.2.5 JEDEC-106 ID 代码

Cortex®-M4 集成了 JEDEC-106 ID 代码，位于 ROM 表中，映射地址为 0xE00F F000~0xE00F FFFF。

6.3 调试保持功能描述

6.3.1 低功耗模式调试支持

当 DBG 控制寄存器 0（DBG_CTL0）的 STB_HOLD 位置 1 并且进入待机模式时，AHB 时钟和系统时钟由 CK_IRC16M 提供，可以在待机模式下调试。当退出待机模式后，产生系统复位。

当 DBG 控制寄存器 0（DBG_CTL0）的 DSLP_HOLD 位置 1 并且进入深度睡眠模式时，AHB 时钟和系统时钟由 CK_IRC16M 提供，可以在深度睡眠模式下调试。

当 DBG 控制寄存器 0（DBG_CTL0）的 SLP_HOLD 位置 1 并且进入睡眠模式时，AHB 时钟没有关闭，可以在睡眠模式下调试。

6.3.2 TIMER、I²C、RTC、WWDGT、FWDGT 和 CAN 外设调试支持

当内核停止，并且 DBG 控制寄存器 1（DBG_CTL1）或 DBG 控制寄存器 2（DBG_CTL2）中的相应位置 1，对于不同外设，有不同动作：

1）对于 TIMER 外设，TIMER 计数器停止并进行调试。

2）对于 I²C 外设，SMBUS 保持状态并进行调试。

3）对于 WWDGT 或者 FWDGT 外设，计数器时钟停止并进行调试。

4）对于 RTC 外设，计数器停止并进行调试。

5）对于 CAN 外设，接收寄存器停止计数并进行调试。

6.4 DBG 寄存器

6.4.1 ID 寄存器（DBG_ID）

地址：0xE004 2000。

该寄存器为只读寄存器，且只能按字（32 位）访问，字的格式如图 6-1 所示。

31	30	29	28	27	26	25	24	23	22	21	20	19	18	17	16
ID_CODE[31:16]															

15	14	13	12	11	10	9	8	7	6	5	4	3	2	1	0
ID_CODE[15:0]															

图 6-1 ID 寄存器 32 位字格式

ID 寄存器 32 位字的每个位的含义见表 6-1。

表 6-1 ID寄存器32位字的每个位的含义

位 / 位域	名称	描述
31:0	ID_CODE［31:0］	DBG ID寄存器这些位由软件读取，这些位是不变的常数

6.4.2 控制寄存器0（DBG_CTL0）

地址偏移：0x04。

复位值：0x0000 0000，仅上电复位。

该寄存器只能按字（32位）访问，字的格式如图6-2所示。

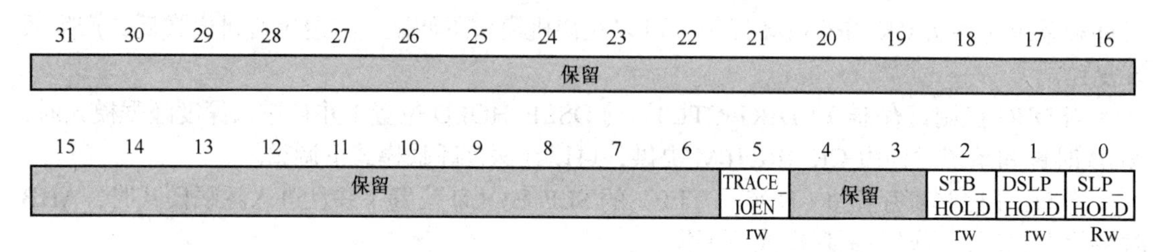

图6-2 控制寄存器0的32位字格式

控制寄存器0的32位字的每个位的含义见表6-2。

表 6-2 控制寄存器0的32位字的每个位的含义

位 / 位域	名称	描述
31:6	保留	必须保持复位值
5	TRACE_IOEN	跟踪引脚分配使能 该位由软件置位和复位 0：跟踪引脚分配禁用 1：跟踪引脚分配使能
4:3	保留	必须保持复位值
2	STB_HOLD	待机模式保持寄存器 该位由软件置位和复位 0：无影响 1：在待机模式下，系统时钟和AHB时钟由CK_IRC16M提供，当退出待机模式时，产生系统复位
1	DSLP_HOLD	深度睡眠模式保持寄存器 该位由软件置位和复位 0：无影响 1：在深度睡眠模式下，系统时钟和AHB时钟由CK_IRC16M提供
0	SLP_HOLD	睡眠模式保持寄存器 该位由软件置位和复位 0：无影响 1：在睡眠模式下，AHB时钟继续运行

6.4.3 控制寄存器 1（DBG_CTL1）

地址偏移：0x08。

复位值：0x0000 0000，仅上电复位。

该寄存器只能按字（32 位）访问，字的格式如图 6-3 所示。

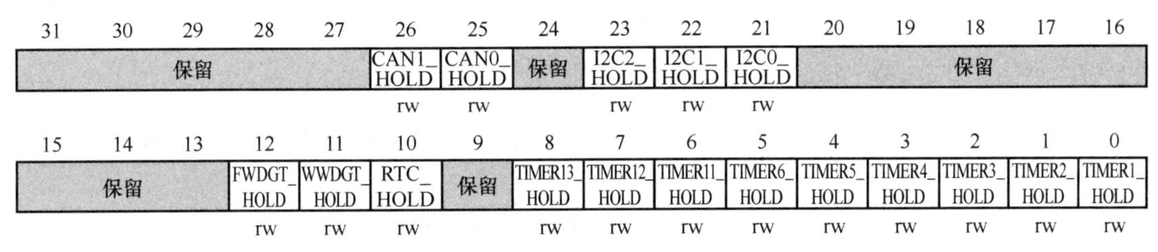

图 6-3 控制寄存器 1 的 32 位字格式

控制寄存器 1 的 32 位字的每个位的含义见表 6-3。

表 6-3 控制寄存器 1 的 32 位字的每个位的含义

位 / 位域	名称	描述
31:27	保留	必须保持复位值
26	CAN1_HOLD	CAN1 保持寄存器 该位由软件置位和复位 0：无影响 1：当内核停止时，CAN1 接收寄存器停止接收数据
25	CAN0_HOLD	CAN0 保持寄存器 该位由软件置位和复位 0：无影响 1：当内核停止时，CAN0 接收寄存器停止接收数据
24	保留	必须保持复位值
23	I2C2_HOLD	I^{2}C2 保持寄存器 该位由软件置位和复位 0：无影响 1：当内核停止时，保持 I^{2}C2 的 SMBUS 状态不变，用于调试
22	I2C1_HOLD	I^{2}C1 保持寄存器 该位由软件置位和复位 0：无影响 1：当内核停止时，保持 I^{2}C1 的 SMBUS 状态不变，用于调试
21	I2C0_HOLD	I^{2}C0 保持寄存器 该位由软件置位和复位 0：无影响 1：当内核停止时，保持 I^{2}C0 的 SMBUS 状态不变，用于调试
20:13	保留	必须保持复位值

（续）

位 / 位域	名称	描述
12	FWDGT_HOLD	FWDGT 保持寄存器 该位由软件置位和复位 0：无影响 1：当内核停止时，保持 FWDGT 计数器时钟，用于调试
11	WWDGT_HOLD	WWDGT 保持寄存器 该位由软件置位和复位 0：无影响 1：当内核停止时，保持 WWDGT 计数器时钟，用于调试
10	RTC_HOLD	RTC 保持寄存器 该位由软件置位和复位 0：无影响 1：当内核停止时，保持 RTC 计数器不变，用于调试
9	保留	必须保持复位值
8	TIMER13_HOLD	TIMER13 保持寄存器 该位由软件置位和复位 0：无影响 1：当内核停止时，保持定时器 13 计数器不变，用于调试
7	TIMER12_HOLD	TIMER 12 保持寄存器 该位由软件置位和复位 0：无影响 1：当内核停止时，保持定时器 12 计数器不变，用于调试
6	TIMER11_HOLD	TIMER 11 保持寄存器 该位由软件置位和复位 0：无影响 1：当内核停止时，保持定时器 11 计数器不变，用于调试
5	TIMER6_HOLD	TIMER 6 保持寄存器 该位由软件置位和复位 0：无影响 1：当内核停止时，保持定时器 6 计数器不变，用于调试
4	TIMER5_HOLD	TIMER 5 保持寄存器 该位由软件置位和复位 0：无影响 1：当内核停止时，保持定时器 5 计数器不变，用于调试
3	TIMER4_HOLD	TIMER 4 保持寄存器 该位由软件置位和复位 0：无影响 1：当内核停止时，保持定时器 4 计数器不变，用于调试
2	TIMER3_HOLD	TIMER 3 保持寄存器 该位由软件置位和复位 0：无影响 1：当内核停止时，保持定时器 3 计数器不变，用于调试

（续）

位 / 位域	名称	描述
1	TIMER2_HOLD	TIMER 2 保持寄存器 该位由软件置位和复位 0：无影响 1：当内核停止时，保持定时器 2 计数器不变，用于调试
0	TIMER1_HOLD	TIMER 1 保持寄存器 该位由软件置位和复位 0：无影响 1：当内核停止时，保持定时器 1 计数器不变，用于调试

6.4.4 控制寄存器 2（DBG_CTL2）

地址偏移：0x0C。

复位值：0x0000 0000，仅上电复位。

该寄存器只能按字（32 位）访问，字的格式如图 6-4 所示。

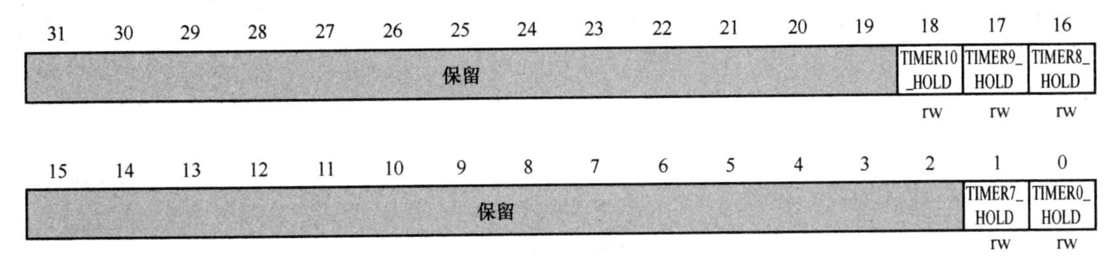

图 6-4 控制寄存器 2 的 32 位字格式

控制寄存器 2 的 32 位字的每个位的含义见表 6-4。

表 6-4 控制寄存器 2 的 32 位字的每个位的含义

位 / 位域	名称	描述
31:19	保留	必须保持复位值
18	TIMER10_HOLD	TIMER10 保持寄存器 该位由软件置位和复位 0：无影响 1：当内核停止时，保持定时器 10 计数器不变，用于调试
17	TIMER9_HOLD	TIMER9 保持寄存器 该位由软件置位和复位 0：无影响 1：当内核停止时，保持定时器 9 计数器不变，用于调试
16	TIMER8_HOLD	TIMER8 保持寄存器 该位由软件置位和复位 0：无影响 1：当内核停止时，保持定时器 8 计数器不变，用于调试

（续）

位 / 位域	名称	描述
15:2	保留	必须保持复位值
1	TIMER7_HOLD	TIMER7 保持寄存器 该位由软件置位和复位 0：无影响 1：当内核停止时，保持定时器 7 计数器不变，用于调试
0	TIMER0_HOLD	TIMER0 保持寄存器 该位由软件置位和复位 0：无影响 1：当内核停止时，保持定时器 0 计数器不变，用于调试

6.5 小结

本章介绍了 GD32F4xx 系列微控制器的调试功能，希望读者通过本章的学习，可以了解并掌握 GD32F4xx 系列微控制器的调试方法和调试时的注意事项。

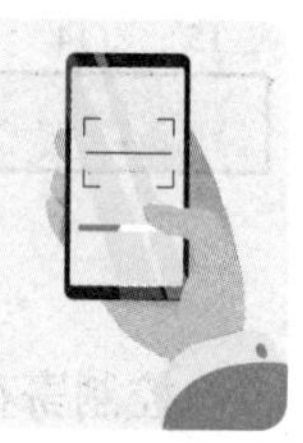

6-1　程序调试

习　题

1. GD32F4xx 系列微控制器支持哪两种调试模式？两种模式之间如何实现切换？
2. 请列举 GD32F4xx 系列微控制器调试时使用的引脚及功能。
3. 请说明 GD32F4xx 系列微控制器对于 TIMER、I²C、RTC、WWDGT、FWDGT 和 CAN 等外设调试支持。

Chapter 7

第7章 模数转换器

在控制系统和处理系统以及现代测量仪器中，常采用计算机进行控制和数据处理。计算机所处理的数据都是数字量，然而大多数控制对象、被测对象都是一些连续变化的模拟量，大多数传感器输出也是模拟量。这就必须在模拟量和数字量之间进行转换。将模拟信号转换成数字信号称为模数转换（A/D 转换），实现这种转换的电子元器件称为模数转换器（ADC）。本章首先介绍 GD32F4xx 系列微控制器的 ADC 特征、引脚和内部信号，然后详述 ADC 模块功能，最后提供使用实例说明 ADC 模块使用方法。

7.1 简介

GD32F4xx 系列微控制器采用的 12 位 ADC 是一种采用逐次逼近方式的模拟数字转换器。它有 19 个多路复用通道，可以转换来自 16 个外部通道、2 个内部通道和 1 个电池电压（V_{BAT}）通道的模拟信号。模拟看门狗允许应用程序来检测输入电压是否超出用户设定的高低阈值。各种通道的 A/D 转换可以配置成单次、连续、扫描、间断或同步转换模式。ADC 转换的结果可以按照左对齐或右对齐的方式存储在 16 位数据寄存器中。片上的硬件过采样机制可以通过减少来自 MCU 的相关计算负担来提高性能。

7.2 主要特征

1. 高性能

1）可配置 12 位、10 位、8 位，或者 6 位分辨率。

2）ADC 采样率：12 位分辨率为 2.6MS/s，10 位分辨率为 3.0MS/s。分辨率越低，转换越快。

3）自校准时间：131 个 ADC 时钟周期。

4）可编程采样时间。

5）数据寄存器可配置数据对齐方式。

6）支持规则数据转换的 DMA 请求。

2. 模拟输入通道

1）16 个外部模拟输入通道。

2）1个内部温度传感通道（VSENSE）。
3）1个内部参考电压输入通道（VREFINT）。
4）1个外部监测电池（VBAT）供电引脚输入通道。

3. 转换开始的发起

1）软件。
2）硬件触发。

4. 转换模式

1）单次模式：每次触发转换一次选择的输入通道。
2）连续模式：连续转换所选择的输入通道。
3）扫描模式：转换单个通道，或者扫描一序列的通道。
4）间断模式。
5）同步模式：适用于具有两个或多个ADC的设备。

5. 中断

规则组或注入组转换结束、模拟看门狗事件和溢出事件都可以产生中断。

6. 过采样

1）16位的数据寄存器。
2）可调整的过采样率：2~256。
3）高达8位的可编程数据移位。

7. ADC

1）ADC供电要求：2.6~3.6V，一般电源电压为3.3V。
2）ADC输入范围：$V_{REFN} \leqslant V_{IN} \leqslant V_{REFP}$。

7.3 引脚和内部信号

ADC内部信号见表7-1。ADC引脚定义见表7-2。

表7-1 ADC内部信号

内部信号名称	信号类型	说明
V_{SENSE}	输入	内部温度传感器输出电压
V_{REFINT}	输入	内部参考输出电压

表7-2 ADC引脚定义

名称	信号类型	注释
V_{DDA}	输入，模拟供电电源	模拟电源输入等于V_{DD}，$2.6V \leqslant V_{DDA} \leqslant 3.6V$
V_{SSA}	输入，模拟电源地	模拟地，等于V_{SS}
V_{REFP}	输入，模拟参考电压正	ADC正参考电压，$2.6V \leqslant V_{REFP} \leqslant V_{DDA}$
V_{REFN}	输入，模拟参考电压负	ADC负参考电压，$V_{REFN} = V_{SSA}$
ADCx_IN［15:0］	输入，模拟信号	多达16路外部通道
V_{BAT}	输入，模拟信号	外部电池电压

注：V_{DDA}和V_{SSA}必须分别连接到V_{DD}和V_{SS}。

7.4 功能描述

ADC 模块框图如图 7-1 所示。

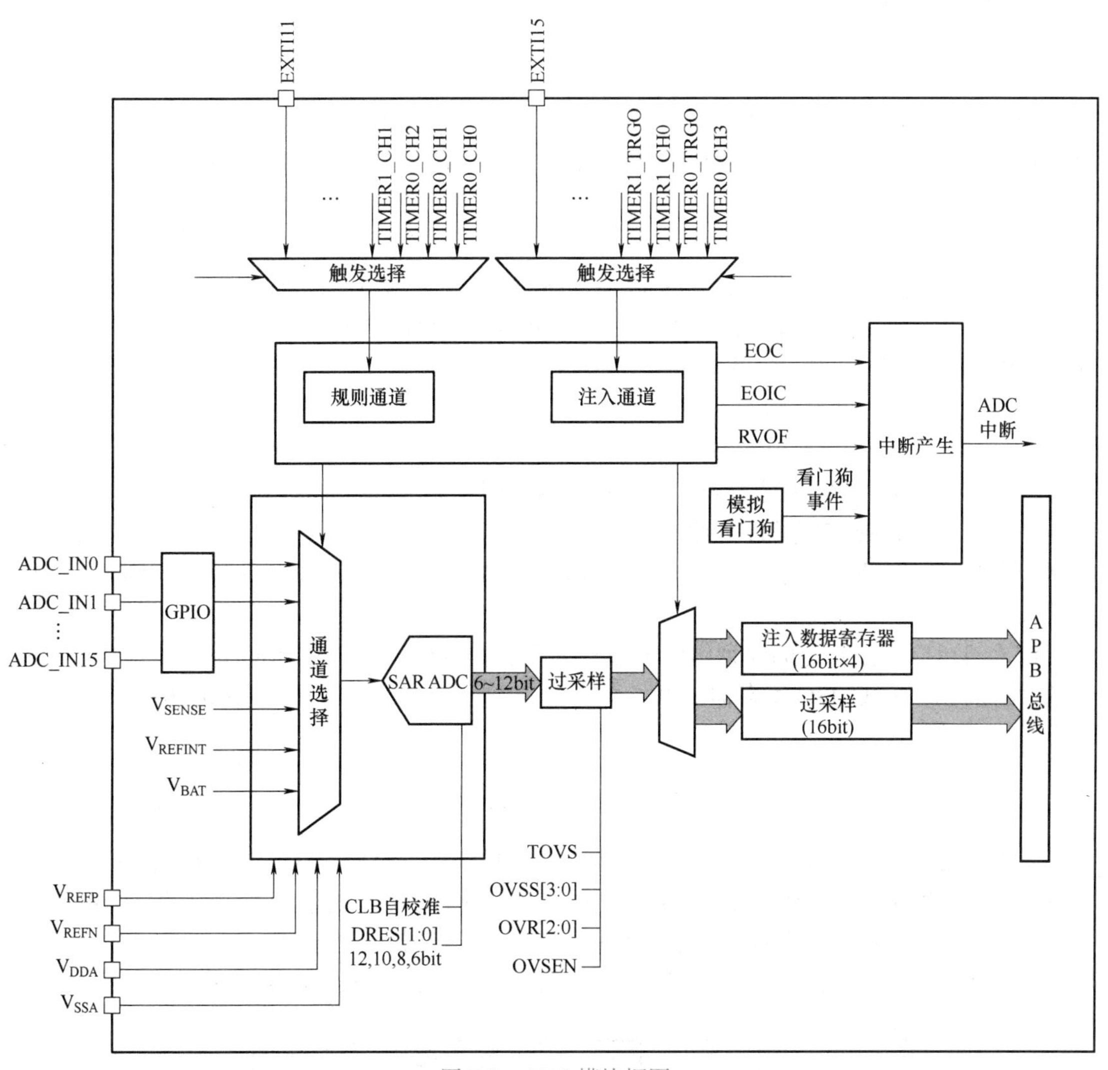

图 7-1　ADC 模块框图

7.4.1　校准（CLB）

ADC 带有一个前置校准功能。在校准期间，ADC 计算一个校准系数，这个系数是应用于 ADC 内部的，它直到 ADC 下次掉电才无效。在校准期间，应用不能使用 ADC，它必须等到校准完成。在 A/D 转换前应执行校准操作。通过软件设置 CLB=1 来对校准进行初始化，在校准期间 CLB 位会一直保持 1，直到校准完成，该位由硬件清 0。

当 ADC 运行条件改变（如 V_{DDA}、V_{REFP} 以及温度等），建议重新执行一次校准操作。内部的模拟校准通过设置 ADC_CTL1 寄存器的 RSTCLB 位来重置。

软件校准过程如下：

1）确保 ADCON=1。
2）延迟 14 个 ADCCLK 以等待 ADC 稳定。
3）设置 RSTCLB（可选的）。
4）设置 CLB=1。
5）等待直到 CLB=0。

7.4.2 ADC 时钟

ADCCLK 时钟是由时钟控制器提供的，它和 AHB、APB2 时钟保持同步。ADC 最大的时钟频率为 40MHz。在 RCU 时钟控制器中，有一个专门用于 ADC 时钟的可编程分频器。

7.4.3 ADCON 开关

ADC_CTL1 寄存器中的 ADCON 位是 ADC 模块的使能开关。如果该位为 0，则 ADC 模块保持复位状态。为了省电，当 ADCON 位为 0 时，ADC 模拟子模块将会进入掉电模式。ADC 使能后需等待 t_{SU} 时间后才能采样。

7.4.4 规则组和注入组

ADC 支持 19 个多路通道，可以把转换分成两组：规则组和注入组。

规则组可以按照特定的序列组织成多达 16 个转换的序列。ADC_RSQ0~ADC_RSQ2 寄存器规定了规则组的通道选择。ADC_RSQ0 寄存器的 RL［3:0］位规定了整个规则组转换序列的长度。

注入组可以按照特定的序列组织成多达 4 个转换的序列。ADC_ISQ 寄存器规定了注入组的通道选择。ADC_ISQ 寄存器的 IL［1:0］位规定了整个注入组转换序列的长度。

7.4.5 转换模式

1. 单次转换模式

该模式能够运行在规则组和注入组。单次转换模式下，ADC_RSQ2 寄存器的 RSQ0［4:0］位或者 ADC_ISQ 寄存器的 ISQ3［4:0］位规定了 ADC 的转换通道。当 ADCON 位被置 1，一旦相应软件触发或者外部触发发生，ADC 就会采样和转换一个通道。

以 ADC 通道 2（CH2）为例，单次转换模式的转换时序如图 7-2 所示。

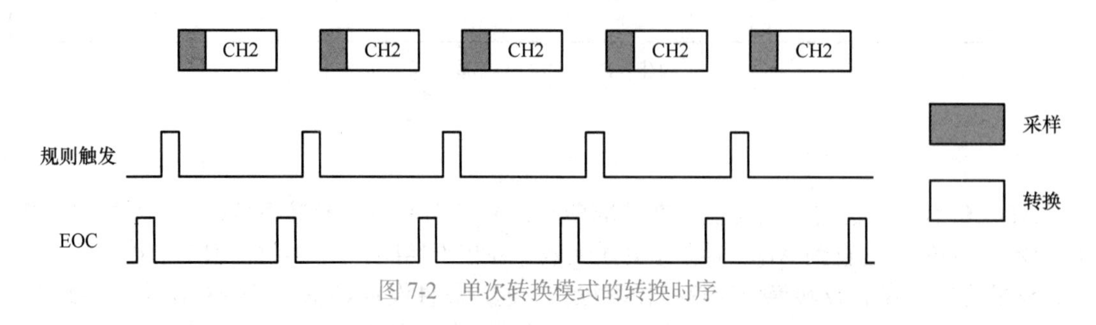

图 7-2 单次转换模式的转换时序

规则通道单次转换结束后，转换数据将被存放于 ADC_RDATA 寄存器中，EOC 将会置 1。如果 EOCIE 位被置 1，将产生一个中断。

注入通道单次转换结束后，转换数据将被存放于 ADC_IDATA0 寄存器中，EOC 和 EOIC

位将会置 1。如果 EOCIE 或 EOICIE 位被置 1，将产生一个中断。

规则组单次转换模式的软件流程如下：

1）确保 ADC_CTL0 寄存器的 DISRC 和 SM 位以及 ADC_CTL1 寄存器的 CTN 位为 0。

2）用模拟通道编号来配置 RSQ0。

3）配置 ADC_SAMPTx 寄存器。

4）如果有需要，可以配置 ADC_CTL1 寄存器的 ETMRC 和 ETSRC 位。

5）设置 SWRCST 位，或者为规则组产生一个外部触发信号。

6）等到 EOC 置 1。

7）从 ADC_RDATA 寄存器中读 ADC 转换结果。

8）写 0 清除 EOC 标志位。

注入组单次转换模式的软件流程如下：

1）确保 ADC_CTL0 寄存器的 DISRC 和 SM 位为 0。

2）用模拟通道编号来配置 ISQ3。

3）配置 ADC_SAMPTx 寄存器。

4）如果有需要，可以配置 ADC_CTL1 寄存器的 ETMIC 和 ETSIC 位。

5）设置 SWICST 位，或者为注入组产生一个外部触发信号。

6）等到 EOC、EOIC 置 1。

7）从 ADC_IDATA0 寄存器中读 ADC 转换结果。

8）写 0 清除 EOC、EOIC 标志位。

2. 连续转换模式

该模式可以运行在规则组通道上。对 ADC_CTL1 寄存器的 CTN 位置 1 可以使能连续转换模式。在此模式下，ADC 执行由 RSQ0 规定的转换通道。当 ADCON 位被置 1，一旦相应软件触发或者外部触发产生，ADC 就会采样和转换规定的通道，并将转换数据保存在 ADC_RDATA 寄存器中。

以 CH2 为例，连续转换模式的转换时序如图 7-3 所示。

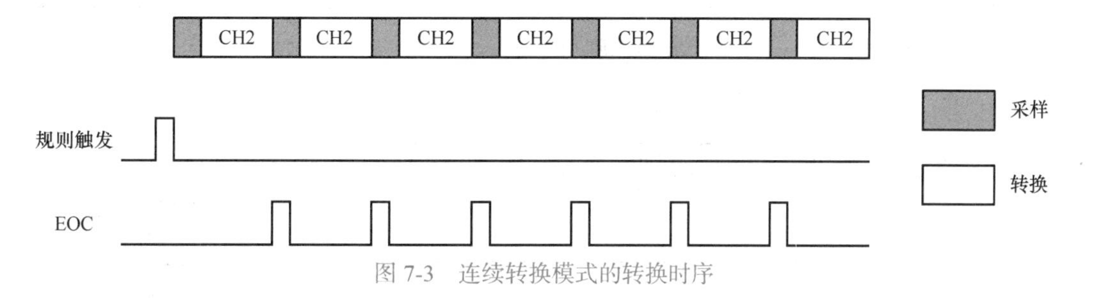

图 7-3 连续转换模式的转换时序

规则组连续转换模式的软件流程如下：

1）设置 ADC_CTL1 寄存器的 CTN 位为 1。

2）根据模拟通道编号配置 RSQ0。

3）配置 ADC_SAMPTx 寄存器。

4）如果有需要，配置 ADC_CTL1 寄存器的 ETMRC 和 ETSRC 位。

5）设置 SWRCST 位，或者给规则组产生一个外部触发信号。

6）等待 EOC 标志位置 1。

7）从 ADC_RDATA 寄存器中读 ADC 转换结果。

8）写 0 清除 EOC 标志位。

9）只要还需要进行连续转换，重复步骤 6）~8）。

由于要循环查询 EOC 标志位，DMA 可以被用来传输转换数据，软件流程如下：

1）设置 ADC_CTL1 寄存器的 CTN 位为 1。

2）根据模拟通道编号配置 RSQ0。

3）配置 ADC_SAMPTx 寄存器。

4）如果有需要，配置 ADC_CTL1 寄存器的 ETMRC 和 ETSRC 位。

5）准备DMA模块，用于传输来自 ADC_RDATA 的数据（参考直接存储器访问（DMA）控制器）。

6）设置 SWRCST 位，或者给规则组产生一个外部触发。

3. 扫描转换模式

扫描转换模式可以通过将 ADC_CTL0 寄存器的 SM 位置 1 来使能。在此模式下，ADC 扫描转换所有被 ADC_RSQ1~ADC_RSQ3 寄存器或 ADC_ISQ 寄存器选中的所有通道。一旦 ADCON 位被置 1，当相应软件触发或者外部触发产生时，ADC 就会一个接一个地采样和转换规则组或注入组通道。转换数据存储在 ADC_RDATA 或 ADC_IDATAx 寄存器中。规则组或注入组转换结束后，EOC 或者 EOIC 位将被置 1。如果 EOCIE 或 EOICIE 位被置 1，将产生中断。当规则组通道工作在扫描模式下时，ADC_CTL1 寄存器的 DMA 位必须设置为 1。

如果 ADC_CTL1 寄存器的 CTN 位也被置 1，则在规则通道转换完之后，这个转换自动重新开始。

扫描转换模式下连续转换模式禁止时的转换时序如图 7-4 所示。

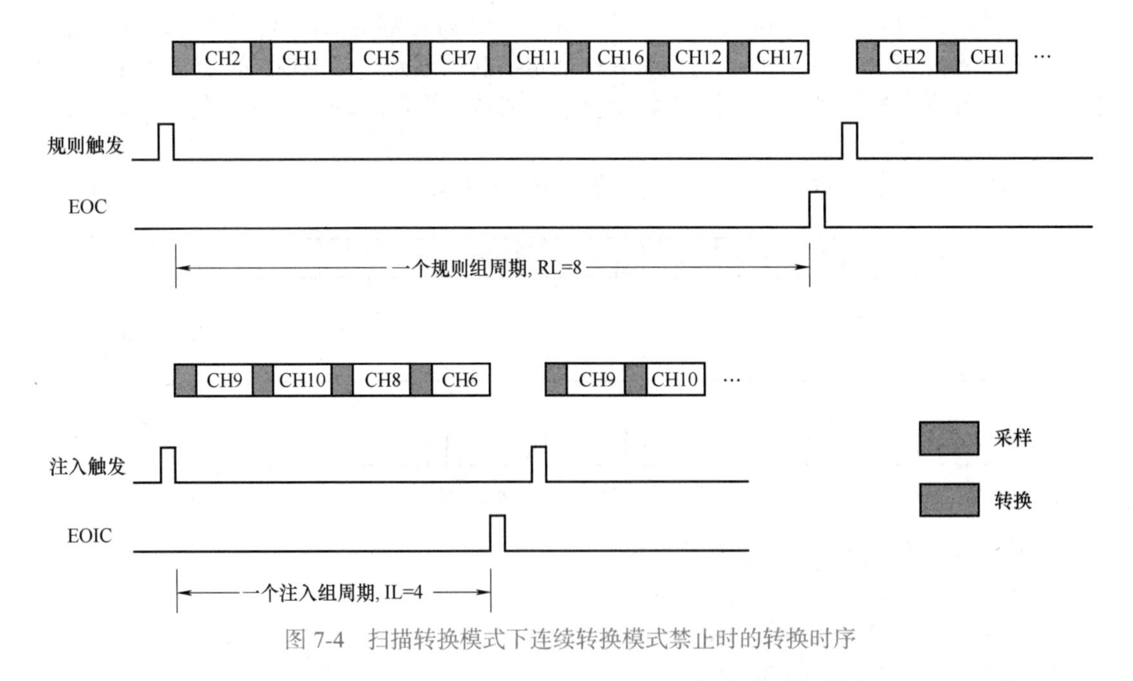

图 7-4 扫描转换模式下连续转换模式禁止时的转换时序

规则组扫描转换模式的软件流程如下：

1）设置 ADC_CTL0 寄存器的 SM 位和 ADC_CTL1 寄存器的 DMA 位为 1。

2）配置 ADC_RSQx 和 ADC_SAMPTx 寄存器。

3）如果有需要，配置 ADC_CTL1 寄存器中的 ETMRC 位和 ETSRC 位。

4）准备 DMA 模块，用于传输来自 ADC_RDATA 的数据（参考 DMA 模块）。

5）设置 SWRCST 位，或者给规则组产生一个外部触发。

6）等待 EOC 标志位置 1。

7）写 0 清除 EOC 标志位。

注入组扫描转换模式的软件流程如下：

1）设置 ADC_CTL0 寄存器的 SM 位为 1。

2）配置 ADC_ISQ 和 ADC_SAMPTx 寄存器。

3）如果有需要，配置 ADC_CTL1 寄存器中的 ETMIC 位和 ETSIC 位。

4）设置 SWRCST 位，或者给注入组产生一个外部触发。

5）等待 EOC、EOIC 标志位置 1。

6）读 ADC_IDATAx 寄存器中的转换结果。

7）写 0 清除 EOC、EOIC 标志位。

扫描转换模式下连续转换模式使能时的转换时序如图 7-5 所示。

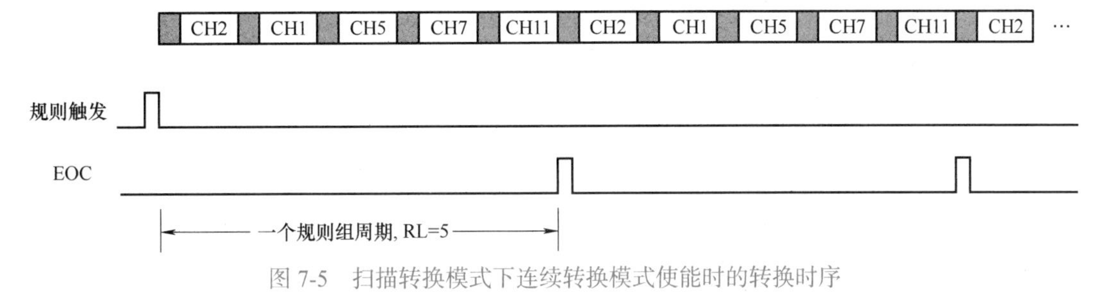

图 7-5 扫描转换模式下连续转换模式使能时的转换时序

4. 间断转换模式

对于规则组，ADC_CTL0 寄存器的 DISRC 位置 1 使能间断转换模式。该模式下可以执行一次 n 个通道的短序列转换（$n \leqslant 8$），此转换是 ADC_RSQ0~ADC_RSQ2 寄存器所选择的转换序列的一部分。数值 n 由 ADC_CTL0 寄存器的 DISCNUM［2:0］位给出。当相应的软件触发或外部触发发生，ADC 就会采样和转换在 ADC_RSQ0~ADC_RSQ2 寄存器所选择通道中接下来的 n 个通道，直到规则序列中所有的通道转换完成。每个规则组转换周期结束后，EOC 位将被置 1。如果 EOCIE 位被置 1，将产生一个中断。

对于注入组，ADC_CTL0 寄存器的 DISIC 位置 1，使其能进入间断转换模式。该模式下可以执行 ADC_ISQ 寄存器所选择的转换序列的一个通道进行转换。当相应的软件触发或外部触发发生，ADC 就会采样和转换 ADC_ISQ 寄存器中所选择通道的下一个通道，直到注入组序列中所有通道转换完成。每个注入组通道转换周期结束后，EOIC 位将被置 1。如果 EOICIE 位被置 1，将产生一个中断。

规则组和注入组不能同时工作在间断转换模式，同一时刻只能有一组被设置成间断转换模式。

间断转换模式的转换时序如图 7-6 所示。

规则组间断模式的软件流程如下：

1）设置 ADC_CTL0 寄存器的 DISRC 位和 ADC_CTL1 寄存器的 DMA 位为 1。

2）配置 ADC_CTL0 寄存器的 DISNUM［2:0］位。

3）配置 ADC_RSQx 和 ADC_SAMPTx 寄存器。

4）如果有需要，配置 ADC_CTL1 寄存器中的 ETMRC 位和 ETSRC 位。

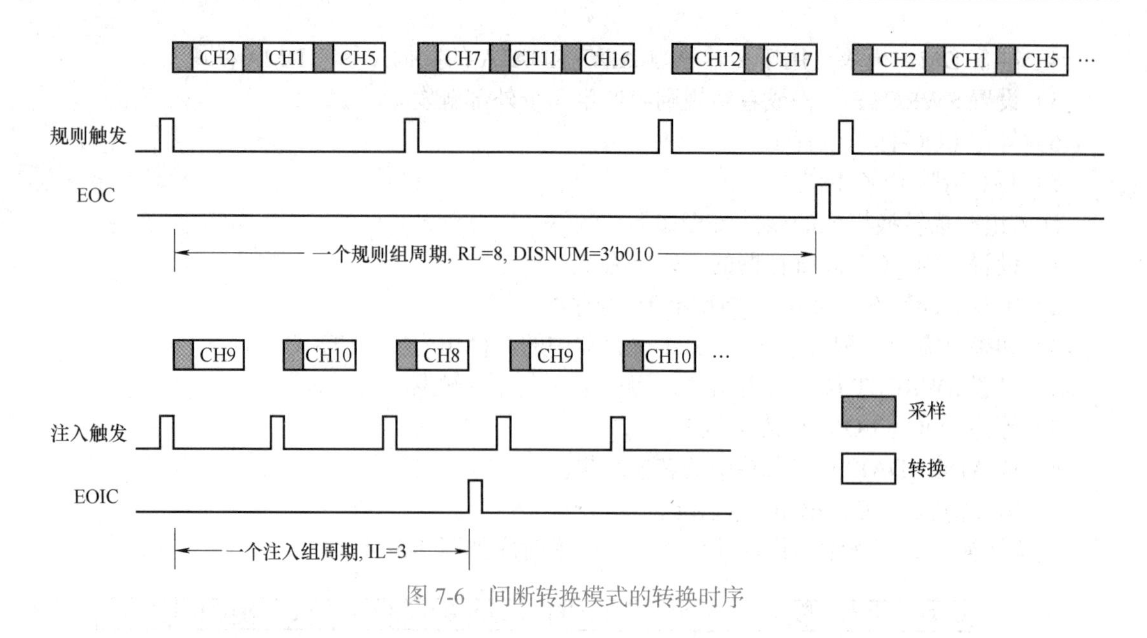

图 7-6 间断转换模式的转换时序

5）准备 DMA 模块，用于传输来自 ADC_RDATA 的数据（参考 DMA 模块）。

6）设置 SWRCST 位，或者给规则组产生一个外部触发。

7）如果需要，重复步骤 6)。

8）等待 EOC 标志位置 1。

9）写 0 清除 EOC 标志位。

注入组间断模式的软件流程如下：

1）设置 ADC_CTL0 寄存器的 DISRC 位为 1。

2）配置 ADC_ISQ 和 ADC_SAMPTx 寄存器。

3）如果有需要，配置 ADC_CTL1 寄存器中的 ETMIC 位和 ETSIC 位。

4）设置 SWICST 位，或者给注入组产生一个外部触发。

5）如果需要，重复步骤 4)。

6）等待 EOC、EOIC 标志位置 1。

7）读 ADC_IDATAx 寄存器中的转换结果。

8）写 0 清除 EOC、EOIC 标志位。

7.4.6 注入组通道管理

1. 自动注入

如果将 ADC_CTL0 寄存器的 ICA 位置 1，在规则组通道之后，注入组通道被自动转换。该模式下注入组通道的外部触发不能被使能。该模式可以转换 ADC_RSQ0~ADC_RSQ2 和 ADC_ISQ 寄存器中设置的多至 20 个转换序列。除了 ICA 位之外，如果 CTN 位也被置 1，注入组通道将在规则组通道之后被自动转换。

CNT=1 时的自动注入时序如图 7-7 所示。

2. 触发注入

清除 ICA 位，在规则组通道转换期间如果软件触发或者外部触发发生，则启动触发注入转换。这种情况下，ADC 取消当前转换，注入组通道序列被以扫描模式进行转换。注入组通道转换结束后，规则组转换从上次被取消的转换处重新开始。

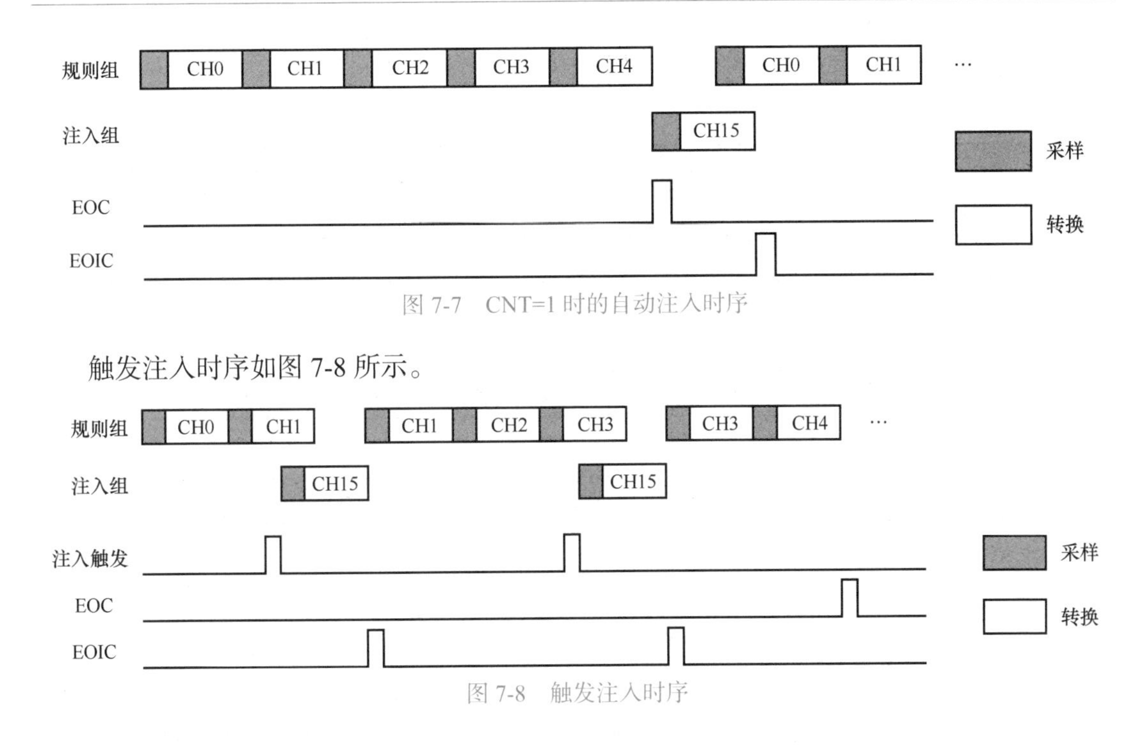

图 7-7　CNT=1 时的自动注入时序

触发注入时序如图 7-8 所示。

图 7-8　触发注入时序

7.4.7　模拟看门狗

ADC_CTL0 寄存器的 RWDEN 和 IWDEN 位置 1 将分别使能规则组和注入组的模拟看门狗功能。如果 ADC 的模拟转换电压低于低阈值或高于高阈值时，ADC_STAT 状态寄存器的 WDE 位将被置 1。如果 WDEIE 位被置 1，将产生中断。ADC_WDHT 和 ADC_WDLT 寄存器用来设定高低阈值。内部数据的比较在对齐之前完成，因此阈值与 ADC_CTL1 寄存器的 DAL 位确定的对齐方式无关。ADC_CTL0 寄存器的 RWDEN、IWDEN、WDSC 和 WDCHSEL［4:0］位可以用来选择模拟看门狗监控单一通道或者多通道。

7.4.8　数据对齐

ADC_CTL1 寄存器的 DAL 位确定转换后数据存储的对齐方式，如图 7-9 所示。

注入组通道转换的数据值已经减去了在 ADC_IOFFx 寄存器中定义的偏移量，因此结果可能是一个负值。符号值是一个扩展值。

规则组数据

0	0	0	0	D11	D10	D9	D8	D7	D6	D5	D4	D3	D2	D1	D0

注入组数据

Sign	Sign	Sign	Sign	D11	D10	D9	D8	D7	D6	D5	D4	D3	D2	D1	D0

DAL=0

规则组数据

D11	D10	D9	D8	D7	D6	D5	D4	D3	D2	D1	D0	0	0	0	0

注入组数据

Sign	D11	D10	D9	D8	D7	D6	D5	D4	D3	D2	D1	D0	0	0	0

DAL=1

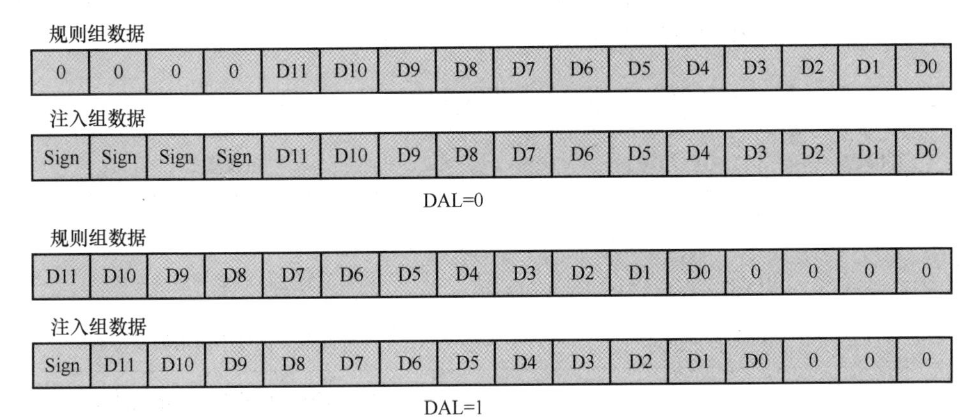

图 7-9　数据对齐

6位分辨率的数据对齐不同于12位/10位/8位分辨率数据对齐，如图7-10所示。

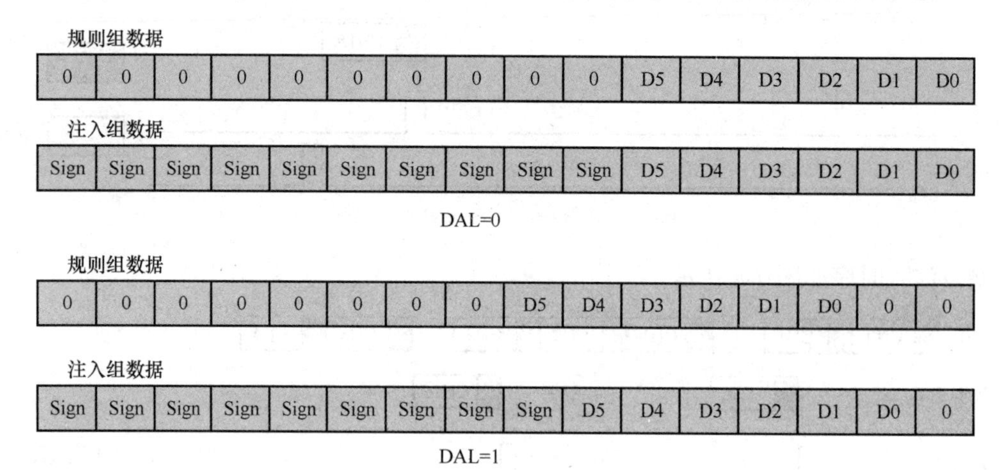

图7-10　6位数据对齐

7.4.9　可编程的采样时间

ADC使用若干个ADCCLK周期对输入电压采样，采样周期数目可以通过ADC_SAMPT0和ADC_SAMPT1寄存器的SPTn［2:0］位更改。每个通道可以用不同的时间采样。在12位分辨率的情况下，总转换时间 = 采样时间 +12个ADCCLK周期。

例如，ADCCLK=40MHz，采样时间为3个周期，那么总的转换时间为“3+12”个ADCCLK周期，即0.375μs。

7.4.10　外部触发

外部触发输入的上升沿、下降沿可以触发规则组或注入组的转换。ADC_CTL1寄存器的ETMRC［1:0］位和ETMIC［1:0］位分别控制规则组和注入组的触发模式。规则组的外部触发源由ADC_CTL1寄存器的ETSRC［3:0］位控制，注入组的外部触发源由ADC_CTL1寄存器的ETSIC［3:0］位控制。

ETSRC［3:0］和ETSIC［3:0］控制位可以用来确定16个可能事件中的哪一个可以触发规则组和注入组的转换。

表7-3、表7-4、表7-5分别列举了ETMRC［1:0］和ETMIC［1:0］位、ETSRC［3:0］位、ETSIC［3:0］位各种不同取值代表的含义。

表7-3　外部触发模式

ETMRC［1:0］/ETMIC［1:0］	触发模式
00	外部触发禁止
01	外部触发信号上升沿触发使能
10	外部触发信号下降沿触发使能
11	外部触发信号双边沿触发使能

表 7-4　规则组通道外部触发源

ETSRC［3:0］	触发源	触发类型
0000	TIMER0_CH0	片内信号
0001	TIMER0_CH1	
0010	TIMER0_CH2	
0011	TIMER1_CH1	
0100	TIMER1_CH2	
0101	TIMER1_CH3	
0110	TIMER1_TRGO	
0111	TIMER2_CH0	
1000	TIMER2_TRGO	
1001	TIMER3_CH3	
1010	TIMER4_CH0	
1011	TIMER4_CH1	
1100	TIMER4_CH2	
1101	TIMER7_CH0	
1110	TIMER7_TRGO	
1111	EXTI_11	外部信号

表 7-5　注入组通道外部触发源

ETSIC［3:0］	触发源	触发类型
0000	TIMER0_CH3	片内信号
0001	TIMER0_TRGO	
0010	TIMER1_CH0	
0011	TIMER1_TRGO	
0100	TIMER2_CH1	
0101	TIMER2_CH3	
0110	TIMER3_CH0	
0111	TIMER3_CH1	
1000	TIMER3_CH2	
1001	TIMER3_TRGO	
1010	TIMER4_CH3	
1011	TIMER4_TRGO	
1100	TIMER7_CH1	
1101	TIMER7_CH2	
1110	TIMER7_CH3	
1111	EXTI_15	外部信号

可以实时修改外部触发选择，在修改期间不会出现触发事件。

7.4.11 DMA 请求

DMA 请求可以通过设置 ADC_CTL1 寄存器的 DMA 位来使能，它用于规则组多个通道的转换结果。ADC 在规则组一个通道转换结束后产生一个 DMA 请求，DMA 接收到请求后可以将转换的数据从 ADC_RDATA 寄存器传输到用户指定的目的地址。

7.4.12 溢出检测

当 DMA 使能的时候，将 ADC_CTL1 寄存器的 EOCM 位置 1 可以使能溢出检测。如果一个规则转换在上一个规则转换数据读出之前已经完成，则会产生一个溢出事件，相应的 ADC_STAT 状态寄存器的 ROVF 标志位会置位。如果 ADC_CTL0 寄存器的 ROVFIE 置位，溢出中断产生。

为了使得 ADC 从 ROVF 溢出状态中恢复过来，建议对 DMA 模块重新进行初始化。内部状态机复位，以保证规则转换数据正确的传输。模数转换将会停止，直到 ROVF 位被清 0。

ADC 从 ROVF 状态恢复的软件流程如下：

1）将 ADC_CTL1 寄存器的 DMA 位清 0。

2）将 ADC_CTL1 寄存器的 ADON 位清 0。

3）将 DMA_CHxCTL 寄存器的 CHEN 位清 0，用于重新初始化 DMA 模块。

4）将 ADC_STAT 寄存器的 ROVF 位清 0。

5）将 DMA_CHxCTL 寄存器的 CHEN 位置 1。

6）将 ADC_CTL1 寄存器的 DMA 位置 1。

7）将 ADC_CTL1 的 ADON 位置 1。

8）等待 $T_{(setup)}$。

9）通过软件或触发开始模数转换。

7.4.13 温度传感器，内部参考电压 V_{REFINT} 和外部电池电压 V_{BAT}

将 ADC_SYNCCTL 寄存器的 TSVREN 位置 1 可以使能温度传感器通道（ADC0_CH16）和 V_{REFINT} 通道（ADC0_CH17）。温度传感器可以用来测量器件周围的温度。传感器输出电压能被 ADC 转换成数字量。建议温度传感器的采样时间至少设置为 17.1μs。温度传感器不用时，复位 TSVREN 位可以将其置于掉电模式。

温度传感器的输出电压随温度线性变化，由于生产过程的多样化，温度变化曲线的偏移在不同的芯片上会有不同（最多相差 45℃）。内部温度传感器更适合于检测温度的变化，而不是测量绝对温度。如果需要测量精确的温度，应该使用一个外置的温度传感器来校准这个偏移错误。

内部电压参考（V_{REFINT}）提供了一个稳定的（带隙基准）电压输出给 ADC 和比较器。V_{REFINT} 内部连接到 ADC0_CH17 输入通道。

当 ADC_SYNCCTL 寄存器中的 VBATEN 位置 1 时，外部电池电压能够被 ADC0_CH18 检测。为了确保 V_{BAT} 电压不高于 V_{DDA}，电池电压在内部已经除以 4。

7.4.14 可编程分辨率（DRES）——快速转换模式

通过降低 ADC 的分辨率，能够获得较快的转换时间。

对寄存器 ADC_CTL0 中的 DRES［1:0］位进行编程即可配置分辨率为 6 位、8 位、10 位、12 位。对于那些不需要高精度数据的应用，可以使用较低的分辨率来实现更快速的转换。只有在 ADCON 比特为 0 时，才能修改 DRES［1:0］的值。ADC 转换的结果只有 12 位，其余没有被用到的低位读出来都为 0。如表 7-6 所示，较低的分辨率能够减少逐次逼近步骤所需的总转换时间 t_{ADC}。

表 7-6　不同分辨率对应的转换时间 t_{CONV}、采样时间 t_{SMPL} 和总转换时间 t_{ADC}

DRES［1:0］位	t_{CONV}/ ADC 时钟周期	t_{CONV}/ns（f_{ADC}=40MHz 时）	t_{SMPL}/ ADC 时钟周期	t_{ADC}/ ADC 时钟周期	t_{ADC}/ns（f_{ADC}=40MHz 时）
12	12	300	3	15	375
10	10	250	3	13	325
8	8	200	3	11	275
6	6	150	3	9	225

7.4.15　片上硬件过采样

片上硬件过采样单元执行数据预处理，以减轻 CPU 负担。它能够处理多个转换，并将多个转换的结果取平均，得出一个 16 位宽的数据。其结果值根据式（7-1）计算得出，其中 N 和 M 的值可以被调整，过采样单元可以通过设置 ADC_OVSAMPCTL 寄存器的 OVSEN 位来使能，它是以降低数据输出率为代价，换取较高的数据分辨率。Dout（n）是指 ADC 输出的第 n 个数字信号：

$$\text{Result}=\frac{1}{M}\sum_{n=0}^{N-1}\text{Dout}(n) \tag{7-1}$$

片上硬件过采样单元执行两个功能：求和与位右移。过采样率 N 是在 ADC_OVSAMPCTL 寄存器的 OVSR［2:0］位定义，它的取值范围为 2~256。除法系数 M 定义一个多达 8 位的右移，它通过 ADC_OVSAMPCTL 寄存器 OVSS［3:0］位进行配置。

求和单元能够生成一个多达 20 位的值。首先，将这个值进行右移，将移位后剩余的部分再通过取整转化一个近似值，最后将高位截断，仅保留最低 16 位有效位作为最终值传入对应的数据寄存器中。

图 7-11 展示了将原始 20 位的累积数值处理成 16 位结果的过程。

注意：如果移位后的中间结果还是超过 16 位，那么该结果的高位就会被直接截掉。

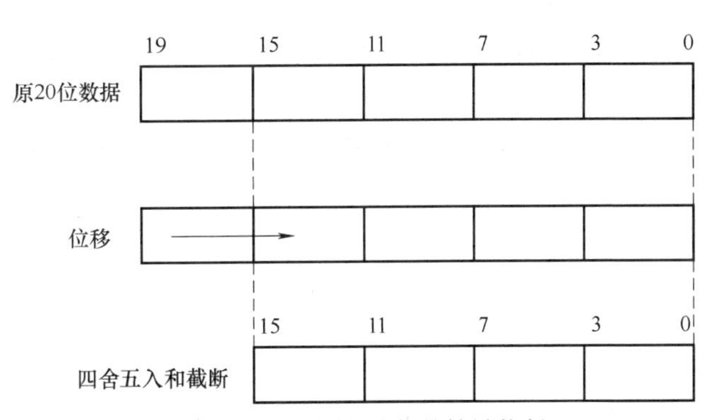

图 7-11　20 位到 16 位的结果截断

表 7-7 给出了 N 和 M 各种组合的数据格式，初始转换值为 0xFFF。

和标准的转换模式相比，过采样模式的转换时间不会改变：在整个过采样序列的过程中采样时间仍然保持相等。

表 7-7 *N* 和 *M* 各种组合的数据格式

过采样率 *N*	最大原始数据	无移位 OVSS=0000	1位移位 OVSS=0001	2位移位 OVSS=0010	3位移位 OVSS=0011	4位移位 OVSS=0100	5位移位 OVSS=0101	6位移位 OVSS=0110	7位移位 OVSS=0111	8位移位 OVSS=1000
2	0x1FFE	0x1FFE	0x0FFF	0x07FF	0x03FF	0x01FF	0x00FF	0x007F	0x003F	0x001F
4	0x3FFC	0x3FFC	0x1FFE	0x0FFF	0x07FF	0x03FF	0x01FF	0x00FF	0x007F	0x003F
8	0x7FF8	0x7FF8	0x3FFC	0x1FFE	0x0FFF	0x07FF	0x03FF	0x01FF	0x00FF	0x007F
16	0xFFF0	0xFFF0	0x7FF8	0x3FFC	0x1FFE	0x0FFF	0x07FF	0x03FF	0x01FF	0x00FF
32	0x1FFE0	0xFFE0	0xFFF0	0x7FF8	0x3FFC	0x1FFE	0x0FFF	0x07FF	0x03FF	0x01FF
64	0x3FFC0	0xFFC0	0xFFE0	0xFFF0	0x7FF8	0x3FFC	0x1FFE	0x0FFF	0x07FF	0x03FF
128	0x7FF80	0xFF80	0xFFC0	0xFFE0	0xFFF0	0x7FF8	0x3FFC	0x1FFE	0x0FFF	0x07FF
256	0xFFF00	0xFF00	0xFF80	0xFFC0	0xFFE0	0xFFF0	0x7FF8	0x3FFC	0x1FFE	0x0FFF

注：灰色部分表示截断。

7.5 ADC 同步模式

在具有2个或3个ADC的设备上，可以使用ADC同步模式。

在ADC同步模式中，通过ADC0的触发器来同步ADC1和ADC2的转换。根据ADC_SYNCCTL寄存器的SYNCM［4:0］位来选择2个或3个ADC按并行模式还是交替模式进行转换。

在ADC同步模式中，当转换配置成外部事件触发时，ADC1和ADC2的外部触发必须禁止。规则组通道的转换结果存储在ADC同步规则数据寄存器（ADC_SYNCDATA）中。

ADC可以配置成以下几种同步模式：独立模式、规则并行模式、注入并行模式、跟随模式、交替触发模式、规则并行和注入并行组合模式、规则并行和交替触发组合模式。

当ADC工作在同步模式而非独立模式时，如果需要再将ADC配置成其他同步模式，则需要在配置成其他同步模式前，首先将ADC配置成独立模式。

7.5.1 独立模式

在这种模式下，ADC同步是忽略的，每个ADC都独立工作。

7.5.2 规则并行模式

设置ADC_SYNCCTL寄存器的SYNCM［4:0］位为5'b00110或5'b10110，使能规则并行模式。在规则并行模式中，根据ADC0中选择的外部触发，所有的ADC并行转换规则组通道。触发选择由ADC0的ADC_CTL1寄存器ETSRC［3:0］位进行配置。

根据ADC_CTL1寄存器中的EOCM位的设置，在转换结束时产生EOC中断（如果ADC接口使能了该中断）。基于16个通道的规则并行模式如图7-12所示。

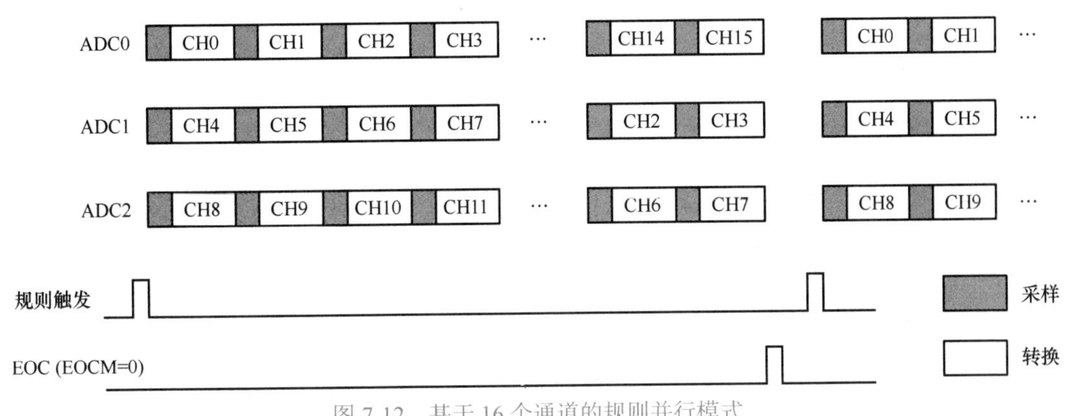

图 7-12 基于 16 个通道的规则并行模式

注意：

1）在一个给定的时间，两个 ADC 不能同时转换同一个通道（当转换同一通道时，不能覆盖采样时间）。

2）确保在没有任何一个通道进行转换时才触发模数转换。

3）如果 SYNCM=5'b00110，则 ADC2 工作在独立模式。

7.5.3 注入并行模式

设置 ADC_SYNCCTL 寄存器的 SYNCM［4:0］位为 5'b00101 或 5'b10101，使能注入并行模式。在注入并行模式中，根据 ADC0 中选择的外部触发，所有的 ADC 并行转换注入组通道。触发选择由 ADC0 的 ADC_CTL1 寄存器 ETSIC［3:0］位进行配置。

在注入序列转换结束时产生 EOIC 中断（如果 ADC 接口使能了该中断）。转换的数据都存储在每个 ADC 的 ADC_IDATAx 寄存器中。基于 4 个通道的注入并行模式如图 7-13 所示。

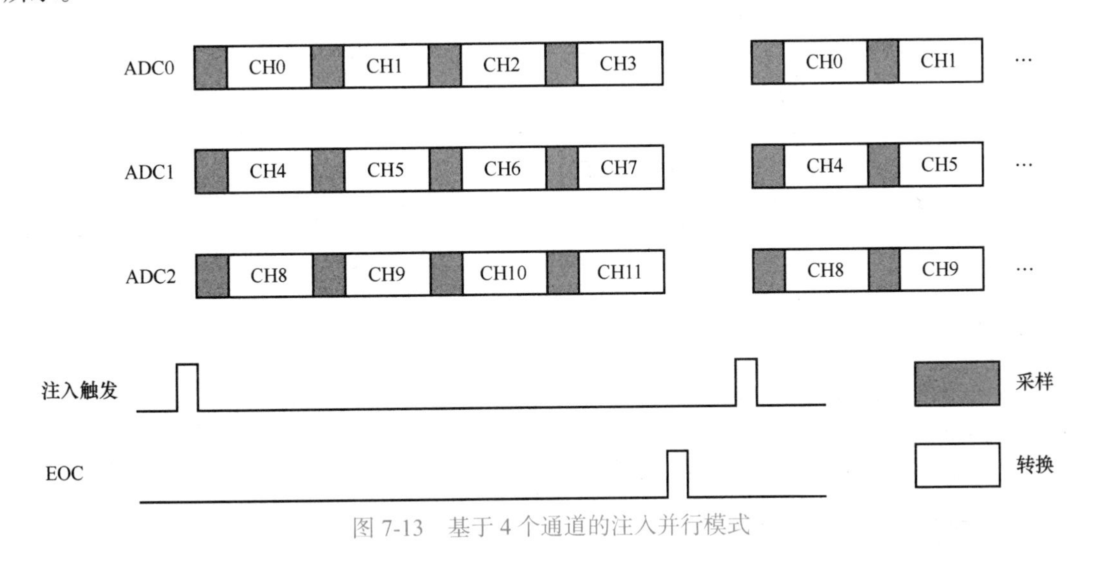

图 7-13 基于 4 个通道的注入并行模式

注意：

1）在一个给定的时间，两个 ADC 不能同时转换同一个通道（当转换同一通道时，不能覆盖采样时间）。

2）确保在没有任何一个通道进行转换时才触发模数转换。

3）如果 SYNCM=5'b00101，则 ADC2 工作在独立模式。

7.5.4 跟随模式

设置 ADC_SYNCCTL 寄存器的 SYNCM［4:0］位为 5'b00111 或 5'b10111，使能跟随模式。在跟随模式中，根据选择的外部触发，ADC0 开始转换规则组通道。外部触发选择由 ADC0 的 ADC_CTL1 寄存器 ETSRC［3:0］位进行配置。经过一定的延迟之后，ADC1 开始转换规则组通道，再经过另一个延迟之后，ADC2 开始转换规则组通道。以上描述中提到的规则组通道只能包含一个规则通道。

在两个连续采样阶段之间的延迟时间，由 ADC_SYNCCTL 寄存器的 SYNCDLY［3:0］位进行配置。如果 SYNCDLY［3:0］位配置的延迟时间比采样时间还短，为了避免在一个给定时间，多个 ADC 对同一个通道进行采样，会将"采样时间 +2 × ADCCLK 周期"作为实际的延迟时间。

如果 ADC_CTL1 寄存器的 CNT 位置 1，选择的规则组通道会被连续地转换。根据 ADC_CTL1 寄存器的 EOCM 的配置，在转换事件结束时产生 EOC 中断（如果 ADC 使能了该中断）。一个采用连续转换模式通道上的跟随模式如图 7-14 所示。

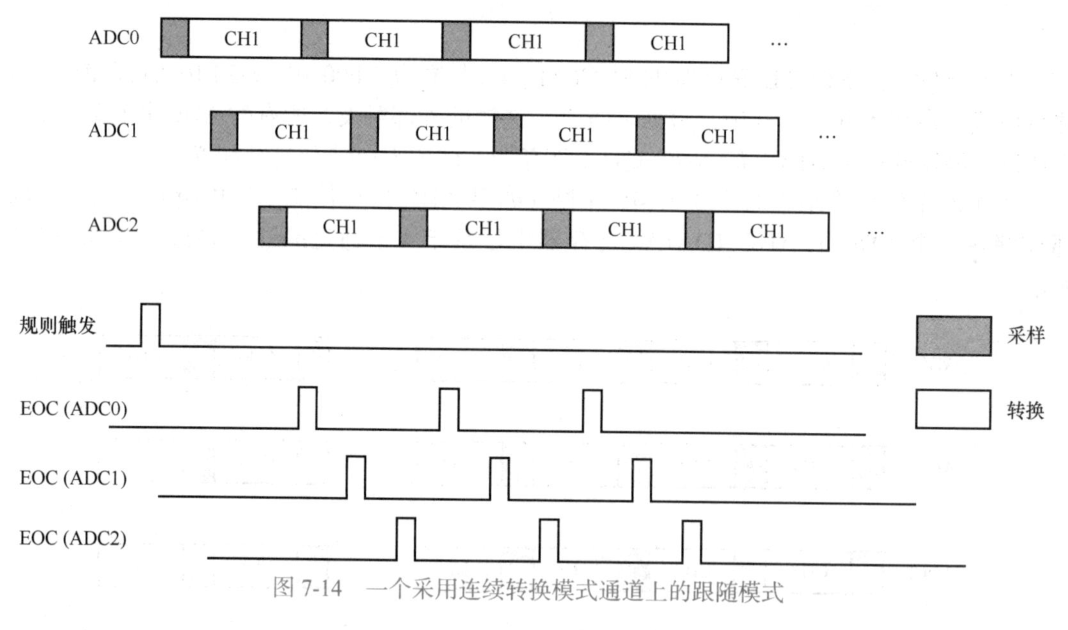

图 7-14 一个采用连续转换模式通道上的跟随模式

注意：

1）确保在没有任何一个通道进行转换时才触发模数转换（当有某些转换还没完成时，不触发 ADC0）。

2）如果 SYNCM=5'b00111，则 ADC2 工作在独立模式。

7.5.5 交替触发模式

设置 ADC_SYNCCTL 寄存器的 SYNCM［4:0］位为 5'b01001 或 5'b11001，使能交替触发模式。在交替触发模式中，根据选择的外部触发，ADC 轮流被触发转换注入组通道。如果 SYNCM［4:0］=5'b01001，则选择的外部触发按序列触发 ADC0 和 ADC1：ADC0 → ADC1 →

ADC0 → ADC1 →…。如果 SYNCM［4:0］=5'b11001，则选择的外部触发按序列触发 ADC0、ADC1 和 ADC2：ADC0 → ADC1 → ADC2 → ADC0 → ADC1 → ADC2 →…。触发选择由 ADC0 的 ADC_CTL1 寄存器 ETSIC［3:0］位进行配置。

在注入序列转换结束时产生 EOIC 中断（如果 ADC 接口使能了该中断）。交替触发模式在 DISIC=0 时的行为如图 7-15 所示。

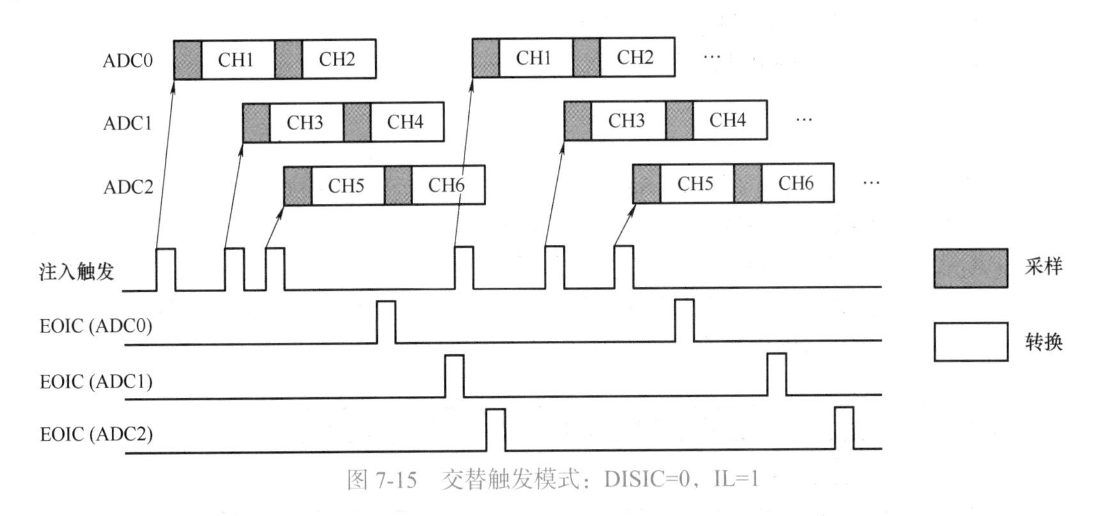

图 7-15　交替触发模式：DISIC=0，IL=1

交替触发模式在 DISIC=1 时的行为如图 7-16 所示。

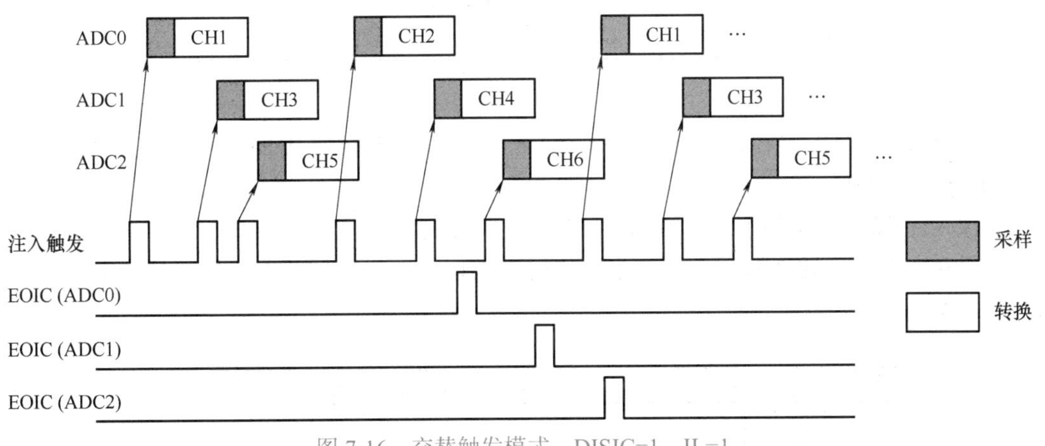

图 7-16　交替触发模式：DISIC=1，IL=1

注意：

1）确保在没有任何一个通道进行转换时才触发模数转换（当有某些转换还没完成时，不触发 ADC0）。

2）如果 SYNCM=5'b01001，则 ADC2 工作在独立模式。

7.5.6　规则并行和注入并行组合模式

设置 ADC_SYNCCTL 寄存器的 SYNCM［4:0］位为 5'b00001 或 5'b10001，使能规则并行和注入并行组合模式。在规则并行和注入并行组合同步模式中，一个注入组的注入并行转换可能会中断规则组的并行转换。

根据 ADC_CTL1 寄存器的 EOCM 的配置，在转换事件结束时产生 EOC 中断（如果 ADC

使能了该中断)。

在注入序列转换结束时产生EOIC中断(如果ADC使能了该中断)。

注意:

1)在一个给定的时间，两个ADC不能同时转换同一个通道(当转换同一通道时，不能覆盖采样时间)。

2)各ADC的注入序列长度应该配置成一致。

3)如果SYNCM=5'b00001，则ADC2工作在独立模式。

7.5.7 规则并行和交替触发组合模式

设置ADC_SYNCCTL寄存器的SYNCM[4:0]位为5'b00010或5'b10010，使能规则并行和交替触发组合模式。在规则并行和交替触发组合模式中，一个注入组的交替触发转换可能会中断规则组的并行转换。当注入事件出现时，ADC的注入转换立即开始。当规则转换被中断，ADC的规则转换会停止在注入触发的时刻，并且在注入转换结束时，恢复到并行模式。规则并行和交替触发组合模式如图7-17所示。

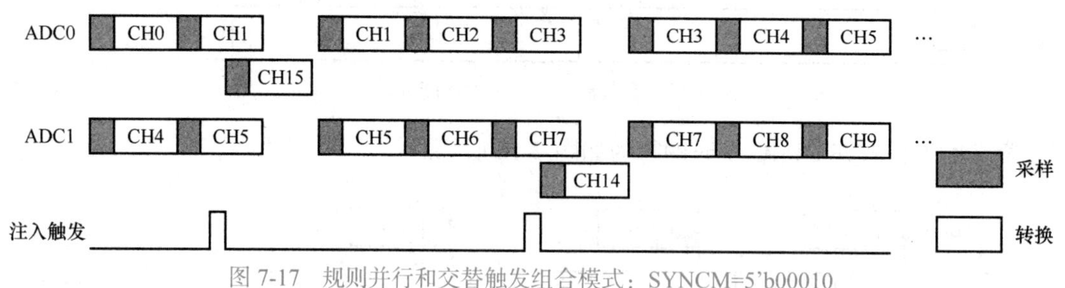

图7-17 规则并行和交替触发组合模式：SYNCM=5'b00010

根据ADC_CTL1寄存器的EOCM的配置，在转换事件结束时产生EOC中断(如果ADC使能了该中断)。

在注入序列转换结束时产生EOIC中断(如果ADC使能了该中断)。

如果在一个注入转换期间，另一个注入触发出现，那么后面的这个触发将会被忽略，如图7-18所示。

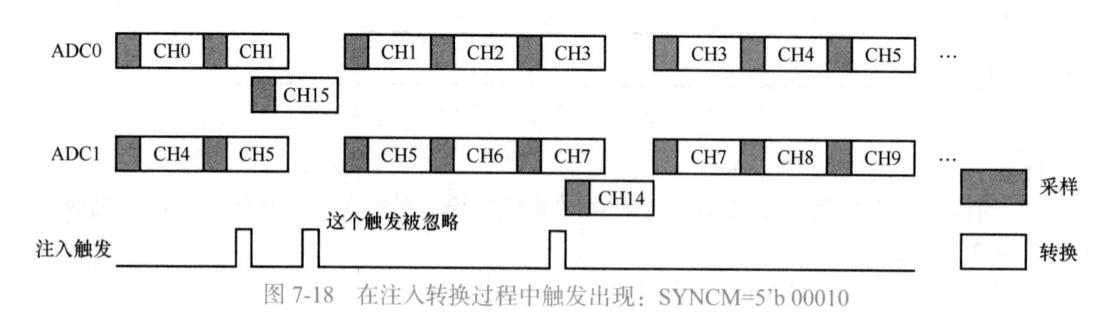

图7-18 在注入转换过程中触发出现：SYNCM=5'b 00010

注意:

1)在一个给定的时间，两个ADC不能同时转换同一个通道(当转换同一通道时，不能覆盖采样时间)。

2)各ADC的注入序列长度应该配置成一致。

3)如果SYNCM=5'b 00010，则ADC2工作在独立模式。

7.5.8　在 ADC 同步模式中使用 DMA

在 ADC 同步模式中，规则组通道转换的数据存储在 ADC 同步规则数据（ADC_SYNCDATA）寄存器中，DMA 可以用来传输 ADC_SYNCDATA 寄存器的数据。有以下两种 DMA 工作模式，可以和各种 ADC 同步模式很好地配合使用。

1. ADC 同步 DMA 模式 0

在 ADC 同步 DMA 模式 0 中，DMA 传输的位宽为 16。一次 DMA 请求传输一个数据，这个数据轮流地从各 ADC 的规则转换结果中取出。对于每次 DMA 请求，DMA 通道的源地址固定为 ADC_SYNCDATA 寄存器，而这个寄存器的内容会变成 DMA 要被传输的数值。当 ADC0 和 ADC1 工作在同步模式时，DMA 的传输序列为 ADC0_RDATA [15:0] → ADC1_RDATA [15:0] → ADC0_RDATA [15:0] → ADC1_RDATA [15:0]。当所有的 ADC 都工作在同步模式时，DMA 的传输序列为 ADC0_RDATA [15:0] → ADC1_RDATA [15:0] → ADC2_RDATA [15:0] → ADC0_RDATA [15:0] → ADC1_RDATA [15:0] → ADC2_RDATA [15:0]。

ADC 同步 DMA 模式 0 适用于：

1）ADC0 和 ADC1 工作在规则并行和注入并行组合模式（SYNCM=5’b00001）。

2）ADC0 和 ADC1 工作在规则并行和交替触发组合模式（SYNCM=5’b00010）。

3）ADC0 和 ADC1 工作在规则并行模式（SYNCM=5’b01100）。

4）所有的 ADC 工作在规则并行和注入并行组合模式（SYNCM=5’b10001）。

5）所有的 ADC 工作在规则并行和交替触发组合模式（SYNCM=5’b10010）。

6）所有的 ADC 工作在规则并行模式（SYNCM=5’b10110）。

2. ADC 同步 DMA 模式 1

在 ADC 同步 DMA 模式 1 中，DMA 传输的位宽为 32。一次 DMA 请求传输两个数据，这些数据轮流地从各 ADC 的规则转换结果中取出。对于每次 DMA 请求，DMA 通道的源地址固定为 ADC_SYNCDATA 寄存器，而这个寄存器的内容会变成 DMA 要被传输的数值。当 ADC0 和 ADC1 工作在同步模式时，DMA 的数据每次都为 {ADC1_RDATA [15:0], ADC0_RDATA [15:0]}。当所有的 ADC 都工作在同步模式时，DMA 的传输序列为 {ADC1_RDATA [15:0], ADC0_RDATA [15:0]}→{ADC0_RDATA [15:0], ADC2_RDATA [15:0]}→{ADC2_RDATA [15:0], ADC1_RDATA [15:0]}→{ADC1_RDATA [15:0], ADC0_RDATA [15:0]}。

ADC 同步 DMA 模式 1 适用于：

1）ADC0 和 ADC1 工作在规则并行和注入并行组合模式（SYNCM=5’b00001）。

2）ADC0 和 ADC1 工作在规则并行和交替触发组合模式（SYNCM=5’b00010）。

3）ADC0 和 ADC1 工作在规则并行模式（SYNCM=5’b01100）。

4）ADC0 和 ADC1 工作在跟随模式（SYNCM=5’b00111）。

5）所有的 ADC 工作在跟随模式（SYNCM=5’b10111）。

7.6　中断

以下任一个事件发生都可以产生中断：

1）规则组和注入组转换结束。

2）模拟看门狗事件。

3）溢出事件。

单独的中断使能位可令使用更灵活。

ADC0、ADC1 和 ADC2 都被映射到同一个中断向量 ISR [18]。

7.7 ADC 寄存器

ADC0 基地址：0x4001 2000。

ADC1 基地址：0x4001 2100。

ADC2 基地址：0x4001 2200。

7.7.1 状态寄存器（ADC_STAT）

地址偏移：0x00。

复位值：0x0000 0000。

该寄存器只能按字（32 位）访问，字的格式如图 7-19 所示。

31	30	29	28	27	26	25	24	23	22	21	20	19	18	17	16
保留															

15	14	13	12	11	10	9	8	7	6	5	4	3	2	1	0
保留										ROVF	STRC	STIC	EOIC	EOC	WDE
										rc_w0	rc_w0	rc_w0	rc_w0	rc_w0	rc_w0

图 7-19 状态寄存器的 32 位字格式

状态寄存器的 32 位字的每个位的含义见表 7-8。

表 7-8 状态寄存器的 32 位字的每个位的含义

位 / 位域	名称	描述
31:6	保留	必须保持复位值
5	ROVF	规则数据寄存器溢出 0：规则数据寄存器没有溢出 1：规则数据寄存器溢出 在单次或多次模式中，当规则数据寄存器溢出时，该位由硬件置位。只有在DMA 使能或者转换结束模式被置 1（EOCM=1）时，这个标志位才会置位。如果出现 ROVF 置位，则最后的规则数据会被丢失 软件写 0 清除
4	STRC	规则组转换开始标志 0：规则组转换没有开始 1：规则组转换开始 规则组转换开始时硬件置位。软件写 0 清除
3	STIC	注入组转换开始标志 0：注入组转换没有开始 1：注入组转换开始 注入通道组转换开始时硬件置位。软件写 0 清除

（续）

位 / 位域	名称	描述
2	EOIC	注入组转换结束标志 0：注入组转换没有结束 1：注入组转换结束 所有的注入组通道转换结束时硬件置位。软件写 0 清除
1	EOC	组转换结束标志 0：组转换没有结束 1：组转换结束 注入组或规则组转换结束时硬件置位 软件写 0 或读 ADC_RDATA 寄存器清除
0	WDE	模拟看门狗事件标志 0：没有模拟看门狗事件 1：产生模拟看门狗事件 转换电压超过 ADC_WDLT 和 ADC_WDHT 寄存器设定的阈值时由硬件置 1，软件写 0 清除

7.7.2 控制寄存器 0（ADC_CTL0）

地址偏移：0x04。

复位值：0x0000 0000。

该寄存器只能按字（32 位）访问，字的格式如图 7-20 所示。

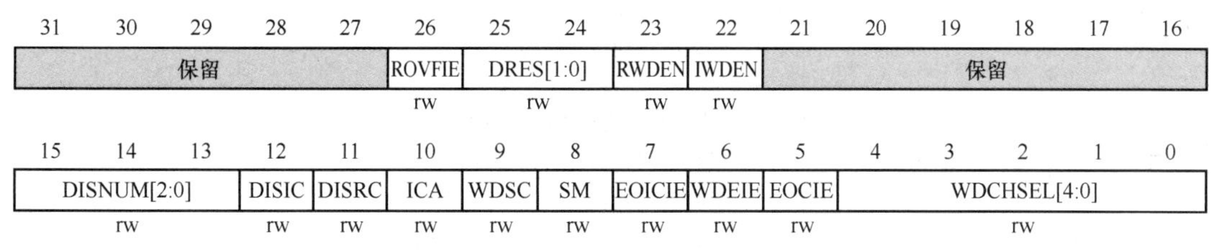

图 7-20 控制寄存器 0 的 32 位字格式

控制寄存器 0 的 32 位字的每个位的含义见表 7-9。

表 7-9 控制寄存器 0 的 32 位字的每个位的含义

位 / 位域	名称	描述
31:27	保留	必须保持复位值
26	ROVFIE	规则组溢出（ROVF）中断使能 0：ROVF 中断禁止 1：ROVF 中断使能
25:24	DRES [1:0]	ADC 数据分辨率 00：12 位 01：10 位 10：8 位 11：6 位

（续）

位 / 位域	名称	描述
23	RWDEN	规则组看门狗使能 0：规则组看门狗禁止 1：规则组看门狗使能
22	IWDEN	注入组看门狗使能 0：注入组看门狗禁止 1：注入组看门狗使能
21:16	保留	必须保持复位值
15:13	DISNUM［2:0］	间断模式下的转换数目 触发后被转换的通道数目将变成 DISNUM［2:0］+1
12	DISIC	注入组间断模式 0：注入组间断模式禁止 1：注入组间断模式使能
11	DISRC	规则组间断模式 0：规则组间断模式禁止 1：规则组间断模式使能
10	ICA	注入组自动转换 0：注入组自动转换禁止 1：注入组自动转换使能
9	WDSC	扫描模式下，模拟看门狗在单通道有效 0：模拟看门狗在所有通道有效 1：模拟看门狗在单通道有效
8	SM	扫描模式 0：扫描模式禁止 1：扫描模式使能
7	EOICIE	EOIC 中断使能 0：EOIC 中断禁止 1：EOIC 中断使能
6	WDEIE	WDE 中断使能 0：WDE 中断禁止 1：WDE 中断使能
5	EOCIE	EOC 中断使能 0：EOC 中断禁止 1：EOC 中断使能

（续）

位 / 位域	名称	描述
4:0	WDCHSEL［4:0］	模拟看门狗通道选择 00000：ADC 通道 0 00001：ADC 通道 1 00010：ADC 通道 2 00011：ADC 通道 3 00100：ADC 通道 4 00101：ADC 通道 5 00110：ADC 通道 6 00111：ADC 通道 7 01000：ADC 通道 8 01001：ADC 通道 9 01010：ADC 通道 10 01011：ADC 通道 11 01100：ADC 通道 12 01101：ADC 通道 13 01110：ADC 通道 14 01111：ADC 通道 15 10000：ADC 通道 16 10001：ADC 通道 17 10010：ADC 通道 18 其他值保留 注意：ADC0 的模拟输入通道 16、通道 17 和通道 18 分别连接到温度传感器、VREFINT 和 VBAT 模拟输入。ADC1 的模拟输入通道 16、通道 17 和通道 18 内部都连接到 VSSA。ADC2 的模拟输入通道 16、通道 17 和通道 18 内部都连接到 VSSA

7.7.3 控制寄存器 1（ADC_CTL1）

地址偏移：0x08。

复位值：0x0000 0000。

该寄存器只能按字（32 位）访问，字的格式如图 7-21 所示。

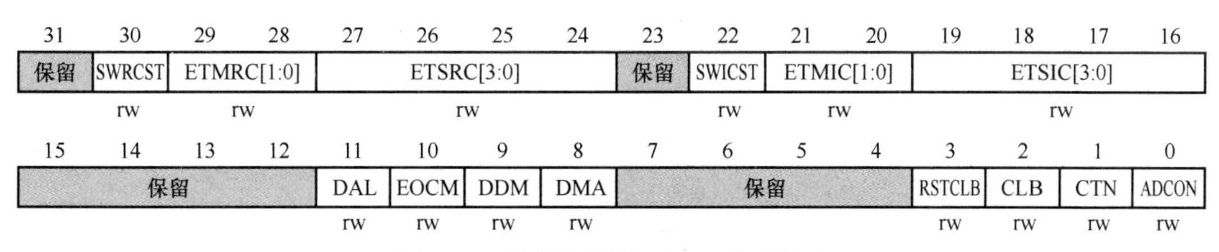

图 7-21 控制寄存器 1 的 32 位字格式

控制寄存器 1 的 32 位字的每个位的含义见表 7-10。

表 7-10　控制寄存器 1 的 32 位字的每个位的含义

位 / 位域	名称	描述
31	保留	必须保持复位值
30	SWRCST	规则通道软件启动转换 该位置 1 开启规则组转换。软件置位，软件清 0，或转换开始后，立刻由硬件清 0
29:28	ETMRC［1:0］	规则通道外部触发模式 00：规则通道外部触发禁止 01：规则通道外部触发上升沿使能 10：规则通道外部触发下降沿使能 11：规则通道外部触发双边沿使能
27:24	ETSRC［3:0］	规则通道的外部触发选择 0000：定时器 0 通道 0 0001：定时器 0 通道 1 0010：定时器 0 通道 2 0011：定时器 1 通道 1 0100：定时器 1 通道 2 0101：定时器 1 通道 3 0110：定时器 1TRGO 0111：定时器 2 通道 0 1000：定时器 2TRGO 1001：定时器 3 通道 3 1010：定时器 4 通道 0 1011：定时器 4 通道 1 1100：定时器 4 通道 2 1101：定时器 7 通道 0 1110：定时器 7TRGO 1111：EXTI 外部中断线 11
23	保留	必须保持复位值
22	SWICST	注入通道软件启动转换 该位置 1 开启注入组转换。软件置位，软件清 0，或转换开始后，立刻由硬件清 0
21:20	ETMIC［1:0］	注入通道外部触发模式 00：注入通道外部触发禁止 01：注入通道外部触发上升沿使能 10：注入通道外部触发下降沿使能 11：注入通道外部触发双边沿使能
19:16	ETSIC［3:0］	注入通道的外部触发选择 0000：定时器 0 通道 3 0001：定时器 0TRGO 0010：定时器 1 通道 0 0011：定时器 1TRGO 0100：定时器 2 通道 1 0101：定时器 2 通道 3

（续）

位 / 位域	名称	描述
19:16	ETSIC［3:0］	0110：定时器 3 通道 0 0111：定时器 3 通道 1 1000：定时器 3 通道 2 1001：定时器 3TRGO 1010：定时器 4 通道 3 1011：定时器 4TRGO 1100：定时器 7 通道 1 1101：定时器 7 通道 2 1110：定时器 7 通道 3 1111：EXTI 外部中断线 15
15:12	保留	必须保持复位值
11	DAL	数据对齐 0：最低有效位对齐 1：最高有效位对齐
10	EOCM	转换结束模式 0：只有在规则转换序列转换结束时，才将 EOC 置 1。如果不设置 DMA=1，则溢出检测禁止 1：在每个规则转换结束时，将 EOC 置 1。溢出检测自动使能
9	DDM	DMA 禁止模式 该位用于在单次 ADC 模式下配置 DMA 禁止 0：DMA 机制在 DMA 控制器的传输结束信号之后禁止 1：当 DMA=1，在每个规则转换结束时 DMA 机制产生一个 DMA 请求
8	DMA	DMA 请求使能 0：DMA 请求禁止 1：DMA 请求使能
7:4	保留	必须保持复位值
3	RSTCLB	校准复位 在校准寄存器初始化后，该位可以软件置位和硬件清 0 0：校准寄存器初始化结束 1：校准寄存器初始化开始
2	CLB	ADC 校准 0：校准结束 1：校准开始
1	CTN	连续模式 0：禁止连续模式 1：使能连续模式
0	ADCON	开启 ADC。该位从 0 变成 1 将唤醒 ADC。为了省电，当该位为 0 时，模拟子模块将会进入掉电模式 0：禁止 ADC，并进入掉电模式 1：使能 ADC

7.7.4 采样时间寄存器 0（ADC_SAMPT0）

地址偏移：0x0C。

复位值：0x0000 0000。

该寄存器只能按字（32 位）访问，字的格式如图 7-22 所示。

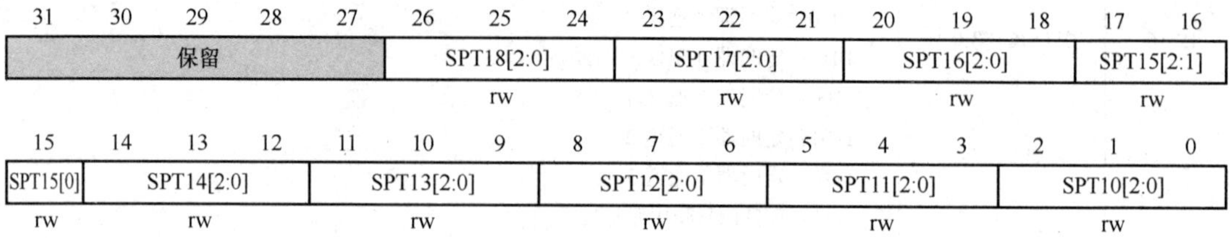

31	30	29	28	27	26	25	24	23	22	21	20	19	18	17	16
保留					SPT18[2:0]			SPT17[2:0]			SPT16[2:0]			SPT15[2:1]	
						rw			rw			rw		rw	

15	14	13	12	11	10	9	8	7	6	5	4	3	2	1	0
SPT15[0]	SPT14[2:0]			SPT13[2:0]			SPT12[2:0]			SPT11[2:0]			SPT10[2:0]		
rw	rw			rw			rw			rw			rw		

图 7-22 采样时间寄存器 0 的 32 位字格式

采样时间寄存器 0 的 32 位字的每个位的含义见表 7-11。

表 7-11 采样时间寄存器 0 的 32 位字的每个位的含义

位 / 位域	名称	描述
31:27	保留	必须保持复位值
26:24	SPT18［2:0］	参考 SPT10［2:0］的描述
23:21	SPT17［2:0］	参考 SPT10［2:0］的描述
20:18	SPT16［2:0］	参考 SPT10［2:0］的描述
17:15	SPT15［2:0］	参考 SPT10［2:0］的描述
14:12	SPT14［2:0］	参考 SPT10［2:0］的描述
11:9	SPT13［2:0］	参考 SPT10［2:0］的描述
8:6	SPT12［2:0］	参考 SPT10［2:0］的描述
5:3	SPT11［2:0］	参考 SPT10［2:0］的描述
2:0	SPT10［2:0］	通道采样时间 000：3 个周期 001：15 个周期 010：28 个周期 011：56 个周期 100：84 个周期 101：112 个周期 110：144 个周期 111：480 个周期

7.7.5 采样时间寄存器 1（ADC_SAMPT1）

地址偏移：0x10。

复位值：0x0000 0000。

该寄存器只能按字（32 位）访问，字的格式如图 7-23 所示。

31	30	29	28	27	26	25	24	23	22	21	20	19	18	17	16
保留		SPT9[2:0]			SPT8[2:0]			SPT7[2:0]			SPT6[2:0]			SPT5[2:1]	
		rw			rw			rw			rw			rw	

15	14	13	12	11	10	9	8	7	6	5	4	3	2	1	0
SPT5[0]	SPT4[2:0]			SPT3[2:0]			SPT2[2:0]			SPT1[2:0]			SPT0[2:0]		
rw	rw			rw			rw			rw			rw		

图 7-23　采样时间寄存器 1 的 32 位字格式

采样时间寄存器 1 的 32 位字的每个位的含义见表 7-12。

表 7-12　采样时间寄存器 1 的 32 位字的每个位的含义

位 / 位域	名称	描述
31:30	保留	必须保持复位值
29:27	SPT9［2:0］	参考 SPT0［2:0］的描述
26:24	SPT8［2:0］	参考 SPT0［2:0］的描述
23:21	SPT7［2:0］	参考 SPT0［2:0］的描述
20:18	SPT6［2:0］	参考 SPT0［2:0］的描述
17:15	SPT5［2:0］	参考 SPT0［2:0］的描述
14:12	SPT4［2:0］	参考 SPT0［2:0］的描述
11:9	SPT3［2:0］	参考 SPT0［2:0］的描述
8:6	SPT2［2:0］	参考 SPT0［2:0］的描述
5:3	SPT1［2:0］	参考 SPT0［2:0］的描述
2:0	SPT0［2:0］	通道采样时间 000：3 个周期 001：15 个周期 010：28 个周期 011：56 个周期 100：84 个周期 101：112 个周期 110：144 个周期 111：480 个周期

7.7.6　注入通道数据偏移寄存器 x（ADC_IOFFx）（x=0~3）

地址偏移：0x14~0x20。

复位值：0x0000 0000。

该寄存器只能按字（32 位）访问，字的格式如图 7-24 所示。

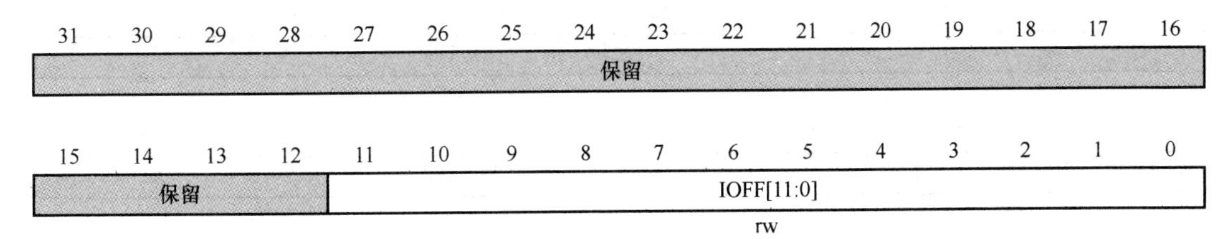

图 7-24　注入通道数据偏移寄存器 x 的 32 位字格式

注入通道数据偏移寄存器 x 的 32 位字的每个位的含义见表 7-13。

表 7-13 注入通道数据偏移寄存器 x 的 32 位字的每个位的含义

位 / 位域	名称	描述
31:12	保留	必须保持复位值
11:0	IOFF [11:0]	注入通道 x 的数据偏移 当转换注入通道时，这些位定义了用于从原始转换数据中减去的数值。转换的结果可以在 ADC_IDATAx 寄存器中读出

7.7.7 看门狗高阈值寄存器（ADC_WDHT）

地址偏移：0x24。
复位值：0x0000 0FFF。
该寄存器只能按字（32 位）访问，字的格式如图 7-25 所示。

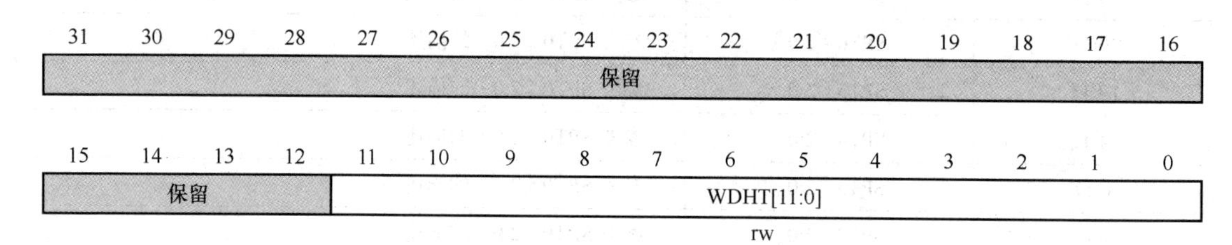

图 7-25 看门狗高阈值寄存器的 32 位字格式

看门狗高阈值寄存器的 32 位字的每个位的含义见表 7-14。

表 7-14 看门狗高阈值寄存器的 32 位字的每个位的含义

位 / 位域	名称	描述
31:12	保留	必须保持复位值
11:0	WDHT [11:0]	模拟看门狗高阈值，这些位定义了模拟看门狗的高阈值

7.7.8 看门狗低阈值寄存器（ADC_WDLT）

地址偏移：0x28。
复位值：0x0000 0000。
该寄存器只能按字（32 位）访问，字的格式如图 7-26 所示。

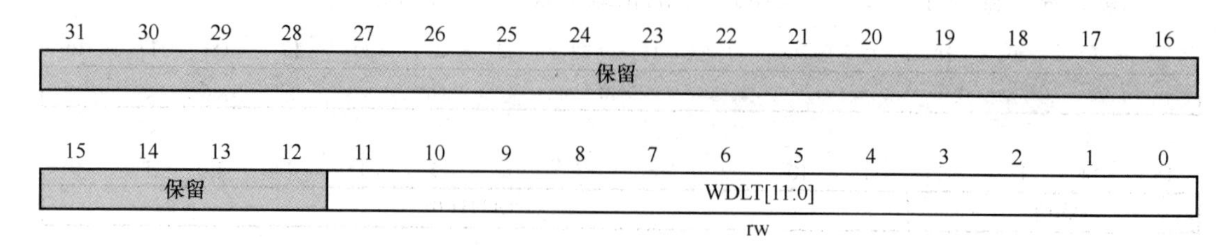

图 7-26 看门狗低阈值寄存器的 32 位字格式

看门狗低阈值寄存器的 32 位字的每个位的含义见表 7-15。

表 7-15 看门狗低阈值寄存器的 32 位字的每个位的含义

位 / 位域	名称	描述
31:12	保留	必须保持复位值
11:0	WDLT［11:0］	模拟看门狗低阈值，这些位定义了模拟看门狗的低阈值

7.7.9 规则序列寄存器 0（ADC_RSQ0）

地址偏移：0x2C。
复位值：0x0000 0000。
该寄存器只能按字（32 位）访问，字的格式如图 7-27 所示。

31:24	23:20	19:16
保留	RL[3:0]	RSQ15[4:1]
	rw	rw

15	14:10	9:5	4:0
RSQ15[0]	RSQ14[4:0]	RSQ13[4:0]	RSQ12[4:0]
rw	rw	rw	rw

图 7-27 规则序列寄存器 0 的 32 位字格式

规则序列寄存器 0 的 32 位字的每个位的含义见表 7-16。

表 7-16 规则序列寄存器 0 的 32 位字的每个位的含义

位 / 位域	名称	描述
31:24	保留	必须保持复位值
23:20	RL［3:0］	规则通道序列长度 规则通道转换序列中的总的通道数目为 RL［3:0］+1
19:15	RSQ15［4:0］	参考 RSQ0［4:0］的描述
14:10	RSQ14［4:0］	参考 RSQ0［4:0］的描述
9:5	RSQ13［4:0］	参考 RSQ0［4:0］的描述
4:0	RSQ12［4:0］	参考 RSQ0［4:0］的描述

7.7.10 规则序列寄存器 1（ADC_RSQ1）

地址偏移：0x30。
复位值：0x0000 0000。
该寄存器只能按字（32 位）访问，字的格式如图 7-28 所示。

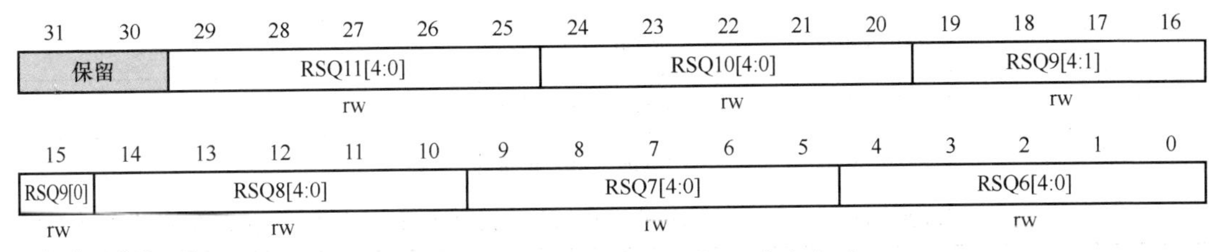

图 7-28 规则序列寄存器 1 的 32 位字格式

规则序列寄存器1的32位字的每个位的含义见表7-17。

表7-17 规则序列寄存器1的32位字的每个位的含义

位/位域	名称	描述
31:30	保留	必须保持复位值
29:25	RSQ11［4:0］	参考RSQ0［4:0］的描述
24:20	RSQ10［4:0］	参考RSQ0［4:0］的描述
19:15	RSQ9［4:0］	参考RSQ0［4:0］的描述
14:10	RSQ8［4:0］	参考RSQ0［4:0］的描述
9:5	RSQ7［4:0］	参考RSQ0［4:0］的描述
4:0	RSQ6［4:0］	参考RSQ0［4:0］的描述

7.7.11 规则序列寄存器2（ADC_RSQ2）

地址偏移：0x34。

复位值：0x0000 0000。

该寄存器只能按字（32位）访问，字的格式如图7-29所示。

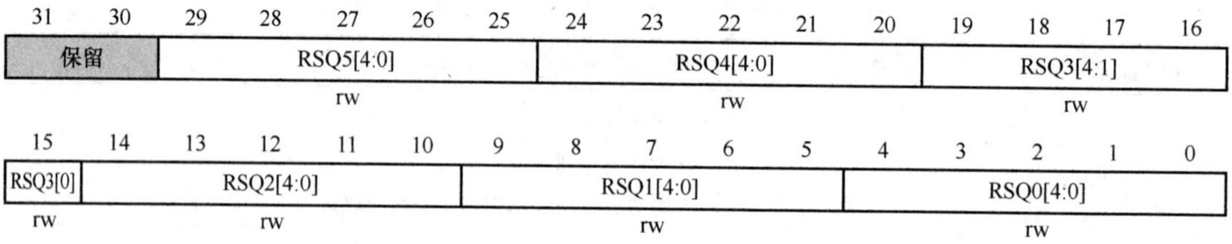

31	30	29	28	27	26	25	24	23	22	21	20	19	18	17	16
保留		RSQ5[4:0]					RSQ4[4:0]					RSQ3[4:1]			
		rw					rw					rw			

15	14	13	12	11	10	9	8	7	6	5	4	3	2	1	0
RSQ3[0]	RSQ2[4:0]					RSQ1[4:0]					RSQ0[4:0]				
rw	rw					rw					rw				

图7-29 规则序列寄存器2的32位字格式

规则序列寄存器2的32位字的每个位的含义见表7-18。

表7-18 规则序列寄存器2的32位字的每个位的含义

位/位域	名称	描述
31:30	保留	必须保持复位值
29:25	RSQ5［4:0］	参考RSQ0［4:0］的描述
24:20	RSQ4［4:0］	参考RSQ0［4:0］的描述
19:15	RSQ3［4:0］	参考RSQ0［4:0］的描述
14:10	RSQ2［4:0］	参考RSQ0［4:0］的描述
9:5	RSQ1［4:0］	参考RSQ0［4:0］的描述
4:0	RSQ0［4:0］	写入这些位来选择规则通道的第n个转换的通道，通道编号为0~18

7.7.12 注入序列寄存器（ADC_ISQ）

地址偏移：0x38。

复位值：0x0000 0000。

该寄存器只能按字（32 位）访问，字的格式如图 7-30 所示。

31:22	21:20	19:16
保留	IL[1:0]	ISQ3[4:1]
	rw	rw

15	14:10	9:5	4:0
ISQ3[0]	ISQ2[4:0]	ISQ1[4:0]	ISQ0[4:0]
rw	rw	rw	rw

图 7-30 注入序列寄存器的 32 位字格式

注入序列寄存器的 32 位字的每个位的含义见表 7-19。

表 7-19 注入序列寄存器的 32 位字的每个位的含义

位 / 位域	名称	描述
31:22	保留	必须保持复位值
21:20	IL［1:0］	注入组通道长度 注入组总的通道数目为 IL［1:0］+1
19:15	ISQ3［4:0］	参考 ISQ0［4:0］的描述
14:10	ISQ2［4:0］	参考 ISQ0［4:0］的描述
9:5	ISQ1［4:0］	参考 ISQ0［4:0］的描述
4:0	ISQ0［4:0］	写入这些位来选择注入组的第 *n* 个转换的通道，通道编号为 0~18 和规则通道转换序列不同的是，如果 IL［1:0］长度不足 4，注入通道转换从（4-IL［1:0］-1）开始 IL　注入通道转换顺序 3　ISQ0 → ISQ1 → ISQ2 → ISQ3 2　ISQ1 → ISQ2 → ISQ3 1　ISQ2 → ISQ3 0　ISQ3

7.7.13 注入数据寄存器 x（ADC_IDATAx）（x=0~3）

地址偏移：0x3C~0x48。

复位值：0x0000 0000。

该寄存器只能按字（32 位）访问，字的格式如图 7-31 所示。

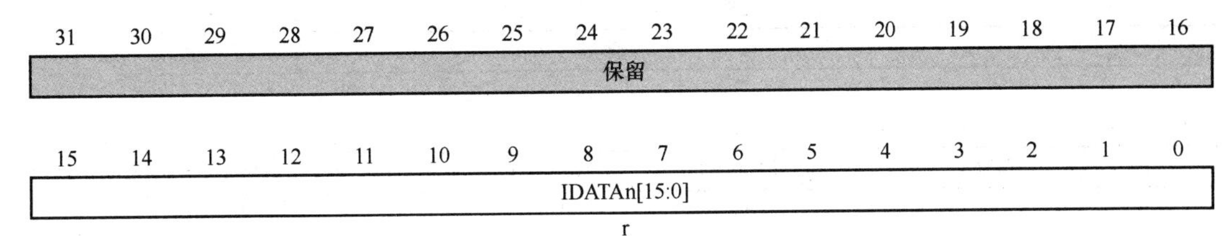

图 7-31 注入数据寄存器 x 的 32 位字格式

注入数据寄存器x的32位字的每个位的含义见表7-20。

表7-20　注入数据寄存器x的32位字的每个位的含义

位/位域	名称	描述
31:16	保留	必须保持复位值
15:0	IDATAn［15:0］	注入转换的数据n 这些位包含了注入通道的转换结果，只读

7.7.14　规则数据寄存器（ADC_RDATA）

地址偏移：0x4C。

复位值：0x0000 0000。

该寄存器只能按字（32位）访问，字的格式如图7-32所示。

31	30	29	28	27	26	25	24	23	22	21	20	19	18	17	16
保留															

15	14	13	12	11	10	9	8	7	6	5	4	3	2	1	0
RDATA[15:0]															
r															

图7-32　规则数据寄存器的32位字格式

规则数据寄存器的32位字的每个位的含义见表7-21。

表7-21　规则数据寄存器的32位字的每个位的含义

位/位域	名称	描述
31:16	保留	必须保持复位值
15:0	RDATA［15:0］	规则通道数据 这些位包含了规则通道的转换结果，只读

7.7.15　过采样控制寄存器（ADC_OVSAMPCTL）

地址偏移：0x80。

复位值：0x0000 0000。

该寄存器只能按字（32位）访问，字的格式如图7-33所示。

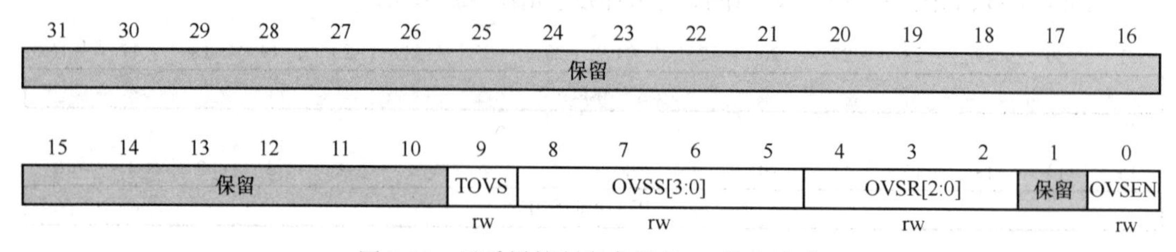

图7-33　过采样控制寄存器的32位字格式

过采样控制寄存器的 32 位字的每个位的含义见表 7-22。

表 7-22 过采样控制寄存器的 32 位字的每个位的含义

位 / 位域	名称	描述
31:10	保留	必须保持复位值
9	TOVS	过采样触发 该位通过软件置位和清除 0：在一次触发后连续执行过采样通道的所有转换 1：对于过采样通道的每次转换都需要一次触发，触发次数由过采样率（OVSR［2:0］）决定 注意：只有在 ADCON=0 时才允许通过软件对该位进行写（确保没有转换正在执行）
8:5	OVSS［3:0］	过采样移位 该位通过软件置位和清除 0000：不移位 0001：移 1 位 0010：移 2 位 0011：移 3 位 0100：移 4 位 0101：移 5 位 0110：移 6 位 0111：移 7 位 1000：移 8 位，其余值都保留 注意：只有在 ADCON=0 时才允许通过软件对该位进行写（确保没有转换正在执行）
4:2	OVSR［2:0］	过采样率 这些位定义了过采样率的大小 000：2x 001：4x 010：8x 011：16x 100：32x 101：64x 110：128x 111：256x 注意：只有在 ADCON=0 时才允许通过软件对该位进行写（确保没有转换正在执行）
1	保留	必须保持复位值
0	OVSEN	过采样使能 该位通过软件置位和清除 0：过采样禁止 1：过采样使能 注意：只有在 ADCON=0 时才允许通过软件对该位进行写（确保没有转换正在执行）

7.7.16 摘要状态寄存器（ADC_SSTAT）

地址偏移：0x300。

复位值：0x0000 0000。

该寄存器只能按字（32位）访问，字的格式如图7-34所示。

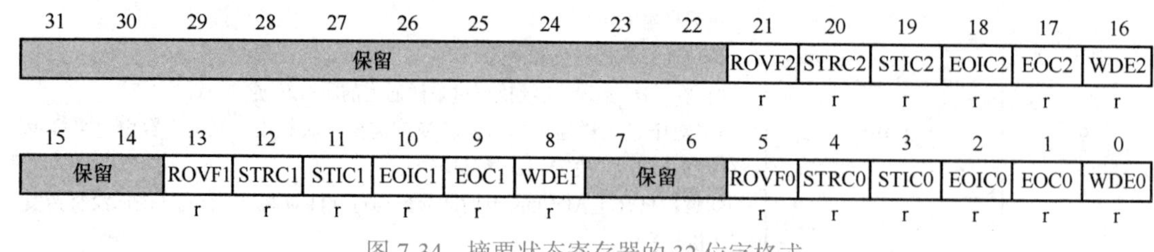

图7-34 摘要状态寄存器的32位字格式

该寄存器是只读的，提供了3个ADC状态的摘要。该寄存器在ADC1和ADC2中不可用。摘要状态寄存器的32位字的每个位的含义见表7-23。

表7-23 摘要状态寄存器的32位字的每个位的含义

位/位域	名称	描述
31:22	保留	必须保持复位值
21	ROVF2	该位是ADC2的ROVF的镜像
20	STRC2	该位是ADC2的STRC的镜像
19	STIC2	该位是ADC2的STIC的镜像
18	EOIC2	该位是ADC2的EOIC的镜像
17	EOC2	该位是ADC2的EOC的镜像
16	WDE2	该位是ADC2的WDE的镜像
15:14	保留	必须保持复位值
13	ROVF1	该位是ADC1的ROVF的镜像
12	STRC1	该位是ADC1的STRC的镜像
11	STIC1	该位是ADC1的STIC的镜像
10	EOIC1	该位是ADC1的EOIC的镜像
9	EOC1	该位是ADC1的EOC的镜像
8	WDE1	该位是ADC1的WDE的镜像
7:6	保留	必须保持复位值
5	ROVF0	该位是ADC0的ROVF的镜像
4	STRC0	该位是ADC0的STRC的镜像
3	STIC0	该位是ADC0的STIC的镜像
2	EOIC0	该位是ADC0的EOIC的镜像
1	EOC0	该位是ADC0的EOC的镜像
0	WDE0	该位是ADC0的WDE的镜像

7.7.17 同步控制寄存器（ADC_SYNCCTL）

地址偏移：0x304。

复位值：0x0000 0000。

该寄存器只能按字（32 位）访问，字的格式如图 7-35 所示。

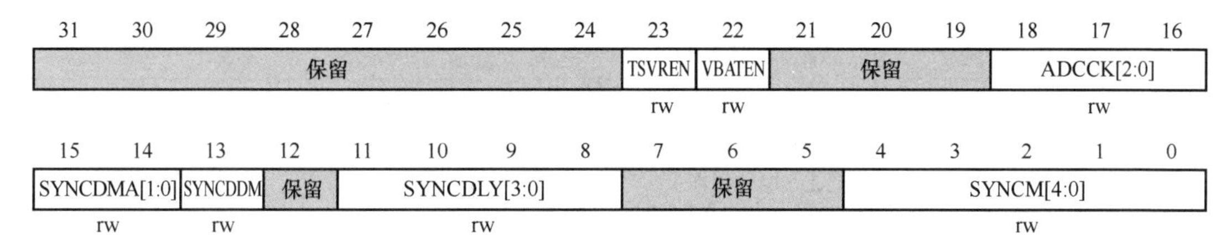

图 7-35 同步控制寄存器的 32 位字格式

该寄存器在 ADC1 和 ADC2 中不可用。

同步控制寄存器的 32 位字的每个位的含义见表 7-24。

表 7-24 同步控制寄存器的 32 位字的每个位的含义

位 / 位域	名称	描述
31:24	保留	必须保持复位值
23	TSVREN	使能 ADC0 的通道 16（温度传感器）和通道 17（内部参考电压） 0：ADC0 的通道 16 和通道 17 禁止 1：ADC0 的通道 16 和通道 17 使能
22	VBATEN	使能 ADC0 的通道 18（外部电池电压的 1/4） 0：ADC0 的通道 18 禁止 1：ADC0 的通道 18 使能
21:19	保留	必须保持复位值
18:16	ADCCK［2:0］	ADC 时钟 这些位配置所有 ADC 的时钟 000：PCLK22 分频 001：PCLK24 分频 010：PCLK26 分频 011：PCLK28 分频 100：HCLK5 分频 101：HCLK6 分频 110：HCLK10 分频 111：HCLK20 分频
15:14	SYNCDMA［1:0］	ADC 同步 DMA 模式选择 00：ADC 同步 DMA 禁止 01：ADC 同步 DMA 模式 0 10：ADC 同步 DMA 模式 1 11：保留

（续）

位/位域	名称	描述
13	SYNCDDM	ADC 同步 DMA 使能模式 该位配置 ADC 同步模式时 DMA 禁止模式 0：当检测到来自 DMA 控制器的传输结束信号后，DMA 机制禁止 1：当 SYNCDMA 不为 00 时，根据 SYNCDMA 位来产生 DMA 请求
12	保留	必须保持复位值
11:8	SYNCDLY［3:0］	ADC 同步延迟 在 ADC 同步模式中，这些位用于配置两个采样阶段之间的延迟为（5+SYNCDLY）ADC 时钟周期
7:5	保留	必须保持复位值
4:0	SYNCM［4:0］	ADC 同步模式 当 ADC 同步模式已经使能，如果要将同步模式修改为其他值，必须先将这些位设置为 00000 00000：ADC 同步模式禁止。所有的 ADC 都独立工作 00001：ADC0 和 ADC1 工作在规则并行和注入并行的组合模式。ADC2 独立工作 00010：ADC0 和 ADC1 工作在规则并行和交替触发的组合模式。ADC2 独立工作 00101：ADC0 和 ADC1 工作在注入并行模式。ADC2 独立工作 00110：ADC0 和 ADC1 工作在规则并行模式。ADC2 独立工作 00111：ADC0 和 ADC1 工作在跟随模式。ADC2 独立工作 01001：ADC0 和 ADC1 工作在交替触发模式。ADC2 独立工作 10001：所有的 ADC 都工作在规则并行和注入并行的组合模式 10010：所有的 ADC 都工作在规则并行和交替触发的组合模式 10101：所有的 ADC 都工作在注入并行模式 10110：所有的 ADC 都工作在规则并行模式 10111：所有的 ADC 都工作在跟随模式 11001：所有的 ADC 都工作在交替触发模式。其他值保留

7.7.18 同步规则数据寄存器（ADC_SYNCDATA）

地址偏移：0x308。

复位值：0x0000 0000。

该寄存器只能按字（32位）访问，字的格式如图 7-36 所示。

31	30	29	28	27	26	25	24	23	22	21	20	19	18	17	16
SYNCDATA1[15:0]															
r															

15	14	13	12	11	10	9	8	7	6	5	4	3	2	1	0
SYNCDATA0[15:0]															
r															

图 7-36 同步规则数据寄存器的 32 位字格式

该寄存器在 ADC1 和 ADC2 中不可用。

同步规则数据寄存器的 32 位字的每个位的含义见表 7-25。

表 7-25　同步规则数据寄存器的 32 位字的每个位的含义

位 / 位域	名称	描述
31:16	SYNCDATA1［15:0］	ADC 同步模式中，规则数据 2
15:0	SYNCDATA0［15:0］	ADC 同步模式中，规则数据 1

7.8 ADC 操作实例

7.8.1 实例介绍

功能：串口 DMA 收发。

硬件连接：将 JP13 跳到 USART 用于通过超级终端显示打印信息，将开发板的 COM0 口连接到计算机，打开计算机串口软件。

7.8.2 程序

主程序如下：

```
#include "gd32f4xx.h"
#include "gd32f450z_eval.h"
#include "systick.h"
#include <stdio.h>

float temperature;
float vref_value;
float battery_value;

void rcu_config(void);
void adc_config(void);

/*!
    \brief        main function
    \param[in]    none
    \param[out]   none
    \retval       none
*/
int main(void)
{
    /* system clocks configuration */
    rcu_config( );
    /* ADC configuration */
    adc_config( );
    /* USART configuration */
    gd_eval_com_init(EVAL_COM0);
    /* configure systick */
    systick_config( );
```

```
        while(1){
            /* ADC software trigger enable */
            adc_software_trigger_enable(ADC0,ADC_INSERTED_CHANNEL);
            / *delay a time in milliseconds */
            delay_1ms(2000);
            /* value convert */
            temperature=(1.42-ADC_IDATA0(ADC0)*3.3/4096)*1000/4.35+25;
            vref_value=(ADC_IDATA1(ADC0)*3.3/4096);
            battery_value=(ADC_IDATA2(ADC0)*4*3.3/4096);
            /* value print */
            printf("the temperature data is %2.0f degrees Celsius\r\n",temperature);
            printf("the reference voltage data is %5.3fV\r\n",vref_value);
            printf("the battery voltage is %5.3fV\r\n",battery_value);
            printf("\r\n");
        }
    }
    /*!
        \brief      configure the different system clocks
        \param[in]  none
        \param[out] none
        \retval     none
    */
    void rcu_config(void)
    {
        /* enable ADC clock */
        rcu_periph_clock_enable(RCU_ADC0);
        /* config ADC clock */
        adc_clock_config(ADC_ADCCK_PCLK2_DIV4);
    }
    /*!
        \brief      configure the ADC peripheral
        \param[in]  none
        \param[out] none
        \retval     none
    */
    void adc_config(void)
    {
        /* ADC channel length config */
        adc_channel_length_config(ADC0,ADC_INSERTED_CHANNEL,3);

        /* ADC temperature sensor channel config */
        adc_inserted_channel_config(ADC0,0,ADC_CHANNEL_16,ADC_SAMPLETIME_480);
        /* ADC internal reference voltage channel config */
        adc_inserted_channel_config(ADC0,1,ADC_CHANNEL_17,ADC_SAMPLETIME_
480);
        /* ADC 1/4 voltate of external battery config */
        adc_inserted_channel_config(ADC0,2,ADC_CHANNEL_18,ADC_SAMPLETIME_480);
```

```
    /* ADC external trigger enable */
    adc_external_trigger_config(ADC0,ADC_INSERTED_CHANNEL,DISABLE);
    /*ADC data alignment config */
    adc_data_alignment_config(ADC0,ADC_DATAALIGN_RIGHT);
    /* ADC SCAN function enable */
    adc_special_function_config(ADC0,ADC_SCAN_MODE,ENABLE);
    /* ADC Vbat channel enable */
    adc_channel_16_to_18(ADC_VBAT_CHANNEL_SWITCH,ENABLE);
    /* ADC temperature and Vrefint enable */
    adc_channel_16_to_18(ADC_TEMP_VREF_CHANNEL_SWITCH,ENABLE);

    /* enable ADC interface */
    adc_enable(ADC0);
    / *ADC calibration and reset calibration */
    adc_calibration_enable(ADC0);
}

/* retarget the C library printf function to the USART */
int fputc(int ch,FILE*f)
{
    usart_data_transmit(EVAL_COM0,(uint8_t)ch);
    while(RESET==usart_flag_get(EVAL_COM0,USART_FLAG_TBE));
    return ch;
}
```

7.8.3　运行结果

当程序运行时，串口软件会显示温度、内部参考电压和电池电压的值，如图 7-37 所示。注意：由于温度传感器存在偏差，如果需要测量精确的温度，应该使用一个外置的温度传感器来校准这个偏移错误。

```
the temperature data is 24 degrees Celsius
the reference voltage data is 1.198V
the battery voltage is 3.213V

the temperature data is 25 degrees Celsius
the reference voltage data is 1.201V
the battery voltage is 3.213V

the temperature data is 25 degrees Celsius
the reference voltage data is 1.199V
the battery voltage is 3.203V
```

图 7-37　ADC 实例运行结果

7.9　小结

本章介绍了 GD32F4xx 系列微控制器 ADC 模块功能，实例说明了其编程方法。由于 ADC 模块功能强大，配置模式灵活多样，希望读者能够主动探索其他模式的使用。

实验视频

7-1　ADC

习　题

1. GD32F4xx 系列 ADC 有多少个多路复用通道？可以转换哪些类型的模拟信号？
2. GD32F4xx 系列 ADC 有哪些转换模式？

Chapter 8

第 8 章 定时器

定时功能是微处理器的核心功能，常常用来计时和触发执行周期性操作。本章介绍 GD32F4xx 系列微控制器的定时器模块及其使用。

GD32 系列定时器有五种类型，见表 8-1。

表 8-1　定时器（TIMERx）的五种类型

定时器	定时器 0、7	定时器 1~4	定时器 8、11	定时器 9~13	定时器 5、6
类型	高级	通用（L0）	通用（L1）	通用（L2）	基本
预分频器	16 位	16 位	16 位	16 位	16 位
计数器	16 位	32 位（定时器 1/4） 16 位（定时器 2/3）	16 位	16 位	16 位
计数模式	向上，向下， 中央对齐	向上，向下， 中央对齐	只有向上	只有向上	只有向上
可重复性	●	×	×	×	×
捕获 / 比较通道数	4	4	2	1	0
互补和死区时间	●	×	×	×	×
中止输入	●	×	×	×	×
单脉冲	●	●	●	×	●
正交译码器	●	●	×	×	×
从设备控制器	●	●	●	×	×
内部连接	●①	●②	●③	×	TRGO 触发连接到 DAC
DMA	●	●	×	×	●④
Debug 模式	●	●	●	●	●

① TIMER0　ITI0：TIMER4_TRGO　ITI1：TIMER1_TRGO　ITI2：TIMER2_TRGO　ITI3：TIMER3_TRGO
　TIMER7　ITI0：TIMER0_TRGO　ITI1：TIMER1_TRGO　ITI2：TIMER3_TRGO　ITI3：TIMER4_TRGO
② TIMER1　ITI0：TIMER0_TRGO　ITI1：TIMER7_TRGO　ITI2：TIMER2_TRGO　ITI3：TIMER3_TRGO
　TIMER2　ITI0：TIMER0_TRGO　ITI1：TIMER1_TRGO　ITI2：TIMER4_TRGO　ITI3：TIMER3_TRGO
　TIMER3　ITI0：TIMER0_TRGO　ITI1：TIMER1_TRGO　ITI2：TIMER2_TRGO　ITI3：TIMER7_TRGO
　TIMER4　ITI0：TIMER1_TRGO　ITI1：TIMER2_TRGO　ITI2：TIMER3_TRGO　ITI3：TIMER7_TRGO
③ TIMER8　ITI0：TIMER1_TRGO　ITI1：TIMER2_TRGO　ITI2：TIMER9_TRGO　ITI3：TIMER10_TRGO
　TIMER11　ITI0：TIMER3_TRGO　ITI1：TIMER4_TRGO　ITI2：TIMER12_TRGO　ITI3：TIMER13_TRGO
④ 只有更新事件可以产生 DMA 请求。但是定时器 5 和定时 6 中没有 DMA 配置寄存器。

表8-1列出了GD32F4xx系列微控制器各种定时器的功能，本书只介绍基本定时器和通用定时器，其他定时器使用请参考GD32技术手册。

8.1 基本定时器（TIMERx，x=5、6）

8.1.1 简介

基本定时器（TIMER 5、6）包含一个无符号16位计数器，可以被用作通用定时器和为DAC（数模转换器）提供时钟。基本定时器可以配置产生DMA请求，TRGO触发连接到DAC。

8.1.2 主要特性

1）计数器宽度：16位。
2）时钟源只有内部时钟。
3）计数模式：向上计数。
4）可编程的预分频器：16位，运行时可以被改变。
5）自动重装载功能。
6）中断输出和DMA请求：更新事件。

8.1.3 结构框图

图8-1展示了基本定时器结构框图。

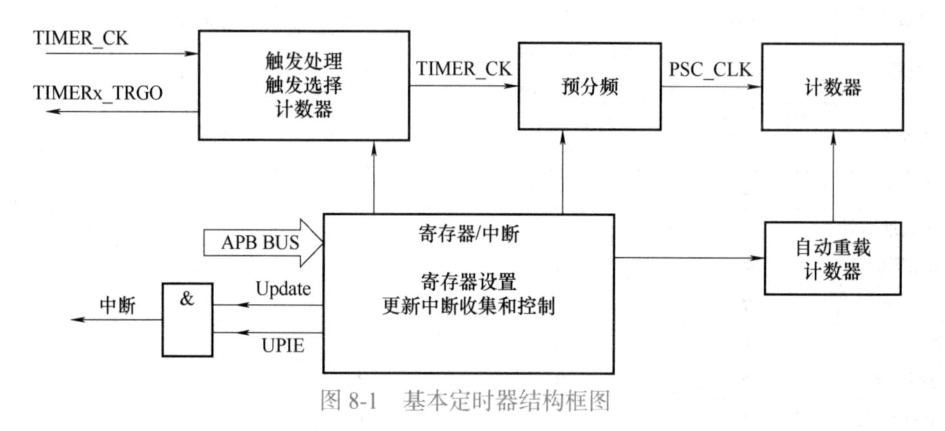

图8-1 基本定时器结构框图

8.1.4 功能描述

1. 时钟源选择

基本定时器可以由内部时钟源TIMER_CK驱动。基本定时器时钟内部连接到TIMER_CK。

基本定时器仅有一个时钟源TIMER_CK，用来驱动计数器预分频器。当CEN置位，TIMER_CK经过预分频器（预分频值由TIMERx_PSC寄存器确定）产生PSC_CLK。

2. 预分频器

预分频器可以将定时器的时钟（TIMER_CK）频率按1~65536之间的任意值分频，分频后的时钟PSC_CLK驱动计数器计数。分频系数受预分频寄存器TIMERx_PSC控制，这个控制寄存器带有缓冲器，它能够在运行时被改变。新的预分频器的参数在下一次更新事件到来时被采用。

3. 向上计数模式

在这种模式，计数器的计数方向是向上计数。计数器从 0 开始向上连续计数到自动加载值（定义在 TIMERx_CAR 寄存器中），一旦计数器计数到自动加载值，会重新从 0 开始向上计数并产生上溢事件。在向上计数模式中，TIMERx_CTL0 寄存器中的计数方向控制位 DIR 应该被设置成 0。

当通过 TIMERx_SWEVG 寄存器的 UPG 位置 1 来设置更新事件时，计数值会被清 0，并产生更新事件。

如果 TIMERx_CTL0 寄存器的 UPDIS 置 1，则禁止更新事件。

当发生更新事件时，所有的寄存器（重复计数器、自动重载寄存器、预分频寄存器）都将被更新。

4. 定时器调试模式

当 Cortex®-M4 内核停止，DBG_CTL2 寄存器中的 TIMERx_HOLD 配置位被置 1，定时器计数器停止。

8.1.5 TIMERx 寄存器（x=5、6）

TIMER5 基地址：0x4000 1000。

TIMER6 基地址：0x4000 1400。

1. 控制寄存器 0（TIMERx_CTL0）

地址偏移：0x00。

复位值：0x0000 0000。

该寄存器只能按字（32 位）访问，字的格式如图 8-2 所示。

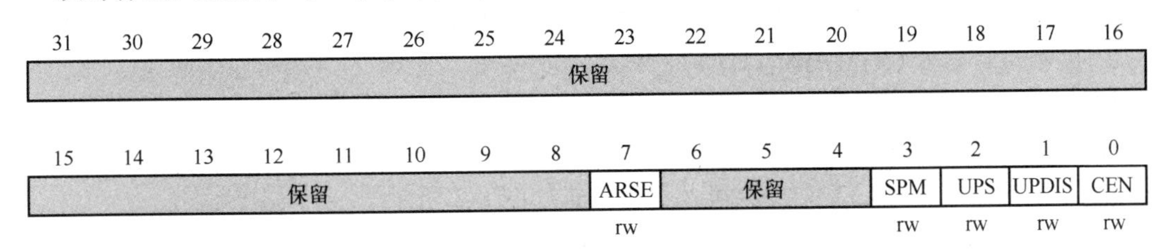

图 8-2 控制寄存器 0 的 32 位字格式

控制寄存器 0 的 32 位字的每个位的含义见表 8-2。

表 8-2 控制寄存器 0 的 32 位字的每个位的含义

位 / 位域	名称	描述
31:8	保留	必须保持复位值
7	ARSE	自动重载影子使能 0：禁止 TIMERx_CAR 寄存器的影子寄存器 1：使能 TIMERx_CAR 寄存器的影子寄存器
6:4	保留	必须保持复位值
3	SPM	单脉冲模式 0：更新事件发生后，计数器继续计数 1：在下一次更新事件发生时，CEN 硬件清 0 并且计数器停止计数

（续）

位 / 位域	名称	描述
2	UPS	更新请求源 软件配置该位，选择更新事件源 0：使能后，下述任一事件产生更新中断或 DMA 请求： • UPG 位被置 1 • 计数器溢出 / 下溢 • 从模式控制器产生的更新 1：使能后只有计数器溢出 / 下溢才产生更新中断或 DMA 请求
1	UPDIS	禁止更新 该位用来使能或禁止更新事件的产生 0：更新事件使能。当以下事件之一发生时，更新事件产生，具有缓存的寄存器被装入它们的预装载值： • UPG 位被置 1 • 计数器溢出 / 下溢 • 从模式控制器产生一个更新事件 1：更新事件禁止。带有缓存的寄存器保持原有值，如果 UPG 位被置 1 或者从模式控制器产生一个硬件复位事件，计数器和预分频器被重新初始化
0	CEN	计数器使能 0：计数器禁止 1：计数器使能 在软件将 CEN 位置 1 后，外部时钟、暂停模式和编码器模式才能工作。触发模式可以自动地通过硬件设置 CEN 位

2. 控制寄存器 1（TIMERx_CTL1）

地址偏移：0x04。

复位值：0x0000 0000。

该寄存器只能按字（32 位）访问，字的格式如图 8-3 所示。

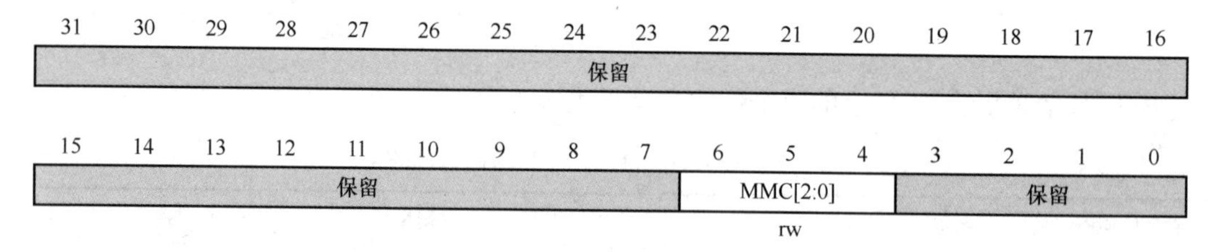

图 8-3 控制寄存器 1 的 32 位字格式

控制寄存器 1 的 32 位字的每个位的含义见表 8-3。

3. DMA 和中断使能寄存器（TIMERx_DMAINTEN）

地址偏移：0x0C。

复位值：0x0000 0000。

该寄存器只能按字（32 位）访问，字的格式如图 8-4 所示。

DMA 和中断使能寄存器的 32 位字的每个位的含义见表 8-4。

表 8-3 控制寄存器 1 的 32 位字的每个位的含义

位 / 位域	名称	描述
31:7	保留	必须保持复位值
6:4	MMC［2:0］	这些位控制 TRGO 信号的选择，TRGO 信号由主定时器发给从定时器用于同步功能 000：复位。TIMERx_SWEVG 寄存器的 UPG 位被置 1 或从模式控制器产生复位触发一次 TRGO 脉冲，后一种情况下，TRGO 上的信号相对实际的复位会有一个延迟 001：使能。此模式可用于同时启动多个定时器或控制在一段时间内使能从定时器。主模式控制器选择计数器使能信号作为触发输出 TRGO。当 CEN 控制位被置 1 或者暂停模式下触发输入为高电平时，计数器使能信号被置 1。在暂停模式下，计数器使能信号受控于触发输入，在触发输入和 TRGO 上会有一个延迟，除非选择了主 / 从模式 010：更新。主模式控制器选择更新事件作为 TRGO
3:0	保留	必须保持复位值

31	30	29	28	27	26	25	24	23	22	21	20	19	18	17	16
保留															

15	14	13	12	11	10	9	8	7	6	5	4	3	2	1	0
保留							UPDEN	保留							UPIE
							rw								rw

图 8-4 DMA 和中断使能寄存器的 32 位字格式

表 8-4 DMA 和中断使能寄存器的 32 位字的每个位的含义

位 / 位域	名称	描述
31:9	保留	必须保持复位值
8	UPDEN	更新 DMA 请求使能 0：禁止更新 DMA 请求 1：使能更新 DMA 请求
7:1	保留	必须保持复位值
0	UPIE	更新中断使能 0：禁止更新中断 1：使能更新中断

4. 中断标志寄存器（TIMERx_INTF）

地址偏移：0x10。

复位值：0x0000 0000。

该寄存器只能按字（32 位）访问，字的格式如图 8-5 所示。

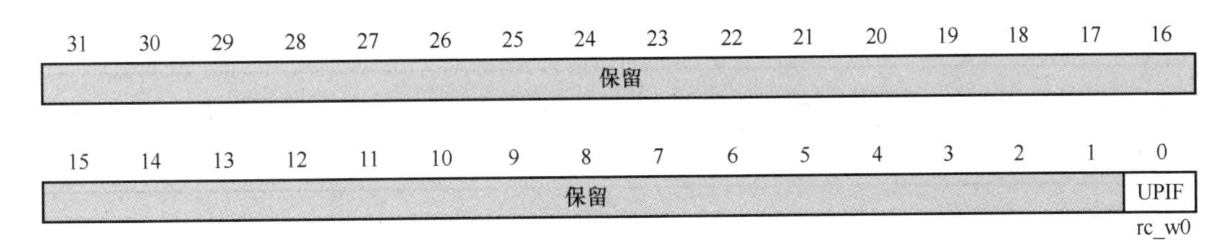

图 8-5 中断标志寄存器的 32 位字格式

中断标志寄存器的 32 位字的每个位的含义见表 8-5。

表 8-5　中断标志寄存器的 32 位字的每个位的含义

位 / 位域	名称	描述
31:1	保留	必须保持复位值
0	UPIF	更新中断标志 此位在任何更新事件发生时由硬件置 1，软件清 0 0：无更新中断发生 1：发生更新中断

5. 软件事件产生寄存器（TIMERx_SWEVG）

地址偏移：0x14。

复位值：0x0000 0000。

该寄存器只能按字（32 位）访问，字的格式如图 8-6 所示。

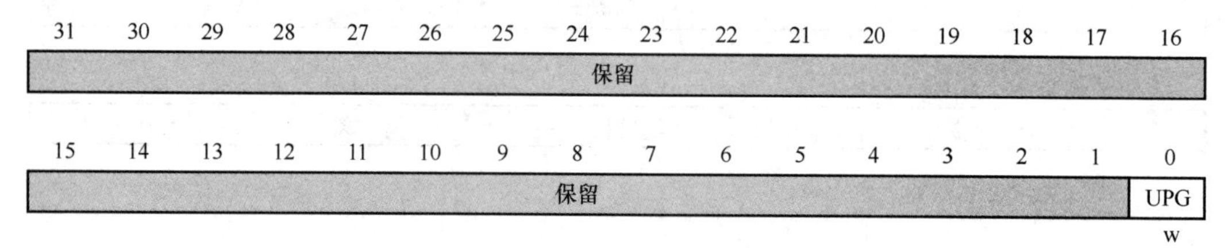

图 8-6　软件事件产生寄存器的 32 位字格式

软件事件产生寄存器的 32 位字的每个位的含义见表 8-6。

表 8-6　软件事件产生寄存器的 32 位字的每个位的含义

位 / 位域	名称	描述
31:1	保留	必须保持复位值
0	UPG	更新事件产生 此位由软件置 1，被硬件自动清 0。当此位被置 1 并且向上计数模式，计数器被清 0，预分频计数器将同时被清除 0：无更新事件产生 1：产生更新事件

6. 计数器寄存器（TIMERx_CNT）

地址偏移：0x24。

复位值：0x0000 0000。

该寄存器只能按字（32 位）访问，字的格式如图 8-7 所示。

31 30 29 28 27 26 25 24 23 22 21 20 19 18 17 16

保留

15 14 13 12 11 10 9 8 7 6 5 4 3 2 1 0

CNT[15:0]

rw

图 8-7　计数器寄存器的 32 位字格式

计数器寄存器的 32 位字的每个位的含义见表 8-7。

表 8-7 计数器寄存器的 32 位字的每个位的含义

位 / 位域	名称	描述
31:16	保留	必须保持复位值
15:0	CNT［15:0］	这些位是当前的计数值。写操作能改变计数器值

7. 预分频寄存器（TIMERx_PSC）

地址偏移：0x28。

复位值：0x0000 0000。

该寄存器只能按字（32 位）访问，字的格式如图 8-8 所示。

31	30	29	28	27	26	25	24	23	22	21	20	19	18	17	16
保留															

15	14	13	12	11	10	9	8	7	6	5	4	3	2	1	0
PSC[15:0]															
rw															

图 8-8 预分频寄存器的 32 位字格式

预分频寄存器的 32 位字的每个位的含义见表 8-8。

表 8-8 预分频寄存器的 32 位字的每个位的含义

位 / 位域	名称	描述
31:16	保留	必须保持复位值
15:0	PSC［15:0］	计数器时钟预分频值 计数器时钟等于 PSC 时钟除以（PSC+1），每次当更新事件产生时，PSC 的值被装入当前预分频寄存器

8. 计数器自动重载寄存器（TIMERx_CAR）

地址偏移：0x2C。

复位值：0x0000 0000。

该寄存器只能按字（32 位）访问，字的格式如图 8-9 所示。

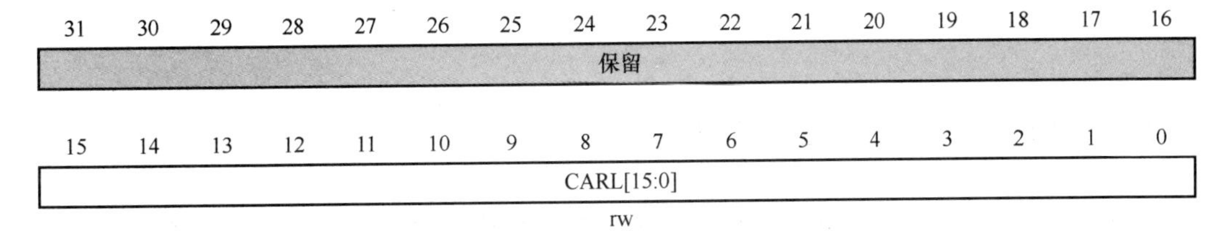

图 8-9 计数器自动重载寄存器的 32 位字格式

计数器自动重载寄存器的 32 位字的每个位的含义见表 8-9。

表 8-9 计数器自动重载寄存器的 32 位字的每个位的含义

位 / 位域	名称	描述
31:16	保留	必须保持复位值
15:0	CARL［15:0］	这些位定义了计数器的自动重载值

8.2 通用定时器 L0（TIMERx，x=1~4）

8.2.1 简介

通用定时器 L0 是 4 通道定时器，支持输入捕获，输出比较，产生脉冲宽度调制（PWM）信号控制电动机和电源管理。通用定时器 L0 的计数器是 16 位无符号计数器。

通用定时器是可编程的，可以被用来计数，其外部事件可以驱动其他定时器。

定时器和定时器之间相互独立，但是它们可以被同步在一起形成一个更大的定时器，这些定时器的计数器同步地增加。

8.2.2 主要特性

1）总通道数：4。

2）计数器宽度：16 位（TIMER2、3），32 位（TIMER1、4）。

3）时钟源可选：内部时钟、内部触发、外部输入和外部触发。

4）多种计数模式：向上计数、向下计数和中央计数。

5）正交编码器接口：被用来追踪三相电动机运动和分辨旋转方向和位置。

6）霍尔式传感器接口：用来进行三相电动机控制。

7）可编程的预分频器：16 位，运行时可以被改变。

8）每个通道可配置：输入捕获模式、输出比较模式、可编程的 PWM 模式和单脉冲模式。

9）自动重装载功能。

10）中断输出和 DMA 请求：更新事件、触发事件和比较 / 捕获事件。

11）多个定时器的级联使得一个定时器可以同时启动多个定时器。

12）定时器的同步允许被选择的定时器在同一个时钟周期开始计数。

13）定时器主 / 从模式控制器。

8.2.3 功能描述

1. 结构框图

图 8-10 提供了通用定时器 L0 的结构框图。

2. 时钟源选择

通用定时器 L0 可以由内部时钟源 TIMER_CK 或者由 SMC（TIMERx_SMCFG 寄存器位［2:0］）控制的复用时钟源驱动。

1）SMC［2:0］==3’b000，定时器选择内部时钟源（连接到 RCU 模块的 CK_TIMER）。

如果禁止从模式（SMC［2:0］==3’b000），默认用来驱动计数器预分频器的是内部时钟源 CK_TIMER。当 CEN 置位，CK_TIMER 经过预分频器（预分频值由 TIMERx_PSC 寄存器确定）产生 PSC_CLK。

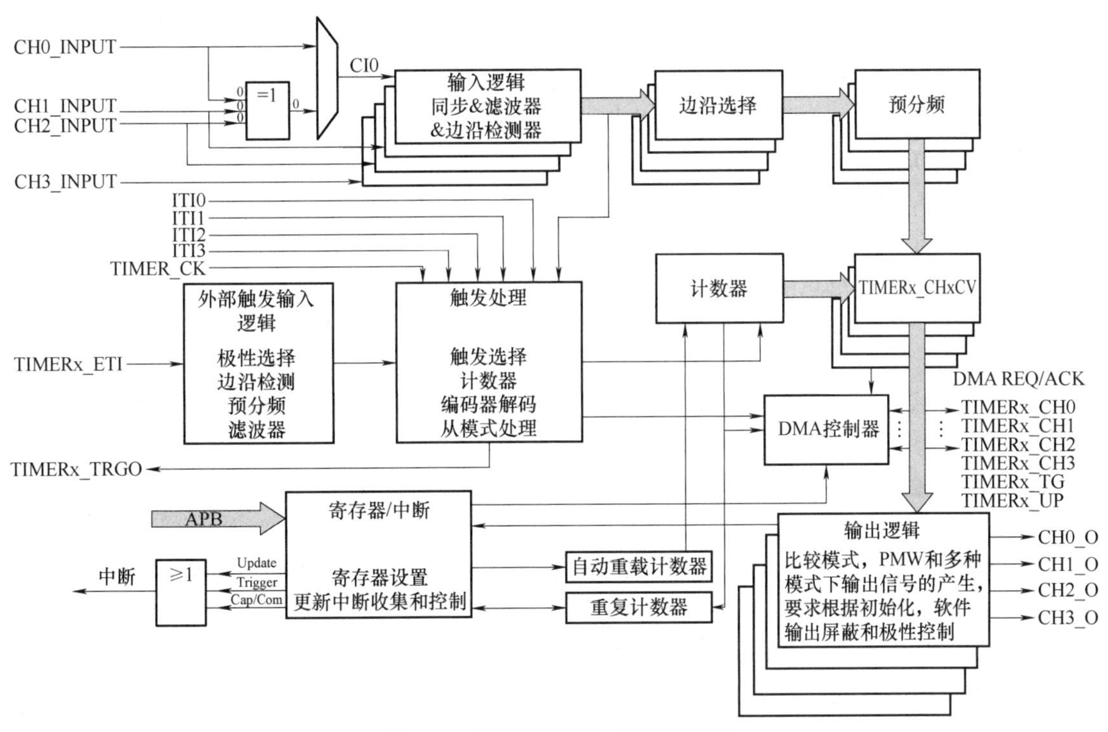

图 8-10 通用定时器 L0 结构框图

如果使能从模式控制器（将 TIMERx_SMCFG 寄存器的 SMC［2:0］设置为包括 3'b001、3'b010、3'b011 和 3'b111），预分频器被其他时钟源（由 TIMERx_SMCFG 寄存器的 TRGS［2:0］区域选择）驱动，在下文说明。当从模式选择位 SMC 被设置为 3'b100、3'b101 和 3'b110，计数器预分频器时钟源由内部时钟 TIMER_CK 驱动。

2）SMC［2:0］==3'b111（外部时钟模式 0），定时器选择外部输入引脚作为时钟源。

计数器预分频器可以在 TIMERx_CI0/TIMERx_CI1 引脚的每个上升沿或下降沿计数。这种模式可以通过设置 SMC［2:0］为 3'b111，同时设置 TRGS［2:0］为 3'b100、3'b101 和 3'b110 来选择。CIx 是 TIMERx_CIx 通过数字滤波器采样后的信号。

计数器预分频器也可以在内部触发信号 ITI0~ITI3 的上升沿计数。这种模式可以通过设置 SMC［2:0］为 3'b111，同时设置 TRGS［2:0］为 3'b000、3'b001、3'b010 或者 3'b011。

3）SMC==1'b1（外部时钟模式 1），定时器选择外部输入引脚 ETI 作为时钟源。

计数器预分频器可以在外部引脚 ETI 的每个上升沿或下降沿计数。这种模式可以通过设置 TIMERx_SMCFG 寄存器中的 SMC1 位为 1 来选择。另一种选择 ETI 信号作为时钟源的方式是，设置 SMC［2:0］为 3'b111，同时设置 TRGS［2:0］为 3'b111。需要注意的是，ETI 信号是通过数字滤波器采样 ETI 引脚得到的。如果选择 ETIF 信号为时钟源，触发控制器包括边沿检测电路将在每个 ETI 信号上升沿产生一个时钟脉冲来为计数器预分频器提供时钟。

3. 预分频器

预分频器可以将定时器的时钟（TIMER_CK）频率按 1~65536 之间的任意值分频，分频后的时钟 PSC_CLK 驱动计数器计数。分频系数受预分频寄存器 TIMERx_PSC 控制，这个控制寄存器带有缓冲器，它能够在运行时被改变。新的预分频器的参数在下一次更新事件到来时被采用。

4. 向上计数模式

在这种模式，计数器的计数方向是向上计数。计数器从0开始向上连续计数到自动加载值（定义在TIMERx_CAR寄存器中），一旦计数器计数到自动加载值，会重新从0开始向上计数并产生上溢事件。在向上计数模式中，TIMERx_CTL0寄存器中的计数方向控制位DIR应该被设置成0。

当通过TIMERx_SWEVG寄存器的UPG位置1来设置更新事件时，计数值会被清0，并产生更新事件。

如果TIMERx_CTL0寄存器的UPDIS置1，则禁止更新事件。

当发生更新事件时，所有的寄存器（自动重载寄存器、预分频寄存器）都将被更新。

5. 向下计数模式

在这种模式，计数器的计数方向是向下计数。计数器从自动加载值（定义在TIMERx_CAR寄存器中）向下连续计数到0。一旦计数器计数到0，计数器会重新从自动加载值开始计数并产生下溢事件。在向下计数模式中，TIMERx_CTL0寄存器中的计数方向控制位DIR应该被设置成1。

当通过TIMERx_SWEVG寄存器的UPG位置1来设置更新事件时，计数值会被初始化为自动加载值，并产生更新事件。

如果TIMERx_CTL0寄存器的UPDIS置1，则禁止更新事件。

当发生更新事件时，所有的寄存器（自动重载寄存器、预分频寄存器）都将被更新。

6. 中央对齐模式

在中央对齐模式下，计数器交替地从0开始向上计数到自动加载值，然后再向下计数到0。向上计数模式中，定时器模块在计数器计数到（自动加载值-1）产生一个上溢事件；向下计数模式中，定时器模块在计数器计数到1时产生一个下溢事件。在中央计数模式中，TIMERx_CTL0寄存器中的计数方向控制位DIR只读，表明了计数方向。计数方向被硬件自动更新。

将TIMERx_SWEVG寄存器的UPG位置1可以初始化计数值为0，并产生一个更新事件，而无须考虑计数器在中央模式下是向上计数还是向下计数。

上溢或者下溢时，TIMERx_INTF寄存器中的UPIF位都会被置1，然而CHxIF位置1与TIMERx_CTL0寄存器中CAM的值有关。如果TIMERx_CTL0寄存器的UPDIS置1，则禁止更新事件。

当发生更新事件时，所有的寄存器（自动重载寄存器、预分频寄存器）都将被更新。

7. 捕获/比较通道

通用定时器L0拥有四个独立的通道用于捕获输入或比较输出是否匹配。每个通道都围绕一个通道捕获比较寄存器建立，包括输入级、通道控制器和输出级。

（1）输入捕获模式

捕获模式允许通道测量一个波形时序、频率、周期和占空比等。输入级包括一个数字滤波器、一个通道极性选择、边沿检测和一个通道预分频器。如果在输入引脚上出现被选择的边沿，TIMERx_CHxCV寄存器会捕获计数器当前的值，同时CHxIF位被置1，如果CHxIE=1，则产生通道中断。

捕获/比较模块结构如图8-11所示。

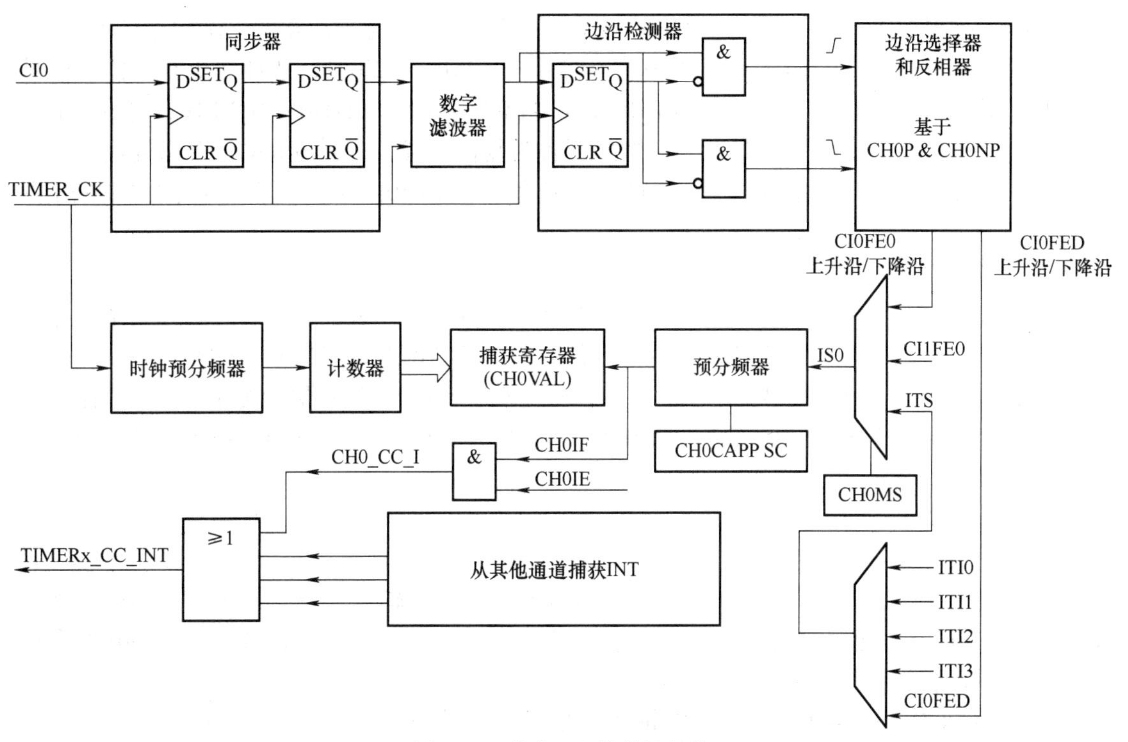

图 8-11 捕获 / 比较模块结构

通道输入信号 CIx 有两种选择，一种是 TIMERx_CHx 信号，另一种是 TIMERx_CH0、TIMERx_CH1 和 TIMERx_CH2 异或之后的信号。通道输入信号 CIx 先被 TIMER_CK 信号同步，然后经过数字滤波器采样，产生一个被滤波后的信号。通过边沿检测器，可以选择检测上升沿或者下降沿。通过配置 CHxP 选择使用上升沿或者下降沿。配置 CHxMS 可以选择其他通道的输入信号，内部触发信号。配置 IC 预分频器，使得若干个输入事件后才产生一个有效的捕获事件。捕获事件发生，CxCV 存储计数器的值。

配置步骤如下：

1）滤波器配置（TIMERx_CHCTL0 寄存器中 CHxCAPFLT）：根据输入信号和请求信号的质量，配置相应的 CHxCAPFLT。

2）边沿选择（TIMERx_CHCTL2 寄存器中 CHxP/CHxNP）：配置 CHxP/CHxNP 选择上升沿或者下降沿。

3）捕获源选择（TIMERx_CHCTL0 寄存器中 CHxMS）：一旦通过配置 CHxMS 选择输入捕获源，必须确保通道配置在输入模式（CHxMS ！=0x0），而且 TIMERx_CxCV 寄存器不能再被写。

4）中断使能（TIMERx_DMAINTEN 寄存器中 CHxIE 和 CHxDEN）：使能相应中断，可以获得中断和 DMA 请求。

5）捕获使能（TIMERx_CHCTL2 寄存器中 CHxEN）。

结果：当期望的输入信号发生时，TIMERx_CHxCV 被设置成当前计数器的值，CHxIF 位置 1。

如果 CHxIF 位已经为 1，则 CHxOF 位置 1。根据 TIMERx_DMAINTEN 寄存器中 CHxIE 和 CHxDEN 的配置，相应的中断和 DMA 请求会被提出。

输入捕获模式也可用来测量TIMERx_CHx引脚上信号的脉冲波宽度。例如，一个PWM波连接到CI0。配置TIMERx_CHCTL0寄存器中CH0MS为2’b01，选择通道0的捕获信号为CI0并设置上升沿捕获。配置TIMERx_CHCTL0寄存器中CH1MS为2’b10，选择通道1捕获信号为CI0并设置下降沿捕获。计数器配置为复位模式，在通道0的上升沿复位。

TIMERx_CH0CV寄存器测量PWM的周期值，TIMERx_CH1CV寄存器测量PWM占空比值。

（2）输出比较模式

在输出比较模式，TIMERx可以产生时控脉冲，其位置、极性、持续时间和频率都是可编程的。当一个输出通道的CxCV寄存器与计数器的值匹配时，根据CHxCOMCTL的配置，这个通道的输出可以被置高电平、被置低电平或者反转。当计数器的值与CxCV寄存器的值匹配时，CHxIF位被置1，如果CHxIE=1则会产生中断，如果CxCDE=1则会产生DMA请求。

配置步骤如下：

1）时钟配置：配置定时器时钟源、预分频器等。

2）比较模式配置：设置CHxCOMSEN位来配置输出比较影子寄存器；设置CHxCOMCTL位来配置输出模式（置高电平 / 置低电平 / 反转）；设置CHxP/CHxNP位来选择有效电平的极性；设置CHxEN使能输出。

3）通过CHxIE/CxCDE位配置中断 /DMA请求使能。

4）通过TIMERx_CAR寄存器和TIMERx_CHxCV寄存器配置输出比较时基：CxCV可以在运行时根据人们所期望的波形而改变。

5）设置CEN位使能定时器。

8. PWM模式

在PWM输出模式下（PWM模式0是配置CHxCOMCTL为3’b110，PWM模式1是配置CHxCOMCTL为3’b111），通道根据TIMERx_CAR寄存器和TIMERx_CHxCV寄存器的值，输出PWM波形。

根据计数模式，可以分为两种PWM波：EAPWM（边沿对齐PWM）和CAPWM（中央对齐PWM）。

EAPWM的周期由TIMERx_CAR寄存器值决定，占空比由TIMERx_CHxCV寄存器值决定。图8-12显示了EAPWM的输出波形和中断。

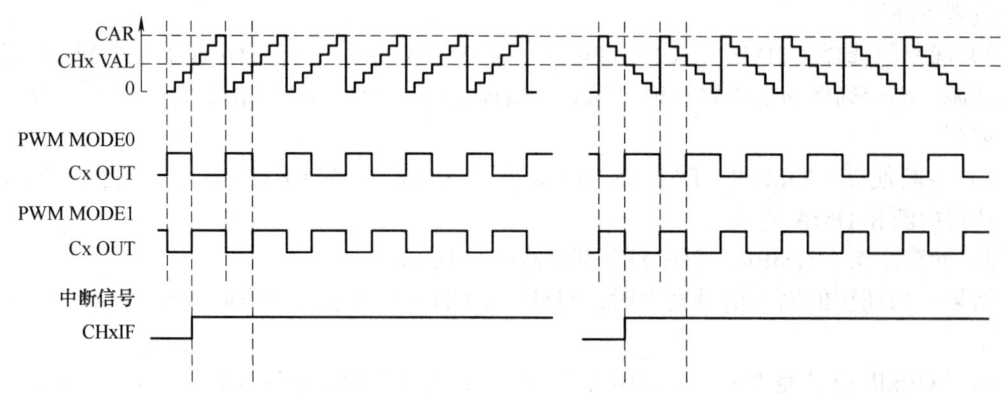

图8-12 EAPWM时序图

CAPWM 的周期由 2×TIMERx_CAR 寄存器值决定，占空比由 2×TIMERx_CHxCV 寄存器值决定。图 8-13 显示了 CAPWM 的输出波形和中断。

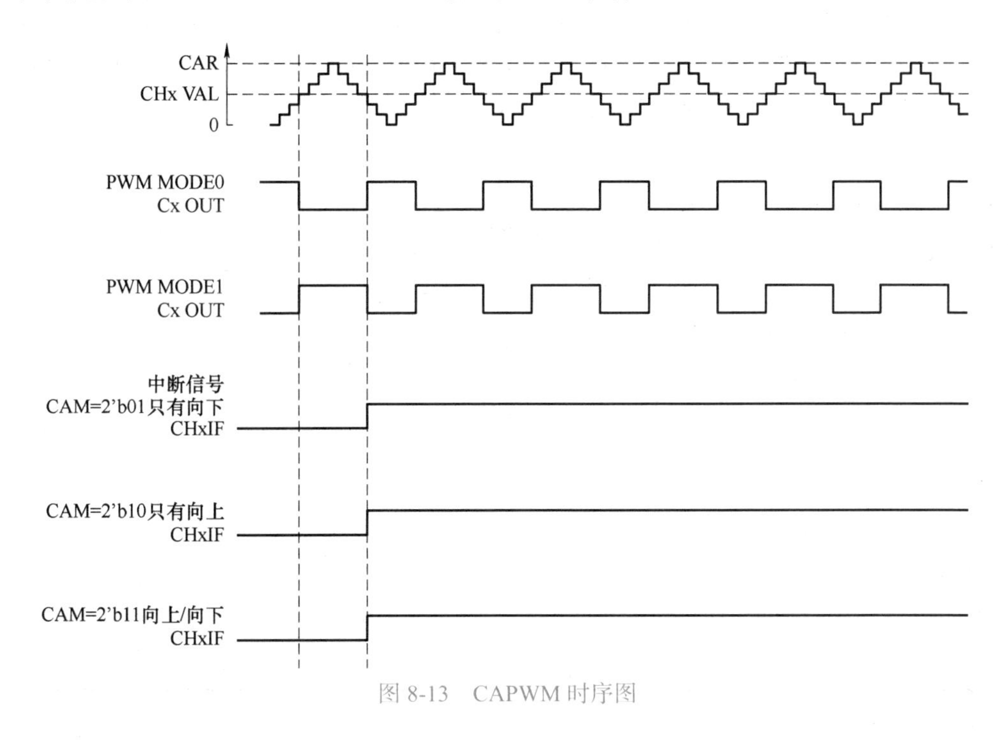

图 8-13 CAPWM 时序图

在 PWM0 模式下（CHxCOMCTL=3'b110），如果 TIMERx_CHxCV 寄存器的值大于 TIMERx_CAR 寄存器的值，通道输出一直为有效电平。

在 PWM0 模式下（CHxCOMCTL=3'b110），如果 TIMERx_CHxCV 寄存器的值等于 0，通道输出一直为无效电平。

9. 通道输出参考信号

当 TIMERx 用于输出匹配比较模式下，设置 CHxCOMCTL 位可以定义 OxCPRE 信号（通道 x 准备信号）类型。OxCPRE 信号有若干类型的输出功能，包括设置 CHxCOMCTL= 0x00 可以保持原始电平；设置 CHxCOMCTL=0x01 可以将 OxCPRE 信号设置为高电平；设置 CHxCOMCTL=0x02 可以将 OxCPRE 信号设置为低电平；设置 CHxCOMCTL=0x03，在计数器值和 TIMERx_CHxCV 寄存器的值匹配时，可以翻转输出信号。

PWM 模式 0 和 PWM 模式 1 是 OxCPRE 的另一种输出类型，设置 CHxCOMCTL 位域位 0x06 或 0x07 可以配置 PWM 模式 0/PWM 模式 1。在这些模式中，根据计数器值和 TIMERx_CHxCV 寄存器值的关系以及计数方向，OxCPRE 信号改变其电平。具体细节描述请参考相应的位。

设置 CHxCOMCTL=0x04 或 0x05 可以实现 OxCPRE 信号的强制输出功能。输出比较信号能够直接由软件强置为有效或无效状态，而不依赖于 TIMERx_CHxCV 的值和计数器值之间的比较结果。

设置 CHxCOMCEN=1，当由外部 ETI 引脚信号产生的 ETIFE 信号为高电平时，OxCPRE 被强制为低电平。在下一次更新事件到来时，OxCPRE 信号才会回到有效电平状态。

10. 正交译码器

正交译码器的功能是使用由 TIMERx_CH0 和 TIMERx_CH1 引脚生成的 CI0 和 CI1 正

交信号各自相互作用产生计数值。在每个输入源改变期间，DIR位被硬件自动改变。输入源可以只有CI0，可以只有CI1，或者可以同时有CI0和CI1，通过设置SMC=0x01、0x02或0x03来选择使用哪种模式。计数器计数方向改变的机制见表8-10。正交译码器可以当作一个带有方向选择的外部时钟，这意味着计数器会在0和自动加载值之间连续计数。因此，用户必须在计数器开始计数前配置TIMERx_CAR寄存器。

表8-10 计数方向与编码器信号之间的关系

计数模式	电平	CI0FE0		CI1FE1	
		上升	下降	上升	下降
只有CI0	CI1FE1=1	向下	向上	—	—
	CI1FE1=0	向上	向下	—	—
只有CI1	CI0FE0=1	—	—	向上	向下
	CI0FE0=0	—	—	向下	向上
同时有CI0和CI1	CI1FE1=1	向下	向上	×	×
	CI1FE1=0	向上	向下	×	×
	CI0FE0=1	×	×	向上	向下
	CI0FE0=0	×	×	向下	向上

注："—"表示"无计数"；"×"表示不可能。

图8-14展示了编码器接口模式下计数器运行示例，图8-15展示了CI0FE0极性反相的编码器接口模式下的示例。

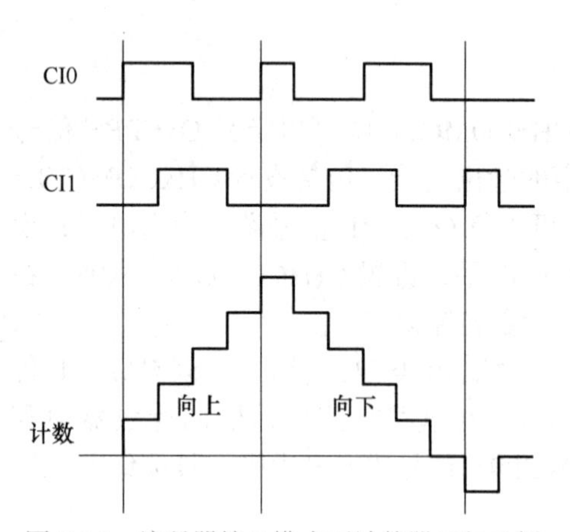

图8-14 编码器接口模式下计数器运行示例

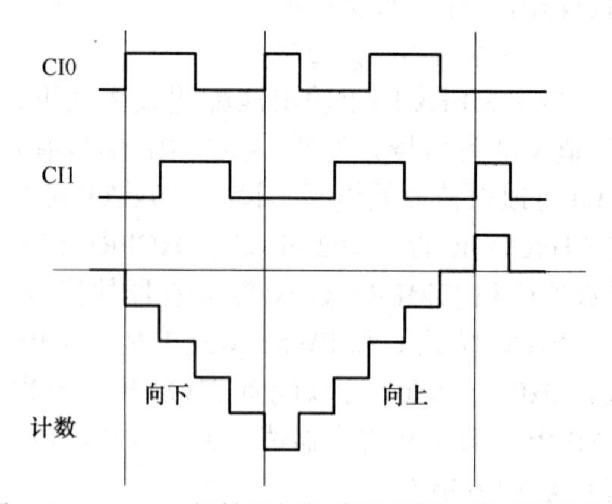

图8-15 CI0FE0极性反相的编码器接口模式下的示例

11. 定时器DMA模式

定时器DMA模式是指通过DMA模块配置定时器的寄存器。有两个与定时器DMA模式相关的寄存器：TIMERx_DMACFG和TIMERx_DMATB。当然，必须要使能DMA请求，一些内部中断事件可以产生DMA请求。当中断事件发生，TIMERx会给DMA发送请求。DMA配置成M2P（Memory to Peripheral，从内存到外设）模式，PADDR是TIMERx_DMATB寄存器地址，DMA就会访问TIMERx_DMATB寄存器。实际上，TIMERx_DMATB

寄存器只是一个缓冲，定时器会将 TIMERx_DMATB 映射到一个内部寄存器，这个内部寄存器由 TIMERx_DMACFG 寄存器中的 DMATA 来指定。如果 TIMERx_DMACFG 寄存器的 DMATC 位域值为 0，表示 1 次传输，定时器发送 1 个 DMA 请求就可以完成。如果 TIMERx_DMACFG 寄存器的 DMATC 位域值不为 1，比如其值为 3，表示 4 次传输，定时器就需要再多发 3 次 DMA 请求。在这 3 次请求下，DMA 对 TIMERx_DMATB 寄存器的访问会映射到访问定时器的 DMATA+0x4、DMATA+0x8、DMATA+0xc 寄存器。总之，发生一次 DMA 内部中断请求，定时器会连续发送（DMATC+1）次请求。

如果再来 1 次 DMA 请求事件，TIMERx 将会重复上面的过程。

12. 定时器调试模式

当 Cortex®-M4 内核停止，DBG_CTL2 寄存器中的 TIMERx_HOLD 配置位被置 1，定时器计数器停止。

8.2.4 TIMERx 寄存器（x=1~4）

TIMER1 基地址：0x4000 0000。

TIMER2 基地址：0x4000 0400。

TIMER3 基地址：0x4000 0800。

TIMER4 基地址：0x4000 0C00。

1. 控制寄存器 0（TIMERx_CTL0）

地址偏移：0x00。

复位值：0x0000 0000。

该寄存器只能按字（32 位）访问，字的格式如图 8-16 所示。

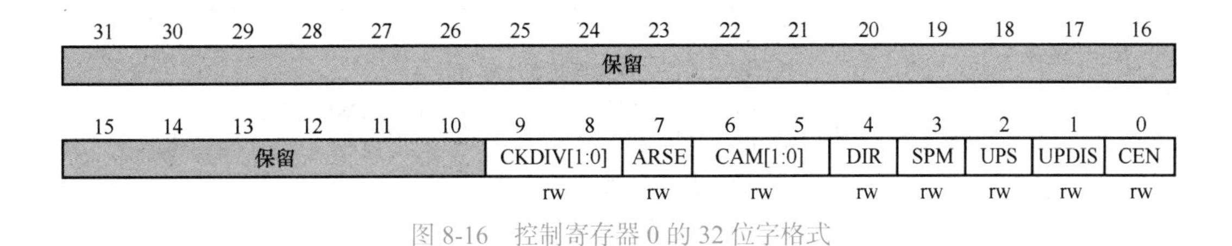

图 8-16 控制寄存器 0 的 32 位字格式

控制寄存器 0 的 32 位字的每个位的含义见表 8-11。

表 8-11 控制寄存器 0 的 32 位字的每个位的含义

位 / 位域	名称	描述
31:10	保留	必须保持复位值
9:8	CKDIV［1:0］	时钟分频 通过软件配置 CKDIV，规定定时器时钟（TIMER_CK）与死区时间和采样时钟（DTS）之间的分频系数，死区发生器和数字滤波器会用到 DTS 时间 00：fDTS=fTIMER_CK 01：fDTS=fTIMER_CK/2 10：fDTS=fTIMER_CK/4 11：保留

（续）

位/位域	名称	描述
7	ARSE	自动重载影子使能 0：禁止 TIMERx_CAR 寄存器的影子寄存器 1：使能 TIMERx_CAR 寄存器的影子寄存器
6:5	CAM［1:0］	计数器对齐模式选择 00：无中央对齐模式（边沿对齐模式）。DIR 位指定了计数方向 01：中央对齐向下计数置 1 模式。计数器在中央计数模式计数，通道被配置在输出模式（TIMERx_CHCTL0 寄存器中 CHxMS=00），只有在向下计数时，通道的比较中断标志置 1 10：中央对齐向上计数置 1 模式。计数器在中央计数模式计数，通道被配置在输出模式（TIMERx_CHCTL0 寄存器中 CHxMS=00），只有在向上计数时，通道的比较中断标志置 1 11：中央对齐上下计数置 1 模式。计数器在中央计数模式计数，通道被配置在输出模式（TIMERx_CHCTL0 寄存器中 CHxMS=00），在向上和向下计数时，通道的比较中断标志都会置 1 当计数器使能以后，改为不能从 0x00 切换到非 0x00
4	DIR	方向 0：向上计数 1：向下计数 当计数器配置为中央对齐模式或编码器模式时，该位为只读
3	SPM	单脉冲模式 0：更新事件发生后，计数器继续计数 1：在下一次更新事件发生时，CEN 硬件清 0 并且计数器停止计数
2	UPS	更新请求源 软件配置该位，选择更新事件源 0：使能后，下述任一事件产生更新中断或 DMA 请求： • UPG 位被置 1 • 计数器溢出 / 下溢 • 从模式控制器产生的更新 1：使能后，只有计数器溢出 / 下溢才产生更新中断或 DMA 请求
1	UPDIS	禁止更新 该位用来使能或禁止更新事件的产生 0：更新事件使能。当以下事件之一发生时，更新事件产生，具有缓存的寄存器被装入它们的预装载值： • UPG 位被置 1 • 计数器溢出 / 下溢 • 从模式控制器产生一个更新事件 1：更新事件禁止。带有缓存的寄存器保持原有值，如果 UPG 位被置 1 或者从模式控制器产生一个硬件复位事件，计数器和预分频器被重新初始化
0	CEN	计数器使能 0：计数器禁止 1：计数器使能 在软件将 CEN 位置 1 后，外部时钟、暂停模式和编码器模式才能工作。触发模式可以自动地通过硬件设置 CEN 位

2. 控制寄存器 1（TIMERx_CTL1）

地址偏移：0x04。

复位值：0x0000 0000。

该寄存器只能按字（32 位）访问，字的格式如图 8-17 所示。

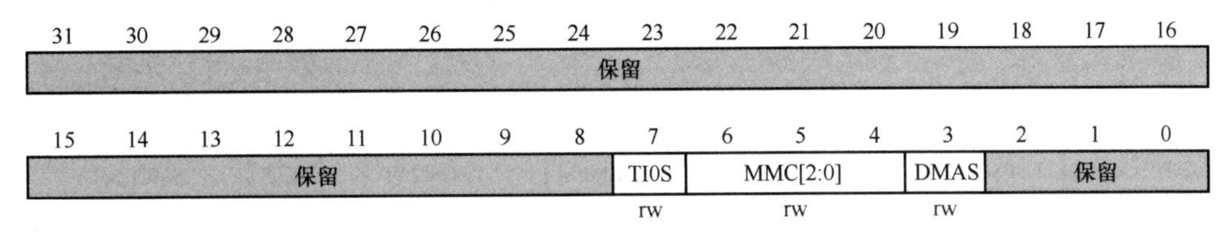

图 8-17 控制寄存器 1 的 32 位字格式

控制寄存器 1 的 32 位字的每个位的含义见表 8-12。

表 8-12 控制寄存器 1 的 32 位字的每个位的含义

位 / 位域	名称	描述
31:8	保留	必须保持复位值
7	TI0S	通道 0 触发输入选择 0：选择 TIMERx_CH0 引脚作为通道 0 的触发输入 1：选择 TIMERx_CH0、TIMERx_CH1 和 TIMERx_CH2 引脚异或的结果作为通道 0 的触发输入
6:4	MMC［2:0］	主模式控制 1 这些位控制 TRGO 信号的选择，TRGO 信号由主定时器发给从定时器用于同步功能 000：复位。TIMERx_SWEVG 寄存器的 UPG 位被置 1 或从模式控制器产生复位触发一次 TRGO 脉冲，后一种情况下，TRGO 上的信号相对实际的复位会有一个延迟 001：使能。此模式可用于同时启动多个定时器或控制在一段时间内使能从定时器。主模式控制器选择计数器使能信号作为触发输出 TRGO。当 CEN 控制位被置 1 或者暂停模式下触发输入为高电平时，计数器使能信号被置 1。在暂停模式下，计数器使能信号受控于触发输入，在触发输入和 TRGO 上会有一个延迟，除非选择了主 / 从模式 010：更新。主模式控制器选择更新事件作为 TRGO 011：捕获 / 比较脉冲。通道 0 在发生一次捕获或一次比较成功时，主模式控制器产生一个 TRGO 脉冲 100：比较。在这种模式下，主模式控制器选择 O0CPRE 信号被用于作为触发输出 TRGO 101：比较。在这种模式下，主模式控制器选择 O1CPRE 信号被用于作为触发输出 TRGO 110：比较。在这种模式下，主模式控制器选择 O2CPRE 信号被用于作为触发输出 TRGO 111：比较。在这种模式下，主模式控制器选择 O3CPRE 信号被用于作为触发输出 TRGO
3	DMAS	DMA 请求源选择 0：当通道捕获 / 比较事件发生时，发送通道 x 的 DMA 请求 1：当更新事件发生时，发送通道 x 的 DMA 请求
2:0	保留	必须保持复位值

3. 从模式配置寄存器（TIMERx_SMCFG）

地址偏移：0x08。

复位值：0x0000 0000。

该寄存器只能按字（32 位）访问，字的格式如图 8-18 所示。

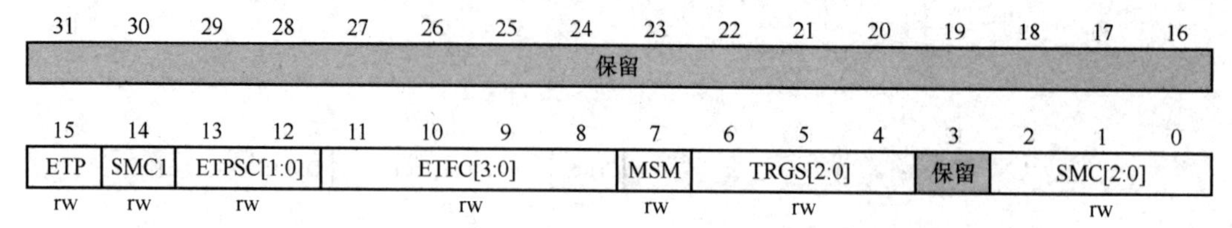

图 8-18 从模式配置寄存器的 32 位字格式

从模式配置寄存器的 32 位字的每个位的含义见表 8-13。

表 8-13 从模式配置寄存器的 32 位字的每个位的含义

位 / 位域	名称	描述
31:16	保留	必须保持复位值
15	ETP	外部触发极性 该位指定 ETI 信号的极性 0：ETI 高电平或上升沿有效 1：ETI 低电平或下降沿有效
14	SMC1	SMC 的一部分为了使能外部时钟模式 1 在外部时钟模式 1，计数器由 ETIF 信号上的任意有效边沿驱动 0：外部时钟模式 1 禁止 1：外部时钟模式 1 使能 复位模式、暂停模式和事件模式可以与外部时钟模式 1 同时使用。但是 TRGS 必须不能为 3’b111 如果外部时钟模式 0 和外部时钟模式 1 同时被使能，外部时钟的输入是 ETIF。注意：外部时钟模式 0 使能在寄存器的 SMC 位域
13:12	ETPSC［1:0］	外部触发预分频 外部触发信号 ETI 的频率不能超过 TIMER_CK 频率的 1/4。当输入较快的外部时钟时，可以使用预分频降低 ETIP 的频率 00：预分频禁止 01：ETI 频率被 2 分频 10：ETI 频率被 4 分频 11：ETI 频率被 8 分频
11:8	ETFC［3:0］	外部触发滤波控制 数字滤波器是一个事件计数器，它记录到 N 个事件后会产生一个输出的跳变。这些位定义了对 ETI 信号采样的频率和对 ETI 数字滤波的带宽 0000：滤波器禁止，fSAMP=fDTS，N=1 0001：fSAMP=fTIMER_CK，N=2 0010：fSAMP=fTIMER_CK，N=4 0011：fSAMP=fTIMER_CK，N=8 0100：fSAMP=fDTS/2，N=6

（续）

位 / 位域	名称	描述
11:8	ETFC［3:0］	0101：fSAMP=fDTS/2，N=8 0110：fSAMP=fDTS/4，N=6 0111：fSAMP=fDTS/4，N=8 1000：fSAMP=fDTS/8，N=6 1001：fSAMP=fDTS/8，N=8 1010：fSAMP=fDTS/16，N=5 1011：fSAMP=fDTS/16，N=6 1100：fSAMP=fDTS/16，N=8 1101：fSAMP=fDTS/32，N=5 1110：fSAMP=fDTS/32，N=6 1111：fSAMP=fDTS/32，N=8
7	MSM	主 / 从模式 该位被用来同步被选择的定时器同时开始计数。通过 TRIGI 和 TRGO，定时器被连接在一起，TRGO 用作启动事件 0：主 / 从模式禁止 1：主 / 从模式使能
6:4	TRGS［2:0］	触发选择 该位域用来指定选择哪一个信号作为用来同步计数器的触发输入源 000：内部触发输入 0（ITI0） 001：内部触发输入 1（ITI1） 010：内部触发输入 2（ITI2） 011：内部触发输入 3（ITI3） 100：CI0 的边沿标志位（CI0F_ED） 101：滤波后的通道 0 输入（CI0FE0） 110：滤波后的通道 1 输入（CI1FE1） 111：滤波后的外部触发输入（ETIFP） 从模式被使能后这些位不能改
3	保留	必须保持复位值
2:0	SMC［2:0］	从模式控制 000：关闭从模式。如果 CEN=1，则预分频器直接由内部时钟驱动 001：编码器模式 0。根据 CI0FE0 的电平，计数器在 CI1FE1 的边沿向上 / 下计数 010：编码器模式 1。根据 CI1FE1 的电平，计数器在 CI0FE0 的边沿向上 / 下计数 011：编码器模式 2。根据另一个信号的输入电平，计数器在 CI0FE0 和 CI1FE1 的边沿向上 / 下计数 100：复位模式。选中的触发输入的上升沿重新初始化计数器，并且更新影子寄存器 101：暂停模式。当触发输入为高时，计数器的时钟开启。一旦触发输入变为低，则计数器停止 110：事件模式。计数器在触发输入的上升沿启动。计数器不能被从模式控制器关闭 111：外部时钟模式 0。选中的触发输入的上升沿驱动计数器

4. DMA 和中断使能寄存器（TIMERx_DMAINTEN）

地址偏移：0x0C。

复位值：0x0000 0000。

该寄存器只能按字（32位）访问，字的格式如图8-19所示。

31	30	29	28	27	26	25	24	23	22	21	20	19	18	17	16
保留															

15	14	13	12	11	10	9	8	7	6	5	4	3	2	1	0
保留	TRGDEN	保留	CH3DEN	CH2DEN	CH1DEN	CH0DEN	UPDEN	保留	TRGIE	保留	CH3IE	CH2IE	CH1IE	CH0IE	UPIE
	rw		rw	rw	rw	rw	rw		rw		rw	rw	rw	rw	rw

图8-19 DMA和中断使能寄存器的32位字格式

DMA和中断使能寄存器的32位字的每个位的含义见表8-14。

表8-14 DMA和中断使能寄存器的32位字的每个位的含义

位/位域	名称	描述
31:15	保留	必须保持复位值
14	TRGDEN	触发DMA请求使能 0：禁止触发DMA请求 1：使能触发DMA请求
13	保留	必须保持复位值
12	CH3DEN	通道3比较/捕获DMA请求使能 0：禁止通道3比较/捕获DMA请求 1：使能通道3比较/捕获DMA请求
11	CH2DEN	通道2比较/捕获DMA请求使能 0：禁止通道2比较/捕获DMA请求 1：使能通道2比较/捕获DMA请求
10	CH1DEN	通道1比较/捕获DMA请求使能 0：禁止通道1比较/捕获DMA请求 1：使能通道1比较/捕获DMA请求
9	CH0DEN	通道0比较/捕获DMA请求使能 0：禁止通道0比较/捕获DMA请求 1：使能通道0比较/捕获DMA请求
8	UPDEN	更新DMA请求使能 0：禁止更新DMA请求 1：使能更新DMA请求
7	保留	必须保持复位值
6	TRGIE	触发中断使能 0：禁止触发中断 1：使能触发中断
5	保留	必须保持复位值
4	CH3IE	通道3比较/捕获中断使能 0：禁止通道3中断 1：使能通道3中断

（续）

位 / 位域	名称	描述
3	CH2IE	通道 2 比较 / 捕获中断使能 0：禁止通道 2 中断 1：使能通道 2 中断
2	CH1IE	通道 1 比较 / 捕获中断使能 0：禁止通道 1 中断 1：使能通道 1 中断
1	CH0IE	通道 0 比较 / 捕获中断使能 0：禁止通道 0 中断 1：使能通道 0 中断
0	UPIE	更新中断使能 0：禁止更新中断 1：使能更新中断

5. 中断标志寄存器（TIMERx_INTF）

地址偏移：0x10。

复位值：0x0000 0000。

该寄存器只能按字（32 位）访问，字的格式如图 8-20 所示。

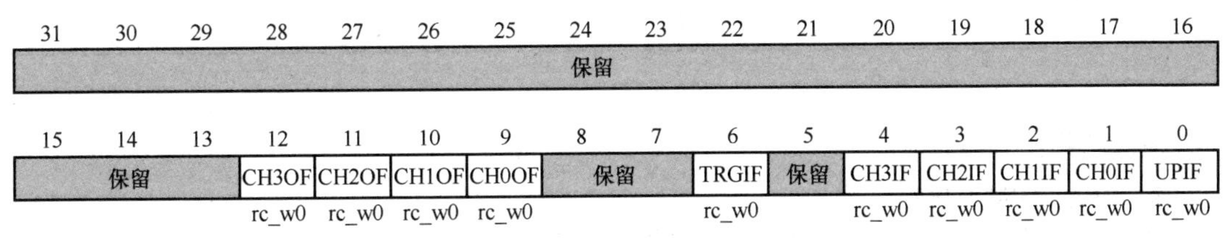

图 8-20 中断标志寄存器的 32 位字格式

中断标志寄存器的 32 位字的每个位的含义见表 8-15。

表 8-15 中断标志寄存器的 32 位字的每个位的含义

位 / 位域	名称	描述
31:13	保留	必须保持复位值
12	CH3OF	通道 3 捕获溢出标志，参见 CH0OF 描述
11	CH2OF	通道 2 捕获溢出标志，参见 CH0OF 描述
10	CH1OF	通道 1 捕获溢出标志，参见 CH0OF 描述
9	CH0OF	通道 0 捕获溢出标志 当通道 0 被配置为输入模式时，在 CH0IF 标志位已经被置 1 后，捕获事件再次发生时，该标志位可以由硬件置 1。该标志位由软件清 0 0：无捕获溢出中断发生 1：发生了捕获溢出中断
8:7	保留	必须保持复位值

（续）

位 / 位域	名称	描述
6	TRGIF	触发中断标志 当发生触发事件时，此标志由硬件置1，软件清0。当从模式控制器处于除暂停模式外的其他模式时，在TRGI输入端检测到有效边沿，产生触发事件。当从模式控制器处于暂停模式时，TRGI的任意边沿都可以产生触发事件 0：无触发事件产生 1：触发中断产生
5	保留	必须保持复位值
4	CH3IF	通道3比较 / 捕获中断标志，参见CH0IF描述
3	CH2IF	通道2比较 / 捕获中断标志，参见CH0IF描述
2	CH1IF	通道1比较 / 捕获中断标志，参见CH0IF描述
1	CH0IF	通道0比较 / 捕获中断标志 此标志由硬件置1，软件清0。当通道0在输入模式下时，捕获事件发生时此标志位被置1；当通道0在输出模式下时，此标志位在一个比较事件发生时被置1 0：无通道0中断发生 1：通道0中断发生
0	UPIF	更新中断标志 此位在任何更新事件发生时由硬件置1，软件清0 0：无更新中断发生 1：发生更新中断

6. 软件事件产生寄存器（TIMERx_SWEVG）

地址偏移：0x14。

复位值：0x0000 0000。

该寄存器只能按字（32位）访问，字的格式如图8-21所示。

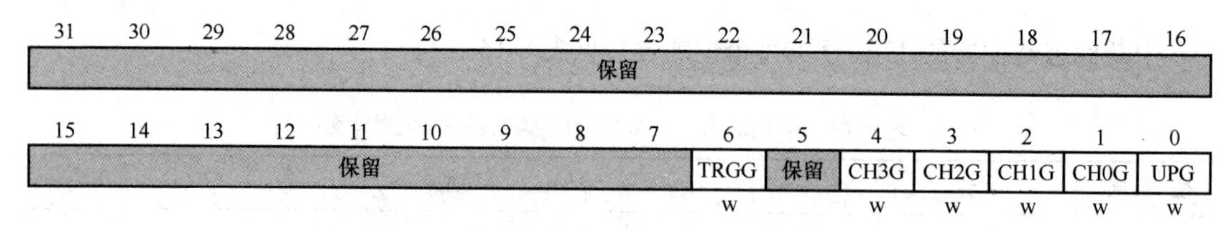

图8-21　软件事件产生寄存器的32位字格式

软件事件产生寄存器的32位字的每个位的含义见表8-16。

表8-16　软件事件产生寄存器的32位字的每个位的含义

位 / 位域	名称	描述
31:7	保留	必须保持复位值
6	TRGG	触发事件产生 此位由软件置1，由硬件自动清0。当此位被置1，TIMERx_INTF寄存器的TRGIF标志位被置1，若开启对应的中断和DMA，则产生相应的中断和DMA传输 0：无触发事件产生 1：产生触发事件

（续）

位 / 位域	名称	描述
5	保留	必须保持复位值
4	CH3G	通道 3 捕获或比较事件发生，参见 CH0G 描述
3	CH2G	通道 2 捕获或比较事件发生，参见 CH0G 描述
2	CH1G	通道 1 捕获或比较事件发生，参见 CH0G 描述
1	CH0G	通道 0 捕获或比较事件发生 该位由软件置 1，用于在通道 0 产生一个捕获 / 比较事件，由硬件自动清 0。当此位被置 1，CH0IF 标志位被置 1，若开启对应的中断和 DMA，则发出相应的中断和 DMA 请求。此外，如果通道 0 配置为输入模式，计数器的当前值被 TIMERx_CH0CV 寄存器捕获，如果 CH0IF 标志位已经为 1，则 CH0OF 标志位被置 1 0：不产生通道 0 捕获或比较事件 1：产生通道 0 捕获或比较事件
0	UPG	更新事件产生 此位由软件置 1，被硬件自动清 0。当此位被置 1，如果选择了中央对齐或向上计数模式，计数器被清 0。否则（向下计数模式）计数器将载入自动重载值，预分频计数器将同时被清 0：无更新事件产生 1：产生更新事件

7. 通道控制寄存器 0（TIMERx_CHCTL0）

地址偏移：0x18。

复位值：0x0000 0000。

该寄存器只能按字（32 位）访问，字的格式如图 8-22 所示。

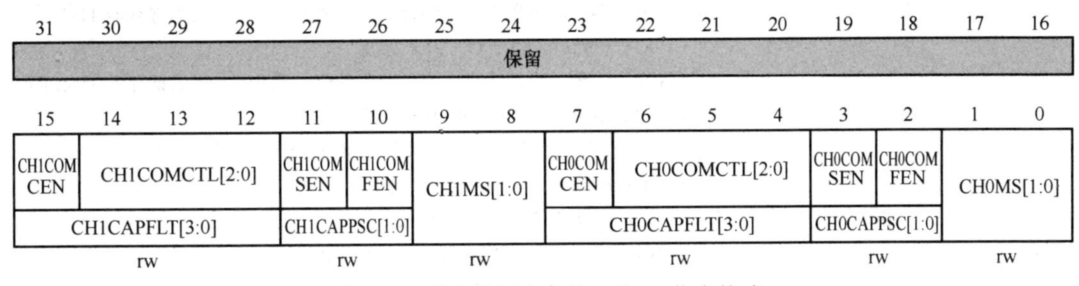

图 8-22 通道控制寄存器 0 的 32 位字格式

输出比较模式下通道控制寄存器 0 的 32 位字的每个位的含义见表 8-17。

表 8-17 输出比较模式下通道控制寄存器 0 的 32 位字的每个位的含义

位 / 位域	名称	描述
31:16	保留	必须保持复位值
15	CH1COMCEN	通道 1 输出比较清 0 使能，参见 CH0COMCEN 描述
14:12	CH1COMCTL［2:0］	通道 1 输出比较模式，参见 CH0COMCTL 描述
11	CH1COMSEN	通道 1 输出比较影子寄存器使能，参见 CH0COMSEN 描述

（续）

位 / 位域	名称	描述
10	CH1COMFEN	通道 1 输出比较快速使能，参见 CH0COMFEN 描述
9:8	CH1MS［1:0］	通道 1 模式选择 这些位定义了通道的方向和输入信号的选择。只有当通道关闭（TIMERx_CHCTL2 寄存器的 CH1EN 位被清 0）时，这些位才可以写 00：通道 1 配置为输出 01：通道 1 配置为输入，IS1 映射在 CI1FE1 上 10：通道 1 配置为输入，IS1 映射在 CI0FE1 上 11：通道 1 配置为输入，IS1 映射在 ITS 上，此模式仅工作在内部触发器输入被选中时（由 TIMERx_SMCFG 寄存器的 TRGS 位选择）
7	CH0COMCEN	通道 0 输出比较清 0 使能 当此位被置 1，当检测到 ETIF 输入高电平时，O0CPRE 参考信号被清 0 0：禁止通道 0 输出比较清零 1：使能通道 0 输出比较清零
6:4	CH0COMCTL［2:0］	通道 0 输出比较模式 此位定义了输出参考信号 O0CPRE 的动作，而 O0CPRE 决定了 CH0_O、CH0_ON 的值。O0CPRE 高电平有效，而 CH0_O、CH0_ON 的有效电平取决于 CH0P、CH0NP 位 000：时基。输出比较寄存器 TIMERx_CH0CV 与计数器 TIMERx_CNT 间的比较对 O0CPRE 不起作用 001：匹配时设置为高。当计数器的值与捕获 / 比较值寄存器 TIMERx_CH0CV 相同时，强制 O0CPRE 为高 010：匹配时设置为低。当计数器的值与捕获 / 比较值寄存器 TIMERx_CH0CV 相同时，强制 O0CPRE 为低 011：匹配时翻转。当计数器的值与捕获 / 比较值寄存器 TIMERx_CH0CV 相同时，强制 O0CPRE 翻转 100：强制为低。强制 O0CPRE 为低电平 101：强制为高。强制 O0CPRE 为高电平 110：PWM 模式 0。在向上计数时，一旦计数器的值小于 TIMERx_CH0CV 时，O0CPRE 为有效电平，否则为无效电平。在向下计数时，一旦计数器的值大于 TIMERx_CH0CV 时，O0CPRE 为无效电平，否则为有效电平 111：PWM 模式 1。在向上计数时，一旦计数器的值小于 TIMERx_CH0CV 时，O0CPRE 为无效电平，否则为有效电平。在向下计数时，一旦计数器的值大于 TIMERx_CH0CV 时，O0CPRE 为有效电平，否则为无效电平 在 PWM 模式 0 或 PWM 模式 1 中，只有当比较结果改变了或者输出比较模式中从时基模式切换到 PWM 模式时，CxCOMR 电平才改变 当 TIMERx_CCHP 寄存器的 PROT［1:0］=11 且 CH0MS=00（比较模式）时，此位不能被改变

（续）

位 / 位域	名称	描述
3	CH0COMSEN	通道 0 输出比较影子寄存器使能 当此位被置 1，TIMERx_CH0CV 寄存器的影子寄存器被使能，影子寄存器在每次更新事件时都会被更新 0：禁止通道 0 输出 / 比较影子寄存器 1：使能通道 0 输出 / 比较影子寄存器 仅在单脉冲模式下（TIMERx_CTL0 寄存器的 SPM=1），可以在未确认预装载寄存器情况下使用 PWM 模式 当 TIMERx_CCHP 寄存器的 PROT［1:0］=11 且 CH0MS=00 时，此位不能被改变
2	CH0COMFEN	通道 0 输出比较快速使能 当该位为 1 时，如果通道配置为 PWM0 模式或者 PWM1 模式，会加快捕获 / 比较输出对触发输入事件的响应。输出通道将触发输入信号的有效边沿作为一个比较匹配，CH0_O 被设置为比较电平而与比较结果无关 0：禁止通道 0 输出比较快速。当触发器的输入有一个有效沿时，激活 CH0_O 输出的最小延时为 5 个时钟周期 1：使能通道 0 输出比较快速。当触发器的输入有一个有效沿时，激活 CH0_O 输出的最小延时为 3 个时钟周期
1:0	CH0MS［1:0］	通道 0I/O 模式选择 这些位定义了通道的工作模式和输入信号的选择。只有当通道关闭（TIMERx_CHCTL2 寄存器的 CH0EN 位被清 0）时，这些位才可写 00：通道 0 配置为输出 01：通道 0 配置为输入，IS0 映射在 CI0FE0 上 10：通道 0 配置为输入，IS0 映射在 CI1FE0 上 11：通道 0 配置为输入，IS0 映射在 ITS 上。此模式仅工作在内部触发输入被选中时 （通过设置 TIMERx_SMCFG 寄存器的 TRGS 位）

输入捕获模式下通道控制寄存器 0 的 32 位字的每个位的含义见表 8-18。

表 8-18　输入捕获模式下通道控制寄存器 0 的 32 位字的每个位的含义

位 / 位域	名称	描述
31:16	保留	必须保持复位值
15:12	CH1CAPFLT［3:0］	通道 1 输入捕获滤波控制，参见 CH0CAPFLT 描述
11:10	CH1CAPPSC［1:0］	通道 1 输入捕获预分频器，参见 CH0CAPPSC 描述
9:8	CH1MS［1:0］	通道 1 模式选择与输出模式相同
7:4	CH0CAPFLT［3:0］	通道 0 输入捕获滤波控制 数字滤波器由一个事件计数器组成，它记录 N 个输入事件后会产生一个输出的跳变。这些位定义了 CI0 输入信号的采样频率和数字滤波器的长度 0000：无滤波器，fSAMP=fDTS，N=1 0001：fSAMP=fPCLK，N=2 0010：fSAMP=fPCLK，N=4

（续）

位 / 位域	名称	描述
7:4	CH0CAPFLT［3:0］	0011：fSAMP=fPCLK，*N*=8 0100：fSAMP=fDTS/2，*N*=6 0101：fSAMP=fDTS/2，*N*=8 0110：fSAMP=fDTS/4，*N*=6 0111：fSAMP=fDTS/4，*N*=8 1000：fSAMP=fDTS/8，*N*=6 1001：fSAMP=fDTS/8，*N*=8 1010：fSAMP=fDTS/16，*N*=5 1011：fSAMP=fDTS/16，*N*=6 1100：fSAMP=fDTS/16，*N*=8 1101：fSAMP=fDTS/32，*N*=5 1110：fSAMP=fDTS/32，*N*=6 1111：fSAMP=fDTS/32，*N*=8
3:2	CH0CAPPSC［1:0］	通道0输入捕获预分频器 这两位定义了通道0输入的预分频系数。当TIMERx_CHCTL2寄存器中的CH0EN=0时，则预分频器复位 00：无预分频器，捕获输入口上检测到的每一个边沿都触发一次捕获 01：每2个事件触发一次捕获 10：每4个事件触发一次捕获 11：每8个事件触发一次捕获
1:0	CH0MS［1:0］	通道0模式选择，与输出比较模式相同

8. 通道控制寄存器1（TIMERx_CHCTL1）

地址偏移：0x1C。

复位值：0x0000 0000。

该寄存器只能按字（32位）访问，字的格式如图8-23所示。

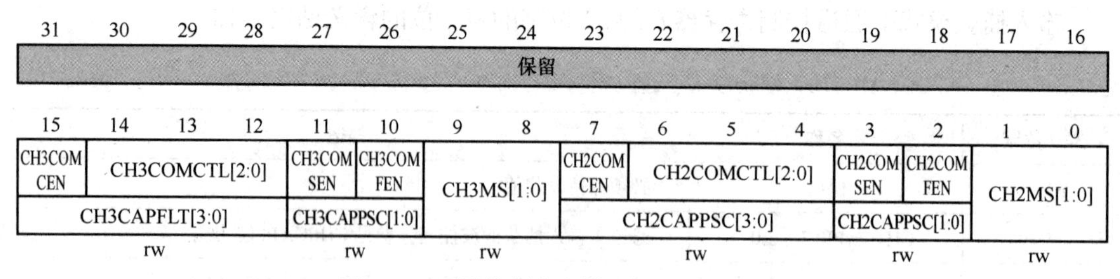

图8-23 通道控制寄存器1的32位字格式

输出比较模式下通道控制寄存器1的32位字的每个位的含义见表8-19。

表8-19 输出比较模式下通道控制寄存器1的32位字的每个位的含义

位 / 位域	名称	描述
31:16	保留	必须保持复位值
15	CH3COMCEN	通道3输出比较清0使能，参见CH0COMCEN描述
14:12	CH3COMCTL［2:0］	通道3输出比较模式，参见CH0COMCTL描述

（续）

位 / 位域	名称	描述
11	CH3COMSEN	通道 3 输出比较影子寄存器使能，参见 CH0COMSEN 描述
10	CH3COMFEN	通道 3 输出比较快速使能，参见 CH0COMFEN 描述
9:8	CH3MS［1:0］	通道 3 模式选择 这些位定义了通道的方向和输入信号的选择。只有当通道关闭（TIMERx_CHCTL2 寄存器的 CH3EN 位被清 0）时，这些位才可以写 00：通道 3 配置为输出 01：通道 3 配置为输入，IS3 映射在 CI3FE3 上 10：通道 3 配置为输入，IS3 映射在 CI2FE3 上 11：通道 3 配置为输入，IS3 映射在 ITS 上，此模式仅工作在内部触发器输入被选中时（由 TIMERx_SMCFG 寄存器的 TRGS 位选择）
7	CH2COMCEN	通道 2 输出比较清 0 使能 当此位被置 1，且检测到 ETIF 输入高电平时，O2CPRE 参考信号被清 0 0：使能通道 2 输出比较清 0 1：禁止通道 2 输出比较清 0
6:4	CH2COMCTL［2:0］	通道 2 输出比较模式 此位定义了输出参考信号 O2CPRE 的动作，而 O2CPRE 决定了 CH2_O、CH2_ON 的值。O2CPRE 高电平有效，而 CH2_O、CH2_ON 的有效电平取决于 CH2P、CH2NP 位 000：时基。输出比较寄存器 TIMERx_CH2CV 与计数器 TIMERx_CNT 间的比较对 O2CPRE 不起作用 001：匹配时设置为高。当计数器的值与捕获 / 比较值寄存器 TIMERx_CH2CV 相同时，强制 O2CPRE 为高 010：匹配时设置为低。当计数器的值与捕获 / 比较值寄存器 TIMERx_CH2CV 相同时，强制 O2CPRE 为低 011：匹配时翻转。当计数器的值与捕获 / 比较值寄存器 TIMERx_CH2CV 相同时，强制 O2CPRE 翻转 100：强制为低。强制 O2CPRE 为低电平 101：强制为高。强制 O2CPRE 为高电平 110：PWM 模式 0。在向上计数时，一旦计数器的值小于 TIMERx_CH0CV 时，O0CPRE 为有效电平，否则为无效电平。在向下计数时，一旦计数器的值大于 TIMERx_CH0CV 时，O0CPRE 为无效电平，否则为有效电平 111：PWM 模式 1。在向上计数时，一旦计数器的值小于 TIMERx_CH0CV 时，O0CPRE 为无效电平，否则为有效电平。在向下计数时，一旦计数器的值大于 TIMERx_CH0CV 时，O0CPRE 为有效电平，否则为无效电平 在 PWM 模式 0 或 PWM 模式 1 中，只有当比较结果改变了或者输出比较模式中从时基模式切换到 PWM 模式时，CxCOMR 电平才改变 当 TIMERx_CCHP 寄存器的 PROT［1:0］=11 且 CH2MS=00（比较模式）时，此位不能被改变

（续）

位 / 位域	名称	描述
3	CH2COMSEN	通道2输出比较影子寄存器使能 当此位被置1，TIMERx_CH2CV寄存器的影子寄存器被使能，影子寄存器在每次更新事件时都会被更新 0：禁止通道2输出 / 比较影子寄存器 1：使能通道2输出 / 比较影子寄存器 仅在单脉冲模式下（TIMERx_CTL0寄存器的SPM=1），可以在未确认预装载寄存器情况下使用PWM模式 当TIMERx_CCHP寄存器的PROT［1:0］=11且CH2MS=00时，此位不能被改变
2	CH2COMFEN	通道2输出比较快速使能 当该位为1时，如果通道配置为PWM0模式或者PWM1模式，会加快捕获 / 比较输出对触发输入事件的响应。输出通道将触发输入信号的有效边沿作为一个比较匹配，CH2_O被设置为比较电平而与比较结果无关 0：禁止通道2输出比较快速。当触发器的输入有一个有效沿时，激活CH2_O输出的最小延时为5个时钟周期 1：使能通道2输出比较快速。当触发器的输入有一个有效沿时，激活CH2_O输出的最小延时为3个时钟周期
1:0	CH2MS［1:0］	通道2I/O模式选择 这些位定义了通道的工作模式和输入信号的选择。只有当通道关闭（TIMERx_CHCTL2寄存器的CH2EN位被清0）时，这些位才可写 00：通道2配置为输出 01：通道2配置为输入，IS2映射在CI2FE2上 10：通道2配置为输入，IS2映射在CI3FE2上 11：通道2配置为输入，IS2映射在ITS上。此模式仅工作在内部触发输入被选中 （通过设置TIMERx_SMCFG寄存器的TRGS位）

输入捕获模式下通道控制寄存器1的32位字的每个位的含义见表8-20。

表8-20　输入捕获模式下通道控制寄存器1的32位字的每个位的含义

位 / 位域	名称	描述
31:16	保留	必须保持复位值
15:12	CH3CAPFLT［3:0］	通道3输入捕获滤波控制，参见CH0CAPFLT描述
11:10	CH3CAPPSC［1:0］	通道3输入捕获预分频器，参见CH0CAPPSC描述
9:8	CH3MS［1:0］	通道3模式选择与输出模式相同
7:4	CH2CAPFLT［3:0］	通道2输入捕获滤波控制 数字滤波器由一个事件计数器组成，它记录 N 个输入事件后会产生一个输出的跳变。这些位定义了CI2输入信号的采样频率和数字滤波器的长度 0000：无滤波器，fSAMP=fDTS，N=1 0001：fSAMP=fPCLK，N=2 0010：fSAMP=fPCLK，N=4 0011：fSAMP=fPCLK，N=8

（续）

位 / 位域	名称	描述
7:4	CH2CAPFLT［3:0］	0100：fSAMP=fDTS/2，N=6 0101：fSAMP=fDTS/2，N=8 0110：fSAMP=fDTS/4，N=6 0111：fSAMP=fDTS/4，N=8 1000：fSAMP=fDTS/8，N=6 1001：fSAMP=fDTS/8，N=8 1010：fSAMP=fDTS/16，N=5 1011：fSAMP=fDTS/16，N=6 1100：fSAMP=fDTS/16，N=8 1101：fSAMP=fDTS/32，N=5 1110：fSAMP=fDTS/32，N=6 1111：fSAMP=fDTS/32，N=8
3:2	CH2CAPPSC［1:0］	通道 2 输入捕获预分频器 这两位定义了通道 2 输入的预分频系数。当 TIMERx_CHCTL2 寄存器中的 CH2EN=0 时，则预分频器复位 00：无预分频器，捕获输入口上检测到的每一个边沿都触发一次捕获 01：每 2 个事件触发一次捕获 10：每 4 个事件触发一次捕获 11：每 8 个事件触发一次捕获
1:0	CH2MS［1:0］	通道 2 模式选择，与输出比较模式相同

9. 通道控制寄存器 2（TIMERx_CHCTL2）

地址偏移：0x20。

复位值：0x0000 0000。

该寄存器只能按字（32 位）访问，字的格式如图 8-24 所示。

图 8-24　通道控制寄存器 2 的 32 位字格式

通道控制寄存器 2 的 32 位字的每个位的含义见表 8-21。

表 8-21　通道控制寄存器 2 的 32 位字的每个位的含义

位 / 位域	名称	描述
31:14	保留	必须保持复位值
13	CH3P	通道 3 极性，参考 CH0P 描述
12	CH3EN	通道 3 使能，参考 CH0EN 描述
11	CH2NP	通道 2 互补输出极性，参考 CH0NP 描述

（续）

位 / 位域	名称	描述
10	保留	必须保持复位值
9	CH2P	通道 2 极性，参考 CH0P 描述
8	CH2EN	通道 2 使能，参考 CH0EN 描述
7	CH1NP	通道 1 互补输出极性，参考 CH0NP 描述
6	保留	必须保持复位值
5	CH1P	通道 1 极性，参考 CH0P 描述
4	CH1EN	通道 1 使能，参考 CH0EN 描述
3	CH0NP	通道 0 互补输出极性 当通道 0 配置为输出模式时，该位保持 0 当通道 0 配置为输入模式时，此位和 CH0P 联合使用，作为输入信号 CI0 的极性选择控制信号 当 TIMERx_CCHP 寄存器的 PROT［1:0］=11 或 10 时，此位不能被更改
2	保留	必须保持复位值
1	CH0P	通道 0 极性 当通道 0 配置为输出模式时，此位定义了输出信号极性 0：通道 0 高电平有效 1：通道 0 低电平有效 当通道 0 配置为输入模式时，此位定义了 CI0 信号极性 ［CH0NP，CH0P］将选择 CI0FE0 或者 CI1FE0 的有效边沿或者捕获极性 ［CH0NP==0，CH0P==0］：把 CIxFE0 的上升沿作为捕获或者从模式下触发的有效信号，并且 CIxFE0 不会被翻转 ［CH0NP==0，CH0P==1］：把 CIxFE0 的下降沿作为捕获或者从模式下触发的有效信号，并且 CIxFE0 会被翻转 ［CH0NP==1，CH0P==0］：保留 ［CH0NP==1，CH0P==1］：把 CIxFE0 的上升沿和下降沿都作为捕获或者从模式下触发的有效信号，并且 CIxFE0 不会被翻转 当 TIMERx_CCHP 寄存器的 PROT［1:0］=11 或 10 时，此位不能被更改
0	CH0EN	通道 0 捕获 / 比较使能 当通道 0 配置为输出模式时，将此位置 1 使能 CH0_O 信号有效。当通道 0 配置为输入模式时，将此位置 1 使能通道 0 上的捕获事件 0：禁止通道 0 1：使能通道 0

10. 计数器寄存器（TIMERx_CNT）（x=1，4）

地址偏移：0x24。

复位值：0x0000 0000。

该寄存器只能按字（32 位）访问，字的格式如图 8-25 所示。

计数器寄存器（1，4）的 32 位字的每个位的含义见表 8-22。

31	30	29	28	27	26	25	24	23	22	21	20	19	18	17	16
CNT[31:16]															
rw															

15	14	13	12	11	10	9	8	7	6	5	4	3	2	1	0
CNT[15:0]															
rw															

图 8-25 计数器寄存器（1，4）的 32 位字格式

表 8-22 计数器寄存器（1，4）的 32 位字的每个位的含义

位 / 位域	名称	描述
31:0	CNT [31:0]	这些位是当前的计数值。写操作能改变计数器值

11. 计数器寄存器（TIMERx_CNT）（x=2，3）

地址偏移：0x24。

复位值：0x0000 0000。

该寄存器只能按字（32 位）访问，字的格式如图 8-26 所示。

31	30	29	28	27	26	25	24	23	22	21	20	19	18	17	16
保留															

15	14	13	12	11	10	9	8	7	6	5	4	3	2	1	0
CNT[15:0]															
rw															

图 8-26 计数器寄存器（2，3）的 32 位字格式

计数器寄存器（2，3）的 32 位字的每个位的含义见表 8-23。

表 8-23 计数器寄存器（2，3）的 32 位字的每个位的含义

位 / 位域	名称	描述
31:16	保留	必须保持复位值
15:0	CNT [15:0]	这些位是当前的计数值。写操作能改变计数器值

12. 预分频寄存器（TIMERx_PSC）

地址偏移：0x28。

复位值：0x0000 0000。

该寄存器只能按字（32 位）访问，字的格式如图 8-27 所示。

31	30	29	28	27	26	25	24	23	22	21	20	19	18	17	16
保留															

15	14	13	12	11	10	9	8	7	6	5	4	3	2	1	0
PSC[15:0]															
rw															

图 8-27 预分频寄存器的 32 位字格式

预分频寄存器的 32 位字的每个位的含义见表 8-24。

表 8-24 预分频寄存器的 32 位字的每个位的含义

位 / 位域	名称	描述
31:16	保留	必须保持复位值
15:0	PSC［15:0］	计数器时钟预分频值 计数器时钟等于 PSC 时钟除以（PSC+1），每次当更新事件产生时，PSC 的值被装入当前预分频寄存器

13. 计数器自动重载寄存器（TIMERx_CAR）（x=1，4）

地址偏移：0x2C。

复位值：0x0000 0000。

该寄存器只能按字（32 位）访问，字的格式如图 8-28 所示。

31	30	29	28	27	26	25	24	23	22	21	20	19	18	17	16
CARL[31:16]															
rw															

15	14	13	12	11	10	9	8	7	6	5	4	3	2	1	0
CARL[15:0]															
rw															

图 8-28 计数器自动重载寄存器（1，4）的 32 位字格式

计数器自动重载寄存器（1，4）的 32 位字的每个位的含义见表 8-25。

表 8-25 计数器自动重载寄存器（1，4）的 32 位字的每个位的含义

位 / 位域	名称	描述
31:0	CARL［31:0］	计数器自动重载值 这些位定义了计数器的自动重载值

14. 计数器自动重载寄存器（TIMERx_CAR）（x=2，3）

地址偏移：0x2C。

复位值：0x0000 0000。

该寄存器只能按字（32 位）访问，字的格式如图 8-29 所示。

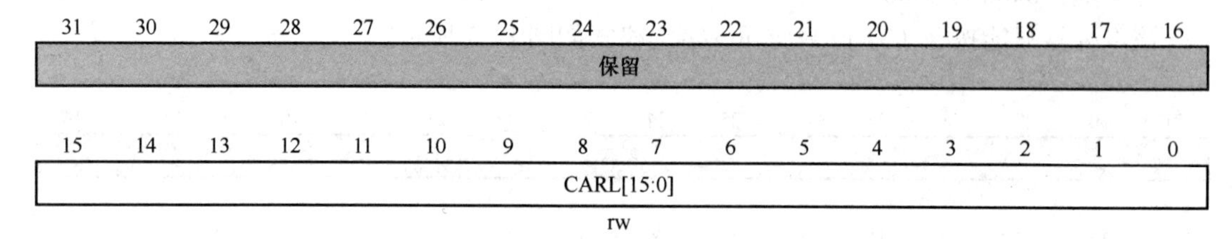

图 8-29 计数器自动重载寄存器（2，3）的 32 位字格式

计数器自动重载寄存器（2，3）的 32 位字的每个位的含义见表 8-26。

表 8-26 计数器自动重载寄存器（2，3）的 32 位字的每个位的含义

位 / 位域	名称	描述
31:16	保留	必须保持复位值
15:0	CARL [15:0]	计数器自动重载值 这些位定义了计数器的自动重载值

15. 通道 0 捕获 / 比较值寄存器（TIMERx_CH0CV）（x=1，4）

地址偏移：0x34。

复位值：0x0000 0000。

该寄存器只能按字（32 位）访问，字的格式如图 8-30 所示。

31	30	29	28	27	26	25	24	23	22	21	20	19	18	17	16
CH0VAL[31:16]															
rw															
15	14	13	12	11	10	9	8	7	6	5	4	3	2	1	0
CH0VAL[15:0]															
rw															

图 8-30 通道 0 捕获 / 比较值寄存器（1，4）的 32 位字格式

通道 0 捕获 / 比较值寄存器（1，4）的 32 位字的每个位的含义见表 8-27。

表 8-27 通道 0 捕获 / 比较值寄存器（1，4）的 32 位字的每个位的含义

位 / 位域	名称	描述
31:0	CH0VAL [31:0]	通道 0 的捕获或比较值 当通道 0 配置为输入模式时，这些位决定了上次捕获事件的计数器值，并且本寄存器为只读 当通道 0 配置为输出模式时，这些位包含了即将和计数器比较的值。使能相应影子寄存器后，影子寄存器的值随每次更新事件更新

16. 通道 0 捕获 / 比较值寄存器（TIMERx_CH0CV）（x=2，3）

地址偏移：0x34。

复位值：0x0000 0000。

该寄存器只能按字（32 位）访问，字的格式如图 8-31 所示。

31	30	29	28	27	26	25	24	23	22	21	20	19	18	17	16
保留															
15	14	13	12	11	10	9	8	7	6	5	4	3	2	1	0
CH0VAL[15:0]															
rw															

图 8-31 通道 0 捕获 / 比较值寄存器（2，3）的 32 位字格式

通道 0 捕获 / 比较值寄存器（2，3）的 32 位字的每个位的含义见表 8-28。

表 8-28　通道 0 捕获 / 比较值寄存器（2，3）的 32 位字的每个位的含义

位 / 位域	名称	描述
31:16	保留	必须保持复位值
15:0	CH0VAL［15:0］	通道 0 的捕获或比较值 当通道 0 配置为输入模式时，这些位决定了上次捕获事件的计数器值，并且本寄存器为只读 当通道 0 配置为输出模式时，这些位包含了即将和计数器比较的值。使能相应影子寄存器后，影子寄存器的值随每次更新事件更新

17. 通道 1 捕获 / 比较值寄存器（TIMERx_CH1CV）（x=1，4）

地址偏移：0x38。

复位值：0x0000 0000。

该寄存器只能按字（32 位）访问，字的格式如图 8-32 所示。

31	30	29	28	27	26	25	24	23	22	21	20	19	18	17	16
CH1VAL[31:16]															
rw															

15	14	13	12	11	10	9	8	7	6	5	4	3	2	1	0
CH1VAL[15:0]															
rw															

图 8-32　通道 1 捕获 / 比较值寄存器（1，4）的 32 位字格式

通道 1 捕获 / 比较值寄存器（1，4）的 32 位字的每个位的含义见表 8-29。

表 8-29　通道 1 捕获 / 比较值寄存器（1，4）的 32 位字的每个位的含义

位 / 位域	名称	描述
31:0	CH1VAL［31:0］	通道 1 的捕获或比较值 当通道 1 配置为输入模式时，这些位决定了上次捕获事件的计数器值，并且本寄存器为只读 当通道 1 配置为输出模式时，这些位包含了即将和计数器比较的值。使能相应影子寄存器后，影子寄存器的值随每次更新事件更新

18. 通道 1 捕获 / 比较值寄存器（TIMERx_CH1CV）（x=2，3）

地址偏移：0x38。

复位值：0x0000 0000。

该寄存器只能按字（32 位）访问，字的格式如图 8-33 所示。

31	30	29	28	27	26	25	24	23	22	21	20	19	18	17	16
保留															

15	14	13	12	11	10	9	8	7	6	5	4	3	2	1	0
CH1VAL[15:0]															
rw															

图 8-33　通道 1 捕获 / 比较值寄存器（2，3）的 32 位字格式

通道 1 捕获 / 比较值寄存器（2，3）的 32 位字的每个位的含义见表 8-30。

表 8-30 通道 1 捕获 / 比较值寄存器（2、3）的 32 位字的每个位的含义

位 / 位域	名称	描述
31:16	保留	必须保持复位值
15:0	CH1VAL［15:0］	通道 1 的捕获或比较值 当通道 1 配置为输入模式时，这些位决定了上次捕获事件的计数器值，并且本寄存器为只读 当通道 1 配置为输出模式时，这些位包含了即将和计数器比较的值。使能相应影子寄存器后，影子寄存器的值随每次更新事件更新

19. 通道 2 捕获 / 比较值寄存器（TIMERx_CH2CV）（x=1，4）

地址偏移：0x3C。

复位值：0x0000 0000。

该寄存器只能按字（32 位）访问，字的格式如图 8-34 所示。

31	30	29	28	27	26	25	24	23	22	21	20	19	18	17	16
CH2VAL[31:16]															
rw															

15	14	13	12	11	10	9	8	7	6	5	4	3	2	1	0
CH2VAL[15:0]															
rw															

图 8-34 通道 2 捕获 / 比较值寄存器（1，4）的 32 位字格式

通道 2 捕获 / 比较值寄存器（1，4）的 32 位字的每个位的含义见表 8-31。

表 8-31 通道 2 捕获 / 比较值寄存器（1，4）的 32 位字的每个位的含义

位 / 位域	名称	描述
31:0	CH2VAL［31:0］	通道 2 的捕获或比较值 当通道 2 配置为输入模式时，这些位决定了上次捕获事件的计数器值，并且本寄存器为只读 当通道 2 配置为输出模式时，这些位包含了即将和计数器比较的值。使能相应影子寄存器后，影子寄存器的值随每次更新事件更新

20. 通道 2 捕获 / 比较值寄存器（TIMERx_CH2CV）（x=2，3）

地址偏移：0x3C。

复位值：0x0000 0000。

该寄存器只能按字（32 位）访问，字的格式如图 8-35 所示。

31	30	29	28	27	26	25	24	23	22	21	20	19	18	17	16
保留															

15	14	13	12	11	10	9	8	7	6	5	4	3	2	1	0
CH2VAL[15:0]															
rw															

图 8-35 通道 2 捕获 / 比较值寄存器（2，3）的 32 位字格式

通道2捕获/比较值寄存器（2，3）的32位字的每个位的含义见表8-32。

表8-32 通道2捕获/比较值寄存器（2，3）的32位字的每个位的含义

位/位域	名称	描述
31:16	保留	必须保持复位值
15:0	CH2VAL[15:0]	通道2的捕获或比较值 当通道2配置为输入模式时，这些位决定了上次捕获事件的计数器值，并且本寄存器为只读 当通道2配置为输出模式时，这些位包含了即将和计数器比较的值。使能相应影子寄存器后，影子寄存器的值随每次更新事件更新

21. 通道3捕获/比较值寄存器（TIMERx_CH3CV）（x=1，4）

地址偏移：0x40。

复位值：0x0000 0000。

该寄存器只能按字（32位）访问，字的格式如图8-36所示。

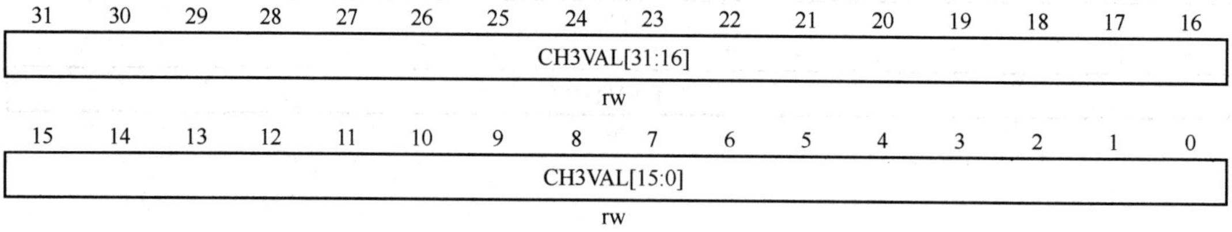

31	30	29	28	27	26	25	24	23	22	21	20	19	18	17	16
CH3VAL[31:16]															
rw															

15	14	13	12	11	10	9	8	7	6	5	4	3	2	1	0
CH3VAL[15:0]															
rw															

图8-36 通道3捕获/比较值寄存器（1，4）的32位字格式

通道3捕获/比较值寄存器（1，4）的32位字的每个位的含义见表8-33。

表8-33 通道3捕获/比较值寄存器（1，4）的32位字的每个位的含义

位/位域	名称	描述
31:0	CH3VAL[31:0]	通道3的捕获或比较值 当通道3配置为输入模式时，这些位决定了上次捕获事件的计数器值，并且本寄存器为只读 当通道3配置为输出模式时，这些位包含了即将和计数器比较的值。使能相应影子寄存器后，影子寄存器的值随每次更新事件更新

22. 通道3捕获/比较值寄存器（TIMERx_CH3CV）（x=2，3）

地址偏移：0x40。

复位值：0x0000 0000。

该寄存器只能按字（32位）访问，字的格式如图8-37所示。

通道3捕获/比较值寄存器（2，3）的32位字的每个位的含义见表8-34。

23. DMA配置寄存器（TIMERx_DMACFG）

地址偏移：0x48。

复位值：0x0000 0000。

31:16
保留

15:0
CH3VAL[15:0]
rw

图 8-37 通道 3 捕获 / 比较值寄存器（2，3）的 32 位字格式

表 8-34 通道 3 捕获 / 比较值寄存器（2，3）的 32 位字的每个位的含义

位 / 位域	名称	描述
31:16	保留	必须保持复位值
15:0	CH3VAL［15:0］	通道 3 的捕获或比较值 当通道 3 配置为输入模式时，这些位决定了上次捕获事件的计数器值，并且本寄存器为只读 当通道 3 配置为输出模式时，这些位包含了即将和计数器比较的值。使能相应影子寄存器后，影子寄存器的值随每次更新事件更新

该寄存器只能按字（32 位）访问，字的格式如图 8-38 所示。

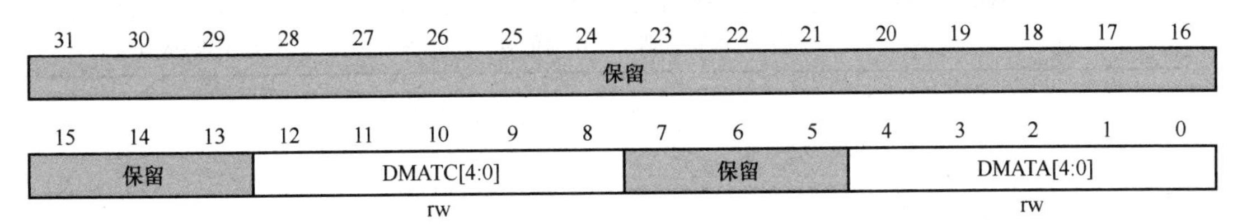

图 8-38 DMA 配置寄存器的 32 位字格式

DMA 配置寄存器的 32 位字的每个位的含义见表 8-35。

表 8-35 DMA 配置寄存器的 32 位字的每个位的含义

位 / 位域	名称	描述
31:14	保留	必须保持复位值
12:8	DMATC［4:0］	DMA 传输计数 该位域定义了 DMA 访问（读写）TIMERx_DMATB 寄存器的数量
7:5	保留	必须保持复位值
4:0	DMATA［4:0］	DMA 传输起始地址 该位域定义了 DMA 访问 TIMERx_DMATB 寄存器的第一个地址。当通过 TIMERx_DMA 第一次访问时，访问的就是该位域指定的地址。第二次访问 TIMERx_DMATB 时，将访问起始地址 +0x4 5’b0_0000：TIMERx_CTL0 5’b0_0001：TIMERx_CTL1 … 总之：起始地址 =TIMERx_CTL0+DMATA*4

24. DMA 发送缓冲区寄存器（TIMERx_DMATB）

地址偏移：0x4C。

复位值：0x0000 0000。

该寄存器只能按字（32 位）访问，字的格式如图 8-39 所示。

31	30	29	28	27	26	25	24	23	22	21	20	19	18	17	16
保留															
15	14	13	12	11	10	9	8	7	6	5	4	3	2	1	0
DMATB[15:0]															
rw															

图 8-39 DMA 发送缓冲区寄存器的 32 位字格式

DMA 发送缓冲区寄存器的 32 位字的每个位的含义见表 8-36。

表 8-36 DMA 发送缓冲区寄存器的 32 位字的每个位的含义

位 / 位域	名称	描述
31:16	保留	必须保持复位值
15:0	DMATB［15:0］	DMA 发送缓冲 对这个寄存器的读或写，(起始地址）到（起始地址 + 传输次数 *4）地址范围内的寄存器会被访问传输次数由硬件计算，范围为 0 到 DMATC

25. 输入重映射寄存器（TIMERx_IRMP）（x=1）

地址偏移：0x50。

复位值：0x0000 0000。

该寄存器只能按字（32 位）访问，字的格式如图 8-40 所示。

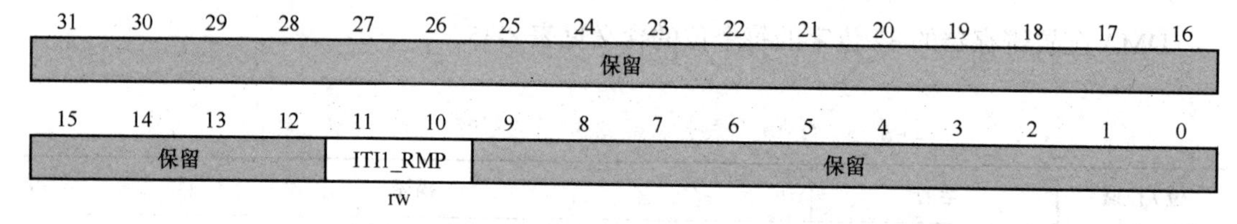

图 8-40 输入重映射寄存器（1）的 32 位字格式

输入重映射寄存器（1）的 32 位字的每个位的含义见表 8-37。

表 8-37 输入重映射寄存器（1）的 32 位字的每个位的含义

位 / 位域	名称	描述
31:12	保留	必须保持复位值
11:10	ITI1_RMP	内部触发输入 1 重映射 00：TIMER7_TRGO 01：Ethernet PTP 10：USB FS SOF 11：USB HS SOF
9:0	保留	必须保持复位值

26. 输入重映射寄存器（TIMERx_IRMP）（x=4）

地址偏移：0x50。

复位值：0x0000 0000。

该寄存器只能按字（32 位）访问，字的格式如图 8-41 所示。

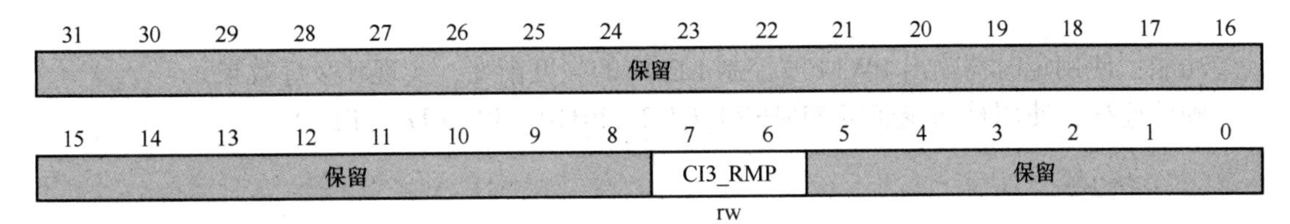

图 8-41 输入重映射寄存器（4）的 32 位字格式

输入重映射寄存器（4）的 32 位字的每个位的含义见表 8-38。

表 8-38 输入重映射寄存器（4）的 32 位字的每个位的含义

位 / 位域	名称	描述
31:8	保留	必须保持复位值
7:6	CI3_RMP	通道 3 输入重映射 00：连接到 GPIO 引脚，参考 GPIO 重映射表 01：IRC32K 10：LXTAL 11：RTC 唤醒中断
5:0	保留	必须保持复位值

27. 配置寄存器（TIMERx_CFG）

地址偏移：0xFC。

复位值：0x0000 0000。

该寄存器只能按字（32 位）访问，字的格式如图 8-42 所示。

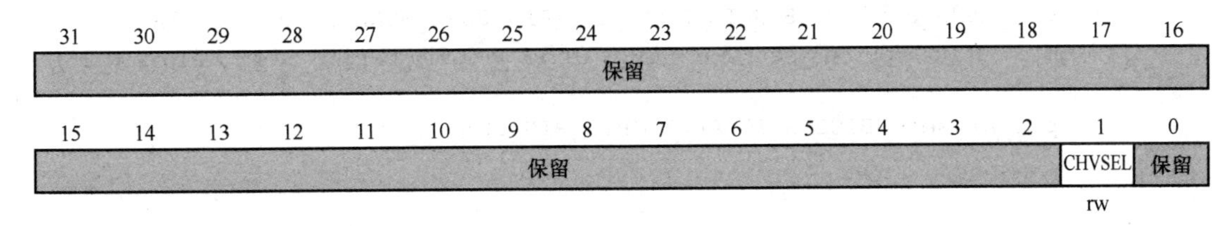

图 8-42 配置寄存器的 32 位字格式

配置寄存器的 32 位字的每个位的含义见表 8-39。

表 8-39 配置寄存器的 32 位字的每个位的含义

位 / 位域	名称	描述
31:2	保留	必须保持复位值
1	CHVSEL	写捕获比较寄存器选择位，此位由软件写 1 或清 0 1：当写入捕获比较寄存器的值与寄存器当前值相等时，写入操作无效 0：无影响
0	保留	必须保持复位值

8.3 通用定时器操作实例

8.3.1 实例介绍

功能：使用定时器输出PWM波控制LED1的亮度渐变，实现呼吸灯效果。

硬件连接：使用杜邦线连接TIMER1_CH2（PB10）和LED1（PE2）。

8.3.2 程序

主程序如下：

```
#include "gd32f4xx.h"
#include "gd32f450z_eval.h"
#include "systick.h"

void gpio_config(void);
void timer_config(void);

/**
    \brief          configure the GPIO ports
    \param[in]    none
    \param[out]   none
    \retval         none
  */
void gpio_config(void)
{
    rcu_periph_clock_enable(RCU_GPIOB);

    /* Configure PB10(TIMER1_CH2)as alternate function */
    gpio_mode_set(GPIOB,GPIO_MODE_AF,GPIO_PUPD_NONE,GPIO_PIN_10);
    gpio_output_options_set(GPIOB,GPIO_OTYPE_PP,GPIO_OSPEED_50MHz,GPIO_PIN_10);

    gpio_af_set(GPIOB,GPIO_AF_1,GPIO_PIN_10);
}

/**
    \brief          configure the TIMER peripheral
    \param[in]    none
    \param[out]   none
    \retval         none
    */
void timer_config(void)
{
    /* TIMER1 configuration: generate PWM signals with different duty cycles:
       TIMER1CLK=SystemCoreClock/120=1MHz */
    timer_oc_parameter_struct timer_ocintpara;
    timer_parameter_struct timer_initpara;
```

```
    rcu_periph_clock_enable(RCU_TIMER1);
    rcu_timer_clock_prescaler_config(RCU_TIMER_PSC_MUL4);
    timer_struct_para_init(&timer_initpara);
    timer_deinit(TIMER1);

    /* TIMER1 configuration */
    timer_initpara.prescaler            =119;
    timer_initpara.alignedmode          =TIMER_COUNTER_EDGE;
    timer_initpara.counterdirection          =TIMER_COUNTER_UP;
    timer_initpara.period                    =500;
    timer_initpara.clockdivision             =TIMER_CKDIV_DIV1;
    timer_initpara.repetitioncounter=0;
    timer_init(TIMER1,&timer_initpara);

    /* CH2 configuration in PWM mode 0 */
    timer_channel_output_struct_para_init(&timer_ocintpara);
    timer_ocintpara.ocpolarity  =  TIMER_OC_POLARITY_HIGH;
    timer_ocintpara.outputstate  =  TIMER_CCX_ENABLE;
    timer_ocintpara.ocnpolarity  =  TIMER_OCN_POLARITY_HIGH;
    timer_ocintpara.outputnstate  =  TIMER_CCXN_DISABLE;
    timer_ocintpara.ocidlestate  =  TIMER_OC_IDLE_STATE_LOW;
    timer_ocintpara.ocnidlestate  =  TIMER_OCN_IDLE_STATE_LOW;

    timer_channel_output_config(TIMER1,TIMER_CH_2,&timer_ocintpara);

    /* CH2 configuration in PWM mode 0,duty cycle 25% */
    timer_channel_output_pulse_value_config(TIMER1,TIMER_CH_2,0);
    timer_channel_output_mode_config(TIMER1,TIMER_CH_2,TIMER_OC_MODE_PWM0);
    timer_channel_output_shadow_config(TIMER1,TIMER_CH_2,TIMER_OC_SHADOW_
DISABLE);

    /* auto-reload preload enable */
    timer_auto_reload_shadow_enable(TIMER1);
    /* TIMER1 enable */
    timer_enable(TIMER1);
}

/*!
    \brief main function
    \param[in] none
    \param[out]none
    \retval  none
*/
int main(void)
{
    uint16_t i=0;
    FlagStatus breathe_flag=SET;

    /* configure the GPIO ports */
```

```
        gpio_config( );

        /* configure the TIMER peripheral */
        timer_config( );

        /* configure systick */
        systick_config( );

        while(1){
            /* delay a time in milliseconds */
            delay_1ms(5);
            if(SET  ==  breathe_flag){
                i++;
            }else{
                i--;
            }
            if(500 < i){
                breathe_flag  =  RESET;
            }
            if(0 >=i){
                breathe_flag  =  SET;
            }
            /* configure TIMER channel output pulse value */
            timer_channel_output_pulse_value_config(TIMER1,TIMER_CH_2,i);
        }
    }
```

8.3.3 运行结果

当程序运行时，可以看到LED1由暗变亮，由亮变暗，往复循环，就像人的呼吸一样有节奏。

8.4 小结

本章介绍了GD32系列微处理器的定时器模块，详述了基本定时的功能特性和通用定时器L0使用方法。更多通用定时器和高级定时器的使用方法请读者自行参阅相关资料。

实验视频

8-1 Timer

1. GD32 系列定时器有哪几种类型?
2. 绘制基本定时器结构框图并说明各部件的作用。
3. 基本定时器向上计数模式如何配置?

Chapter 9

第 9 章 通用同步异步收发器

通用同步异步收发器（Universal Synchronous/Asynchronous Receiver/Transmitter，USART）是一个全双工通用同步 / 异步串行收发模块，该接口是一个高度灵活的串行通信设备。通用同步异步收发器（USART）提供了一种灵活的方法来与使用工业标准不归零（NRZ）异步串行数据格式的外设之间进行全双工数据交换。本章介绍 USART 的功能和配置方法，通过实例演示 USART 的应用。

9.1 简介

通用同步异步收发器（USART）提供了一个灵活方便的串行数据交换接口，数据帧可以通过全双工或半双工，同步或异步的方式进行传输。USART 提供了可编程的波特率发生器，能对系统时钟进行分频，产生 USART 发送和接收所需的特定频率。

USART 不仅支持标准的异步收发模式，还实现了一些其他类型的串行数据交换模式，如红外编码规范、串行红外协议（SIR）、智能卡协议、局部互联网（LIN）以及同步单双工模式。它还支持多处理器通信和 Modem 流控操作（CTS/RTS）。数据帧支持从 LSB 或者 MSB 开始传输。数据位的极性和 TX/RX 引脚都可以灵活配置。

所有 USART 都支持 DMA 功能，以实现高速率的数据通信。

9.2 主要特性

1）NRZ 标准格式（Mark/Space）。

2）全双工异步通信。

3）半双工单线通信。

4）可编程的波特率产生器：

① 由外设时钟分频产生，其中 USART 0/5 由 PCLK2 分频得到，USART 1/2 和 UART 3/4/6/7 由 PCLK1 分频得到。

② 8 或 16 倍过采样。

③ 当时钟频率为 100MHz，过采样为 8，最高速度可到 12.5Mbit/s。

5）完全可编程的串口特性：

① 偶校验位、奇校验位、无校验位的生成 / 检测。

② 数据位（8 或 9 位）。

③ 产生 0.5、1、1.5 或者 2 个停止位。

6）发送器和接收器可分别使能。

7）支持硬件 Modem 流控操作（CTS/RTS）。

8）DMA 访问数据缓冲区。

9）LIN 断开帧的产生和检测。

10）支持红外数据协议（IrDA）。

11）同步传输模式以及为同步传输输出发送时钟。

12）支持兼容 ISO7816-3 的智能卡接口：

① 字节模式（T=0）。

② 块模式（T=1）。

③ 直接和反向转换。

13）多处理器通信：

① 如果地址不匹配，则进入静默模式。

② 通过线路空闲检测或者地址掩码检测从静默模式唤醒。

14）多种状态标志：

① 传输检测标志：接收缓冲区不为空（RBNE）、发送缓冲区为空（TBE）、传输完成（TC）、忙（BSY）。

② 错误检测标志：过载错误（ORERR）、噪声错误（NERR）、帧格式错误（FERR）、奇偶校验错误（PERR）。

③ 硬件流控操作标志：CTS 变化（CTSF）。

④ LIN 模式标志：LIN 断开检测（LBDF）。

⑤ 多处理器通信模式标志：IDLE 帧检测（IDLEF）。

⑥ 智能卡模式标志：块结束（EBF）和接收超时（RTF）。

⑦ 若相应的中断使能，这些事件发生将会触发中断。

USART 0/1/2/5 完全实现上述功能，但是 UART 3/4/6/7 只实现了上面所介绍功能的部分，下面这些功能在 UART 3/4/6/7 中没有实现：

1）智能卡模式。

2）同步模式。

3）硬件流操作（CTS/RTS）。

4）设置数据极性。

9.3 功能描述

USART 接口通过表 9-1 中主要引脚从外部连接到其他设备。

USART 模块内部框图如图 9-1 所示。

9.3.1 USART 帧格式

USART 数据帧开始于起始位，结束于停止位。USART_CTL0 寄存器中 WL 位可以设置数据长度。将USART_CTL0寄存器中PCEN置位，最后一个数据位可以用作校验位。若WL位为0，第7位为校验位；若WL位置1，第8位为校验位。USART_CTL0寄存器中PM位用于选择校验位的计算方法。

表9-1 USART主要引脚描述

引脚	类型	描述
RX	输入	接收数据
TX	输出 I/O（单线模式/智能卡模式）	发送数据。当USART使能后，若无数据发送，默认为高电平
CK	输出	用于同步通信的串行时钟信号
nCTS	输入	硬件流控模式发送使能信号
nRTS	输出	硬件流控模式发送请求信号

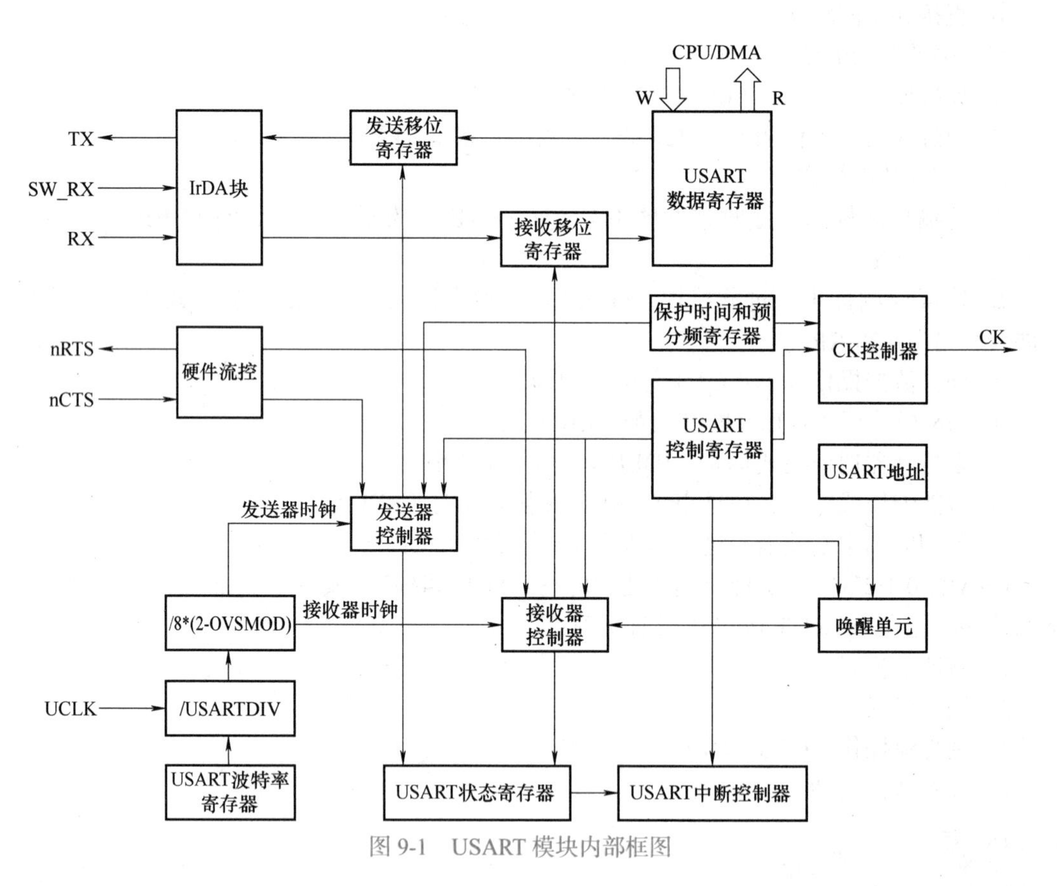

图9-1 USART模块内部框图

图9-2是USART字符帧结构图。

在发送和接收中，停止位可以由USART_CTL1寄存器中STB［1:0］位域配置，配置含义见表9-2。

在一个空闲帧中，所有位都为1。数据帧长度与正常USART数据帧长度相同。紧随停止位后多个低电平为中断帧。USART数据帧的传输速度由PCLK时钟频率、波特率发生器的配置，以及过采样模式共同决定。

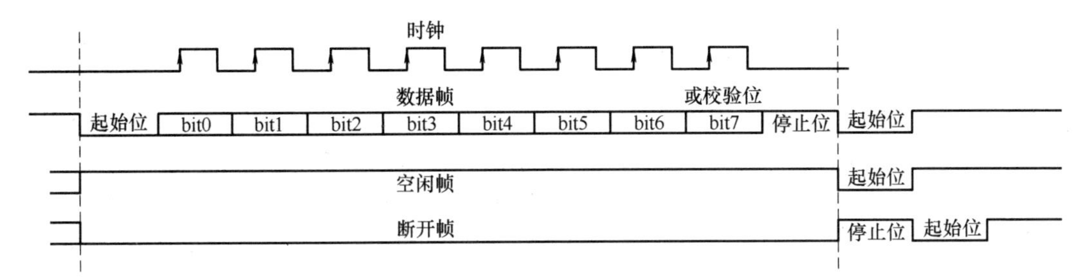

图 9-2　USART 字符帧（8 位数据位和 1 位停止位）结构图

表 9-2　停止位配置

STB［1:0］	停止位长度（位）	功能描述
00	1	默认值
01	0.5	智能卡模式接收
10	2	标准 USART，单线以及调制解调模式
11	1.5	智能卡模式发送和接收

9.3.2　波特率发生器

波特率分频系数是一个 16 位的数字，包含 12 位整数部分和 4 位小数部分。波特率发生器使用这两部分组合所得的数值来确定波特率。由于具有小数部分的波特率分频系数，将使 USART 能够产生所有标准波特率。

如果过采样率是 16，波特率分频系数（USARTDIV）与系统时钟具有如下关系：

$$\mathrm{USARTDIV}=\frac{\mathrm{UCLK}}{16\times \mathrm{Baud\ rate}}$$

置位 USART_CTL0 寄存器中的 OVSMOD 位，选择 8 倍过采样，波特率分频系数（USARTDIV）与系统时钟具有如下关系：

$$\mathrm{USARTDIV}=\frac{\mathrm{UCLK}}{8\times \mathrm{Baud\ rate}}$$

USART 0/5 的系统时钟为 PCLK2，USART 1/2 和 UART 3/4/6/7 的系统时钟为 PCLK1。在使能 USART 之前，必须在时钟控制单元使能系统时钟。

9.3.3　USART 发送器

如果 USART_CTL0 寄存器的发送使能位（TEN）被置位，当发送数据缓冲区不为空时，发送器将会通过 TX 引脚发送数据帧。TX 引脚的极性可以通过 USART_CTL3 寄存器中 TINV 位来配置。时钟脉冲通过 CK 引脚输出。

TEN 置位后发送器会发出一个空闲帧。TEN 位在数据发送过程中是不可以被复位的。

系统上电后，TBE 默认为高电平。在 USART_STAT0 寄存器中 TBE 置位时，数据可以在不覆盖前一个数据的情况下写入 USART_DATA 寄存器。当数据写入 USART_DATA 寄存器，TBE 位将被清 0。在数据由 USART_DATA 移入移位寄存器后，该位由硬件置 1。如果数据在一个发送过程正在进行时被写入 USART_DATA 寄存器，它将首先被存入发送缓冲区，在当前发送过程完成时传输到发送移位寄存器中。如果数据在写入 USART_DATA 寄存器时，没有发送过程正在进行，TBE位将被清0然后迅速置位，原因是数据将立刻传输到发送移位寄存器。

假如一帧数据已经发送出去，并且TBE位已经置位，那么USART_STAT0寄存器中TC位将被置1。如果USART_CTL0寄存器中的中断使能位（TCIE）为1，将会产生中断。

图9-3给出了USART发送步骤。软件操作按以下流程进行：

1）在USART_CTL0寄存器中置位UEN位，使能USART。

2）通过USART_CTL0寄存器的WL设置字长。

3）在USART_CTL1寄存器中写STB［1:0］位来设置停止位的长度。

4）如果选择了多级缓存通信方式，应该在USART_CTL2寄存器中使能DMA（DENT位）。

5）在USART_BAUD寄存器中设置波特率。

6）在USART_CTL0寄存器中设置TEN位。

7）等待TBE置位。

8）向USART_DATA寄存器写数据。

9）若DMA未使能，每发送一个字节都需重复步骤7)、8)。

10）等待TC=1，发送完成。

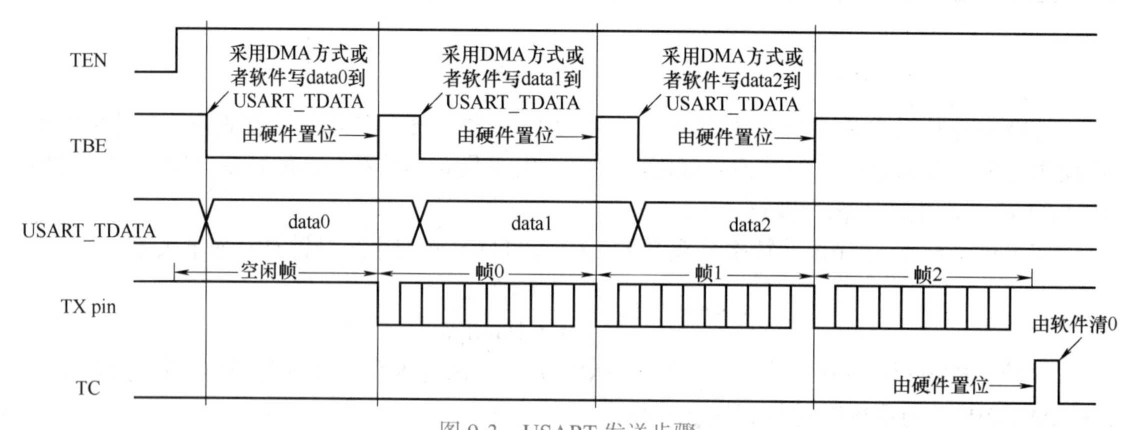

图9-3 USART发送步骤

在禁用USART或进入低功耗状态之前，必须等待TC置位。先读USART_STAT0然后再写USART_DATA可将TC位清0。在多级缓存通信方式（DENT=1）下，直接向TC位写0，也能清TC。

9.3.4 USART接收器

上电后，USART接收器使能按以下步骤进行：

1）在USART_CTL0寄存器中置位UEN位，使能USART。

2）写USART_CTL0寄存器的WL位去设置字长。

3）在USART_CTL1寄存器中写STB［1:0］位来设置停止位的长度。

4）如果选择了多级缓存通信方式，应该在USART_CTL2寄存器中使能DMA（DENR位）。

5）在USART_BAUD寄存器中设置波特率。

6）在USART_CTL0中设置REN位。

接收器在使能后若检测到一个有效的起始脉冲便开始接收码流。在接收一个数据帧的过程中会检测噪声错误、奇偶校验错误、帧错误和过载错误。

当接收到一个数据帧，USART_STAT0 寄存器中的 RBNE 置位，如果设置了 USART_CTL0 寄存器中相应的中断使能位 RBNEIE，将会产生中断。在 USART_STAT0 寄存器中可以观察接收状态标志。

软件可以通过读 USART_DATA 寄存器或者 DMA 方式获取接收到的数据。不管是直接读寄存器还是通过 DMA，只要是对 USART_DATA 寄存器的一个读操作都可以清除 RBNE 位。

在接收过程中，需使能 REN 位，不然当前的数据帧将会丢失。

在默认情况下，接收器通过获取 3 个采样点的值来估计该位的值。如果是 8 倍过采样模式，选择第 3~5 个采样点；如果是 16 倍过采样模式，选择第 7~9 个采样点。如果在 3 个采样点中有 2 个或 3 个为 0，该数据位被视为 0，否则为 1。如果 3 个采样点中有一个采样点的值与其他两个不同，不管是起始位、数据位、奇偶校验位或者停止位，都将产生噪声错误（NERR）。如果使能 DMA，并置位 USART_CTL2 寄存器中 ERRIE，将会产生中断。如果在 USART_CTL2 中置位 OSB，接收器将仅获取一个采样点来估计一个数据位的值。在这种情况下将不会检测到噪声错误。

图 9-4 展示了过采样方式接收一个数据位的时序。

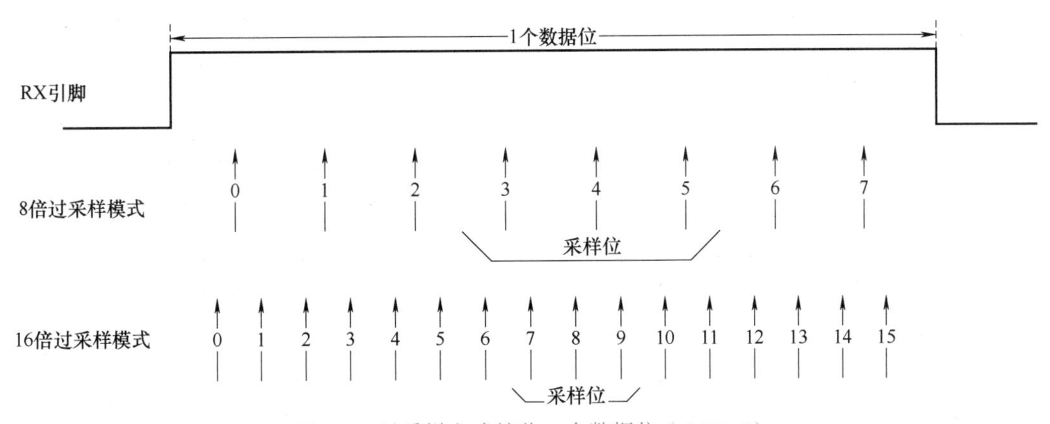

图 9-4　过采样方式接收一个数据位（OSB=0）

通过置位 USART_CTL0 寄存器中的 PCEN 位使能奇偶校验功能，接收器在接收一个数据帧时计算预期奇偶校验值，并将其与接收到的奇偶校验位进行比较。如果不相等，USART_STAT0 寄存器中 PERR 被置位。如果设置了 USART_CTL0 寄存器中的 PERRIE 位，将产生中断。

如果在停止位传输过程中 RX 引脚为 0，将产生帧错误，USART_STAT0 寄存器中 FERR 置位。如果使能 DMA 并置位 USART_CTL2 寄存器中 ERRIE 位，将产生中断。

当接收到一帧数据，而 RBNE 位还没有被清 0，随后的数据帧将不会存储在数据接收缓冲区中。USART_STAT0 寄存器中的溢出错误标志位 ORERR 将置位。如果使能 DMA 并置位 USART_CTL2 寄存器中 ERRIE 位或者置位 RBNEIE，将产生中断。

在一个接收过程中，RBNE、NERR、PERR、FERR 和 ORERR 总是同时置位。如果没有使能 DMA，软件需检查 RBNE 中断是否由 NERR、PERR、FERR 或者 ORERR 置位产生。

9.3.5　DMA 方式访问数据缓冲区

为减轻处理器的负担，可以采用 DMA 访问发送缓冲区或者接收缓冲区。置位 USART_

CTL2 寄存器中 DENT 位可以使能 DMA 发送，置位 USART_CTL2 寄存器中 DENR 位可以使能 DMA 接收。

当 DMA 用于 USART 发送时，DMA 将数据从片内 SRAM 传送到 USART 的数据缓冲区。配置步骤如图 9-5 所示。

所有数据帧都传输完成后，USART_STAT0 寄存器中 TC 位置 1。如果 USART_CTL0 寄存器中 TCIE 置位，将产生中断。

当 DMA 用于 USART 接收时，DMA 将数据从接收缓冲区传送到片内 SRAM。配置步骤如图 9-6 所示。如果将 USART_CTL2 寄存器中 ERRIE 位置 1，USART_STAT0 寄存器中的错误标志位（FERR、ORERR 和 NERR）被置位时将产生中断。

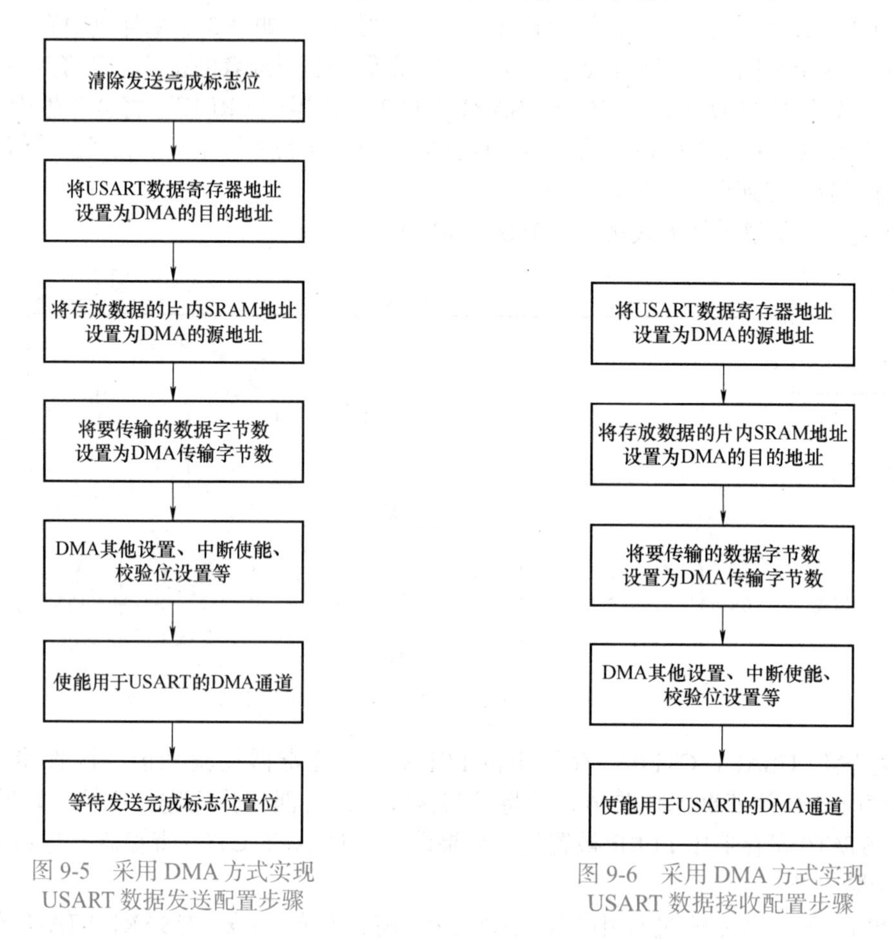

图 9-5　采用 DMA 方式实现 USART 数据发送配置步骤

图 9-6　采用 DMA 方式实现 USART 数据接收配置步骤

当 USART 接收到的数据数量达到了 DMA 传输数据数量，DMA 模块将产生传输完成中断。

9.3.6　硬件流控制

硬件流控制功能通过 nCTS 和 nRTS 引脚来实现。通过将 USART_CTL2 寄存器中 RTSEN 位置 1 来使能 RTS 流控，将 USART_CTL2 寄存器中 CTSEN 位置 1 来使能 CTS 流控。

两个 USART 设备之间的硬件流控制如图 9-7 所示。

1. RTS 流控

USART 接收器输出 nRTS，它用于反映接收缓冲区状态。当一帧数据接收完成，nRTS

变成高电平，这样是为了阻止发送器继续发送下一帧数据。当接收缓冲区满时，nRTS 保持高电平，可以通过读 USART_DATA 寄存器来清 0。

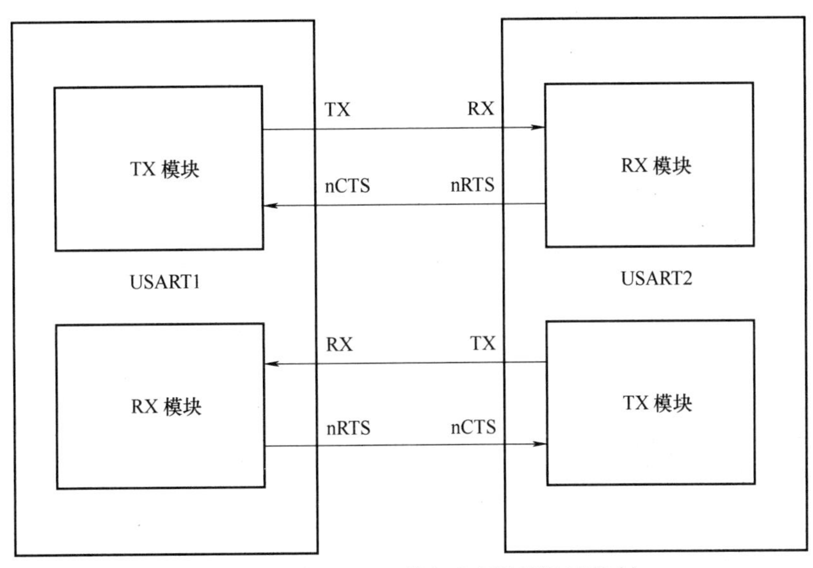

图 9-7　两个 USART 设备之间的硬件流控制

2. CTS 流控

USART 发送器监视 nCTS 输入引脚来决定数据帧是否可以发送。如果 USART_STAT0 寄存器中 TBE 位是 0 且 nCTS 为低电平，发送器发送数据帧。在发送期间，若 nCTS 信号变为高电平，发送器将会在当前数据帧发送完成后停止发送。

9.3.7　USART 中断

USART 中断事件和标志见表 9-3。

表 9-3　USART 中断事件和标志

中断事件	事件标志	控制寄存器	使能控制位
发送数据寄存器空	TBE	USART_CTL0	TBEIE
CTS 标志	CTSF	USART_CTL2	CTSIE
发送结束	TC	USART_CTL0	TCIE
接收到的数据可以读取	RBNE	USART_CTL0	RBNEIE
检测到过载错误	ORERR		
检测到线路空闲	IDLEF	USART_CTL0	IDLEIE

在发送给中断控制器之前，所有的中断事件是逻辑或的关系。因此在任何时候 USART 只能向控制器产生一个中断请求。不过软件可以在一个中断服务程序里处理多个中断事件。

9.4 USART操作实例

9.4.1 串口接收中断模式

1. 串口初始化

```
void gd_eval_com_init(void)
{
    /* enable GPIO clock */
    rcu_periph_clock_enable(RCU_GPIOA);

    /* enable USART clock */
    rcu_periph_clock_enable(EVAL_COM0_CLK);

    /* connect port to USARTx_Tx */
    gpio_af_set(GPIOA,GPIO_AF_7,GPIO_PIN_9);

    /* connect port to USARTx_Rx */
    gpio_af_set(GPIOA,GPIO_AF_7,GPIO_PIN_10);

    /* configure USART Tx as alternate function push-pull */
    gpio_mode_set(GPIOA,GPIO_MODE_AF,GPIO_PUPD_PULLUP,GPIO_PIN_9);
    gpio_output_options_set(GPIOA,GPIO_OTYPE_PP,GPIO_OSPEED_50MHz,GPIO_PIN_9);

    /* configure USART Rx as alternate function push-pull */
    gpio_mode_set(GPIOA,GPIO_MODE_AF,GPIO_PUPD_PULLUP,GPIO_PIN_10);
    gpio_output_options_set(GPIOA,GPIO_OTYPE_PP,GPIO_OSPEED_50MHz,GPIO_PIN_10);

    /* USART configure */
    usart_deinit(USART0);
    usart_baudrate_set(USART0,115200U);
    usart_receive_config(USART0,USART_RECEIVE_ENABLE);
usart_transmit_config(USART0,USART_TRANSMIT_ENABLE);
/* enable USART0 receive interrupt */
usart_interrupt_enable(USART0,USART_INT_RBNE);
    usart_enable(USART0);
}
```

2. 接收中断程序设计

```
void USART0_IRQHandler(void)
{
    if((RESET!=usart_interrupt_flag_get(USART0,USART_INT_FLAG_RBNE))&&
        (RESET!=usart_flag_get(USART0,USART_FLAG_RBNE))){
      /* Read one byte from the receive data register */
      rx_buffer [ rx_counter++ ]=(uint8_t)usart_data_receive(USART0);
}
}
```

3. 发送程序设计

```
int fputc(int ch,FILE*f)
{
    usart_data_transmit(USART0,(uint8_t)ch);
    while(RESET==usart_flag_get(USART0,USART_FLAG_TBE));
    return ch;
}
```

下载程序 < 05_USART_Echo_Interrupt_mode > 到开发板，用跳线帽将 JP13 跳到 USART 上，并将串口线连到开发板的 COM0 上。首先，所有灯亮灭一次用于测试。然后，COM0 将首先输出数组 tx_buffer 的内容（0x00~0xFF）到支持 hex 格式的串口助手并等待接收由串口助手发送的与 tx_buffer 字节数相同的数据。MCU 将接收到的串口助手发来的数据存放在数组 rx_buffer 中。在发送和接收完成后，将比较 tx_buffer 和 rx_buffer 的值。如果结果相同，LED1~ LED3 轮流闪烁；如果结果不相同，LED1~ LED3 一起闪烁。

通过串口输出的信息如图 9-8 所示。

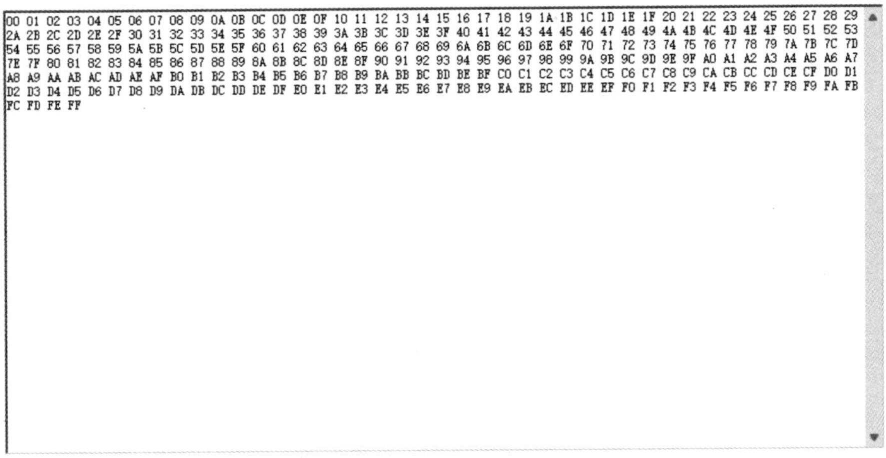

```
00 01 02 03 04 05 06 07 08 09 0A 0B 0C 0D 0E 0F 10 11 12 13 14 15 16 17 18 19 1A 1B 1C 1D 1E 1F 20 21 22 23 24 25 26 27 28 29
2A 2B 2C 2D 2E 2F 30 31 32 33 34 35 36 37 38 39 3A 3B 3C 3D 3E 3F 40 41 42 43 44 45 46 47 48 49 4A 4B 4C 4D 4E 4F 50 51 52 53
54 55 56 57 58 59 5A 5B 5C 5D 5E 5F 60 61 62 63 64 65 66 67 68 69 6A 6B 6C 6D 6E 6F 70 71 72 73 74 75 76 77 78 79 7A 7B 7C 7D
7E 7F 80 81 82 83 84 85 86 87 88 89 8A 8B 8C 8D 8E 8F 90 91 92 93 94 95 96 97 98 99 9A 9B 9C 9D 9E 9F A0 A1 A2 A3 A4 A5 A6 A7
A8 A9 AA AB AC AD AE AF B0 B1 B2 B3 B4 B5 B6 B7 B8 B9 BA BB BC BD BE BF C0 C1 C2 C3 C4 C5 C6 C7 C8 C9 CA CB CC CD CE CF D0 D1
D2 D3 D4 D5 D6 D7 D8 D9 DA DB DC DD DE DF E0 E1 E2 E3 E4 E5 E6 E7 E8 E9 EA EB EC ED EE EF F0 F1 F2 F3 F4 F5 F6 F7 F8 F9 FA FB
FC FD FE FF
```

图 9-8　串口打印信息

9.4.2　串口 DMA 操作

串口 DMA 操作实例请参考第 5 章。

9.5　小结

本章主要介绍了通用同步异步收发器（USART），包括 USART 的基本概念和特性，同时详细描述了 USART 的功能和配置方式，希望通过本章的学习，读者对通用同步异步收发器（USART）有一个清晰的认识和理解。

实验视频

9-1 串口中断

习题

1. USART由哪些外部信号组成？
2. 简述USART波特率的计算方法。
3. 简述USART过采样过程。
4. 硬件流控信号有哪些？它们的作用是什么？
5. USART中断事件有哪些？

Chapter 10

第10章 内部集成电路总线接口

内部集成电路（Inter-Integrated Circuit，I^2C）总线是一种由飞利浦公司开发的两线式串行总线，用于连接微控制器及其外设，可发送和接收数据。本章将介绍 I^2C 总线的基本概念和 I^2C 总线的配置流程，通过实例演示 I^2C 总线的应用。

10.1 简介

I^2C 模块提供了符合工业标准的两线式串行制接口，可用于 MCU 和外部 I^2C 设备的通信。I^2C 总线使用两条串行线：串行数据（SDA）线和串行时钟（SCL）线。

I^2C 接口模块实现了 I^2C 协议的标速模式和快速模式，具备 CRC 计算和校验功能、支持 SMBus（系统管理总线）和 PMBus（电源管理总线），此外还支持多主机 I^2C 总线架构。I^2C 接口模块也支持 DMA 模式，可有效减轻 CPU 的负担。

10.2 主要特征

1）并行总线至 I^2C 总线协议的转换及接口。

2）同一接口既可实现主机功能，又可实现从机功能。

3）主从机之间的双向数据传输。

4）支持 7 位和 10 位的地址模式和广播寻址。

5）支持 I^2C 多主机模式。

6）支持标速（最高 100kHz）和快速（最高 400kHz）。

7）从机模式下可配置的 SCL 主动拉低。

8）支持 DMA 模式。

9）兼容 SMBus 2.0 和 PMBus。

10）两个中断：字节成功发送中断和错误事件中断。

11）可选择的 PEC（报文错误校验）生成和校验。

12）支持 SAM_V 模式。

13）支持数字和模拟噪声滤波器。

10.3 功能描述

I^2C 接口的内部结构如图 10-1 所示。

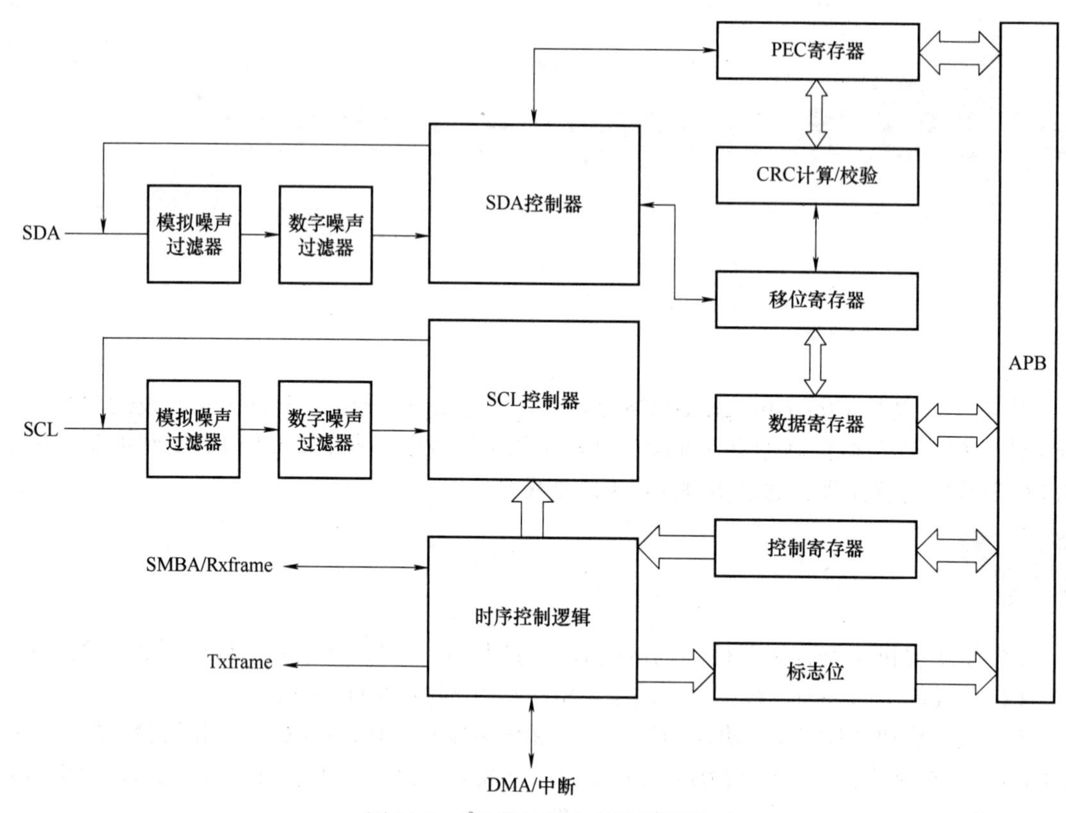

图 10-1 I^2C 接口的内部结构框图

表 10-1 是业界使用 I^2C 总线时常用的术语。

表 10-1 I^2C 总线术语说明（参考飞利浦 I^2C 规范）

术语	说明
发送器	发送数据到总线的设备
接收器	从总线接收数据的设备
主机	初始化数据传输，产生时钟信号和结束数据传输的设备
从机	由主机寻址的设备
多主	多个主机在不破坏信息的前提下同时控制总线
同步	同步两个或更多设备之间的时钟信号的过程
仲裁	如果超过一个主机同时试图控制总线，只有一个主机被允许，且获胜主机的信息不被破坏，保证上述的过程叫仲裁

10.3.1　SDA 线和 SCL 线

I^{2}C 模块有两条接口线：串行数据（SDA）线和串行时钟（SCL）线。连接到总线上的设备通过这两根线互相传递信息。SDA 和 SCL 都是双向线，通过一个电流源或者上拉电阻接到电源正极。当总线空闲时，两条线都是高电平。连接到总线的设备输出极必须带开漏或者开集，以提供线与功能。I^{2}C 总线上的数据在标速模式下可以达到 100kbit/s，在快速模式下可以达到 400kbit/s。由于 I^{2}C 总线上可能会连接不同工艺的设备（CMOS、NMOS、双极性器件），逻辑“0”和逻辑“1”的电平并不是固定的，取决于 VDD 的实际电平。

10.3.2　数据有效性

时钟信号的高电平期间，SDA 线上的数据必须稳定。只有在时钟信号 SCL 变低电平时，SDA 线的电平状态才能跳变（见图 10-2）。每个数据比特传输需要一个时钟脉冲。

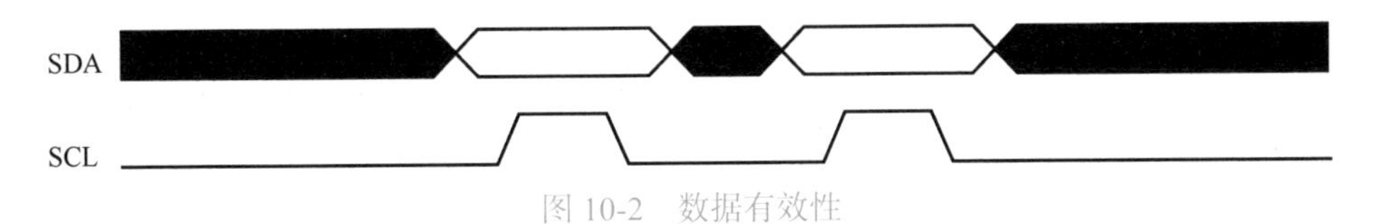

图 10-2　数据有效性

所有的数据传输起始于一个 START（S，起始位），结束于一个 STOP（P，线束位）（见图 10-3）。起始位定义为，在 SCL 为高时，SDA 线上出现一个从高到低的电平转换。结束位定义为，在 SCL 为高时，SDA 线上出现一个从低到高的电平转换。

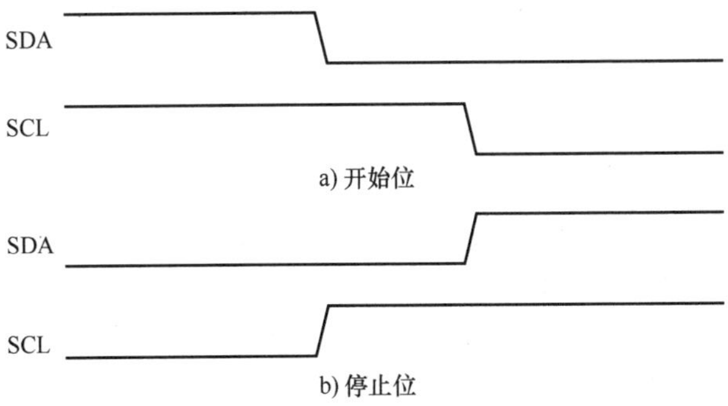

SDA
SCL
a) 开始位
SDA
SCL
b) 停止位

图 10-3　开始和停止状态

10.3.3　时钟同步

两个主机可以同时在空闲总线上开始传送数据，因此必须通过一些机制来决定哪个主机获取总线的控制权，一般是通过时钟同步和仲裁来完成的。单主机系统下不需要时钟同步和仲裁机制。

时钟同步通过 SCL 线的线与来实现。这就是说 SCL 线的从高到低切换会使器件开始计数它们的低电平周期，而且一旦主器件的时钟变低电平，它会使 SCL 线保持这种状态直到到达时钟的高电平（见图 10-4）。但是如果另一个时钟仍处于低电平周期，这个时钟的从低到高切换不会改变 SCL 线的状态。因此 SCL 线被有最长低电平周期的器件保持低电平。此时低电平周期短的器件会进入高电平的等待状态。

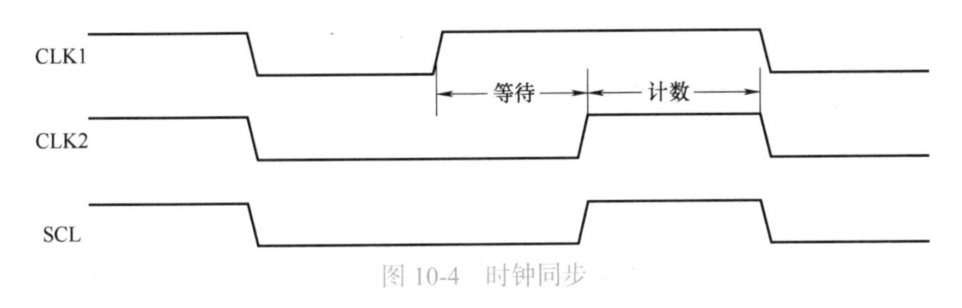

图 10-4　时钟同步

10.3.4 仲裁

仲裁和同步一样，都是为了解决多主机情况下的总线控制冲突。仲裁的过程与从机无关。

只有在总线空闲时主机才可以启动传输。两个主机可能在起始位的最短保持时间内在总线上产生一个有效的起始位，这种情况下需要仲裁来决定由哪个主机来完成传输。

仲裁逐位进行，在每一位的仲裁期间，当SCL为高时，每个主机都检查SDA电平是否和自己发送的相同。仲裁的过程需要持续很多位。理论上讲，如果两个主机所传输的内容完全相同，那么它们能够成功传输而不出现错误。如果一个主机发送高电平但检测到SDA电平为低，则认为自己仲裁失败并关闭自己的SDA输出驱动，而另一个主机则继续完成自己的传输。仲裁过程如图10-5所示。

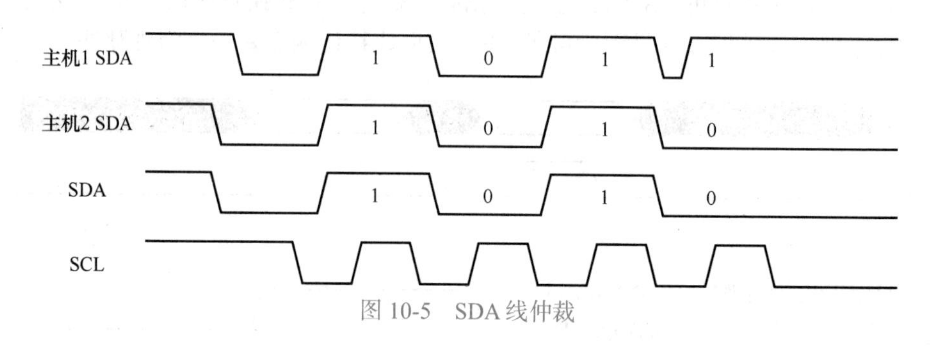

图10-5 SDA线仲裁

10.3.5 I²C通信流程

每个I²C设备（不管是微控制器、LCD驱动、存储器或者键盘接口）都通过唯一的地址进行识别，根据设备功能，它们既可以是发送器，也可作为接收器。

I²C从机检测到I²C总线上的起始位之后，就开始从总线上接收地址，之后会把从总线接收到的地址和自身的地址（通过软件编程）进行比较，一旦两个地址相同，I²C从机将发送一个确认应答（ACK），并响应总线的后续命令：发送或接收所要求的数据。此外，如果软件开启了广播呼叫，则I²C从机始终对一个广播地址（0x00）发送确认应答。I²C模块始终支持7位和10位的地址。

I²C主机负责产生起始位和结束位来开始和结束一次传输，并且负责产生SCL。

图10-6~图10-8分别展示了7位地址的I²C通信流程、10位地址的I²C通信流程（主机发送）和10位地址的I²C通信流程（主机接收）。

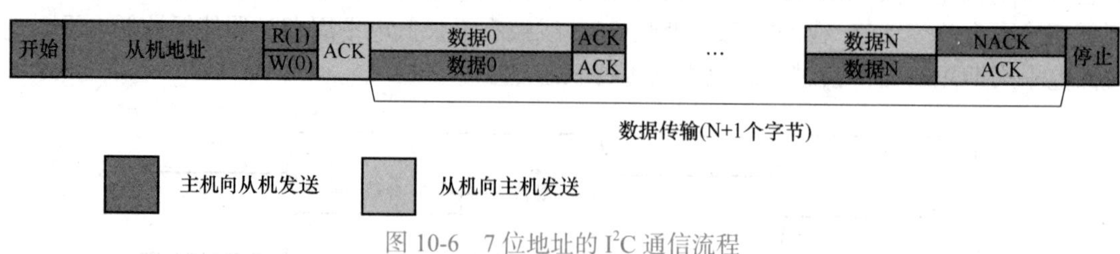

图10-6 7位地址的I²C通信流程

10.3.6 软件编程模型

一个I²C设备如LCD驱动器可能只是作为一个接收器，但是一个存储器既可以接收数据，也能发送数据。除了按照发送 / 接收方来区分，I²C 设备也分为数据传输的主机和从机。主机是指负责初始化总线上数据的传输并产生时钟信号的设备，此时任何被寻址的设备都是从机。

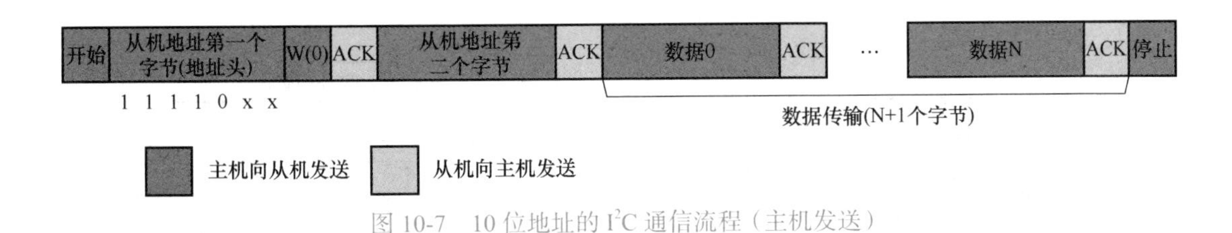

图 10-7　10 位地址的 I²C 通信流程（主机发送）

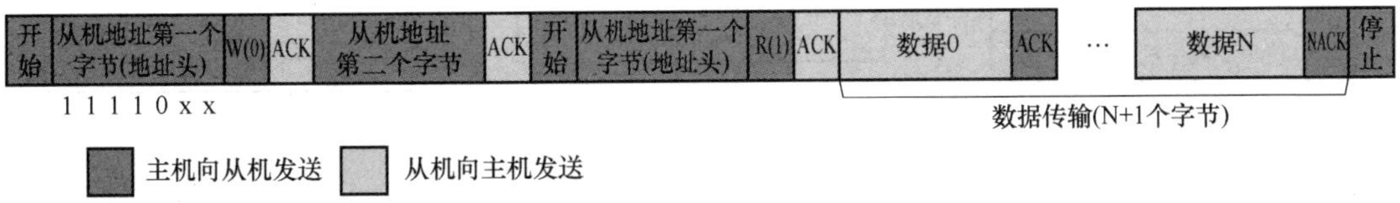

图 10-8　10 位地址的 I²C 通信流程（主机接收）

1. 主机发送模式下的软件流程

如图 10-9 所示，在主机发送模式下发送数据到 I²C 总线时，软件应该遵循以下步骤来运行 I²C 模块：

1）软件应该使能 I²C 外设时钟，以及配置 I2C_CTL1 中时钟相关寄存器来确保正确的 I²C 时序。使能和配置以后，I²C 运行在默认的从机模式状态，等待起始位，随后等待 I²C 总线寻址。

2）软件将 START 位置 1，在 I²C 总线上产生一个起始位。

3）发送一个起始位后，I²C 硬件将 I2C_STAT0 的 SBSEND 位置 1，进入主机模式。现在软件应该读 I2C_STAT0 寄存器，然后写一个 7 位地址位或 10 位地址的地址头到 I2C_DATA 寄存器来清除 SBSEND 位。

4）一旦 SBSEND 位被清 0，I²C 就开始发送地址或者地址头到 I²C 总线。如果发送的地址是 10 位地址的地址头，硬件在发送地址头时会先将 ADD10SEND 位置 1，软件应该通过读 I2C_STAT0 寄存器然后写 10 位低地址到 I2C_DATA 来清除 ADD10SEND 位。

7 位或 10 位的地址位发送出去之后，I²C 硬件将 ADDSEND 位置 1，软件应该清除 ADDSEND 位（通过读 I2C_STAT0 寄存器然后读 I2C_STAT1 寄存器）。

5）I²C 进入数据发送状态，因为移位寄存器和数据寄存器 I2C_DATA 都是空的，所以硬件将 TBE 位置 1。此时软件可以写第 1 个字节数据到 I2C_DATA 寄存器，但是 TBE 位此时不会被清 0，因为写入 I2C_DATA 寄存器的字节会被立即移入内部移位寄存器。一旦移位寄存器非空，I²C 就开始发送数据到总线。

6）在第 1 个字节的发送过程中，软件可以写第 2 个字节到 I2C_DATA，此时 TBE 会被清 0。

7）任何时候 TBE 被置 1，软件都可以向 I2C_DATA 寄存器写入一个字节，只要还有数据待发送。

8）在倒数第 2 个字节发送过程中，软件写入最后 1 个字节数据到 I2C_DATA 来清除

TBE 标志位，此后就不用关心 TBE 位的状态。TBE 位会在倒数第 2 个字节发送完成后被置 1，直到发送结束位时被清 0。

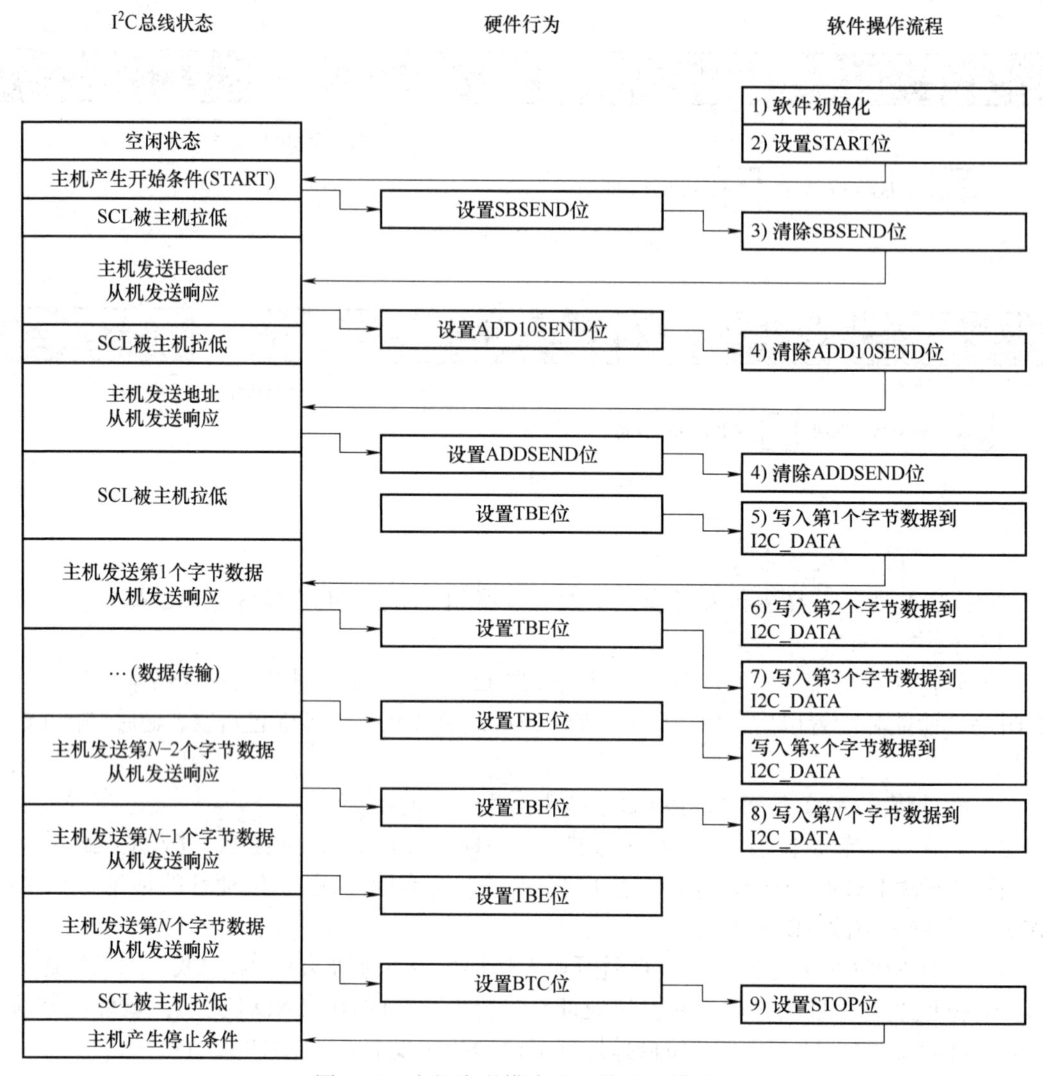

图 10-9 主机发送模式（10 位地址模式）

9）最后一个字节发送结束后，I²C 主机将 BTC 位置 1，因为移位寄存器和 I2C_DATA 寄存器此时都为空。软件此时应该配置 STOP 来发送一个结束位，此后 TBE 和 BTC 状态位都将被清 0。

2. 主机接收模式下的软件流程

如图 10-10所示，在主机接收模式下的软件流程如下：

1）软件应该使能 I²C 外设时钟，配置 I2C_CTL1 中时钟相关寄存器来确保正确的 I²C 时序。初始化完成之后，I²C 运行在默认的从机模式状态，等待起始位和地址。

2）软件将 START 位置 1 从而产生一个起始位。

3）发送一个起始位后，I²C 硬件将 I2C_STAT0 的 SBSEND 位置 1，进入主机模式。现在软件应该读 I2C_STAT0 寄存器，然后写一个 7 位地址位或 10 位地址的地址头到 I2C_

DATA 寄存器来清除 SBSEND 位。

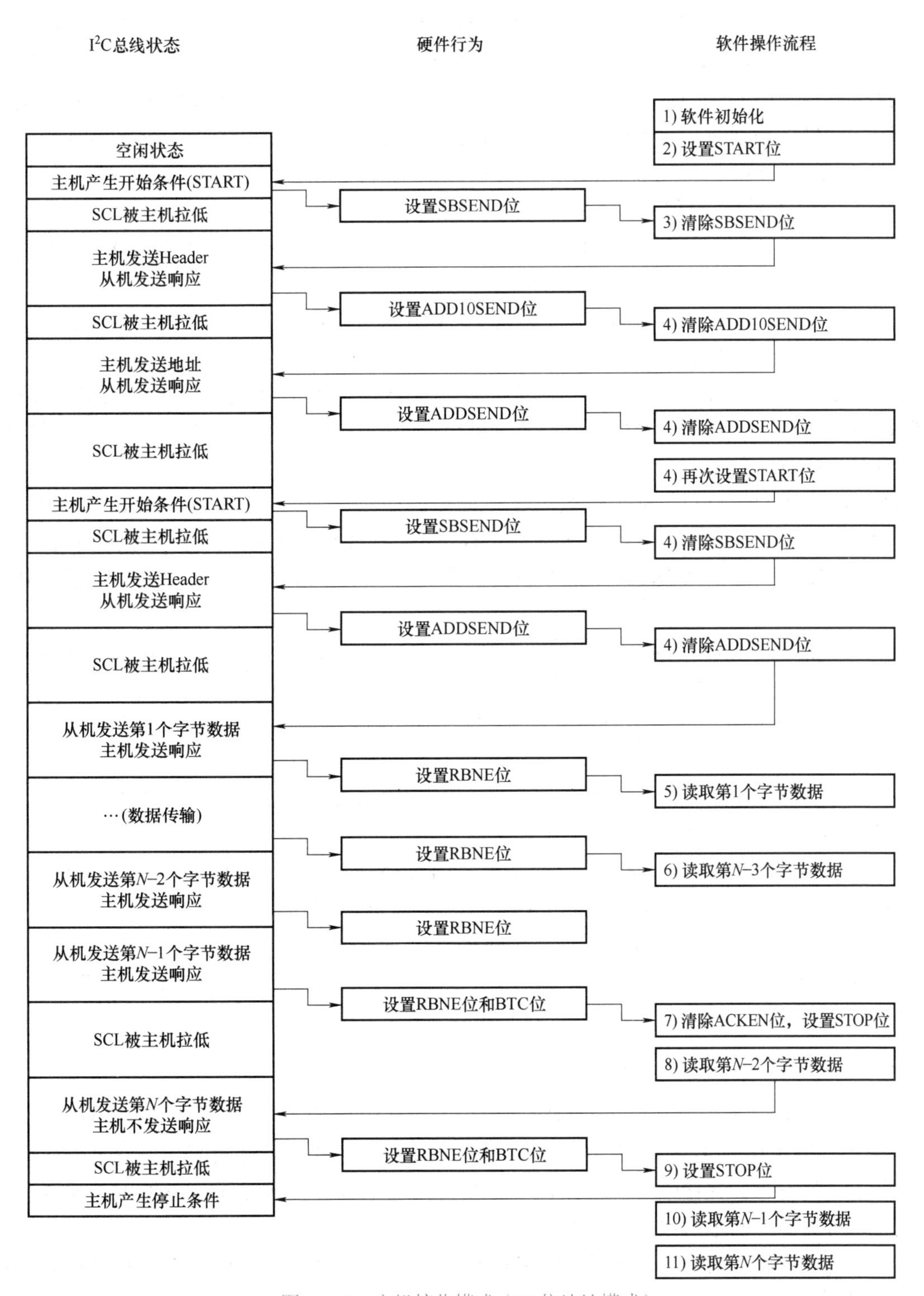

图 10-10 主机接收模式（10 位地址模式）

4）一旦 SBSEND 位被清 0，I^2C 就开始发送地址或者地址头到 I^2C 总线。如果发送的地址是 10 位地址的地址头，硬件在发送地址头时会先将 ADD10SEND 位置 1，软件应该通过读 I2C_STAT0 寄存器然后写 10 位低地址到 I2C_DATA 来清除 ADD10SEND 位。

7 位或 10 位的地址位发送出去之后，I^2C 硬件将 ADDSEND 位置 1，软件应该清除 ADDSEND 位（通过读 I2C_STAT0 寄存器然后读 I2C_STAT1 寄存器）。如果地址是 10 位格式，软件应该接着将 START 位再次置 1 来产生一个开始条件（S），Sr 被发送出去以后 SBSEND 位被再次置 1。软件应该通过先读 I2C_STAT0 然后写地址头到 I2C_DATA 来清除 SBSEND 位，然后地址头被发到 I^2C 总线，ADDSEND 再次被置 1。软件应该再次通过先读 I2C_STAT0 然后读 I2C_STAT1 来清除 ADDSEND 位。

5）一旦第 1 个字节被接收，RBNE 位会被硬件置 1。此时软件可从 I2C_DATA 寄存器读取出第 1 个字节，同时 RBNE 位被清 0。

6）此后任意时刻，一旦 RBNE 位被置 1，软件就可以从 I2C_DATA 寄存器读取一个字节的数据，直到主机接收了 *N*–3 个字节。

7）若第 *N*–2 个字节还没被软件读出，之后第 *N*–1 个字节被接收，此时 BTC 位和 RBNE 位都被置位，总线就会被主机锁死以阻止最后一个（第 *N* 个）字节的接收。然后软件应该清除 ACKEN 位。

8）软件从 I2C_DATA 读出倒数第 3 个（*N*–2）字节数据，同时也将 BTC 位清 0。此后第 *N*–1 个字节从移位寄存器被移到 I2C_DATA，总线得到释放然后开始接收最后一个（第 *N* 个）字节，由于 ACKEN 已经被清除，因此主机不会给最后一个字节数据发送 ACK 响应。

9）最后一个字节接收完毕后，硬件再次把 BTC 位和 RBNE 位置 1，并拉低 SCL，软件将 STOP 位置 1，主机发出一个结束位。

10）软件读取第 *N*–1 个字节，清除 BTC 位。此后最后一个字节从移位寄存器被移动到 I2C_DATA。

11）软件读取最后一个（第 *N* 个）字节，清除 RBNE 位。

以上步骤需要字节数字 *N*>2，*N*=1 和 *N*=2 的情况近似。

如果 *N*=1，在步骤 4)，软件应该在清除 ADDSEND 位之前将 ACKEN 位清 0，在清除 ADDSEND 位之后将 STOP 位置 1。当 *N*=1 时，步骤 5）是最后一步。

如果 *N*=2，在步骤 2)，软件应该在 START 置 1 之前将 POAP 位置 1。在步骤 4)，软件应该在清除 ADDSEND 位之前将 ACKEN 位清 0。在步骤 5)，软件应该一直等到 BTC 位被置 1，然后将 STOP 位置 1 且读取 I2C_DATA 两次。

10.3.7 SCL 线控制

SCL 线拉低功能是为了避免在接收时发生上溢错误以及在发送时发生下溢错误。如在发送模式，当 TBE 和 BTC 被置位，发送器保持 SCL 线为低电平直到下一个发送数据写入传输缓冲区寄存器；在接收模式，当 RBNE 和 BTC 被置位，发送器保持 SCL 线为低电平直到传输缓冲区寄存器里的数据被读出。

当工作在从模式时，可以通过置位 I2C_CTL0 寄存器的 SS 位禁止 SCL 线拉低功能。如果该位被置 1，软件要能足够快地处理 TBE、RBNE 和 BTC 状态，否则上溢或下溢的情况可能会发生。

10.4 I²C 操作实例

10.4.1 I²C 初始化

```
/*!
    \brief       configure the I2C0 interfaces
    \param[in]   none
    \param[out]  none
    \retval      none
*/
void i2c_config(void)
{
/* enable GPIOB clock */
    rcu_periph_clock_enable(RCU_GPIOB);
    /*enable I2C0 clock */
    rcu_periph_clock_enable(RCU_I2C0);

    /* connect PB6 to I2C0_SCL */
    gpio_af_set(GPIOB,GPIO_AF_4,GPIO_PIN_6);
    /* connect PB7 to I2C0_SDA */
    gpio_af_set(GPIOB,GPIO_AF_4,GPIO_PIN_7);

    gpio_mode_set(GPIOB,GPIO_MODE_AF,GPIO_PUPD_PULLUP,GPIO_PIN_6);
    gpio_output_options_set(GPIOB,GPIO_OTYPE_OD,GPIO_OSPEED_50MHz,GPIO_PIN_6);
    gpio_mode_set(GPIOB,GPIO_MODE_AF,GPIO_PUPD_PULLUP,GPIO_PIN_7);
    gpio_output_options_set(GPIOB,GPIO_OTYPE_OD,GPIO_OSPEED_50MHz,GPIO_PIN_7);
    /* enable I2C clock */
    rcu_periph_clock_enable(RCU_I2C0);
    /* configure I2C clock */
    i2c_clock_config(I2C0,I2C0_SPEED,I2C_DTCY_2);
    /* configure I2C address */
    i2c_mode_addr_config(I2C0,I2C_I2CMODE_ENABLE,I2C_ADDFORMAT_7BITS,
I2C0_SLAVE_ADDRESS7);
    /* enable I2C0 */
    i2c_enable(I2C0);
    /*enable acknowledge*/
    i2c_ack_config(I2C0,I2C_ACK_ENABLE);
}
```

10.4.2 I²C 发送

```
/*!
    \brief       write one byte to the I2C EEPROM
    \param[in]   p_buffer: pointer to the buffer containing the data to
be written to the EEPROM
```

```
        \param[in]  write_address:EEPROM's internal address to write to
        \param[out] none
        \retval     none
    */
    void eeprom_byte_write(uint8_t*p_buffer,uint8_t write_address)
    {
        /* wait until I2C bus is idle */
        while(i2c_flag_get(I2C0,I2C_FLAG_I2CBSY));

        /* send a start condition to I2C bus */
        i2c_start_on_bus(I2C0);

        /* wait until SBSEND bit is set */
        while(!i2c_flag_get(I2C0,I2C_FLAG_SBSEND));

        /* send slave address to I2C bus */
        i2c_master_addressing(I2C0,eeprom_address,I2C_TRANSMITTER);

        /* wait until ADDSEND bit is set */
        while(!i2c_flag_get(I2C0,I2C_FLAG_ADDSEND));

        /* clear the ADDSEND bit */
        i2c_flag_clear(I2C0,I2C_FLAG_ADDSEND);

        /* wait until the transmit data buffer is empty */
        while(SET!=i2c_flag_get(I2C0,I2C_FLAG_TBE));

        /* send the EEPROM's internal address to write to:only one byte
address */
        i2c_data_transmit(I2C0,write_address);

        /* wait until BTC bit is set */
        while(!i2c_flag_get(I2C0,I2C_FLAG_BTC));

        /* send the byte to be written */
        i2c_data_transmit(I2C0,*p_buffer);

        /* wait until BTC bit is set */
        while(!i2c_flag_get(I2C0,I2C_FLAG_BTC));

        /* send a stop condition to I2C bus */
        i2c_stop_on_bus(I2C0);

        /* wait until the stop condition is finished */
        while(I2C_CTL0(I2C0)&0x0200);
    }
```

10.4.3 I²C 接收

```
/*!
    \brief  read data from the EEPROM
    \param[in]  p_buffer:pointer to the buffer that receives the data
ead from the EEPROM
    \param[in]  read_address:EEPROM's internal address to start
reading from
    \param[in]  number_of_byte:number of bytes to reads from the EEPROM
    \param[out] none
    \retval     none
*/
void eeprom_buffer_read(uint8_t*p_buffer,uint8_t read_address,uint16_t
number_of_byte)
{
    /* wait until I2C bus is idle */
    while(i2c_flag_get(I2C0,I2C_FLAG_I2CBSY));

    if(2==number_of_byte){
        i2c_ackpos_config(I2C0,I2C_ACKPOS_NEXT);
    }

    /* send a start condition to I2C bus */
    i2c_start_on_bus(I2C0);

    /* wait until SBSEND bit is set */
    while(!i2c_flag_get(I2C0,I2C_FLAG_SBSEND));

    /* send slave address to I2C bus */
    i2c_master_addressing(I2C0,eeprom_address,I2C_TRANSMITTER);

    /* wait until ADDSEND bit is set */
    while(!i2c_flag_get(I2C0,I2C_FLAG_ADDSEND));

    /* clear the ADDSEND bit */
    i2c_flag_clear(I2C0,I2C_FLAG_ADDSEND);

    /* wait until the transmit data buffer is empty */
    while(SET!=i2c_flag_get(I2C0,I2C_FLAG_TBE));

    /* enable I2C0 */
    i2c_enable(I2C0);

    /* send the EEPROM's internal address to write to */
    i2c_data_transmit(I2C0,read_address);
```

```
    /* wait until BTC bit is set */
    while(!i2c_flag_get(I2C0,I2C_FLAG_BTC));

    /* send a start condition to I2C bus */
    i2c_start_on_bus(I2C0);

    /* wait until SBSEND bit is set */
    while(!i2c_flag_get(I2C0,I2C_FLAG_SBSEND));

    /* send slave address to I2C bus */
    i2c_master_addressing(I2C0,eeprom_address,I2C_RECEIVER);

    if(number_of_byte < 3){
        /* disable acknowledge */
        i2c_ack_config(I2C0,I2C_ACK_DISABLE);
    }

    /* wait until ADDSEND bit is set */
    while(!i2c_flag_get(I2C0,I2C_FLAG_ADDSEND));

    /* clear the ADDSEND bit */
    i2c_flag_clear(I2C0,I2C_FLAG_ADDSEND);

    if(1==number_of_byte){
        /* send a stop condition to I2C bus */
        i2c_stop_on_bus(I2C0);
  }

  /* while there is data to be read */
  while(number_of_byte){
  if(3==number_of_byte){
  /* wait until BTC bit is set */
  while(!i2c_flag_get(I2C0,I2C_FLAG_BTC));

  /* disable acknowledge */
  i2c_ack_config(I2C0,I2C_ACK_DISABLE);
  }
  if(2==number_of_byte){
  /* wait until BTC bit is set */
  while(!i2c_flag_get(I2C0,I2C_FLAG_BTC));

  /* send a stop condition to I2C bus */
  i2c_stop_on_bus(I2C0);
  }
  /* wait until the RBNE bit is set and clear it */
  if(i2c_flag_get(I2C0,I2C_FLAG_RBNE)){
```

```
    /* read a byte from the EEPROM */
    *p_buffer=i2c_data_receive(I2C0);

   /* point to the next location where the byte read will be saved */
    p_buffer++;

    /* decrement the read bytes counter */
    number_of_byte--;
    }
    }

    /*wait until the stop condition is finished*/
    while(I2C_CTL0(I2C0)&0x0200);

    /* enable acknowledge */
    i2c_ack_config(I2C0,I2C_ACK_ENABLE);

    i2c_ackpos_config(I2C0,I2C_ACKPOS_CURRENT);
  }
```

10.5 小结

本章主要介绍了内部集成电路（I²C）总线接口，包括 I²C 总线的基本概念和通信流程，同时详细描述了 I²C 总线的编程模型，希望通过本章的学习，读者对内部集成电路（I²C）总线接口有一个清晰的认识和理解。

10-1 I²C

习 题

1. I²C 总线由哪些信号线组成？它们的功能是什么？
2. I²C 总线数据有效性如何判断？
3. I²C 总线的起始信号和停止信号是什么？
4. 简述 I²C 总线的发送流程。
5. 简述 I²C 总线的接收流程。

ARM

Chapter

第11章 串行外设接口/片上音频接口

串行外设接口/片上音频接口（SPI/I²S）是单片机对外通信常用的接口标准，GD32系列微处理器支持通过这两种接口与外设通信，本章将对SPI/I²S进行详细介绍。

11.1 简介

SPI/I²S模块可以通过SPI协议或I²S协议与外设进行通信。

串行外设接口（Serial Peripheral Interface，SPI）提供了基于SPI协议的数据发送和接收功能，可以工作于主机或从机模式。SPI接口支持具有硬件CRC计算和校验的全双工和单工模式。SPI5还支持SPI四线主机模式。

片上音频接口（Inter-IC Sound Interface，I²S）支持4种音频标准，分别是I²S飞利浦标准、MSB对齐标准、LSB对齐标准和脉冲编码调制（Pulse Code Modulation，PCM）标准。它可以在4种模式下运行，包括主机发送模式、主机接收模式、从机发送模式和从机接收模式。通过使用附加的I²S模块（I2S1_ADD和I2S2_ADD、SPI1和SPI2）支持I²S全双工模式。

11.2 主要特性

11.2.1 SPI主要特性

1）具有全双工和单工模式的主从操作。

2）16位宽度，独立的发送和接收缓冲区。

3）8位或16位数据帧格式。

4）低位在前或高位在前的数据位顺序。

5）软件和硬件从器件选择（NSS）管理。

6）硬件CRC计算、发送和校验。

7）发送和接收支持DMA模式。

8）支持SPI TI模式。

9）支持SPI四线功能的主机模式（只有SPI5）。

11.2.2 I^2S 主要特性

1）具有发送和接收功能的主从操作。
2）具有全双工模式的主从操作（仅在 SPI1 和 SPI2 中）。
3）支持 4 种音频标准：I^2S 飞利浦标准、MSB 对齐标准、LSB 对齐标准和 PCM 标准。
4）数据长度可以为 16 位、24 位和 32 位。
5）通道长度为 16 位或 32 位。
6）16 位缓冲区用于发送和接收。
7）通过 I^2S 时钟分频器，可以得到 8~192kHz 的音频采样频率。
8）可编程空闲状态时钟极性。
9）可以输出主时钟（MCK）。
10）发送和接收支持 DMA 功能。

11.3 SPI结构框图

SPI 结构如图 11-1 所示。

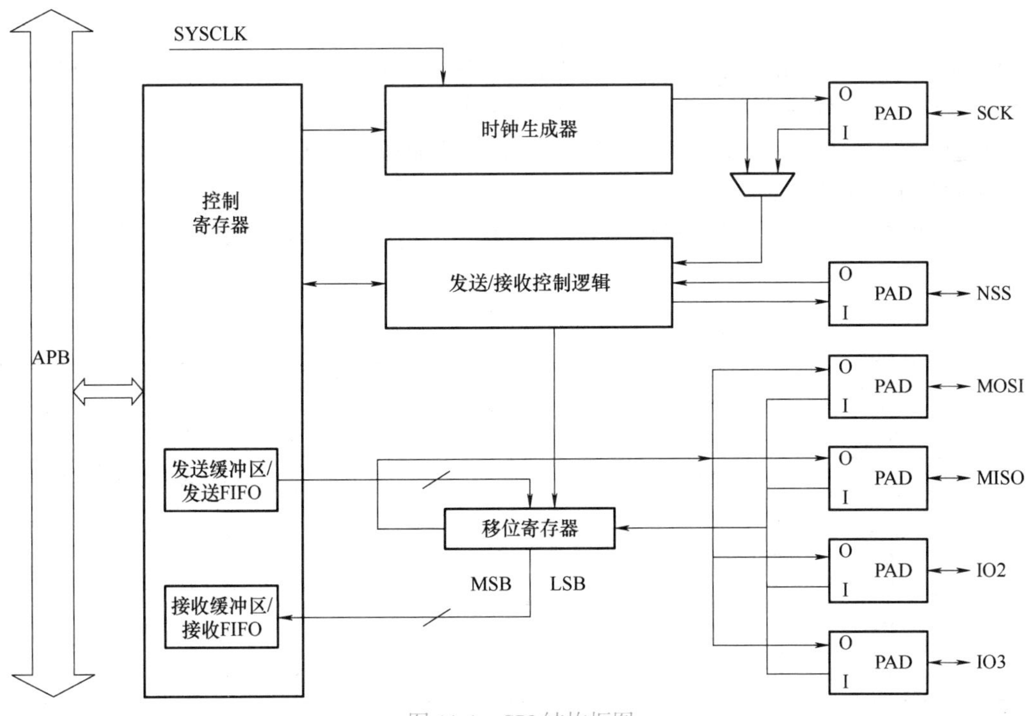

图 11-1 SPI 结构框图

11.4 SPI 信号线描述

11.4.1 常规配置（非 SPI 四线模式）

非 SPI 四线模式下各 SPI 引脚功能见表 11-1。

表 11-1 非 SPI 四线模式下各 SPI 引脚功能

引脚名称	方向	功能
SCK	I/O	主机：SPI 时钟输出 从机：SPI 时钟输入
MISO	I/O	主机：数据接收线；从机：数据发送线 主机双向线模式：不使用 从机双向线模式：数据发送和接收线
MOSI	I/O	主机：数据发送线 从机：数据接收线 主机双向线模式：数据发送和接收线 从机双向线模式：不使用
NSS	I/O	软件 NSS 模式：不使用主机 硬件 NSS 模式：为 NSS 输出，NSSDRV=1 时，为单主机模式，NSSDRV=0 时，为多主机模式 从机硬件 NSS 模式：为 NSS 输入，作为从机的片选信号

11.4.2 SPI 四线配置

SPI默认配置为单路模式，当SPI_QCTL中的QMOD位置1时，配置为SPI四线模式（只适用于 SPI5）。SPI 四线模式只能工作在主机模式。

通过配置 SPI_QCTL 中的 IO23_DRV 位，在常规非四线 SPI 模式下，软件可以驱动 IO2 引脚和 IO3 引脚为高电平。

在 SPI 四线模式下，SPI 通过以下 6 个引脚与外设连接，SPI 四线模式下各 SPI 引脚功能见表 11-2。

表 11-2 SPI 四线模式下各 SPI 引脚功能

引脚名称	方向	功能
SCK	O	SPI 时钟输出
MOSI	I/O	发送或接收数据 0 线
MISO	I/O	发送或接收数据 1 线
IO2	I/O	发送或接收数据 2 线
IO3	I/O	发送或接收数据 3 线
NSS	O	NSS 输出

11.5 SPI 功能描述

11.5.1 SPI 时序和数据帧格式

SPI_CTL0 寄存器中的 CKPL 位和 CKPH 位决定了 SPI 时钟和数据信号的时序。CKPL 位决定了空闲状态时 SCK 的电平，CKPH 位决定了第一个或第二个时钟跳变沿为有效采样边沿。在 TI 模式下，这两位没有意义。

图 11-2、图 11-3 分别是常规模式下的 SPI 时序图、SPI 四线模式下的 SPI 时序图（CKPL=1，CKPH=1，LF=0）。

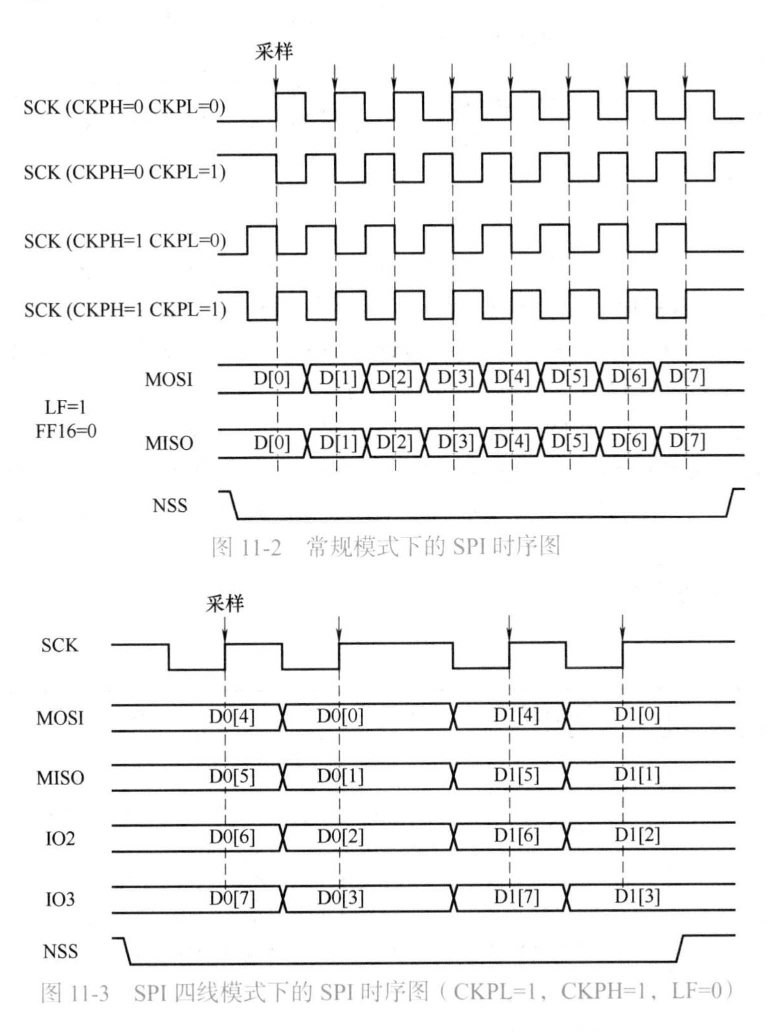

图 11-2　常规模式下的 SPI 时序图

图 11-3　SPI 四线模式下的 SPI 时序图（CKPL=1，CKPH=1，LF=0）

在常规模式中，通过 SPI_CTL0 中的 FF16 位配置数据长度，当 FF16=1 时，数据长度为 16 位，否则为 8 位。在 SPI 四线模式下，数据帧长度固定为 8 位。

通过设置 SPI_CTL0 中的 LF 位可以配置数据顺序，当 LF=1 时，SPI 先发送 LSB 位，当 LF=0 时，则先发送 MSB 位。在 TI 模式中，数据顺序固定为先发 MSB 位。

11.5.2　NSS 功能

1. 从机模式

当配置为从机模式（MSTMOD=0）时，在硬件 NSS 模式（SWNSSEN=0）下，SPI 从 NSS 引脚获取 NSS 电平，在软件 NSS 模式（SWNSSEN=1）下，SPI 根据 SWNSS 位得到 NSS 电平。只有当 NSS 为低电平时，才能发送或接收数据。在软件 NSS 模式下，不使用 NSS 引脚。

从机模式 NSS 功能见表 11-3。

表 11-3 从机模式 NSS 功能

模式	寄存器配置	描述
从机硬件 NSS 模式	MSTMOD=0 SWNSSEN=0	SPI 从机 NSS 电平从 NSS 引脚获取
从机软件 NSS 模式	MSTMOD=0 SWNSSEN=1	SPI 从机 NSS 电平由 SWNSS 位决定 SWNSS=0：NSS 电平为低 SWNSS=1：NSS 电平为高

2. 主机模式

在主机模式（MSTMOD=1）下，如果应用程序使用多主机连接方式，NSS 可以配置为硬件输入模式（SWNSSEN=0，NSSDRV=0）或者软件模式（SWNSSEN=1）。一旦 NSS 引脚（在硬件 NSS 模式下）或 SWNSS 位（在软件 NSS 模式下）被拉低，SPI 将自动进入从机模式，并且产生主机配置错误，CONFERR 位置 1。

如果应用程序希望使用 NSS 引脚控制 SPI 从设备，NSS 应该配置为硬件输出模式（SWNSSEN=0，NSSDRV=1）。使能 SPI 之后，NSS 保持高电平，当发送或接收过程开始时，NSS 变为低电平。应用程序可以使用一个通用 I/O 口作为 NSS 引脚，以实现更加灵活的 NSS 应用。

主机模式 NSS 功能见表 11-4。

表 11-4 主机模式 NSS 功能

模式	寄存器配置	描述
主机硬件 NSS 输出模式	MSTMOD=1 SWNSSEN=0 NSSDRV=1	适用于单主机模式，主机使用 NSS 引脚控制 SPI 从设备，此时 NSS 配置为硬件输出模式。使能 SPI 后 NSS 为低电平
主机硬件 NSS 输入模式	MSTMOD=1 SWNSSEN=0 NSSDRV=0	适用于多主机模式，此时 NSS 配置为硬件输入模式，一旦 NSS 引脚被拉低，SPI 将自动进入从机模式，并且产生主机配置错误，CONFERR 位置 1
主机软件 NSS 模式	MSTMOD=1 SWNSSEN=1 SWNSS=0 NSSDRV：不要求	适用于多主机模式，一旦 SWNSS=0，SPI 将自动进入从机模式，并且产生主机配置错误，CONFERR 位置 1
	MSTMOD=1 SWNSSEN=1 SWNSS=1 NSSDRV：不要求	从机可以使用硬件或软件 NSS 模式

11.5.3 SPI 运行模式

表 11-5 列举了 SPI 的 10 种运行模式。

图 11-4~图 11-7 依次描述了 SPI 的 4 种典型连接方式：典型的全双工模式连接、典型的单工模式连接（主机接收，从机发送）、典型的单工模式连接（主机只发送，从机接收）、典型的双向线连接。

表 11-5 SPI 运行模式

模式	描述	寄存器配置	使用的数据引脚
MFD	全双工主机模式	MSTMOD=1、RO=0、BDEN=0 BDOEN：不要求	MOSI：发送 MISO：接收
MTU	单向线连接主机发送模式	MSTMOD=1、RO=0、BDEN=0 BDOEN：不要求	MOSI：发送 MISO：不使用
MRU	单向线连接主机接收模式	MSTMOD=1、RO=1、BDEN=0 BDOEN：不要求	MOSI：不使用 MISO：接收
MTB	双向线连接主机发送模式	MSTMOD=1、RO=0、BDEN=1 BDOEN=1	MOSI：发送 MISO：不使用
MRB	双向线连接主机接收模式	MSTMOD=1、RO=0、BDEN=1 BDOEN=0	MOSI：接收 MISO：不使用
SFD	全双工从机模式	MSTMOD=0、RO=0、BDEN=0 BDOEN：不要求	MOSI：接收 MISO：发送
STU	单向线连接从机发送模式	MSTMOD=0、RO=0、BDEN=0 BDOEN：不要求	MOSI：不使用 MISO：发送
SRU	单向线连接从机接收模式	MSTMOD=0、RO=1、BDEN=0 BDOEN：不要求	MOSI：接收 MISO：不使用
STB	双向线连接从机发送模式	MSTMOD=0、RO=0、BDEN=1 BDOEN=1	MOSI：不使用 MISO：发送
SRB	双向线连接从机接收模式	MSTMOD=0、RO=0、BDEN=1 BDOEN=0	MOSI：不使用 MISO：接收

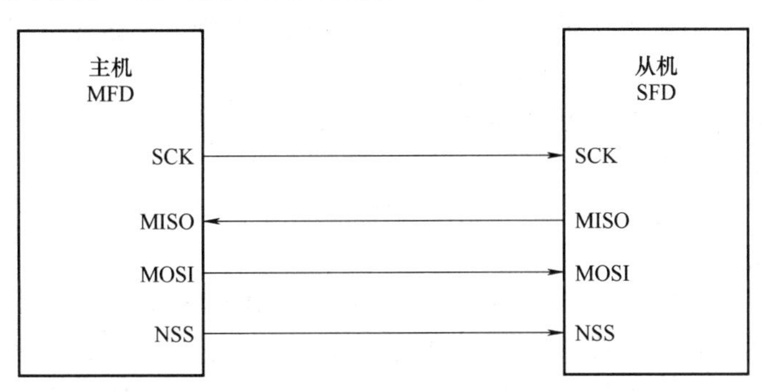

图 11-4 典型的全双工模式连接

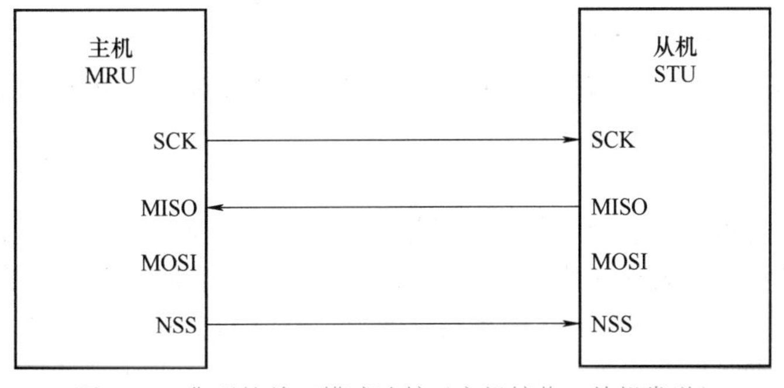

图 11-5 典型的单工模式连接（主机接收，从机发送）

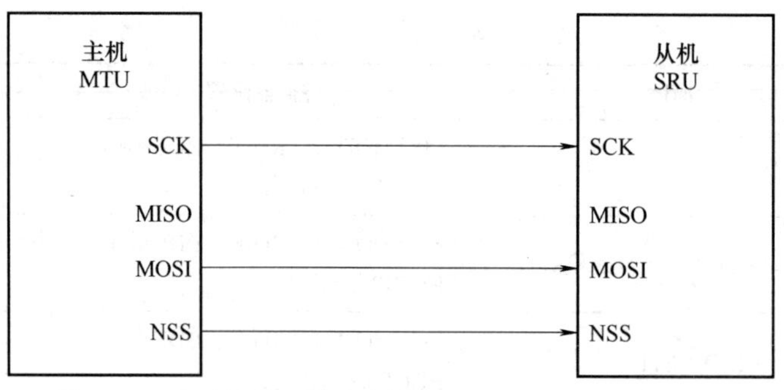

图 11-6 典型的单工模式连接（主机只发送，从机接收）

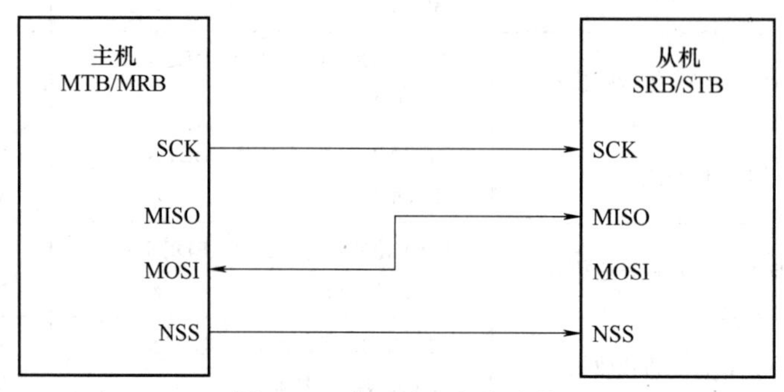

图 11-7 典型的双向线连接

1. SPI 初始化流程

在发送或接收数据之前，应用程序应遵循如下的 SPI 初始化流程：

1）如果工作在主机模式或从机 TI 模式，配置 SPI_CTL0 中的 PSC［2:0］位来生成预期波特率的 SCK 信号，或配置从机 TI 模式下的 T_d 时间。否则，忽略此步骤。

2）配置数据格式（SPI_CTL0 中的 FF16 位）。

3）配置时钟时序（SPI_CTL0 中的 CKPL 位和 CKPH 位）。

4）配置帧格式（SPI_CTL0 中的 LF 位）。

5）按照上文 NSS 功能的描述，根据应用程序的需求，配置 NSS 模式（SPI_CTL0 中的 SWNSSEN 位和 NSSDRV 位）。

6）如果工作在 TI 模式，需要将 SPI_CTL1 中的 TMOD 位置 1，否则，忽略此步骤。

7）根据上面描述的运行模式，配置 MSTMOD 位、RO 位、BDEN 位和 BDOEN 位。

8）如果工作在 SPI 四线模式，需要将 SPI_QCTL 中的 QMOD 位置 1，如果不是，则忽略此步骤。

9）使能 SPI（将 SPIEN 位置 1）。

注意：在通信过程中，不应更改 CKPH、CKPL、MSTMOD、PSC［2:0］、LF 位。

2. SPI 基本发送和接收流程

（1）发送流程

在完成初始化过程之后，SPI 模块使能并保持在空闲状态。在主机模式下，当软件写一个数据到发送缓冲区时，发送过程开始。在从机模式下，当 SCK 引脚上的 SCK 信号开始翻转，且 NSS 引脚电平为低，发送过程开始。所以，在从机模式下，应用程序必须确保在数据发送开始前，数据已经写入发送缓冲区中。

当 SPI 开始发送一个数据帧时，首先将这个数据帧从数据缓冲区加载到移位寄存器中，然后开始发送加载的数据。在数据帧的第一位发送之后，TBE（发送缓冲区空）位置 1。TBE 标志位置 1，说明发送缓冲区为空，此时如果需要发送更多数据，软件应该继续写 SPI_DATA 寄存器。

在主机模式下，若想要实现连续发送功能，那么在当前数据帧发送完成前，软件应该将下一个数据写入 SPI_DATA 寄存器中。

（2）接收流程

在最后一个采样时钟边沿之后，接收到的数据将从移位寄存器存入到接收缓冲区，且 RBNE（接收缓冲区非空）位置 1。软件通过读 SPI_DATA 寄存器获得接收的数据，此操作会自动清除 RBNE 标志位。在 MRU 和 MRB 模式中，为了接收下一个数据帧，硬件需要连续发送时钟信号，而在全双工主机模式（MFD）中，当发送缓冲区非空时，硬件只接收下一个数据帧。

3. SPI 不同模式下的操作流程（非 SPI 四线模式或 TI 模式）

在全双工模式下，无论是 MFD 模式还是 SFD 模式，应用程序都应该监视 RBNE 标志位和 TBE 标志位，并且遵循上文描述的操作流程。

除了忽略 RBNE 位和 OVRE 位，且只执行上述的发送流程之外，发送模式（MTU、MTB、STU 和 STB）与全双工模式类似。

在主机接收模式（MRU 或 MRB）下，全双工模式和发送模式是不同的。在 MRU 模式或 MRB 模式下，在 SPI 使能后，SPI 产生连续的 SCK 信号，直到 SPI 停止。所以，软件应该忽略 TBE 标志位，并且在 RBNE 位置 1 后及时读出接收缓冲区内的数据，否则，将会产生接收过载错误。

除了忽略 TBE 标志位，且只执行上述的接收流程之外，从机接收模式（SRU 或 SRB）与全双工模式类似。

4. SPI TI 模式

SPI TI 模式将 NSS 作为一种特殊的帧头标志信号，它的操作流程与上文描述的常规模式类似。上文描述的模式（MFD、MTU、MRU、MTB、MRB、SFD、STU、SRU、STB 和 SRB）都支持 TI 模式。但是，在 TI 模式中，SPI_CTL0 中的 CKPL 位和 CKPH 位是没有意义的，SCK 信号的采样边沿为下降沿。

主机 TI 模式在不连续发送时的时序如图 11-8 所示，主机 TI 模式在连续发送时的时序如图 11-9 所示。

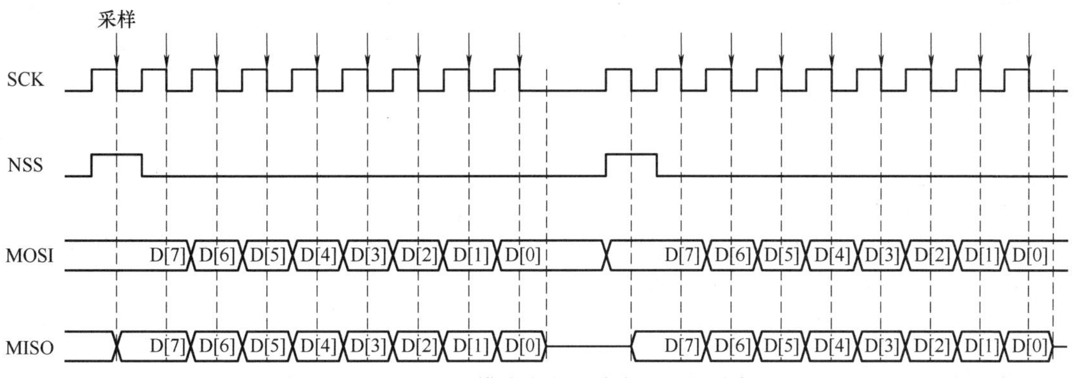

图 11-8 主机 TI 模式在不连续发送时的时序图

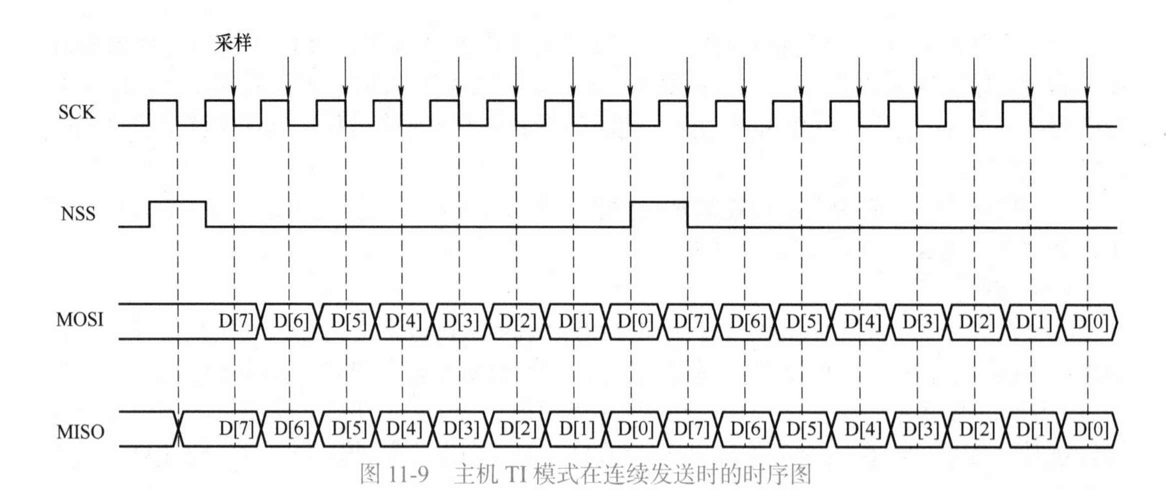

图 11-9 主机 TI 模式在连续发送时的时序图

在主机 TI 模式下，SPI 模块可实现连续传输或者不连续传输。如果主机写 SPI_DATA 的速度很快，那么就是连续传输，否则，为不连续传输。在不连续传输中，在每个字节传输前需要一个额外的时钟周期。但是在连续传输中，额外的时钟周期只存在于第一个字节之前，随后字节的起始时钟周期被前一个字节最后一位的时钟周期覆盖。

从机 TI 模式运行时序如图 11-10 所示。

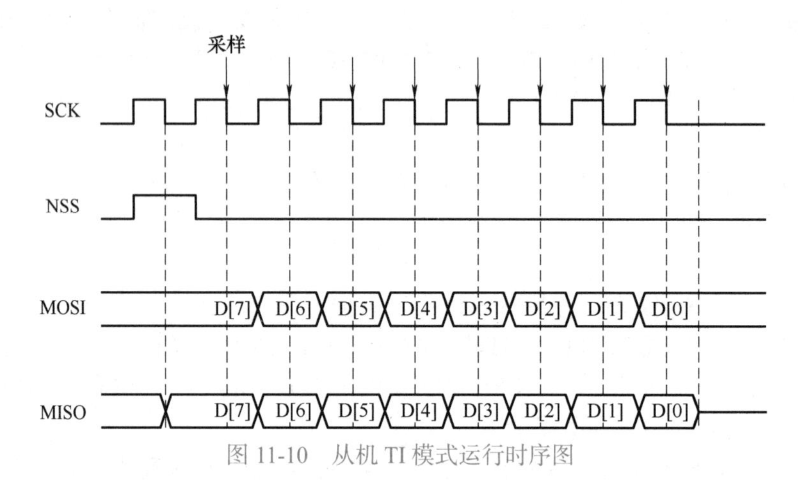

图 11-10 从机 TI 模式运行时序图

从机TI模式中，在SCK信号的最后一个上升沿，从机开始发送最后一个字节的LSB位，在半位的时间之后，主机开始采集数据。为了确保主机采集到正确的数据，在释放该引脚之前，从机需要在 SCK 信号的下降沿之后继续驱动该位一段时间，这段时间称为 T_d，T_d 通过 SPI_CTL0 寄存器中的 PSC［2:0］位来设置。

$$T_d=\frac{T_b}{2}+5T_{pclk} \tag{11-1}$$

例如，如果 PSC［2:0］=010，那么 T_d 数值为 $9T_{pclk}$。

在从机模式下，从机需要监视 NSS 信号，如果检测到错误的 NSS 信号，将会置位 FE 标志位。例如，NSS 信号在一个字节的中间位发生翻转。

5. SPI 四线模式操作流程

SPI 四线模式用于控制四线 SPI flash 外设。

要配置成 SPI 四线模式，首先要确认 TBE 位置 1，且 TRANS 位清 0，然后将 SPI_QCTL 寄存器中的 QMOD 位置 1。在 SPI 四线模式，SPI_CTL0 寄存器中的 BDEN 位、BDOEN 位、CRCEN 位、CRCNT 位、FF16 位、RO 位和 LF 位保持清 0，且 MSTMOD 位置 1，以保证 SPI 工作于主机模式。SPIEN 位、PSC 位、CKPL 位和 CKPH 位根据需要进行配置。

SPI 四线模式有两种运行模式：四线写模式和四线读模式，通过 SPI_QCTL 寄存器中的 QRD 位进行配置。

（1）四线写模式

当 SPI_QCTL 寄存器中的 QMOD 位置 1 且 QRD 位清 0 时，SPI 工作在四路写模式。四路写模式中，MOSI、MISO、IO2 和 IO3 都用作输出引脚，在 SCK 产生时钟信号后，一旦数据写入 SPI_DATA 寄存器（TBE 位清 0）且 SPIEN 位置 1 时，SPI 将会通过这 4 个引脚发送写入的数据。一旦 SPI 开始数据传输，它总是在数据帧结束时检测 TBE 标志位的状态，若不能满足条件，则停止传输。

SPI 四线模式四线写操作时序如图 11-11 所示。四路模式下发送操作流程如下：

1）根据应用需求，配置 SPI_CTL0 和 SPI_CTL1 中的时钟预分频、时钟极性、相位等参数。

2）将 SPI_QCTL 中的 QMOD 位置 1，然后将 SPI_CTL0 中的 SPIEN 位置 1 来使能 SPI 功能。

3）向 SPI_DATA 寄存器中写入一个字节的数据，TBE 标志位将会清 0。

4）等待硬件将 TBE 位重新置位，然后写入下一个字节数据。

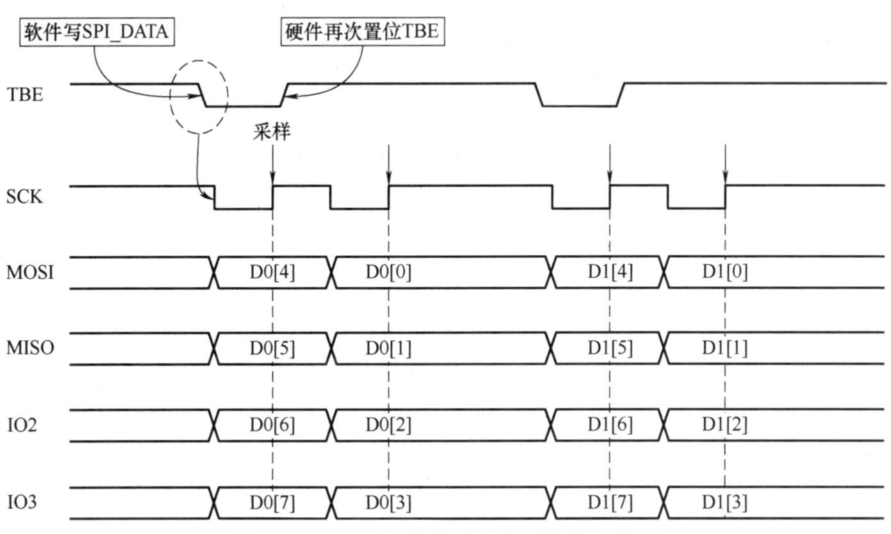

图 11-11　SPI 四线模式四线写操作时序图

（2）四线读模式

当 SPI_QCTL 寄存器中的 QMOD 位和 QRD 位都置 1 时，SPI 工作在四路读模式。四路读模式中，MOSI、MISO、IO2 和 IO3 都用作输入引脚。当数据写入 SPI_DATA 寄存器（此时 TBE 位被清 0）且 SPIEN 位置 1 时，SPI 开始在 SCK 信号线上产生时钟信号。写数据到 SPI_DATA 寄存器只是为了产生 SCK 时钟信号，所以可以写入任何数据。SPI 开始数据传输之后，每发送一个数据帧都要检测 SPIEN 位和 TBE 位，若条件不满足则停止传输。所以软件需要一直向 SPI_DATA 写空闲数据，以产生 SCK 时钟信号。

SPI 四路模式四路读操作时序如图 11-12 所示。四路模式下接收操作流程如下：

1）根据应用需求，配置 SPI_CTL0 和 SPI_CTL1 中时钟预分频、时钟极性、相位等参数。

2）将 SPI_QCTL 中的 QMOD 位和 QRD 位置 1，然后将 SPI_CTL0 中的 SPIEN 位置 1 来使能 SPI 功能。

3）等待 RBNE 位置 1，然后读 SPI_DATA 寄存器来获取接收的数据。

4）写任意数据（如 0xFF）到 SPI_DATA 寄存器，以接收下一个字节数据。

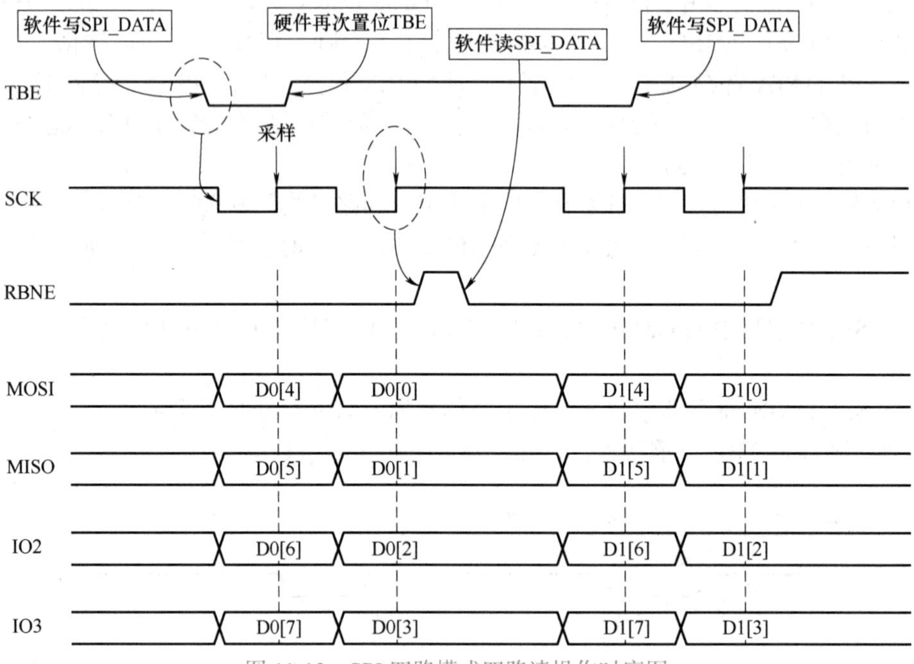

图 11-12 SPI 四路模式四路读操作时序图

6. SPI 停止流程

不同运行模式下采用不同的流程来停止 SPI 功能。

（1）MFD SFD

等待最后一个 RBNE 位并接收最后一个数据，等待 TBE=1 和 TRANS=0。最后，通过清 0 SPIEN 位关闭 SPI。

（2）MTU MTB STU STB

将最后一个数据写入 SPI_DATA 寄存器，等待 TBE 位置 1。然后等待 TRANS 位清 0，通过清 0 SPIEN 位关闭 SPI。

（3）MRU MRB

等待倒数第 2 个 RBNE 位置 1，从 SPI_DATA 寄存器读数据，等待一个 SCK 时钟周期，然后通过清 0 SPIEN 位关闭 SPI。等待最后一个 RBNE 位置 1，并从 SPI_DATA 读数据。

（4）SRU SRB

当应用程序不想接收数据时，可以禁用 SPI，然后等待 TRANS=0 以确保正在进行的传输完成。

（5）TI 模式

TI模式的停止流程与 SRU SRB 过程相同。

（6）SPI 四路模式

在禁用 SPI 四路模式或者关闭 SPI 功能之前，软件应该先检查：TBE 位置 1，TRANS 位清 0，SPI_QCTL 中的 QMOD 位和 SPI_CTL0 中的 SPIEN 位清 0。

11.5.4 DMA 功能

DMA 功能在传输过程中将应用程序从数据读写过程中释放出来，从而提高了系统效率。

通过置位 SPI_CTL1 寄存器中的 DMATEN 位和 DMAREN 位，使能 SPI 模式的 DMA 功能。为了使用 DMA 功能，软件首先应当正确配置 DMA 模块，然后通过初始化流程配置 SPI 模块，最后使能 SPI。

SPI 使能后，如果 DMATEN 位置 1，每当 TBE=1 时，SPI 将会发出一个 DMA 请求，然后 DMA 应答该请求，并自动写数据到 SPI_DATA 寄存器。如果 DMAREN 位置 1，每当 RBNE=1 时，SPI 将会发出一个 DMA 请求，然后 DMA 应答该请求，并自动从 SPI_DATA 寄存器读取数据。

11.5.5 CRC 功能

SPI 模块包含两个 CRC 计算单元，分别用于发送数据和接收数据。CRC 计算单元使用 SPI_CRCPOLY 寄存器中定义的多项式。

通过配置 SPI_CTL0 中的 CRCEN 位使能 CRC 功能。对于数据线上每个发送和接收的数据，CRC 单元逐位计算 CRC 值，计算得到的 CRC 值可以从 SPI_TCRC 寄存器和 SPI_RCRC 寄存器中读取。

为了传输计算得到的 CRC 值，应用程序需要在最后一个数据写入发送缓冲区之后，设置 SPI_CTL0 中的 CRCNT 位。在全双工模式（MFD 或 SFD），当 SPI 发送一个 CRC 值并且准备校验接收到的 CRC 值时，会将最新接收到的数据当作 CRC 值。在接收模式（MRB、MRU、SRU 和 SRB）下，在倒数第 2 个数据帧被接收后，软件应该把 CRCNT 位置 1。在 CRC 校验失败时，CRCERR 错误标志位将会置 1。

如果使能了 DMA 功能，软件不需要设置 CRCNT 位，硬件将会自动处理 CRC 传输和校验。

11.6 SPI 中断

11.6.1 状态标志位

1. 发送缓冲区空标志位（TBE）

当发送缓冲区为空时，TBE 置位。软件可以通过写 SPI_DATA 寄存器将下一个待发送数据写入发送缓冲区。

2. 接收缓冲区非空标志位（RBNE）

当接收缓冲区非空时，RBNE 置位，表示此时接收到一个数据，并已存入到接收缓冲区中，软件可以通过读 SPI_DATA 寄存器来读取此数据。

3. SPI 通信进行中标志位（TRANS）

TRANS 位是用来指示当前传输是否正在进行或结束的状态标志位，它由内部硬件置位和清除，无法通过软件控制。该标志位不会产生任何中断。

11.6.2 错误标志

1. 配置错误标志（CONFERR）

在主机模式中，CONFERR位是一个错误标志位。在硬件NSS模式中，如果NSSDRV没有使能，当NSS被拉低时，CONFERR位被置1。在软件NSS模式中，当SWNSS位为0时，CONFERR位置1。当CONFERR位置1时，SPIEN位和MSTMOD位由硬件清除，SPI关闭，设备强制进入从机模式。

在CONFERR位清0之前，SPIEN位和MSTMOD位保持写保护，从机的CONFERR位不能置1。在多主机配置中，设备可以在CONFERR位置1时进入从机模式，这意味着发生了系统控制的多主冲突。

2. 接收过载错误（RXORERR）

在RBNE位为1时，如果再有数据被接收，RXORERR位将会被置1。这说明上一帧数据还未被读出而新的数据已经接收了，接收缓冲区的内容不会被新接收的数据覆盖，所以新接收的数据丢失。

3. 帧错误（FERR）

在TI从机模式下，从机也要监视NSS信号，如果检测到错误的NSS信号，将会置位FERR标志位。例如，NSS信号在一个字节的中间位发生翻转。

4. CRC错误（CRCERR）

当CRCEN位置1时，SPI_RCRC寄存器中接收到的CRC值将会和紧随着最后一帧数据接收到的CRC值进行比较。当两者不同时，CRCERR位将会置1。

表11-6描述了SPI的中断事件。

表11-6 SPI中断事件

<table>
<tr><th>中断事件</th><th>描述</th><th>清除方式</th><th>中断使能位</th></tr>
<tr><td>TBE</td><td>发送缓冲区空</td><td>写SPI_DATA寄存器</td><td>TBEIE</td></tr>
<tr><td>RBNE</td><td>接收缓冲区非空</td><td>读SPI_DATA寄存器</td><td>RBNEIE</td></tr>
<tr><td>CONFERR</td><td>配置错误</td><td>读或写SPI_STAT寄存器，然后写SPI_CTL0寄存器</td><td rowspan="4">ERRIE</td></tr>
<tr><td>RXORERR</td><td>接收过载错误</td><td>读SPI_DATA寄存器，然后读SPI_STAT寄存器</td></tr>
<tr><td>CRCERR</td><td>CRC错误</td><td>写0到CRCERR位</td></tr>
<tr><td>FERR</td><td>TI模式帧错误</td><td>写0到FERR位</td></tr>
</table>

11.7 I^{2}S结构框图

I^{2}S结构如图11-13所示。

I^{2}S功能有5个子模块，分别是控制寄存器、时钟生成器、主机控制逻辑、从机控制逻辑和移位寄存器。所有的用户可配置寄存器都在控制寄存器模块实现，其中包括发送缓冲区和接收缓冲区。时钟生成器用来在主机模式下生成I^{2}S通信时钟。主机控制逻辑用来在主机模式下生成I2S_WS信号并控制通信。从机控制逻辑根据接收到的I2S_CK和I2S_WS信号来控制从机模式的通信。移位寄存器控制I2S_SD上的串行数据发送和接收。

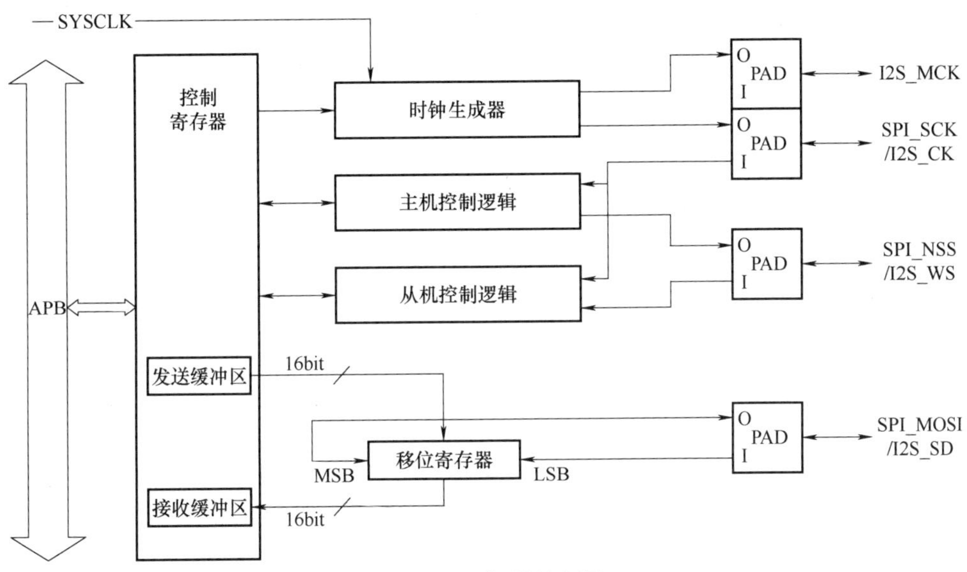

图 11-13 I²S 结构框图

11.8 I²S 信号线描述

I²S 接口有 4 个引脚，分别是 I2S_CK、I2S_WS、I2S_SD 和 I2S_MCK。I2S_CK 是串行时钟信号，与 SPI_SCK 共享引脚。I2S_WS 是数据帧控制信号，与 SPI_NSS 共享引脚。I2S_SD 是串行数据信号，与 SPI_MOSI 共享引脚。I2S_MCK 是主时钟信号，在 SPI0、SPI3 和 SPI4 中，与 SPI_MISO 共享引脚，而在 SPI1 和 SPI2 中，I2S_MCK 有一个专用引脚。I2S_MCK 对于 I²S 接口而言是个可选信号，它提供了一个 256 倍于 F_s 的时钟频率，其中 F_s 是音频采样率。

11.9 I²S 功能描述

11.9.1 I²S 音频标准

I²S 音频标准是通过设置 SPI_I2SCTL 寄存器中的 I2SSTD 位来选择的，可以选择 4 种音频标准：I²S 飞利浦标准、MSB 对齐标准、LSB 对齐标准和 PCM 标准。除 PCM 之外的所有标准都是两个通道（左通道和右通道）的音频数据分时复用 I²S 接口的，并通过 I2S_WS 信号来区分当前数据属于哪个通道。对于 PCM 标准，I2S_WS 信号表示帧同步信息。

数据长度和通道长度可以通过 SPI_I2SCTL 寄存器中的 DTLEN 位和 CHLEN 位来设置。由于通道长度必须大于或等于数据长度，所以有 4 种数据包类型可供选择。它们分别是：16 位数据打包成 16 位数据帧格式、16 位数据打包成 32 位数据帧格式、24 位数据打包成 32 位数据帧格式、32 位数据打包成 32 位数据帧格式。用于发送和接收的数据缓冲区都是 16 位宽度。所以，要完成数据长度为 24 位或 32 位的数据帧传输，SPI_DATA 寄存器需要被访问 2 次；而要完成数据长度为 16 位的数据帧传输，SPI_DATA 寄存器只需被访问 1 次。如需将 16 位数据打包成 32 位数据帧，硬件会自动插入 16 位 0，将 16 位数据扩展为 32 位格式。

对于所有标准和数据包类型来说，数据的最高有效位总是最先被发送的。对于所有基于两通道分时复用的标准来说，总是先发送左通道，然后是右通道。

1. I^2S 飞利浦标准

对于 I^2S 飞利浦标准，I2S_WS 和 I2S_SD 在 I2S_CK 的下降沿变化。

当 16 位数据打包成 16 位数据帧时，每完成 1 帧数据的传输，只需要访问 SPI_DATA 寄存器 1 次。

当 32 位数据打包成 32 位数据帧的帧格式时，每完成 1 帧数据的传输，需要访问 SPI_DATA 寄存器 2 次。在发送模式下，如果要发送一个 32 位数据，第 1 个写入 SPI_DATA 寄存器的数据应该是高 16 位数据，第 2 个数据应该是低 16 位数据。在接收模式下，如果要接收一个 32 位数据，第 1 个从 SPI_DATA 寄存器读到的数据应该是高 16 位数据，第 2 个数据应该是低 16 位数据。

当 24 位数据打包成 32 位数据帧的帧格式时，每完成 1 帧数据的传输，需要访问 SPI_DATA 寄存器 2 次。在发送模式下，如果要发送一个 24 位数据 D［23:0］，第 1 个写入 SPI_DATA 寄存器的数据应该是高 16 位数据 D［23:8］，第 2 个数据应该是一个 16 位数据，该 16 位数据的高 8 位是 D［7:0］，低 8 位数据可以是任意值。在接收模式下，如果要接收一个 24 位数据 D［23:0］，第 1 个从 SPI_DATA 寄存器读到的数据应该是高 16 位数据 D［23:8］，第 2 个数据应该是一个 16 位数据，该 16 位数据的高 8 位是 D［7:0］，低 8 位数据全是 0。

当 16 位数据打包成 32 位数据帧时，每完成 1 帧数据的传输，只需要访问 SPI_DATA 寄存器 1 次。为了将该 16 位数据扩展成 32 位数据，剩下的 16 位被硬件强制填充为 0x0000。

2. MSB 对齐标准

对于 MSB 对齐标准，I2S_WS 和 I2S_SD 在 I2S_CK 的下降沿变化。SPI_DATA 寄存器的处理方式与 I^2S 飞利浦标准完全相同。

3. LSB 对齐标准

对于 LSB 对齐标准，I2S_WS 和 I2S_SD 在 I2S_CK 的下降沿变化。在通道长度与数据长度相同的情况下，LSB 对齐标准和 MSB 对齐标准是完全相同的。对于通道长度大于数据长度的情况，LSB 对齐标准的有效数据与最低位对齐，而 MSB 对齐标准的有效数据与最高位对齐。

当 24 位数据打包成 32 位数据帧的帧格式时，每完成 1 帧数据的传输，需要访问 SPI_DATA 寄存器 2 次。在发送模式下，如果要发送一个 24 位数据 D［23:0］，第 1 个写入 SPI_DATA 寄存器的数据应该是一个 16 位数据，该 16 位数据的高 8 位可以是任意值，低 8 位是 D［23:16］，第 2 个数据应该是低 16 位数据 D［15:0］。在接收模式下，如果要接收一个 24 位数据 D［23:0］，第 1 个从 SPI_DATA 寄存器读到的数据应该是一个 16 位数据，该 16 位数据的高 8 位是 0，低 8 位是 D［23:16］，第 2 个数据应该是低 16 位数据 D［15:0］。

当 16 位数据打包成 32 位数据帧时，每完成 1 帧数据的传输，只需要访问 SPI_DATA 寄存器 1 次。为了将该 16 位数据扩展成 32 位数据，剩下的 16 位被硬件强制填充为 0x0000。

4. PCM 标准

对于 PCM 标准，I2S_WS 和 I2S_SD 在 I2S_CK 的上升沿变化，I2S_WS 信号表示帧同步信息。可以通过 SPI_I2SCTL 寄存器的 PCMSMOD 位来选择短帧同步模式和长帧同步模式。SPI_DATA 寄存器的处理方式与 I^2S 飞利浦标准完全相同。

11.9.2 I^2S 时钟

图 11-14 是 I^2S 时钟生成结构。

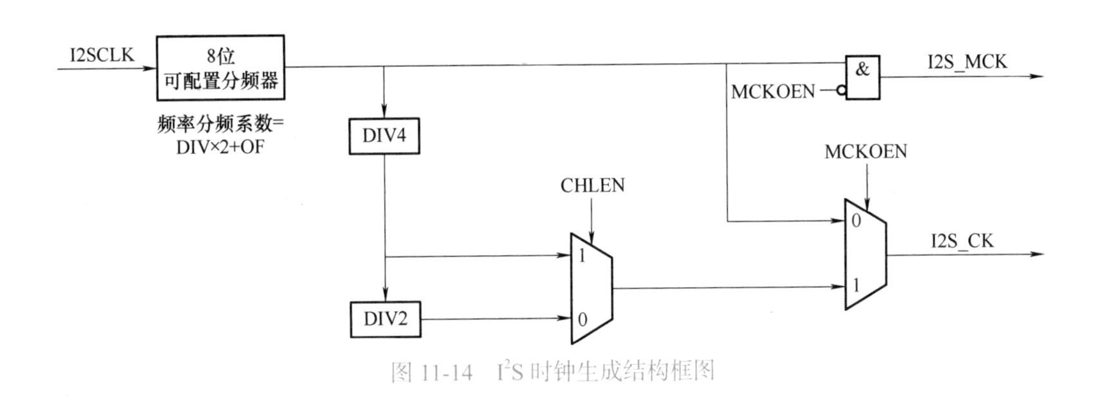

图 11-14 I^2S 时钟生成结构框图

I^2S 接口时钟是通过 SPI_I2SPSC 寄存器的 DIV 位、OF 位、MCKOEN 位以及 SPI_I2SCTL 寄存器的 CHLEN 位来配置的。I^2S 比特率可以通过表 11-7 所示的公式计算。

表 11-7 I^2S 比特率计算公式

MCKOEN	CHLEN	公式
0	0	I2SCLK/(DIV×2+OF)
0	1	I2SCLK/(DIV×2+OF)
1	0	I2SCLK/[8×(DIV×2+OF)]
1	1	I2SCLK/[4×(DIV×2+OF)]

音频采样率（F_s）和 I^2S 比特率的关系由如下公式定义：

$$F_s = I^2S\ 比特率 / (通道长度 \times 通道数)$$

所以，为了得到期望的音频采样率，时钟生成器需要按表 11-8 所列的公式进行配置。

表 11-8 音频采样频率计算公式

MCKOEN	CHLEN	公式
0	0	I2SCLK/[32×(DIV×2+OF)]
0	1	I2SCLK/[64×(DIV×2+OF)]
1	0	I2SCLK/[256×(DIV×2+OF)]
1	1	I2SCLK/[256×(DIV×2+OF)]

I^2S 时钟源可以由 PLLI2S 或外部 I2S_CKIN 引脚提供，在 RCU 模块进行配置。软件需要仔细计算 I^2S 分频因子和 PLLI2S 以得到精确的音频采样频率。如果 PLLI2S 精度不能满足应用程序的要求，可以通过 I2S_CKIN 引脚提供精确的外部 I^2S 时钟。

11.9.3 运行

1. 运行模式

运行模式是通过 SPI_I2SCTL 寄存器的 I2SOPMOD 位来选择的。共有 4 种运行模式可供选择：主机发送模式、主机接收模式、从机发送模式和从机接收模式。各种运行模式下 I^2S 接口信号的方向见表 11-9。

表 11-9 各种运行模式下 I^2S 接口信号的方向

运行模式	I2S_MCK	I2S_CK	I2S_WS	I2S_SD	I2S_ADD_SD②
主机发送	输出或 NU①	输出	输出	输出	NU①
主机接收	输出或 NU①	输出	输出	输入	NU①
从机发送	输入或 NU①	输入	输入	输出	NU①
从机接收	输入或 NU①	输入	输入	输入	NU①

① NU 表示该引脚没有被 I^2S 使用，可以用于其他功能。

② I2S1 和 I2S2 为了支持全双工运行模式，需要两个额外的片上 I^2S 模块：I2S_ADD1 和 I2S_ADD2。I2S_ADD_SD 引脚是 I2S_ADD 模块的数据引脚，在后面的章节将详细介绍全双工模式。

2. I^2S 初始化流程

I^2S 初始化过程包括以下 5 个步骤。如果要初始化 I^2S 工作在主机模式，5 个步骤都要执行。如果要初始化 I^2S 工作在从机模式，只需要执行步骤 2~5。

步骤 1：配置 SPI_I2SPSC 寄存器的 DIV［7:0］位、OF 位和 MCKOEN 位，定义 I^2S 的比特率和选择是否需要提供 I2S_MCK 信号。

步骤 2：配置 SPI_I2SCTL 寄存器的 CKPL 位，定义空闲状态的时钟极性。

步骤 3：配置 SPI_I2SCTL 寄存器的 I2SSEL 位、I2SSTD［1:0］位、PCMSMOD 位、I2SOPMOD［1:0］位、DTLEN［1:0］位和 CHLEN 位，定义 I^2S 的特性。

步骤 4：配置 SPI_CTL1 寄存器的 TBEIE 位、RBNEIE 位、ERRIE 位、DMATEN 位和 DMAREN 位，选择中断源和 DMA 功能。此步骤可选。

步骤 5：将 SPI_I2SCTL 寄存器的 I2SEN 位置 1，来启动 I^2S。

3. I^2S 主机发送流程

TBE 标志位被用来控制发送流程。如前文所述，TBE 标志位表示发送缓冲区空，此时，如果 SPI_CTL1 寄存器的 TBEIE 位为 1，将产生中断。首先，发送缓冲区为空（TBE 为 1），且移位寄存器中没有发送序列。当 16 位数据被写入 SPI_DATA 寄存器时（TBE 变为 0），数据立即从发送缓冲区装载到移位寄存器中（TBE 变为 1）。此时，发送序列开始。

数据是并行地装载到 16 位移位寄存器中的，然后串行地从 I2S_SD 引脚发出（高位先发）。下一个数据应该在 TBE 为 1 时写入 SPI_DATA 寄存器。数据写入 SPI_DATA 寄存器之后，TBE 变为 0。当前发送序列结束时，发送缓冲区的数据会自动装载到移位寄存器中，然后 TBE 标志变回 1。为了保证连续的音频数据发送，下一个将要发送的数据必须在当前发送序列结束之前写入 SPI_DATA 寄存器。

对于除 PCM 标准外的所有标准，I2SCH 标志用来区别当前传输数据所属的通道。I2SCH 标志在每次 TBE 标志由 0 变 1 时更新。刚开始 I2SCH 标志为 0，表示左通道的数据应该被写入 SPI_DATA 寄存器。

为了关闭 I^2S，I2SEN 位必须在 TBE 标志为 1 且 TRANS 标志为 0 之后清 0。

4. I^2S 主机接收流程

RBNE 标志被用来控制接收序列。如前文所述，RBNE 标志表示接收缓冲区非空，如果 SPI_CTL1 寄存器的 RBNEIE 位为 1，将产生中断。当 SPI_I2SCTL 寄存器的 I2SEN 位被置 1 时，接收流程立即开始。首先，接收缓冲区为空（RBNE 为 0）。当一个接收流程结束时，接收到的数据将从移位寄存器装载到接收缓冲区（RBNE 变为 1）。当 RBNE 为 1 时，用户应该将数据从 SPI_DATA 寄存器中读走。读操作完成后，RBNE 变为 0。必须在下一次接收结束之前读走 SPI_DATA 寄存器中的数据，否则将发生接收过载错误。此时 RXORERR 标志位会被置 1，如果 SPI_CTL1 寄存器的 ERRIE 位为 1，将会产生中断。这种情况下，必须先关闭 I^2S 再打开 I^2S，然后再恢复通信。

对于除 PCM 之外的所有标准来说，I2SCH 标志用来区分当前传输数据所属的通道。I2SCH 标志在每次 RBNE 标志由 0 变 1 时更新。

为了关闭 I^2S，不同的音频标准、数据长度和通道长度采用不同的操作步骤。每种情况的操作步骤如下所示：

1）数据长度为 16 位，通道长度为 32 位，LSB 对齐标准（DTLEN=00，CHLEN=1，且 I2SSTD=0b10）：

① 等待倒数第 2 个 RBNE。

② 等待 17 个 I^2S 时钟周期（I2S_CK 引脚上的时钟）。

③ 清除 I2SEN 位。

2）数据长度为 16 位，通道长度为 32 位，除 LSB 对齐标准之外的其他标准（DTLEN=00，CHLEN=1，且 I2SSTD 不等于 0b10）：

① 等待最后一个 RBNE。

② 等待 1 个 I^2S 时钟周期。

③ 清除 I2SEN 位。

3）其他所有情况：

① 等待倒数第 2 个 RBNE。

② 等待 1 个 I^2S 时钟周期。

③ 清除 I2SEN 位。

5. I^2S 从机发送流程

从机发送流程和主机发送流程相似，不同之处如下：

在从机模式下，从机需要在外部主机开始通信之前使能。当外部主机开始发送时钟信号且 I2S_WS 信号请求传输数据时，发送流程开始。数据需要在外部主机发起通信之前写入 SPI_DATA 寄存器。为了确保音频数据的连续传输，必须在当前发送序列结束之前将下一个待发送的数据写入 SPI_DATA 寄存器，否则会产生发送欠载错误。此时 TXURERR 标志会置 1，如果 SPI_CTL1 寄存器的 ERRIE 位为 1，将会产生中断。这种情况下，必须先关闭 I^2S 再打开 I^2S 来恢复通信。从机模式下，I2SCH 标志是根据外部主机发送的 I2S_WS 信号而变化的。

为了关闭 I^2S，必须在 TBE 标志变为 1 且 TRANS 标志变为 0 之后，才能清除 I2SEN 位。

6. I^2S 从机接收流程

从机接收流程与主机接收流程类似，不同之处如下：

在从机模式下，从机需要在外部主机开始通信之前使能。当外部主机开始发送时钟信号且 I2S_WS 信号指示数据开始时，接收流程开始。从机模式下，I2SCH 标志是根据外部主机发送的 I2S_WS 信号而变化的。

为了关闭 I^2S，必须在收到最后一个 RBNE 之后立即清除 I2SEN 位。

7. I^2S 全双工模式

单个的 I^2S 模块只支持单向传输：发送模式或接收模式，通过一个附加的 I^2S 模块（I2S_ADD 模块）可以实现 I^2S 的全双工模式。I2S_ADD 模块与 I^2S 模块功能一样，但只工作在从模式。一共有两个 I2S_ADD 模块：I2S_ADD1 和 I2S_ADD2，所以只有 I2S1 和 I2S2 支持全双工模式。I2S_ADD 模块的 I2S_CK 和 I2S_WS 引脚分别与对应的 I^2S 模块的相应引脚内部连接，I2S_ADD 模块的 I2S_SD 引脚映射到对应的 I^2S 模块的 SPI_MISO 引脚。

为了工作在全双工模式，需要使能 I^2S 模块和相应的 I2S_ADD 模块，I^2S 模块支持两种全双工模式：主机模式和从机模式。

在主机全双工模式下，软件必须设置 I^2S 为主机，I2S_ADD 为从机，I2S_ADD 模块的 WS 和 SCK 信号都由主机 I^2S 模块提供。

在从机全双工模式下，软件必须设置 I^2S 和 I2S_ADD 都为从机，I^2S 模块和 I2S_ADD 模块的 WS 和 SCK 信号都由外部信号提供。

应用程序可以配置 I^2S 模块为发送或接收模式，然后配置 I2S_ADD 为相反的模式。在发送过程中，软件同时操作 I^2S 模块和 I2S_ADD 模块的寄存器和中断来实现全双工模式发送。

11.9.4 DMA 功能

DMA 功能与 SPI 模式完全一样，唯一不同的地方就是 I^2S 模式不支持 CRC 功能。

11.10 I^2S 中断

11.10.1 状态标志位

SPI_STAT 寄存器中有 4 个可用的标志位，分别是 TBE、RBNE、TRANS 和 I2SCH，用户通过这些标志位可以全面监视 I^2S 总线的状态。

1）发送缓冲区空标志（TBE）：当发送缓冲区为空时，TBE 置位。软件可以通过写 SPI_DATA 寄存器将下一个数据写入发送缓冲区。

2）接收缓冲区非空标志（RBNE）：当接收缓冲区非空时，RBNE 置位，表示此时接收到一个数据，并已存入接收缓冲区中，软件可以通过读 SPI_DATA 寄存器来读取此数据。

3）I^2S 通信进行中标志（TRANS）：TRANS 是用来指示当前传输是否正在进行或结束的状态标志，它由内部硬件置位和清除，无法通过软件进行操作。该标志位不会产生如何中断。

4）I^2S 通道标志（I2SCH）：I2SCH 用来表明当前传输数据的通道信息，对 PCM 音频标准来说没有意义。在发送模式下，I2SCH 标志在每次 TBE 由 0 变 1 时更新；在接收模式下，I2SCH 标志在每次 RBNE 由 0 变 1 时更新。该标志位不会产生任何中断。

11.10.2 错误标志

有 3 个错误标志：

1）发送欠载错误标志（TXURERR）：在从发送模式下，当有效的 SCK 信号开始发送时，如果发送缓冲区为空时，发送欠载错误标志（TXURERR）将会置位。

2）接收过载错误标志（RXORERR）：当接收缓冲区已满且又接收到一个新的数据时，接收过载错误标志（RXORERR）置位。当接收过载发生时，接收缓冲区中的数据没有更新，新接收的数据丢失。

3）帧错误（FERR）：在从 I^2S 模式下，I^2S 模块监视 I2S_WS 信号，如果 I2S_WS 信号在一个错误的位置发生翻转，将会置位帧错误（FERR）标志位。

表 11-10 总结了 I^2S 中断事件和相应的使能位。

表 11-10　I^2S 中断事件和相应的使能位

中断事件	描述	清除方式	中断使能位
TBE	发送缓冲区空	写 SPI_DATA 寄存器	TBEIE
RBNE	接收缓冲区非空	读 SPI_DATA 寄存器	RBNEIE
TXURERR	发送欠载错误	读 SPI_STAT 寄存器	ERRIE
RXORERR	接收过载错误	读 SPI_DATA 寄存器，然后再读 SPI_STAT 寄存器	
FERR	I^2S 帧错误	读 SPI_STAT 寄存器	

11.11 操作实例

11.11.1 SPI 操作实例

1. 实例介绍

功能：使用 SPI 模块的 SPI 四线模式读写带有 SPI 的 NOR Flash。

硬件连接：开发板上集成的 SPI5 模块支持四线 SPI 功能，该功能可以和外部 NOR Flash 设备进行通信。SPI NOR Flash 为 40Mbit 的串行 Flash 存储芯片 GD25Q40B，该芯片支持标准 SPI 和四线 SPI 的读写指令。

2. 程序

（1）主程序

```
#include <stdio.h>
#include "gd32f4xx.h"
#include "systick.h"
#include "gd25qxx.h"
#include "gd32f450z_eval.h"

#define BUFFER_SIZE              256
#define TX_BUFFER_SIZE           (countof(tx_buffer)-1)
#define RX_BUFFER_SIZE           0xFF
```

```
#define countof(a)                  (sizeof(a)/sizeof(*(a)))

#define SFLASH_ID                   0xC84015
#define FLASH_WRITE_ADDRESS         0x000000
#define FLASH_READ_ADDRESS          FLASH_WRITE_ADDRESS

uint32_t int_device_serial[3];
uint8_t count;
__IO uint32_t TimingDelay=0;

uint8_t tx_buffer[256];
uint8_t rx_buffer[256];
uint32_t flash_id=0;
uint32_t DeviceID=0;
uint16_t i=0;
uint8_t  is_successful=0;

void turn_on_led(uint8_t led_num);
void get_chip_serial_num(void);
ErrStatus memory_compare(uint8_t* src,uint8_t* dst,uint16_t length);
void test_status_led_init(void);

/*!
    \brief      main function
    \param[in]  none
    \param[out] none
    \retval     none
*/
int main(void)
{
    /* systick configuration */
    systick_config( );

    /* configure the led GPIO */
    test_status_led_init( );

    /* USART parameter configuration */
    gd_eval_com_init(EVAL_COM0);

    /* configure SPI5 GPIO and parameter */
    spi_flash_init( );

    /* GD32450Z-EVAL start up */
printf("\n\r###########################################################
#####################\n\r");

    printf("\n\rGD32450Z-EVAL System is Starting up...\n\r");
```

```
    printf("\n\rGD32450Z-EVAL SystemCoreClock:%dHz\n\r",SystemCoreClock);

    /* get chip serial number */
    get_chip_serial_num( );

    /* print CPU unique device id */
    printf("\n\rGD32450Z-EVAL The CPU Unique Device ID:[%X-%X-%X]\n\r",
int_device_serial[2],int_device_serial[1],int_device_serial[0]);

    printf("\n\rGD32450Z-EVAL SPI Flash:GD25Q40 configured...\n\r");

    /* get flash id */
    flash_id=spi_flash_read_id( );
    printf("\n\rThe Flash_ID:0x%X\n\r\n\r",flash_id);

    /* flash id is correct */
    if(SFLASH_ID==flash_id){
        printf("\n\rWrite to tx_buffer:\n\r\n\r");

        /* printf tx_buffer value */
        for(i=0; i < BUFFER_SIZE; i++){
            tx_buffer[i]=i;
            printf("0x%02X",tx_buffer[i]);

            if(15==i%16)
                printf("\n\r");
        }

        printf("\n\r\n\rRead from rx_buffer:\n\r\n\r");

        /* erase the specified flash sector */
        spi_flash_sector_erase(FLASH_WRITE_ADDRESS);

        /* write tx_buffer data to the flash */
        qspi_flash_buffer_write(tx_buffer,FLASH_WRITE_ADDRESS,256);

        delay_1ms(10);
        /* read a block of data from the flash to rx_buffer */
        qspi_flash_buffer_read(rx_buffer,FLASH_READ_ADDRESS,256);

        /* printf rx_buffer value */
        for(i=0; i<BUFFER_SIZE; i ++){
            printf("0x % 02X",rx_buffer[i]);
            if(15==i % 16)
                printf("\n\r");
        }
```

```
        if(ERROR==memory_compare(tx_buffer,rx_buffer,256)){
            printf("\n\rErr:Data Read and Write aren't Matching.\n\r");
            is_successful=1;
        }

        /* spi qspi flash test passed */
        if(0==is_successful){
            printf("\n\rSPI-GD25Q40 Test Passed!\n\r");
        }
    }else{
        /* spi flash read id fail */
        printf("\n\rSPI Flash: Read ID Fail!\n\r");
    }

    while(1){
        /* turn off all leds */
        gd_eval_led_off(LED1);
        gd_eval_led_off(LED2);
        gd_eval_led_off(LED3);

        /* turn on a led */
        turn_on_led(count % 3);
        count ++;
        if(3 <=count)
           count=0;

        delay_1ms(500);
    }
}

/*!
    \brief      get chip serial number
    \param[in]  none
    \param[out] none
    \retval     none
*/
void get_chip_serial_num(void)
{
    int_device_serial[0]=*(__IO uint32_t*)(0x1FFF7A10);
    int_device_serial[1]=*(__IO uint32_t*)(0x1FFF7A14);
    int_device_serial[2]=*(__IO uint32_t*)(0x1FFF7A18);
}

/*!
    \brief      test status led initialize
    \param[in]  none
    \param[out] none
```

```
    \retval     none
*/
void test_status_led_init(void)
{
    /* initialize the leds */
    gd_eval_led_init(LED1);
    gd_eval_led_init(LED2);
    gd_eval_led_init(LED3);

    /* close all of leds */
    gd_eval_led_off(LED1);
    gd_eval_led_off(LED2);
    gd_eval_led_off(LED3);
}

/*!
    \brief      turn on led
    \param[in]  led_num: led number
    \param[out] none
    \retval     none
*/
void turn_on_led(uint8_t led_num)
{
    switch(led_num){
    case 0:
        /* turn on LED1 */
        gd_eval_led_on(LED1);
        break;
    case 1:
        /* turn on LED2 */
        gd_eval_led_on(LED2);
        break;
    case 2:
        /* turn on LED3 */
        gd_eval_led_on(LED3);
        break;
    default:
        /* turn on all leds */
        gd_eval_led_on(LED1);
        gd_eval_led_on(LED2);
        gd_eval_led_on(LED3);
        break;
    }
}

/*!
    \brief      memory compare function
```

```
    \param[in]  src: source data pointer
    \param[in]  dst: destination data pointer
    \param[in]  length: the compare data length
    \param[out] none
    \retval     ErrStatus: ERROR or SUCCESS
*/
ErrStatus memory_compare(uint8_t* src,uint8_t* dst,uint16_t length)
{
    while(length --){
        if(*src++ !=*dst++)
            return ERROR;
    }
    return SUCCESS;
}

/* retarget the C library printf function to the USART */
int fputc(int ch,FILE *f)
{
    usart_data_transmit(EVAL_COM0,(uint8_t)ch);
    while(RESET==usart_flag_get(EVAL_COM0,USART_FLAG_TBE));
    return ch;
}
```

（2）SPI驱动程序函数

```
#include "gd25qxx.h"
#include "gd32f4xx.h"
#include <string.h>

#define WRITE              0x02     /* write to memory instruction */
#define QUADWRITE          0x32     /* quad write to memory instruction */
#define WRSR               0x01     /* write status register instruction */
#define WREN               0x06     /* write enable instruction */

#define READ               0x03     /* read from memory instruction */
#define QUADREAD           0x6B     /* read from memory instruction */
#define RDSR               0x05     /* read status register instruction */
#define RDID               0x9F     /* read identification */

#define SE                 0x20     /* sector erase instruction */
#define BE                 0xC7     /* bulk erase instruction */

#define WIP_FLAG           0x01     /* write in progress(wip)flag */

#define DUMMY_BYTE         0xA5

/*!
    \brief      initialize SPI5 GPIO and parameter
```

```
    \param[in]  none
    \param[out] none
    \retval     none
*/
void spi_flash_init(void)
{
    spi_parameter_struct spi_init_struct;

    rcu_periph_clock_enable(RCU_GPIOG);
    rcu_periph_clock_enable(RCU_SPI5);

    /* SPI5_CLK(PG13),SPI5_MISO(PG12),SPI5_MOSI(PG14),SPI5_IO2(PG10)and
SPI5_IO3(PG11)GPIO pin configuration */
    gpio_af_set(GPIOG,GPIO_AF_5,GPIO_PIN_10|GPIO_PIN_11| GPIO_PIN_12|
GPIO_PIN_13| GPIO_PIN_14);
    gpio_mode_set(GPIOG,GPIO_MODE_AF,GPIO_PUPD_NONE,GPIO_PIN_10|GPIO_
PIN_11| GPIO_PIN_12|GPIO_PIN_13| GPIO_PIN_14);
    gpio_output_options_set(GPIOG,GPIO_OTYPE_PP,GPIO_OSPEED_25MHz,GPIO_
PIN_10|GPIO_PIN_11| GPIO_PIN_12|GPIO_PIN_13| GPIO_PIN_14);

    /* SPI5_CS(PG9)GPIO pin configuration */
    gpio_mode_set(GPIOG,GPIO_MODE_OUTPUT,GPIO_PUPD_NONE,GPIO_PIN_9);
    gpio_output_options_set(GPIOG,GPIO_OTYPE_PP,GPIO_OSPEED_50MHz,GPIO_PIN_9);

    /* chip select invalid */
    SPI_FLASH_CS_HIGH( );

    /* SPI5 parameter config */
    spi_init_struct.trans_mode                =SPI_TRANSMODE_FULLDUPLEX;
    spi_init_struct.device_mode               =SPI_MASTER;
    spi_init_struct.frame_size                =SPI_FRAMESIZE_8BIT;
    spi_init_struct.clock_polarity_phase =SPI_CK_PL_LOW_PH_1EDGE;
    spi_init_struct.nss                       =SPI_NSS_SOFT;
    spi_init_struct.prescale                  =SPI_PSC_32;
    spi_init_struct.endian                    =SPI_ENDIAN_MSB;
    spi_init(SPI5,& spi_init_struct);

    /* quad wire SPI_IO2 and SPI_IO3 pin output enable */
    qspi_io23_output_enable(SPI5);

    /* enable SPI5 */
    spi_enable(SPI5);
}

/*!
    \brief      erase the specified flash sector
    \param[in]  sector_addr: address of the sector to erase
```

```
    \param[out] none
    \retval     none
*/
void spi_flash_sector_erase(uint32_t sector_addr)
{
    /* send write enable instruction */
    spi_flash_write_enable( );

    /* sector erase */
    /* select the flash: chip select low */
    SPI_FLASH_CS_LOW( );
    /* send sector erase instruction */
    spi_flash_send_byte(SE);
    /* send sector_addr high nibble address byte */
    spi_flash_send_byte((sector_addr & 0xFF0000)>> 16);
    /* send sector_addr medium nibble address byte */
    spi_flash_send_byte((sector_addr & 0xFF00)>> 8);
    /* send sector_addr low nibble address byte */
    spi_flash_send_byte(sector_addr & 0xFF);
    /* deselect the flash: chip select high */
    SPI_FLASH_CS_HIGH( );

    /* wait the end of flash writing */
    spi_flash_wait_for_write_end( );
}

/*!
    \brief      erase the entire flash
    \param[in]  none
    \param[out] none
    \retval     none
*/
void spi_flash_bulk_erase(void)
{
    /* send write enable instruction */
    spi_flash_write_enable( );

    /* bulk erase */
    /* select the flash: chip select low */
    SPI_FLASH_CS_LOW( );
    /* send bulk erase instruction  */
    spi_flash_send_byte(BE);
    /* deselect the flash: chip select high */
    SPI_FLASH_CS_HIGH( );

    /* wait the end of flash writing */
    spi_flash_wait_for_write_end( );
}
```

```
/*!
    \brief      write more than one byte to the flash
    \param[in]  pbuffer: pointer to the buffer
    \param[in]  write_addr: flash's internal address to write
    \param[in]  num_byte_to_write: number of bytes to write to the flash
    \param[out] none
    \retval     none
*/
void spi_flash_page_write(uint8_t* pbuffer,uint32_t write_addr,uint16_t
num_byte_to_write)
{
    /* enable the write access to the flash */
    spi_flash_write_enable( );

    /* select the flash: chip select low */
    SPI_FLASH_CS_LOW( );

    /* send "write to memory" instruction */
    spi_flash_send_byte(WRITE);
    /* send write_addr high nibble address byte to write to */
    spi_flash_send_byte((write_addr & 0xFF0000)>> 16);
    /* send write_addr medium nibble address byte to write to */
    spi_flash_send_byte((write_addr & 0xFF00)>> 8);
    /* send write_addr low nibble address byte to write to */
    spi_flash_send_byte(write_addr & 0xFF);

    /* while there is data to be written on the flash */
    while(num_byte_to_write--){
        /* send the current byte */
        spi_flash_send_byte(*pbuffer);
        /* point on the next byte to be written */
        pbuffer++;
    }

    /* deselect the flash: chip select high */
    SPI_FLASH_CS_HIGH( );

    /* wait the end of flash writing */
    spi_flash_wait_for_write_end( );
}

/*!
    \brief      write block of data to the flash
    \param[in]  pbuffer: pointer to the buffer
    \param[in]  write_addr: flash's internal address to write
    \param[in]  num_byte_to_write: number of bytes to write to the flash
    \param[out] none
```

```
    \retval      none
  */
  void spi_flash_buffer_write(uint8_t* pbuffer,uint32_t write_addr,uint16_t
num_byte_to_write)
  {
    uint8_t num_of_page=0,num_of_single=0,addr=0,count=0,temp=0;

    addr          =write_addr % SPI_FLASH_PAGE_SIZE;
    count         =SPI_FLASH_PAGE_SIZE - addr;
    num_of_page   =num_byte_to_write /SPI_FLASH_PAGE_SIZE;
    num_of_single =num_byte_to_write % SPI_FLASH_PAGE_SIZE;

    /* write_addr is SPI_FLASH_PAGE_SIZE aligned */
    if(0==addr){
        /* num_byte_to_write < SPI_FLASH_PAGE_SIZE */
        if(0==num_of_page){
            spi_flash_page_write(pbuffer,write_addr,num_byte_to_write);
        }else{
            /* num_byte_to_write >=SPI_FLASH_PAGE_SIZE */
            while(num_of_page--){
                 spi_flash_page_write(pbuffer,write_addr,SPI_FLASH_PAGE_
SIZE);
                write_addr +=SPI_FLASH_PAGE_SIZE;
                pbuffer +=SPI_FLASH_PAGE_SIZE;
            }
            spi_flash_page_write(pbuffer,write_addr,num_of_single);
        }
    }else{
        /* write_addr is not SPI_FLASH_PAGE_SIZE aligned */
        if(0==num_of_page){
            /* (num_byte_to_write + write_addr)> SPI_FLASH_PAGE_SIZE */
            if(num_of_single > count){
                temp=num_of_single - count;
                spi_flash_page_write(pbuffer,write_addr,count);
                write_addr +=count;
                pbuffer +=count;
                spi_flash_page_write(pbuffer,write_addr,temp);
            }else{
                spi_flash_page_write(pbuffer,write_addr,num_byte_to_write);
            }
        }else{
            /* num_byte_to_write >=SPI_FLASH_PAGE_SIZE */
            num_byte_to_write -=count;
            num_of_page=num_byte_to_write /SPI_FLASH_PAGE_SIZE;
            num_of_single=num_byte_to_write % SPI_FLASH_PAGE_SIZE;
            spi_flash_page_write(pbuffer,write_addr,count);
```

```
            write_addr +=count;
            pbuffer +=count;

            while(num_of_page--){
                spi_flash_page_write(pbuffer,write_addr,SPI_FLASH_PAGE_SIZE);
                write_addr +=SPI_FLASH_PAGE_SIZE;
                pbuffer +=SPI_FLASH_PAGE_SIZE;
            }

            if(0 !=num_of_single){
                spi_flash_page_write(pbuffer,write_addr,num_of_single);
            }
        }
    }
}

/*!
    \brief      read a block of data from the flash
    \param[in]  pbuffer: pointer to the buffer that receives the data
read from the flash
    \param[in]  read_addr: flash's internal address to read from
    \param[in]  num_byte_to_read: number of bytes to read from the flash
    \param[out] none
    \retval     none
*/
void spi_flash_buffer_read(uint8_t* pbuffer,uint32_t read_addr,uint16_t
num_byte_to_read)
{
    /* select the flash: chip slect low */
    SPI_FLASH_CS_LOW( );

    /* send "read from memory" instruction */
    spi_flash_send_byte(READ);

    /* send read_addr high nibble address byte to read from */
    spi_flash_send_byte((read_addr & 0xFF0000)>> 16);
    /* send read_addr medium nibble address byte to read from */
    spi_flash_send_byte((read_addr & 0xFF00)>> 8);
    /* send read_addr low nibble address byte to read from */
    spi_flash_send_byte(read_addr & 0xFF);

    /* while there is data to be read */
    while(num_byte_to_read--){
        /* read a byte from the flash */
        * pbuffer=spi_flash_send_byte(DUMMY_BYTE);
        /* point to the next location where the byte read will be saved */
```

```
        pbuffer++;
    }

    /* deselect the flash: chip select high */
    SPI_FLASH_CS_HIGH( );
}

/*!
    \brief      read flash identification
    \param[in]  none
    \param[out] none
    \retval     flash identification
*/
uint32_t spi_flash_read_id(void)
{
    uint32_t temp=0,temp0=0,temp1=0,temp2=0;

    /* select the flash: chip select low */
    SPI_FLASH_CS_LOW( );

    /* send "RDID" instruction */
    spi_flash_send_byte(RDID);

    /* read a byte from the flash */
    temp0=spi_flash_send_byte(DUMMY_BYTE);

    /* read a byte from the flash */
    temp1=spi_flash_send_byte(DUMMY_BYTE);

    /* read a byte from the flash */
    temp2=spi_flash_send_byte(DUMMY_BYTE);

    /* deselect the flash: chip select high */
    SPI_FLASH_CS_HIGH( );

    temp=(temp0 << 16)| (temp1 << 8)| temp2;

    return temp;
}

/*!
    \brief      start a read data byte (read)sequence from the flash
    \param[in]  read_addr: flash's internal address to read from
    \param[out] none
    \retval     none
*/
void spi_flash_start_read_sequence(uint32_t read_addr)
```

```
{
    /* select the flash: chip select low */
    SPI_FLASH_CS_LOW( );

    /* send "read from memory" instruction */
    spi_flash_send_byte(READ);

    /* send the 24-bit address of the address to read from */
    /* send read_addr high nibble address byte */
    spi_flash_send_byte((read_addr & 0xFF0000)>> 16);
    /* send read_addr medium nibble address byte */
    spi_flash_send_byte((read_addr & 0xFF00)>> 8);
    /* send read_addr low nibble address byte */
    spi_flash_send_byte(read_addr & 0xFF);
}

/*!
    \brief      read a byte from the SPI flash
    \param[in]  none
    \param[out] none
    \retval     byte read from the SPI flash
*/
uint8_t spi_flash_read_byte(void)
{
    return(spi_flash_send_byte(DUMMY_BYTE));
}

/*!
    \brief      send a byte through the SPI interface and return the
byte received from the SPI bus
    \param[in]  byte: byte to send
    \param[out] none
    \retval     the value of the received byte
*/
uint8_t spi_flash_send_byte(uint8_t byte)
{
    /* loop while data register in not empty */
    while(RESET==spi_i2s_flag_get(SPI5,SPI_FLAG_TBE));

    /* send byte through the SPI5 peripheral */
    spi_i2s_data_transmit(SPI5,byte);

    /* wait to receive a byte */
    while(RESET==spi_i2s_flag_get(SPI5,SPI_FLAG_RBNE));

    /* return the byte read from the SPI bus */
    return(spi_i2s_data_receive(SPI5));
}
```

```
/*!
    \brief      send a half word through the SPI interface and return
the half word received from the SPI bus
    \param[in]  half_word: half word to send
    \param[out] none
    \retval     the value of the received byte
*/
uint16_t spi_flash_send_halfword(uint16_t half_word)
{
    /* loop while data register in not emplty */
    while(RESET==spi_i2s_flag_get(SPI5,SPI_FLAG_TBE));

    /* send half word through the SPI5 peripheral */
    spi_i2s_data_transmit(SPI5,half_word);

    /* wait to receive a half word */
    while(RESET==spi_i2s_flag_get(SPI5,SPI_FLAG_RBNE));

    /* return the half word read from the SPI bus */
    return spi_i2s_data_receive(SPI5);
}

/*!
    \brief      enable the write access to the flash
    \param[in]  none
    \param[out] none
    \retval     none
*/
void spi_flash_write_enable(void)
{
    /* select the flash: chip select low */
    SPI_FLASH_CS_LOW( );

    /* send "write enable" instruction */
    spi_flash_send_byte(WREN);

    /* deselect the flash: chip select high */
    SPI_FLASH_CS_HIGH( );
}

/*!
    \brief      poll the status of the write in progress(wip)flag in the
flash's status register
    \param[in]  none
    \param[out] none
    \retval     none
```

```
*/
void spi_flash_wait_for_write_end(void)
{
    uint8_t flash_status=0;

    /* select the flash: chip select low */
    SPI_FLASH_CS_LOW( );

    /* send "read status register" instruction */
    spi_flash_send_byte(RDSR);

    /* loop as long as the memory is busy with a write cycle */
    do{
        /* send a dummy byte to generate the clock needed by the flash
        and put the value of the status register in flash_status variable */
        flash_status=spi_flash_send_byte(DUMMY_BYTE);
    }while(SET==(flash_status & WIP_FLAG));

    /* deselect the flash: chip select high */
    SPI_FLASH_CS_HIGH( );
}

/*!
    \brief      enable the flash quad mode
    \param[in]  none
    \param[out] none
    \retval     none
*/
void qspi_flash_quad_enable(void)
{
    /* enable the write access to the flash */
    spi_flash_write_enable( );
    /* select the flash: chip select low */
    SPI_FLASH_CS_LOW( );
    /* send "write status register" instruction */
    spi_flash_send_byte(WRSR);

    spi_flash_send_byte(0x00);
    spi_flash_send_byte(0x02);
    /* deselect the flash: chip select high */
    SPI_FLASH_CS_HIGH( );
    /* wait the end of flash writing */
    spi_flash_wait_for_write_end( );
}

/*!
    \brief      write block of data to the flash using qspi
```

```
    \param[in]  pbuffer:pointer to the buffer
    \param[in]  write_addr:flash's internal address to write to
    \param[in]  num_byte_to_write:number of bytes to write to the flash
    \param[out] none
    \retval     none
  */
  void qspi_flash_buffer_write(uint8_t* pbuffer,uint32_t write_addr,uint16_t
num_byte_to_write)
  {
      uint8_t num_of_page=0,num_of_single=0,addr=0,count=0,temp=0;

      addr=write_addr % SPI_FLASH_PAGE_SIZE;
      count=SPI_FLASH_PAGE_SIZE-addr;
      num_of_page=num_byte_to_write /SPI_FLASH_PAGE_SIZE;
      num_of_single=num_byte_to_write % SPI_FLASH_PAGE_SIZE;
      /* write_addr is SPI_FLASH_PAGE_SIZE aligned */
      if(addr==0){
          /* num_byte_to_write<SPI_FLASH_PAGE_SIZE */
          if(num_of_page==0){
              qspi_flash_page_write(pbuffer,write_addr,num_byte_to_write);
          }else{
              /* num_byte_to_write>=SPI_FLASH_PAGE_SIZE */
              while(num_of_page--){
                  qspi_flash_page_write(pbuffer,write_addr,SPI_FLASH_PAGE_SIZE);
                  write_addr+=SPI_FLASH_PAGE_SIZE;
                  pbuffer +=SPI_FLASH_PAGE_SIZE;
              }
              qspi_flash_page_write(pbuffer,write_addr,num_of_single);
          }
      }else{
          /* write_addr is not SPI_FLASH_PAGE_SIZE aligned */
          if(num_of_page==0){
              /* (num_byte_to_write + write_addr)> SPI_FLASH_PAGE_SIZE */
              if(num_of_single > count){
                  temp=num_of_single-count;
                  qspi_flash_page_write(pbuffer,write_addr,count);
                  write_addr+=count;
                  pbuffer+=count;
                  qspi_flash_page_write(pbuffer,write_addr,temp);
              }else{
                  qspi_flash_page_write(pbuffer,write_addr,num_byte_to_write);
              }
          }else{
              /* num_byte_to_write >=SPI_FLASH_PAGE_SIZE */
              num_byte_to_write-=count;
              num_of_page=num_byte_to_write /SPI_FLASH_PAGE_SIZE;
              num_of_single=num_byte_to_write % SPI_FLASH_PAGE_SIZE;
```

```
            qspi_flash_page_write(pbuffer,write_addr,count);
            write_addr+=count;
            pbuffer+=count;

            while(num_of_page--){
                qspi_flash_page_write(pbuffer,write_addr,SPI_FLASH_PAGE_SIZE);
                write_addr+=SPI_FLASH_PAGE_SIZE;
                pbuffer+=SPI_FLASH_PAGE_SIZE;
            }

            if(num_of_single!=0){
                qspi_flash_page_write(pbuffer,write_addr,num_of_single);
            }
        }
    }
}

/*!
    \brief      read a block of data from the flash using qspi
    \param[in]  pbuffer:pointer to the buffer that receives the data
read from the flash
    \param[in]  read_addr : flash's internal address to read from
    \param[in]  num_byte_to_read:number of bytes to read from the flash
    \param[out] none
    \retval     none
*/
void qspi_flash_buffer_read(uint8_t* pbuffer,uint32_t read_addr,uint16_t
num_byte_to_read)
{
    /* select the flash: chip select low */
    SPI_FLASH_CS_LOW( );
    /* send "quad fast read from memory" instruction */
    spi_flash_send_byte(QUADREAD);

    /* send read_addr high nibble address byte to read from */
    spi_flash_send_byte((read_addr & 0xFF0000)>> 16);
    /* send read_addr medium nibble address byte to read from */
    spi_flash_send_byte((read_addr & 0xFF00)>> 8);
    /* send read_addr low nibble address byte to read from */
    spi_flash_send_byte(read_addr & 0xFF);

    /* enable the qspi */
    qspi_enable(SPI5);
    /* enable the qspi read operation */
    qspi_read_enable(SPI5);

    spi_flash_send_byte(0xA5);
```

```
        spi_flash_send_byte(0xA5);
        spi_flash_send_byte(0xA5);
        spi_flash_send_byte(0xA5);

        /* while there is data to be read */
        while(num_byte_to_read--){
            /* read a byte from the flash */
            *pbuffer=spi_flash_send_byte(DUMMY_BYTE);
            /* point to the next location where the byte read will be saved */
            pbuffer++;
        }
        /* deselect the flash: chip select high */
        SPI_FLASH_CS_HIGH( );
        /* disable the qspi */
        qspi_disable(SPI5);
        /* wait the end of flash writing */
        spi_flash_wait_for_write_end( );
    }

    /*!
        \brief       write more than one byte to the flash using qspi
        \param[in]  pbuffer : pointer to the buffer
        \param[in]  write_addr : flash's internal address to write to
        \param[in]  num_byte_to_write : number of bytes to write to the flash
        \param[out] none
        \retval      none
    */
    void qspi_flash_page_write(uint8_t* pbuffer,uint32_t write_addr,uint16_t
num_byte_to_write)
    {
        /* enable the flash quad mode */
        qspi_flash_quad_enable( );
        /* enable the write access to the flash */
        spi_flash_write_enable( );

        /* select the flash: chip select low */
        SPI_FLASH_CS_LOW( );
        /* send "quad write to memory" instruction */
        spi_flash_send_byte(QUADWRITE);
        /* send writeaddr high nibble address byte to write to */
        spi_flash_send_byte((write_addr & 0xFF0000)>>16);
        /* send writeaddr medium nibble address byte to write to */
        spi_flash_send_byte((write_addr & 0xFF00)>>8);
        /* send writeaddr low nibble address byte to write to */
        spi_flash_send_byte(write_addr & 0xFF);
        /* enable the qspi */
        qspi_enable(SPI5);
```

```
    /* enable the qspi write operation */
    qspi_write_enable(SPI5);

    /* while there is data to be written on the flash */
    while(num_byte_to_write--){
        /* send the current byte */
        spi_flash_send_byte(*pbuffer);
        /* point on the next byte to be written */
        pbuffer++;
    }

    /* deselect the flash: chip select high */
    SPI_FLASH_CS_HIGH( );
    /* disable the qspi function */
    qspi_disable(SPI5);
    /* wait the end of flash writing */
    spi_flash_wait_for_write_end( );
}
```

3. 运行结果

把计算机串口线连接到开发板的 COM0 口，设置超级终端（HyperTerminal）软件波特率为 115200bit/s，数据位 8 位，停止位 1 位。同时，将 JP13 跳线到 USART，将 JP10 跳线到 SPI。

当程序运行时，通过超级终端可观察运行状况，会显示 Flash 的 ID 号，写入和读出 Flash 的 256B 数据。然后比较写入的数据和读出的数据是否一致，如果一致，串口打印出“SPI-GD25Q40 Test Passed！”，否则，串口打印出“Err：Data Read and Write aren’t Matching.”。最后，3 个 LED 灯依次循环点亮。程序运行结果如图 11-15 所示。

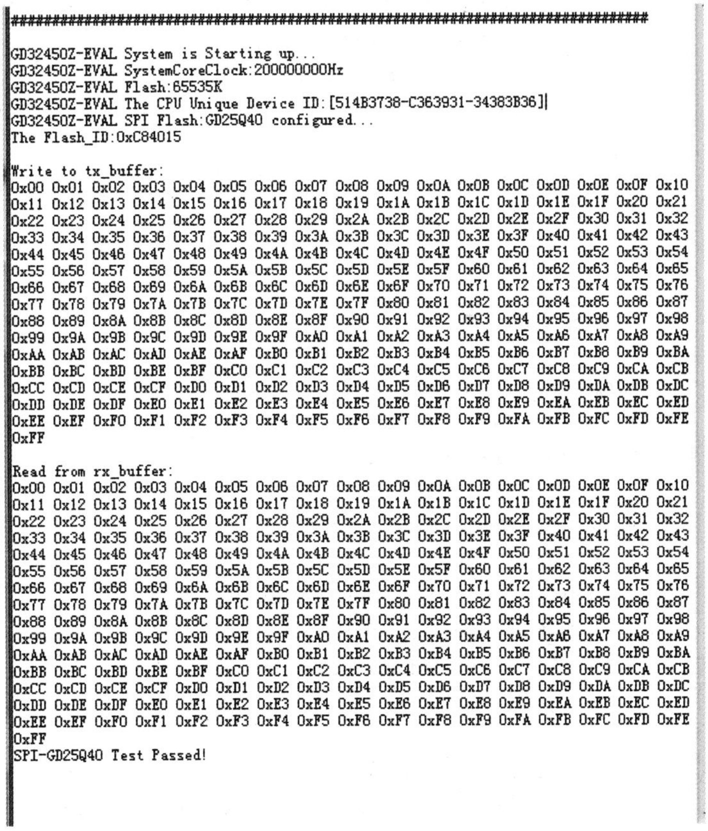

```
################################################################################

GD32450Z-EVAL System is Starting up...
GD32450Z-EVAL SystemCoreClock:200000000Hz
GD32450Z-EVAL Flash:65535K
GD32450Z-EVAL The CPU Unique Device ID:[514B3738-C363931-34383B36]
GD32450Z-EVAL SPI Flash:GD25Q40 configured...
The Flash_ID:0xC84015

Write to tx_buffer:
0x00 0x01 0x02 0x03 0x04 0x05 0x06 0x07 0x08 0x09 0x0A 0x0B 0x0C 0x0D 0x0E 0x0F 0x10
0x11 0x12 0x13 0x14 0x15 0x16 0x17 0x18 0x19 0x1A 0x1B 0x1C 0x1D 0x1E 0x1F 0x20 0x21
0x22 0x23 0x24 0x25 0x26 0x27 0x28 0x29 0x2A 0x2B 0x2C 0x2D 0x2E 0x2F 0x30 0x31 0x32
0x33 0x34 0x35 0x36 0x37 0x38 0x39 0x3A 0x3B 0x3C 0x3D 0x3E 0x3F 0x40 0x41 0x42 0x43
0x44 0x45 0x46 0x47 0x48 0x49 0x4A 0x4B 0x4C 0x4D 0x4E 0x4F 0x50 0x51 0x52 0x53 0x54
0x55 0x56 0x57 0x58 0x59 0x5A 0x5B 0x5C 0x5D 0x5E 0x5F 0x60 0x61 0x62 0x63 0x64 0x65
0x66 0x67 0x68 0x69 0x6A 0x6B 0x6C 0x6D 0x6E 0x6F 0x70 0x71 0x72 0x73 0x74 0x75 0x76
0x77 0x78 0x79 0x7A 0x7B 0x7C 0x7D 0x7E 0x7F 0x80 0x81 0x82 0x83 0x84 0x85 0x86 0x87
0x88 0x89 0x8A 0x8B 0x8C 0x8D 0x8E 0x8F 0x90 0x91 0x92 0x93 0x94 0x95 0x96 0x97 0x98
0x99 0x9A 0x9B 0x9C 0x9D 0x9E 0x9F 0xA0 0xA1 0xA2 0xA3 0xA4 0xA5 0xA6 0xA7 0xA8 0xA9
0xAA 0xAB 0xAC 0xAD 0xAE 0xAF 0xB0 0xB1 0xB2 0xB3 0xB4 0xB5 0xB6 0xB7 0xB8 0xB9 0xBA
0xBB 0xBC 0xBD 0xBE 0xBF 0xC0 0xC1 0xC2 0xC3 0xC4 0xC5 0xC6 0xC7 0xC8 0xC9 0xCA 0xCB
0xCC 0xCD 0xCE 0xCF 0xD0 0xD1 0xD2 0xD3 0xD4 0xD5 0xD6 0xD7 0xD8 0xD9 0xDA 0xDB 0xDC
0xDD 0xDE 0xDF 0xE0 0xE1 0xE2 0xE3 0xE4 0xE5 0xE6 0xE7 0xE8 0xE9 0xEA 0xEB 0xEC 0xED
0xEE 0xEF 0xF0 0xF1 0xF2 0xF3 0xF4 0xF5 0xF6 0xF7 0xF8 0xF9 0xFA 0xFB 0xFC 0xFD 0xFE
0xFF

Read from rx_buffer:
0x00 0x01 0x02 0x03 0x04 0x05 0x06 0x07 0x08 0x09 0x0A 0x0B 0x0C 0x0D 0x0E 0x0F 0x10
0x11 0x12 0x13 0x14 0x15 0x16 0x17 0x18 0x19 0x1A 0x1B 0x1C 0x1D 0x1E 0x1F 0x20 0x21
0x22 0x23 0x24 0x25 0x26 0x27 0x28 0x29 0x2A 0x2B 0x2C 0x2D 0x2E 0x2F 0x30 0x31 0x32
0x33 0x34 0x35 0x36 0x37 0x38 0x39 0x3A 0x3B 0x3C 0x3D 0x3E 0x3F 0x40 0x41 0x42 0x43
0x44 0x45 0x46 0x47 0x48 0x49 0x4A 0x4B 0x4C 0x4D 0x4E 0x4F 0x50 0x51 0x52 0x53 0x54
0x55 0x56 0x57 0x58 0x59 0x5A 0x5B 0x5C 0x5D 0x5E 0x5F 0x60 0x61 0x62 0x63 0x64 0x65
0x66 0x67 0x68 0x69 0x6A 0x6B 0x6C 0x6D 0x6E 0x6F 0x70 0x71 0x72 0x73 0x74 0x75 0x76
0x77 0x78 0x79 0x7A 0x7B 0x7C 0x7D 0x7E 0x7F 0x80 0x81 0x82 0x83 0x84 0x85 0x86 0x87
0x88 0x89 0x8A 0x8B 0x8C 0x8D 0x8E 0x8F 0x90 0x91 0x92 0x93 0x94 0x95 0x96 0x97 0x98
0x99 0x9A 0x9B 0x9C 0x9D 0x9E 0x9F 0xA0 0xA1 0xA2 0xA3 0xA4 0xA5 0xA6 0xA7 0xA8 0xA9
0xAA 0xAB 0xAC 0xAD 0xAE 0xAF 0xB0 0xB1 0xB2 0xB3 0xB4 0xB5 0xB6 0xB7 0xB8 0xB9 0xBA
0xBB 0xBC 0xBD 0xBE 0xBF 0xC0 0xC1 0xC2 0xC3 0xC4 0xC5 0xC6 0xC7 0xC8 0xC9 0xCA 0xCB
0xCC 0xCD 0xCE 0xCF 0xD0 0xD1 0xD2 0xD3 0xD4 0xD5 0xD6 0xD7 0xD8 0xD9 0xDA 0xDB 0xDC
0xDD 0xDE 0xDF 0xE0 0xE1 0xE2 0xE3 0xE4 0xE5 0xE6 0xE7 0xE8 0xE9 0xEA 0xEB 0xEC 0xED
0xEE 0xEF 0xF0 0xF1 0xF2 0xF3 0xF4 0xF5 0xF6 0xF7 0xF8 0xF9 0xFA 0xFB 0xFC 0xFD 0xFE
0xFF
SPI-GD25Q40 Test Passed!
```

图 11-15 SPI 实例运行结果

11.11.2 I²S操作实例

1. 实例介绍

功能：使用I²S接口解析wav音频文件的格式、播放音频文件。

硬件连接：开发板集成了I²S模块，该模块可以和外设通过音频协议通信。

2. 程序

（1）主程序

```
#include "gd32f4xx.h"
#include "i2s_codec.h"
#include "gd32f4xx_it.h"

/*!
    \brief      main function
    \param[in]  none
    \param[out] none
    \retval     none
*/
int main(void)
{
    /* configure NVIC */
    nvic_priority_group_set(NVIC_PRIGROUP_PRE0_SUB4);
    nvic_irq_enable(SPI1_IRQn,0,1);
    /* play audio file */
    i2s_audio_play( );

    while (1){
    }
}
```

（2）I²S驱动函数

```
#include <stdio.h>
#include "wave_data.h"
#include "i2s_codec.h"

wave_file_struct wave_struct;
uint16_t i2saudiofreq=0;
__IO uint8_t headertab_index=0;
uint32_t datastartaddr=0;
__IO uint32_t audiodataindex=0;

/*!
    \brief      read uint data according to endianness
    \param[in]  nbrofbytes: number of read bytes
    \param[in]  bytesformat: littleendian or bigendian
```

```
    \param[out] none
    \retval     the uint data
*/
uint32_t read_unit(uint8_t nbrofbytes,endianness_enum bytesformat)
{
    uint32_t index=0;
    uint32_t temp=0;
    if(littleendian==bytesformat){
        for(index=0; index < nbrofbytes; index++)
            temp |=AUDIOFILEADDRESS[headertab_index++]<<(index * 8);
    }else{
        for(index=nbrofbytes; index!=0; index--)
            temp |=AUDIOFILEADDRESS[headertab_index++]<<((index-1)* 8);
    }
    return temp;
}

/*!
    \brief      wave audio file parsing function
    \param[in]  none
    \param[out] none
    \retval     errorcode_enum
*/
errorcode_enum codec_wave_parsing(void)
{
    uint32_t temp=0;
    uint32_t extraformatbytes=0;
    /* initialize the headertab index variable */
    headertab_index=0;
    /* read chunkid,must be 'riff' */
    if(CHUNKID !=read_unit(4,bigendian))
        return(UNVALID_RIFF_ID);
    /* read the file length */
    wave_struct.riffchunksize=read_unit(4,littleendian);
    /* read the file format,must be 'wave' */
    if(FILEFORMAT !=read_unit(4,bigendian))
        return(UNVALID_WAVE_FORMAT);
    /* read the format chunk,must be 'fmt' */
    if(FORMATID !=read_unit(4,bigendian))
        return(UNVALID_FORMATCHUNK_ID);
    /* read the size of the 'fmt' data,must be 0x10 */
    if(FORMATCHUNKSIZE !=read_unit(4,littleendian))
        extraformatbytes=1;
    /* read the audio format,must be 0x01 (pcm) */
    wave_struct.formattag=read_unit(2,littleendian);
    if(WAVE_FORMAT_PCM !=wave_struct.formattag)
        return(UNSUPPORETD_FORMATTAG);
```

```
        /* read the number of channels: 0x02->stereo 0x01->mono */
        wave_struct.numchannels=read_unit(2,littleendian);
        /* read the sample rate */
        wave_struct.samplerate=read_unit(4,littleendian);
        /* update the i2s_audiofreq value according to the.wav file sample rate */
        if((wave_struct.samplerate < 8000)|| (wave_struct.samplerate>192000))
            return(UNSUPPORETD_SAMPLE_RATE);
        else
            i2saudiofreq=wave_struct.samplerate;
        /* read the byte rate */
        wave_struct.byterate=read_unit(4,littleendian);
        /* read the block alignment */
        wave_struct.blockalign=read_unit(2,littleendian);
        /* read the number of bits per sample */
        wave_struct.bitspersample=read_unit(2,littleendian);
        if(BITS_PER_SAMPLE_16 !=wave_struct.bitspersample)
            return(UNSUPPORETD_BITS_PER_SAMPLE);
        /* if there are extra format bytes,these bytes will be defined in
"fact chunk" */
        if(1==extraformatbytes){
            /* read th extra format bytes,must be 0x00 */
            if(0x00 !=read_unit(2,littleendian))
                return(UNSUPPORETD_EXTRAFORMATBYTES);
            /* read the fact chunk,must be 'fact' */
            if(FACTID !=read_unit(4,bigendian))
                return(UNVALID_FACTCHUNK_ID);
            /* read fact chunk data size */
            temp=read_unit(4,littleendian);
            /* set the index to start reading just after the header end */
            headertab_index+=temp;
        }
        /* read the data chunk,must be 'data' */
        if(DATAID !=read_unit(4,bigendian))
            return(UNVALID_DATACHUNK_ID);
        /* read the number of sample data */
        wave_struct.datasize=read_unit(4,littleendian);
        /* set the data pointer at the beginning of the effective audio data */
        datastartaddr+=headertab_index;

        return(VALID_WAVE_FILE);
    }

    /*!
        \brief      configure the I2S peripheral
        \param[in]  none
        \param[out] none
        \retval     none
```

```
    */
    void i2s_config( )
    {
        /* enable the GPIO clock */
        rcu_periph_clock_enable(RCU_GPIOB);
        rcu_periph_clock_enable(RCU_GPIOC);
        /* enable I2S1 clock */
        rcu_periph_clock_enable(RCU_SPI1);

        /* I2S1_MCK(PC6),I2S1_CK(PC7),I2S1_WS(PB9),I2S1_SD(PC1)GPIO pin 
configuration */
        gpio_af_set(GPIOC,GPIO_AF_5,GPIO_PIN_6 | GPIO_PIN_7);
        gpio_af_set(GPIOC,GPIO_AF_7,GPIO_PIN_1);
        gpio_af_set(GPIOB,GPIO_AF_5,GPIO_PIN_9);
        gpio_mode_set(GPIOC,GPIO_MODE_AF,GPIO_PUPD_NONE,GPIO_PIN_1 | GPIO_
PIN_6 | GPIO_PIN_7);
        gpio_mode_set(GPIOB,GPIO_MODE_AF,GPIO_PUPD_NONE,GPIO_PIN_9);
        gpio_output_options_set(GPIOC,GPIO_OTYPE_PP,GPIO_OSPEED_50MHz,GPIO_
PIN_1 | GPIO_PIN_6 | GPIO_PIN_7);
        gpio_output_options_set(GPIOB,GPIO_OTYPE_PP,GPIO_OSPEED_50MHz,GPIO_PIN_9);

        spi_i2s_deinit(SPI1);

        /* I2S1 peripheral configuration */
        i2s_psc_config(SPI1,i2saudiofreq,I2S_FRAMEFORMAT_DT16B_CH16B,I2S_
MCLKOUTPUT);
        i2s_init(SPI1,I2S_MODE_MASTERTX,I2S_STANDARD,I2S_CKPL_HIGH);
        /* enable the I2S1 peripheral */
        i2s_enable(SPI1);
    }

    /*!
        \brief      send audio data
        \param[in]  none
        \param[out] none
        \retval     none
    */
    void i2s_audio_data_send(void)
    {
        /* send the data read from the memory */
        spi_i2s_data_transmit(SPI1,read_half_word(audiodataindex+datastartaddr));
        /* increment the index */
        audiodataindex+=(uint32_t)wave_struct.numchannels ;
    }

    /*!
        \brief      start audio paly
```

```
    \param[in]  none
    \param[out] none
    \retval     errorcode_enum
*/
errorcode_enum i2s_audio_play(void)
{
    errorcode_enum errorcode=UNVALID_RIFF_ID;
    /* read the audio file to extract the audio frequency */
    errorcode=codec_wave_parsing( );
    if(VALID_WAVE_FILE==errorcode){
        i2s_config( );
        /* enable the I2S1 TBE interrupt */
        spi_i2s_interrupt_enable(SPI1,SPI_I2S_INT_TBE);
    }
    return errorcode;
}

/*!
    \brief      read half word
    \param[in]  offset:audio data index
    \param[out] none
    \retval     audio data
*/
uint16_t read_half_word(uint32_t offset)
{
    static  uint32_t monovar=0,tmpvar=0;
    if((AUDIOFILEADDRESS+offset)>=AUDIOFILEADDRESSEND)
        audiodataindex=0;
    /* test if the left channel is to be sent */
    if(0==monovar){
        tmpvar=(*(__IO uint16_t *)(AUDIOFILEADDRESS + offset));
        /* increment the mono variable only if the file is in mono format */
        if(CHANNEL_MONO==wave_struct.numchannels)
            /* increment the monovar variable */
            monovar++;
        /* return the read value */
        return tmpvar;
    /* right channel to be sent in mono format */
    }else{
        /* reset the monovar variable */
        monovar=0;
        /* return the previous read data in mono format */
        return tmpvar;
    }
}
```

3. 运行结果

当程序运行时，插上耳机可听到播放的音频文件声音。

11.12 小结

本章分别介绍了 GD32 系列微处理器的串行外设接口（SPI）/ 片上音频接口（I^2S）的特征、结构、信号线、功能使用、中断等知识。GD32 SPI/I^2S 功能强大、适用性强，希望读者通过本章学习能掌握有关知识。

实验视频

11-1　Flash

11-2　I^2S

习　题

1. 串行外设接口（SPI）和片上音频接口（I^2S）分别支持哪些运行模式？
2. 简述 SPI 常规配置下各引脚（SCK、MISO、MOSI、NSS）的作用。

Chapter 12

第 12 章　控制器局域网

控制器局域网（Controller Area Network，CAN）由研发和生产汽车电子产品著称的德国博世（BOSCH）公司开发，并最终成为国际标准（ISO 11898)，是国际上应用最广泛的现场总线之一。GD32F4xx 系列微控制器最高可以支持两路 CAN2.0B 控制器接口，每一路 CAN 接口最高波特率可达到 1Mbit/s。本章将介绍 CAN 总线的功能。

12.1 简介

CAN 总线是一种可以在无主机情况下实现微处理器或者设备之间相互通信的总线标准。

CAN 总线控制器作为 CAN 接口，遵循 CAN 总线协议 2.0A、2.0B、ISO 11891-1：2015 和 BOSCH CAN-FD 规范。CAN 总线控制器可以处理总线上的数据收发并具有 28 个过滤器，过滤器用于筛选并接收用户需要的消息。用户可以通过 3 个发送邮箱将待发送数据传输至总线，邮箱发送的顺序由发送调度器决定，并通过 2 个深度为 3 的接收 FIFO 获取总线上的数据，接收 FIFO 的管理完全由硬件控制。同时，CAN 总线控制器硬件支持时间触发通信（Time-triggered communication）功能。

12.2 主要特征

1）支持 CAN 总线协议 2.0A 和 2.0B。

2）通信波特率最大为 1Mbit/s。

3）支持时间触发通信（Time-triggered communication）。

4）中断使能和清除。

1. 发送功能

1）3 个发送邮箱。

2）支持发送优先级。

3）支持发送时间戳。

2. 接收功能

1）2 个深度为 3 的接收 FIFO。

2）具有 28 个标识符过滤器。

3）FIFO 锁定功能。

3. 时间触发通信

1）在时间触发通信模式下禁用自动重传。

2）16 位定时器。

3）接收时间戳。

4）发送时间戳。

12.3 功能说明

CAN 模块结构框图如图 12-1 所示。

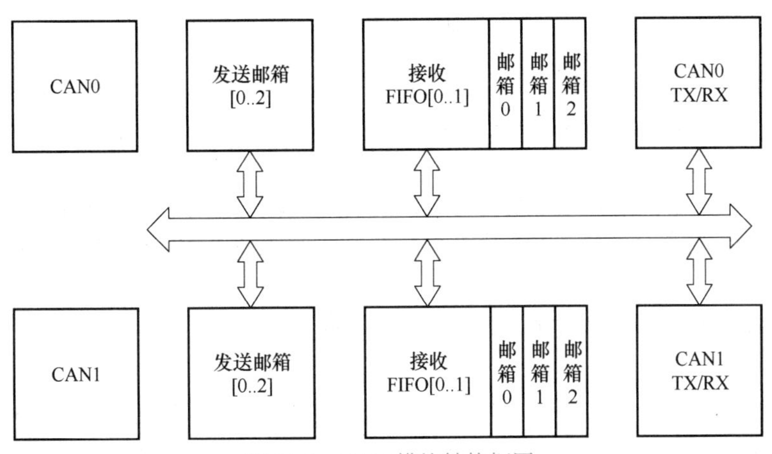

图 12-1 CAN 模块结构框图

12.3.1 工作模式

CAN 总线控制器有 3 种工作模式：睡眠工作模式、初始化工作模式和正常工作模式。

1. 睡眠工作模式

芯片复位后，CAN 总线控制器处于睡眠工作模式。该模式下，CAN 总线控制器的时钟停止工作并处于一种低功耗状态。

将 CAN_CTL 寄存器的 SLPWMOD 位置 1，可以使 CAN 总线控制器进入睡眠工作模式。当 CAN 进入睡眠工作模式后，CAN_STAT 寄存器的 SLPWS 位将被硬件置 1。

将 CAN_CTL 寄存器的 AWU 位置 1，并当 CAN 检测到总线活动时，CAN 总线控制器将自动退出睡眠工作模式。将 CAN_CTL 寄存器的 SLPWMOD 位清 0，也可以退出睡眠工作模式。

由睡眠模式进入初始化工作模式：将 CAN_CTL 寄存器的 IWMOD 位置 1，SLPWMOD 位清 0。由睡眠模式进入正常工作模式：将 CAN_CTL 寄存器的 IWMOD 位和 SLPWMOD 位清 0。

2. 初始化工作模式

如果需要配置 CAN 总线通信参数，CAN 总线控制器必须进入初始化工作模式。将 CAN_CTL 寄存器的 IWMOD 位置 1，使 CAN 总线控制器进入初始化工作模式；将其清 0，则离开初始化工作模式。在进入初始化工作模式后，CAN_STAT寄存器的IWS位将被硬件置1。

由初始化模式进入睡眠模式：将CAN_CTL寄存器的SLPWMOD位置1，IWMOD位清0。由初始化模式进入正常工作模式：将CAN_CTL寄存器的SLPWMOD位和IWMOD位清0。

3. 正常工作模式

在初始化工作模式中配置完CAN总线通信参数后，将CAN_CTL寄存器的IWMOD位清0可以进入正常工作模式并与CAN总线网络中的节点进行正常通信。

由正常工作模式进入睡眠模式：将CAN_CTL寄存器的SLPWMOD位置1，并等待当前数据收发过程结束。由正常工作模式进入初始化模式：将CAN_CTL寄存器的IWMOD位置1，并等待当前数据收发过程结束。

12.3.2 通信模式

CAN总线控制器有4种通信模式：静默（Silent）通信模式、回环（Loopback）通信模式、回环静默（Loopback and Silent）通信模式和正常（Normal）通信模式。

1. 静默（Silent）通信模式

在静默通信模式下，可以从CAN总线接收数据，但不向总线发送任何数据。将CAN_BT寄存器的SCMOD位置1，使CAN总线控制器进入静默通信模式；将其清0，可以退出静默通信模式。

静默通信模式可以用来监控CAN上的数据传输。

2. 回环（Loopback）通信模式

在回环通信模式下，由CAN总线控制器发送的数据可以被自己接收并存入接收FIFO，同时这些发送数据也送至CAN。将CAN_BT寄存器中的LCMOD位置1，使CAN总线控制器进入回环通信模式；将其清0，可以退出回环通信模式。

回环通信模式通常用来进行CAN通信自测。

3. 回环静默（Loopback and Silent）通信模式

在回环静默通信模式下，CAN的RX和TX引脚与CAN断开。CAN总线控制器既不从CAN接收数据，也不向CAN发送数据，其发送的数据仅可以被自己接收。将CAN_BT寄存器中的LCMOD位和SCMOD位置1，使CAN总线控制器进入回环静默通信模式；将它们清0，可以退出回环静默通信模式。

回环静默通信模式通常用来进行CAN通信自测。对外TX引脚保持隐性状态（逻辑1），RX引脚保持高阻态。

4. 正常（Normal）通信模式

CAN总线控制器通常工作在正常通信模式下，可以从CAN总线接收数据，也可以向CAN总线发送数据。这时需要将CAN_BT寄存器的LCMOD位和SCMOD位清0。

12.3.3 数据发送

1. 发送寄存器

数据发送通过3个发送邮箱进行，可以通过标识符寄存器CAN_TMIx、属性寄存器CAN_TMPx、数据0寄存器CAN_TMDATA0x和数据1寄存器CAN_TMDATA1x对发送邮箱进行配置。如图12-2所示。

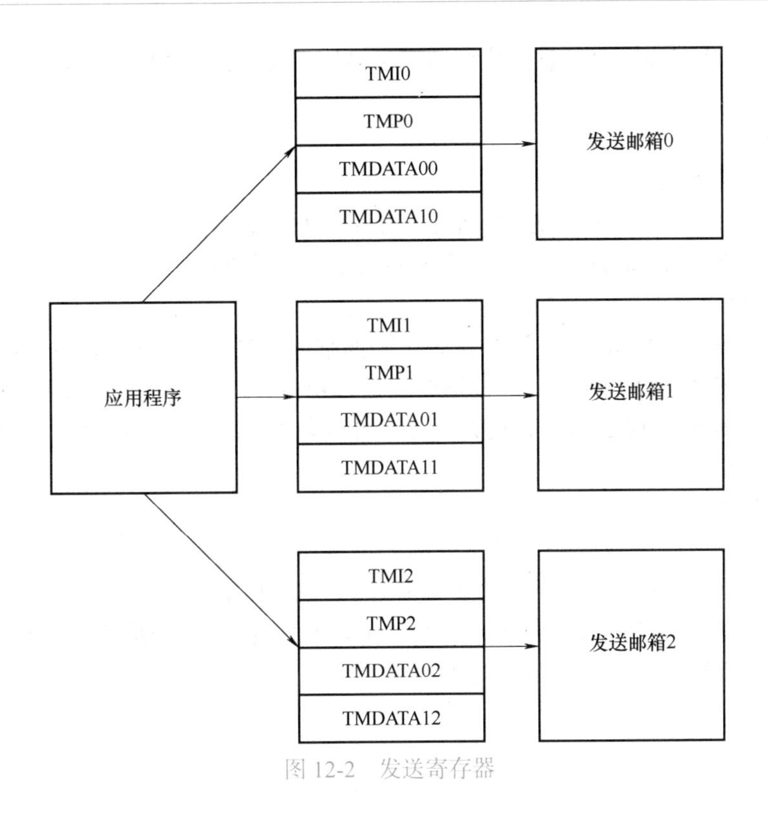

图 12-2　发送寄存器

2. 发送邮箱状态转换

当发送邮箱处于 empty（空闲）状态时，应用程序才可以对邮箱进行配置。当邮箱被配置完成后，可以将CAN_TMIx 寄存器的TEN 位置 1，从而向 CAN 总线控制器提交发送请求，这时发送邮箱处于 pending（等待）状态。当超过 1 个邮箱处于 pending（等待）状态时，需要对多个邮箱进行调度，这时发送邮箱处于 scheduled（计划执行）状态。当调度完成后，发送邮箱中的数据开始向 CAN 总线上发送，这时发送邮箱处于 transmit（发送）状态。当数据发送完成，邮箱变为空闲，可以再次交给应用程序使用，这时发送邮箱重新变为 empty（空闲）状态。发送邮箱状态转换如图 12-3 所示。

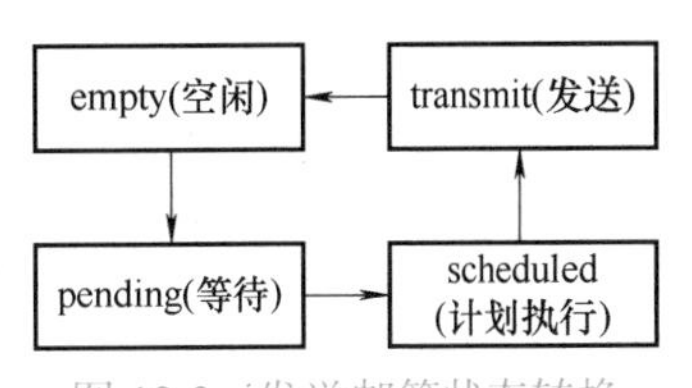

图 12-3　发送邮箱状态转换

3. 发送状态和错误信息

CAN_TSTAT 寄存器中的 MTF、MTFNERR、MAL 和 MTE 位用来说明发送状态和错误信息。

MTF：发送完成标志位。当数据发送完成时，MTF 位置 1。

MTFNERR：无错误发送完成标志位。当数据发送完成且没有错误时，MTFNERR 位置 1。

MAL：仲裁失败标志位。当发送数据过程中出现仲裁失败时，MAL 位置 1。

MTE：发送错误标志位。当发送数据过程中检测到总线错误时，MTE 位置 1。

4. 数据发送步骤

数据发送步骤如下：

1）选择一个空闲发送邮箱。

2）根据应用程序要求，配置 4 个发送寄存器。

3）将 CAN_TMIx 寄存器的 TEN 位置 1。

4）检测发送状态和错误信息。典型情况是检测到MTF位和MTFNERR位置1，说明数据被成功发送。

5. 发送选项

（1）中止数据发送

将CAN_TSTAT寄存器的MST位置1，可以中止数据发送。

当发送邮箱处于pending（等待）和scheduled（计划执行）状态，CAN_TSTAT寄存器的MST位置1可以立即中止数据发送。

当发送邮箱处于transmit（发送）状态，则面临两种情况：一种情况是数据发送被成功地完成，MTF位和MTFNERR位为1，这时发送邮箱将转换为empty（空闲）状态；相对地，如果数据发送过程中出现了问题，这时发送邮箱将转换为scheduled（计划执行）状态，这时数据发送被中止。

（2）发送优先级

当有2个及其以上发送邮箱等待发送时，寄存器CAN_CTL的TFO位的值可以决定发送顺序。当TFO位为1，所有等待发送的邮箱按照先来先发送（FIFO）的顺序进行。当TFO为0，具有最小标识符（Identifier）的邮箱最先发送。如果所有的标识符（Identifier）相等，具有最小邮箱编号的邮箱最先发送。

12.3.4 数据接收

1. 接收寄存器

应用程序通过2个深度为3的FIFO接收来自CAN的数据。

寄存器CAN_RFIFOx可以操作FIFO，也包含FIFO状态。寄存器CAN_RFIFOMIx、CAN_RFIFOMPx、CAN_RFIFOMDATA0x和CAN_RFIFOMDATA1x用于接收数据帧，如图12-4所示。

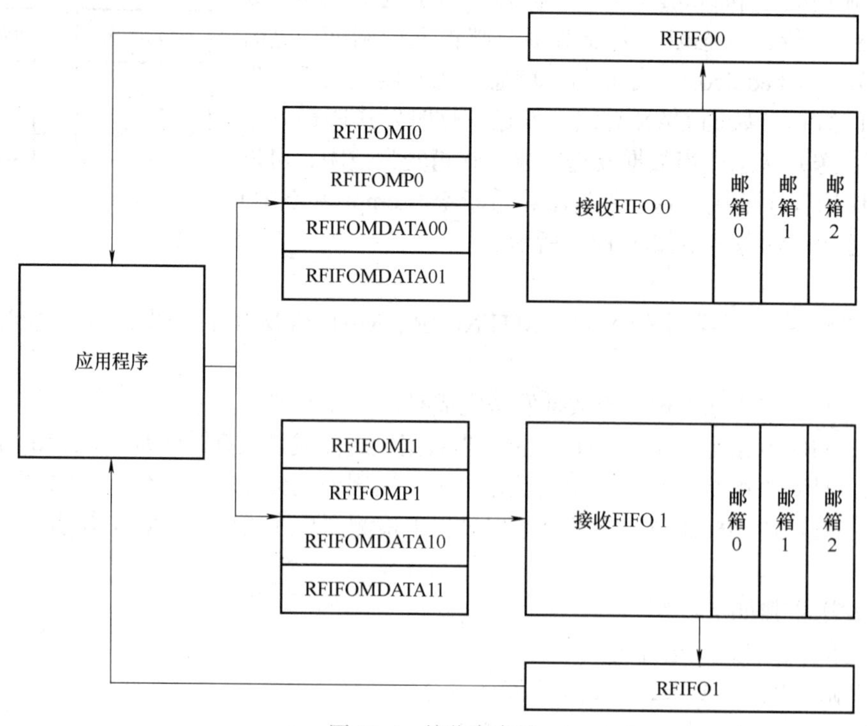

图12-4 接收寄存器

2. 接收 FIFO

每个接收 FIFO 包含 3 个接收邮箱，用来存储接收数据帧。这些邮箱按照先进先出方式进行组织，最早从 CAN 接收的数据，最早被应用程序处理。

寄存器 CAN_RFIFOx 包含 FIFO 状态信息和帧的数量。当 FIFO 中包含数据时，可以通过寄存器 CAN_RFIFOMIx、CAN_RFIFOMPx、CAN_RFIFOMDATA0x 和 CAN_RFIFOMDATA1x 读取数据，之后将寄存器 CAN_RFIFOx 的 RFD 位置 1 释放邮箱，并且等待其由硬件自动清 0。

3. 接收 FIFO 状态信息

接收 FIFO 状态信息包含在寄存器 CAN_RFIFOx 中。

RFL：FIFO 中包含的帧数量。FIFO 为空时，RFL 为 0；FIFO 为满时，RFL 为 3。

RFF：FIFO 满状态标志位。这时 RFL 为 3。

RFO：FIFO 溢出标志位。当 FIFO 已经包含了 3 个数据帧时，新的数据帧到来使 FIFO 发生溢出。如果 CAN_CTL 寄存器的 RFOD 位被置 1，新的数据帧将丢弃；如果该位被清 0，新的数据帧将覆盖接收 FIFO 中最后一帧数据。

4. 数据接收步骤

1）查看 FIFO 中帧的数量。

2）通过 CAN_RFIFOMIx、CAN_RFIFOMPx、CAN_RFIFOMDATA0x 和 CAN_RFIFOMDATA1x 读取数据。

3）将寄存器 CAN_RFIFOx 的 RFD 位置 1 释放邮箱，并且等待其由硬件自动清 0。

12.3.5 过滤功能

一个待接收的数据帧会根据其标识符（Identifier）进行过滤：硬件会将通过过滤的帧送至接收 FIFO，并丢弃没有通过过滤的帧。

1. 过滤器位宽

过滤器包含 28 个单元，它们是 bank0~bank27。

每一个过滤器单元有两个寄存器 CAN_FxDATA0 和 CAN_FxDATA1，它们可以配置为两种位宽：32bit 位宽和 16bit 位宽。

32bit 位宽 CAN_FDATAx 包含字段：SFID［10:0］、EFID［17:0］、FF 和 FT，如图 12-5 所示。

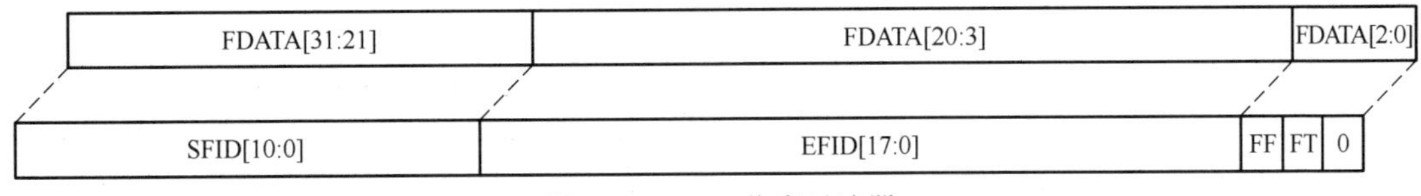

图 12-5 32bit 位宽过滤器

16bit 位宽 CAN_FDATAx 包含字段：SFID［10:0］、FT、FF 和 EFID［17:15］，如图 12-6 所示。

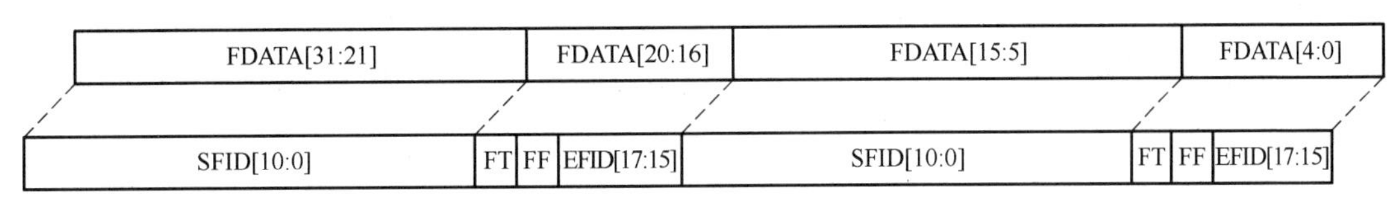

图 12-6 16bit 位宽过滤器

2. 掩码模式

对于一个待过滤的数据帧的标识符（Identifier），掩码模式用来指定哪些位必须与预设的标识符相同，哪些位无须判断。

一个32bit位宽掩码模式过滤器如图12-7所示。

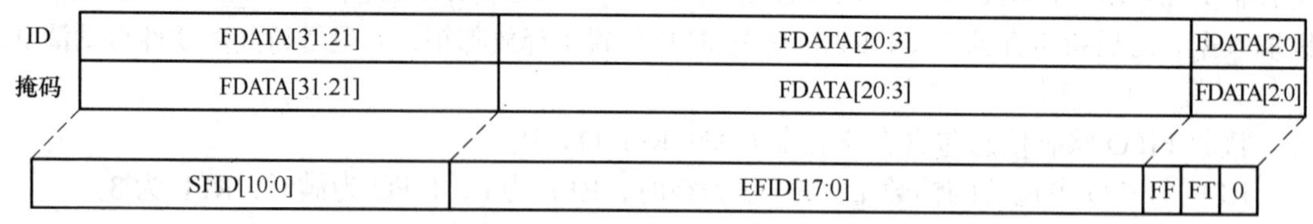

图12-7 32bit位宽掩码模式过滤器

一个16bit位宽掩码模式过滤器如图12-8所示。

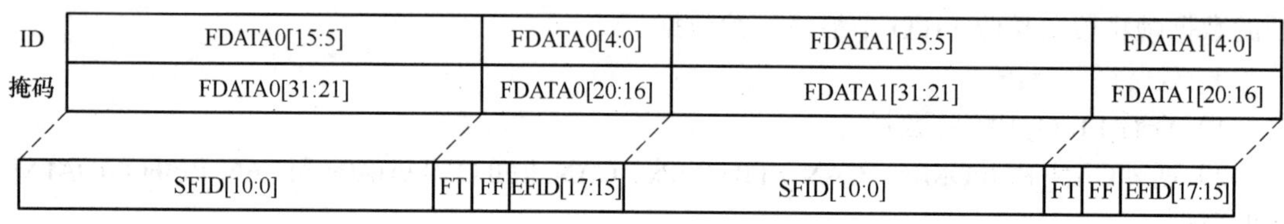

图12-8 16bit位宽掩码模式过滤器

3. 列表模式

对于一个待过滤的数据帧的标识符（Identifier），列表模式用来表示与预设的标识符列表中能够匹配则通过，否则丢弃。

一个32bit位宽列表模式过滤器如图12-9所示。

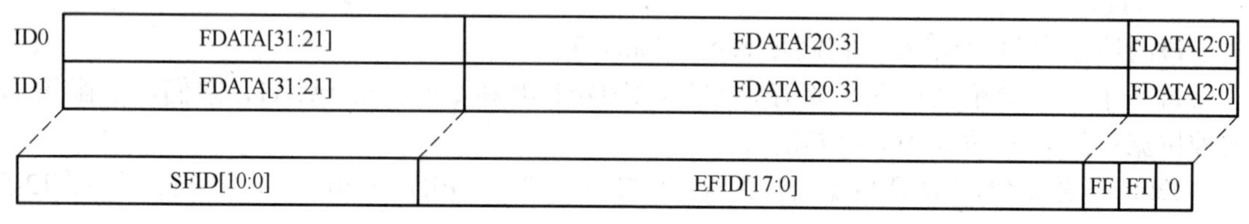

图12-9 32bit位宽列表模式过滤器

一个16bit位宽列表模式过滤器如图12-10所示。

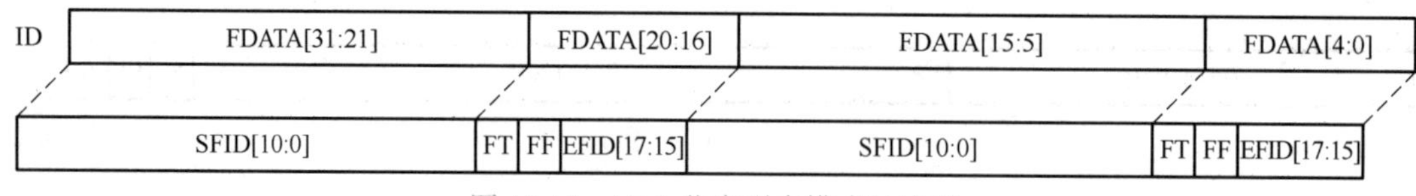

图12-10 16bit位宽列表模式过滤器

4. 过滤序号

过滤器由若干过滤单元（Bank）组成，每个过滤单元因为位宽和模式的选择不同，而具有不同的过滤效果。例如，表12-1所示的两个过滤单元，Bank0是32bit位宽掩码模式，Bank1是32bit位宽列表模式。

5. 过滤器关联的FIFO

28个过滤单元均可以关联接收FIFO0或接收FIFO1。一旦一个过滤单元关联到接收

FIFO，只有通过这个过滤单元的帧才会被传送到接收 FIFO 中存储。

表 12-1 32bit 过滤序号

过滤单元	过滤器数据寄存器	过滤序号
0	F0DATA0-32bit-ID	0
	F0DATA1-32bit-Mask	
1	F1DATA0-32bit-ID	1
	F1DATA1-32bit-ID	2

6. 过滤器激活控制

一个过滤单元如果被应用程序用到，就必须激活。通过 CAN_FW 寄存器可以进行配置。

7. 过滤索引

一个包含过滤序号（FiterNumber）*N* 的过滤单元通过了某个帧，则该帧数据的过滤索引（Filtering Index）为 *N*。这时 CAN_RFIFOMPx 中 FI 的值为 *N*。表 12-2 是一个过滤索引的例子。

表 12-2 过滤索引

过滤单元	FIFO0	激活	过滤序号	过滤单元	FIFO1	激活	过滤序号
0	F0DATA0-32bit-ID	是	0	2	F2DATA0［15:0］-16bit-ID	是	0
	F0DATA1-32bit-Mask				F2DATA0［31:16］-16bit-Mask		
1	F1DATA0-32bit-ID	是	1		F2DATA1［15:0］-16bit-ID		1
	F1DATA1-32bit-ID		2		F2DATA1［31:16］-16bit-Mask		
3	F3DATA0［15:0］-16bit-ID	否	3	4	F4DATA0-32bit-ID	否	2
	F3DATA0［31:16］-16bit-Mask				F4DATA1-32bit-Mask		
	F3DATA1［15:0］-16bit-ID		4	5	F5DATA0-32bit-ID	否	3
	F3DATA1［31:16］-16bit-Mask				F5DATA1-32bit-ID		4
7	F7DATA0［15:0］-16bit-ID	否	5	6	F6DATA0［15:0］-16bit-ID	是	5
	F7DATA0［31:16］-16bit-ID		6		F6DATA0［31:16］-16bit-ID		6
	F7DATA1［15:0］-16bit-ID		7		F6DATA1［15:0］-16bit-ID		7
	F7DATA1［31:16］-16bit-ID		8		F6DATA1［31:16］-16bit-ID		8
8	F8DATA0［15:0］-16bit-ID	是	9	10	F10DATA0［15:0］-16bit-ID	否	9
	F8DATA0［31:16］-16bit-ID		10		F10DATA0［31:16］-16bit-Mask		
	F8DATA1［15:0］-16bit-ID		11		F10DATA1［15:0］-16bit-ID		10
	F8DATA1［31:16］-16bit-ID		12		F10DATA1［31:16］-16bit-Mask		

（续）

过滤单元	FIFO0	激活	过滤序号	过滤单元	FIFO1	激活	过滤序号
9	F9DATA0［15:0］-16bit-ID	是	13	11	F11DATA0［15:0］-16bit-ID	否	11
	F9DATA0［31:16］-16bit-Mask				F11DATA0［31:16］-16bit-ID		12
	F9DATA1［15:0］-16bit-ID		14		F11DATA1［15:0］-16bit-ID		13
	F9DATA1［31:16］-16bit-Mask				F11DATA1［31:16］-16bit-ID		14
12	F12DATA0-32bit-ID	是	15	13	F13DATA0-32bit-ID	是	15
	F12DATA1-32bit-Mask				F13DATA1-32bit-ID		16

在表12-2中，如果一个帧通过了FIFO0中过滤序号10（Filter Number=10）的过滤单元，那么该帧的过滤索引为10。这时CAN_RFIFOMPx中FI的值为10。

过滤序号不关心对应的过滤单元（Bank）是否处于工作状态。例如Bank3被关联到FIFO0，且为“不激活”状态，但它仍然包含过滤序号3和4。

8. 优先级

过滤器优先级顺序如下：

1）32bit位宽模式高于16bit位宽模式。

2）列表模式高于掩码模式。

3）较小的过滤序号（Filter Number）具有较高的优先级。

12.3.6 通信参数

1. 自动重发禁止模式

在时间触发通信模式下，要求自动重发必须是禁止的，可以通过将CAN_CTL寄存器的ARD位置1满足要求。

在这种模式下，数据只会被发送一次，如果因为仲裁失败或者总线错误而导致发送失败，CAN总线控制器不会像通常那样进行数据自动重发。

发送结束时，寄存器CAN_TSTAT中的MTF位置1，而发送状态信息可以通过MTFNERR、MAL和MTE获得。

2. 位时序（Bit Time）

CAN协议采用位同步传输方式。这种方式不仅增大了传输容量，而且意味着需要一种复杂的位同步方法。面向字节传输的位同步方式适用于接收在每个字节前都有起始位的情况，而同步传输协议只要求数据帧的最开始有一个起始位。为保证接收器能正确读取信息，需要不断地进行重新同步。因此，在相位缓冲段采样点前面和后面都应该插入一个帧间隔。可以通过位操作仲裁方式访问CAN总线。信号从发送器到接收器，再回到发送器必须在一个位时间内完成。为了达到同步的目的，除了相位缓冲段外，还需要一个传输延时段。在信号传输过程中，传输延时段被视为发送或接收延时。

CAN总线控制器将位时序分为3个部分：

同步段（Synchronization Segment），记为SYNC_SEG。该段占用1个时间单元（t_q）。

位段1（Bit Segment 1），记为BS1。该段占用1~16个时间单元。相对于CAN协议而言，BS1相当于传播时间段（Propagation Delay Segment）和相位缓冲段1（Phase Buffer

Segment 1)。

位段 2(Bit Segment 2),记为 BS2。该段占用 1~8 个时间单元。相对于 CAN 协议而言,BS2 相当于相位缓冲段 2(Phase Buffer Segment 2)。

对比 CAN 协议,位时序如图 12-11 所示。

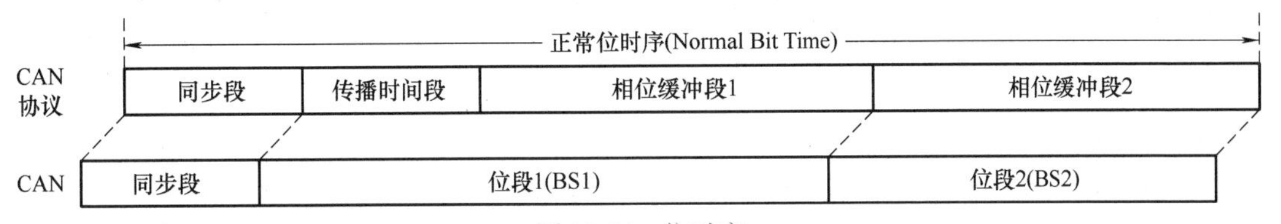

图 12-11 位时序

再同步补偿宽度(reSynchronization Jump Width,SJW)对 CAN 节点同步误差进行补偿,占用 1~4 个时间单元。

有效跳变定义为,在 CAN 控制器没有发送显性位时,一个位时间内显性位到隐性位的第一次转变。

如果有效跳变在 BS1 期间被检测到,而不是 SYNC_SEG 期间,BS1 将会最多被延长 SJW,因此采样点延时。相反,如果有效跳变在 BS2 期间被检测到,而不是 SYNC_SEG 期间,BS2 将会最多被缩短 SJW,因此采样点提前。

3. 波特率

CAN 时钟从 APB1 总线上获得,波特率计算公式如下:

$$\text{Baudrate} = \frac{1}{\text{Normal Bit Time}} \tag{12-1}$$

$$\text{Normal Bit Time} = t_{\text{SYNC\_SEG}} + t_{\text{BS1}} + t_{\text{BS2}} \tag{12-2}$$

其中

$$t_{\text{SYNC\_SEG}} = t_{\text{q}} \tag{12-3}$$

$$t_{\text{BS1}} = (1+\text{BT.BS1}) \times t_{\text{q}} \tag{12-4}$$

$$t_{\text{BS2}} = (1+\text{BT.BS2}) \times t_{\text{q}} \tag{12-5}$$

12.3.7 错误标志

CAN 总线的状态可以通过 CAN_ERR 寄存器的发送错误计数值(Transmit Error Counter,记为 TECNT)和接收错误计数值(Receive Error Counter,记为 RECNT)反映,其值会根据错误的情况由硬件增加或减少,软件可以通过这些值判断 CAN 的稳定性。关于错误计数值的详细信息请参考 CAN 协议相关章节。

同时,寄存器 CAN_ERR 还可以表明当前错误状态,这些错误状态在寄存器 CAN_INTEN 控制下产生中断。

当 TECNT 大于 255 时,CAN 总线控制器进入离线状态,这时寄存器 CAN_ERR 中的 BOERR 位置 1,并且发送和接收失效。

根据寄存器 CAN_CTL 中的 ABOR 配置,离线恢复(变为主动错误状态)有两种方式。这两种方式都要求处于离线状态的 CAN 总线控制器检测到 CAN 协议所定义的离线恢复序列(在 CAN_RX 检测到 128 次连续 11 个位的隐性位)时,才会自动恢复。

如果 ABOR 为 1,将在检测到离线恢复序列后自动恢复;如果 ABOR 为 0,则必须先将

CAN_CTL 中的 IWMOD 位置 1 进入初始化工作模式，然后进入正常工作模式并在检测到离线恢复序列后恢复。

12.3.8 中断

CAN 总线控制器占用 4 个中断向量，通过寄存器 CAN_INTEN 进行控制。这 4 个中断向量对应 4 类中断源：发送中断、FIFO0 中断、FIFO1 中断、错误和工作模式改变中断。

1. 发送中断

发送中断包括：

1）寄存器 CAN_TSTAT 中的 MTF0 置 1：发送邮箱 0 变为空闲。

2）寄存器 CAN_TSTAT 中的 MTF1 置 1：发送邮箱 1 变为空闲。

3）寄存器 CAN_TSTAT 中的 MTF2 置 1：发送邮箱 2 变为空闲。

2. FIFO0 中断

FIFO0 中断包括：

1）FIFO0 中包含待接收数据：寄存器 CAN_RFIFO0 中的 RFL0 不为 0，寄存器 CAN_INTEN 中 RFNEIE0 被置位。

2）FIFO0 满：寄存器 CAN_RFIFO0 中的 RFF0 为 1，寄存器 CAN_INTEN 中 RFFIE0 被置位。

3）FIFO0 溢出：寄存器 CAN_RFIFO0 中的 RFO0 为 1，寄存器 CAN_INTEN 中 RFOIE0 被置位。

3. FIFO1 中断

FIFO1 中断包括：

1）FIFO1 中包含待接收数据：寄存器 CAN_RFIFO1 中的 RFL1 不为 0，寄存器 CAN_INTEN 中 RFNEIE1 被置位。

2）FIFO1 满：寄存器 CAN_RFIFO1 中的 RFF1 为 1，寄存器 CAN_INTEN 中 RFFIE1 被置位。

3）FIFO1 溢出：寄存器 CAN_RFIFO1 中的 RFO1 为 1，寄存器 CAN_INTEN 中 RFOIE1 被置位。

4. 错误和工作模式改变中断

错误和工作模式改变中断可由以下条件触发：

1）错误：寄存器 CAN_STAT 的 ERRIF 和寄存器 CAN_INTEN 的 ERRIE 被置位，可参考寄存器 CAN_STAT 中的 ERRIF 位描述。

2）唤醒：寄存器 CAN_STAT 中的 WUIF 和寄存器 CAN_INTEN 的 WIE 被置位。

3）进入睡眠模式：寄存器 CAN_STAT 中的 SLPIF 和寄存器 CAN_INTEN 的 SLPWIE 被置位。

12.4 CAN 操作实例

1. CAN 初始化

```
void can_networking_init(void)
{
```

```
can_parameter_struct can_parameter;
  can_filter_parameter_struct can_filter;
/* enable can clock */
  rcu_periph_clock_enable(RCU_CAN0);
  rcu_periph_clock_enable(RCU_GPIOD);

  /* configure CAN0 GPIO,CAN0_TX(PD1)and CAN0_RX(PD0) */
  gpio_output_options_set(GPIOD,GPIO_OTYPE_PP,GPIO_OSPEED_50MHz,GPIO_PIN_1);
  gpio_mode_set(GPIOD,GPIO_MODE_AF,GPIO_PUPD_NONE,GPIO_PIN_1);
  gpio_af_set(GPIOD,GPIO_AF_9,GPIO_PIN_1);

  gpio_output_options_set(GPIOD,GPIO_OTYPE_PP,GPIO_OSPEED_50MHz,GPIO_PIN_0);
  gpio_mode_set(GPIOD,GPIO_MODE_AF,GPIO_PUPD_NONE,GPIO_PIN_0);
  gpio_af_set(GPIOD,GPIO_AF_9,GPIO_PIN_0);

  /* initialize CAN register */
  can_deinit(CAN0);

  /* initialize CAN */
  can_parameter.time_triggered=DISABLE;
  can_parameter.auto_bus_off_recovery=DISABLE;
  can_parameter.auto_wake_up=DISABLE;
  can_parameter.no_auto_retrans=DISABLE;
  can_parameter.rec_fifo_overwrite=DISABLE;
  can_parameter.trans_fifo_order=DISABLE;
  can_parameter.working_mode=CAN_NORMAL_MODE;
  can_parameter.resync_jump_width=CAN_BT_SJW_1TQ;
  can_parameter.time_segment_1=CAN_BT_BS1_5TQ;
  can_parameter.time_segment_2=CAN_BT_BS2_4TQ;
  /* baudrate 1Mbps */
  can_parameter.prescaler=5;
  can_init(CAN0,&can_parameter);

  /* initialize filter */
  /* CAN0 filter number */
  can_filter.filter_number=0;

  /* initialize filter */
  can_filter.filter_mode=CAN_FILTERMODE_MASK;
  can_filter.filter_bits=CAN_FILTERBITS_32BIT;
  can_filter.filter_list_high=0x0000;
  can_filter.filter_list_low=0x0000;
  can_filter.filter_mask_high=0x0000;
  can_filter.filter_mask_low=0x0000;
  can_filter.filter_fifo_number=CAN_FIFO0;
  can_filter.filter_enable=ENABLE;
  can_filter_init(&can_filter);
}
```

2. CAN 接收

```
void CAN0_RX0_IRQHandler(void)
{
    /* check the receive message */
    can_message_receive(CAN0,CAN_FIFO0,&receive_message);
    if((0x321==receive_message.rx_sfid)&&(CAN_FF_STANDARD==receive_
message.rx_ff)&&(2==receive_message.rx_dlen)){
        receive_flag=SET;
    }
}
```

3. CAN 发送

```
transmit_message.tx_sfid=0x321;
transmit_message.tx_efid=0x00;
transmit_message.tx_ft=CAN_FT_DATA;
transmit_message.tx_ff=CAN_FF_STANDARD;
transmit_message.tx_dlen=2;
transmit_message.tx_data[0]=0xAB;
transmit_message.tx_data[1]=0xCD;
/* transmit message */
can_message_transmit(CAN0,&transmit_message);
```

用跳线帽将 JP13 跳到 USART 上，P2、P3 跳到 CAN0 上。将两个板子的 JP14 的 L 引脚和 H 引脚分别相连，用于发送或者接收数据帧。下载程序 <17_CAN_Network> 到两个开发板中，并将串口线连到开发板的 COM0 上。例程首先将输出“please press the Tamper key to transmit data !”到超级终端。按下 Tamper 键，数据帧通过 CAN0 发送出去同时通过串口打印出来。当接收到数据帧时，接收到的数据通过串口打印，同时 LED2 状态翻转一次。通过串口输出的信息如图 12-12 所示。

```
please press the Tamper key to transmit data!
CAN0 transmit data: ab,cd
CAN0 recive data: 11,22
```

图 12-12 CAN 实验串口输出信息

12.5 小结

本章介绍了控制器局域网（CAN），主要介绍 GD32F4xx 系列微控制器中 CAN 的外部信号、工作模式、数据发送与接收、波特率设置和过滤功能，并通过实例介绍 GD32F4xx 系列微控制器中 CAN 的使用方法。

实验视频

12-1　CAN

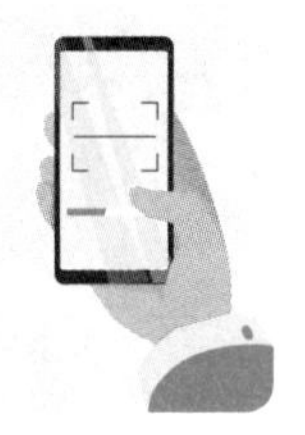

习　题

1. 简述 CAN 模块的工作模式和通信模式。
2. 简述 CAN 总线的数据发送过程。
3. 简述 CAN 总线的数据接收过程。
4. 简述 CAN 总线的过滤功能。
5. 简述 CAN 总线的波特率计算方法。

Chapter 13

第 13 章 以太网

以太网（ENET）是一种计算机局域网技术。IEEE 组织的 IEEE 802.3 标准制定了以太网的技术标准，它规定了包括物理层的连线、电子信号、介质访问控制（MAC）层协议的内容。本章将介绍以太网外设模块，讲解 IEEE 802.3 中以太网数据包的格式、以太网 MAC 信号和配置流程。最后，本章将带领读者移植以太网协议栈 LWIP 到 GD32F4xxx 系列微控制器，演示以太网模块的使用。

13.1 简介

以太网模块包含 10/100Mbit/s 以太网 MAC，采用 DMA 优化数据帧的发送与接收性能，支持媒体独立接口（MII）与精简的媒体独立接口（RMII）两种与物理层（PHY）通信的标准接口，实现以太网数据帧的发送与接收。以太网模块遵守 IEEE 802.3—2002 标准和 IEEE 1588—2008 标准。

13.2 主要特性

1. MAC 特性

1）支持 10Mbit/s 或 100Mbit/s 数据传输速率。

2）支持 MII 和 RMII 接口。

3）支持调试用回环模式。

4）支持符合 CSMA/CD 协议的半双工背压通信。

5）支持符合 IEEE 802.3x 的流控通信。在当前帧发送完毕后，根据接收的暂停帧中暂停时间延迟发送。在全双工 / 半双工模式下，MAC 根据 RxFIFO 的填充程度自动发送暂停帧 / 背压信号。

6）支持符合 IEEE 802.3x 的全双工流控通信，当输入流控信号失效时，自动发送零时间片暂停帧。支持符合 IEEE 802.3x 的半双工流控通信，支持根据 RxFIFO 的填充程度（直通模式）自动发送背压信号。

7）可选择在发送操作时自动生成校验 / 填充位。

8）可选择在接收操作时自动去除校验 / 填充位。

9）帧长度可配置，支持最长为 16KB 的标准帧。

10）帧间隙可配置（40~96 位时间，以 8 位为单位改变）。

11）支持多种模式的接收过滤。

12）支持检测接收帧的 IEEE 802.1Q VLAN 标签。

13）支持强制网络统计标准（RFC2819/RFC2665）。

14）支持两种唤醒帧检测：LAN 远程唤醒帧和 AMD 的 Magic PacketTM 帧。

15）支持对 IPv4 报头校验和以及 IPv4 或 IPv6 数据格式封装的 TCP、UDP 或 ICMP 的校验和进行检查的功能。

16）支持 IEEE 1588—2008 标准定义的以太网帧时间戳，并将其按 64 位记录于帧状态中。

17）相互独立的两个 2KB 的 FIFO 分别用于发送与接收。

18）在延迟冲突、过度冲突、过度顺延和下溢情况下丢弃帧。

19）在存储转发模式下，可设置对发送帧计算并插入 IPv4 的报头校验和及 TCP、UDP 或 ICMP 的校验和。

2. DMA 特性

1）支持环结构或链结构两种形式的描述符列表。

2）每个描述符可以传输最高为 8KB 的数据。

3）中断可配置，适用于多种工作状态。

4）支持轮询或固定优先级两种方式仲裁 DMA 发送和接收控制器的请求。

3. PTP 特性

1）支持符合 IEEE 1588 的时间同步功能。

2）支持粗 / 精调两种校正方法。

3）输出秒脉冲。

4）达到预设目标时间时触发中断。

13.2.1 模块框图

以太网模块由 MAC 模块、MII/RMII 模块和一个以描述符形式控制的 DMA 模块组成。以太网模块结构如图 13-1 所示。

MAC 模块通过 MII 或 RMII 与片外 PHY 连接。通过对 SYSCFG_CFG1 寄存器的相关位进行设置，可以选择使用哪种接口。站点管理接口（SMI）用于配置和管理外部 PHY。

发送数据模块包括：

1）TxDMA 控制器，用于从存储器中读取描述符和数据，以及将状态写入存储器。

2）TxMTL，用于对发送数据的控制、管理和存储。TxMTL 内含 TxFIFO，用于缓存待 MAC 发送的数据。

3）MAC 发送控制寄存器组，用于管理和控制数据帧的发送。

接收数据模块包括：

1）RxDMA 控制器，用于从存储器中读取描述符，以及将数据与状态写入存储器。

2）RxMTL，用于对接收数据的控制、管理和存储。RxMTL 实现了 RxFIFO，用于存储待转发到系统存储的帧数据。

3）MAC 接收控制寄存器组，用于管理数据帧的接收和标示接收状态。MAC 内含接收过滤器，采用多种过滤机制，滤除特定的以太网帧。

注意：在使用以太网模块时，AHB的频率应至少为25MHz。

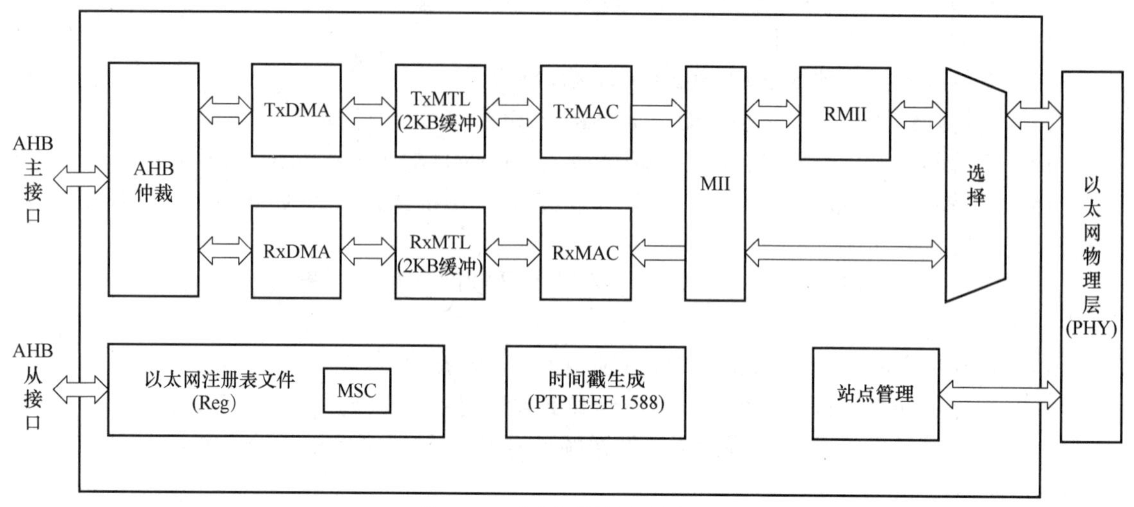

图13-1 以太网模块结构框图

13.2.2 MAC 802.3以太网数据包描述

MAC的数据通信可使用两种帧格式：基本的MAC帧格式和带标签的MAC帧格式（对基本的MAC帧格式的扩展）。

图13-2描述了MAC帧格式（基本的和带标签的）。

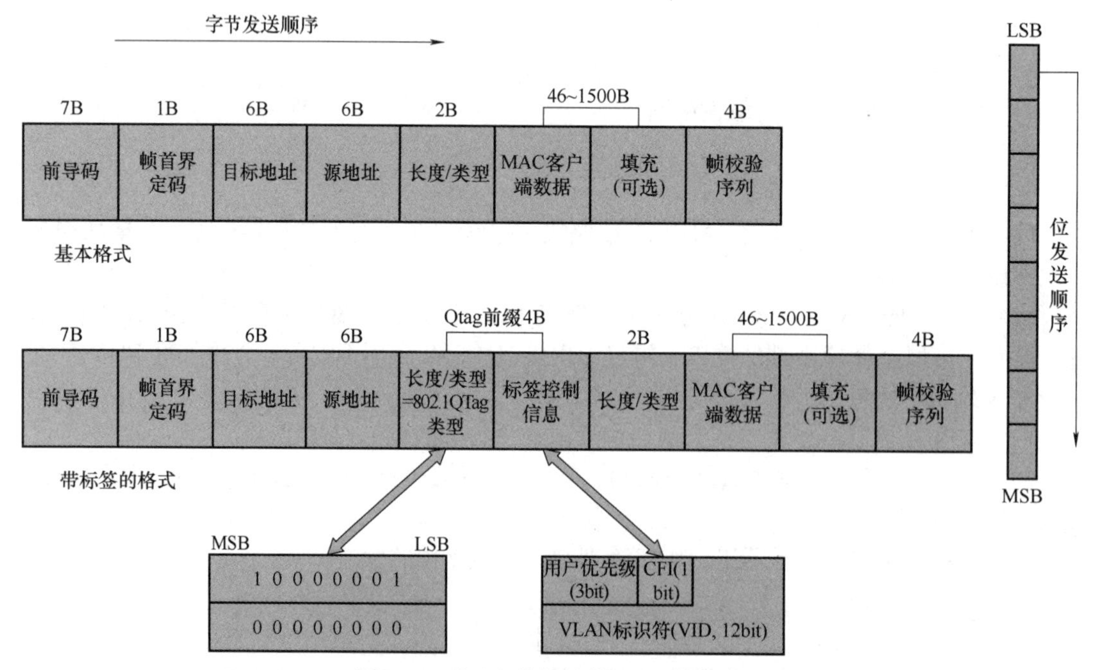

图13-2 基本/带标签的MAC帧格式

注意：除了帧校验序列，以太网控制器发送每个字节时都按照低位先出的次序进行传输。

CRC 计算包括帧数据的所有字节除去前导码和帧首界定码域。以太网帧的 32bit CRC 生成多项式为 0x04C11DB7，且此多项式用于以太网模块中所有的 32bit CRC 计算，如下式所示：

G（x）= x32 + x26 + x23 + x22 + x16 + x12 + x11 + x10 + x8 + x7 + x5 + x4 + x2 + x + 1

13.2.3 以太网信号描述

表 13-1 列出了 MAC 模块所用引脚在 MII/RMII 模式下默认及重映射的功能和具体配置。

表 13-1 以太网模块引脚配置

MAC 信号	引脚配置（AF1）	MII		RMII	
		PIN（1）	PIN（2）	PIN（1）	PIN（2）
ETH_MDC	推挽复用输出，高速（50MHz）	PC1		PC1	—
ETH_MII_TXD2	推挽复用输出，高速（50MHz）	PC2			—
ETH_MII_TX_CLK	推挽复用输出，高速（50MHz）	PC3			—
ETH_MII_CRS	推挽复用输出，高速（50MHz）	PA0	PH2		—
ETH_MII_RX_CLK ETH_RMII_REF_CLK	推挽复用输出，高速（50MHz）	PA1		PA1	—
ETH_MDIO	推挽复用输出，高速（50MHz）	PA2		PA2	—
ETH_MII_COL	推挽复用输出，高速（50MHz）	PA3	PH3		
ETH_MII_RX_DV ETH_RMII_CRS_DV	推挽复用输出，高速（50MHz）	PA7		PA7	
ETH_MII_RXD0 ETH_RMII_RXD0	推挽复用输出，高速（50MHz）	PC4		PC4	
ETH_MII_RXD1 ETH_RMII_RXD1	推挽复用输出，高速（50MHz）	PC5		PC5	
ETH_MII_RXD2	推挽复用输出，高速（50MHz）	PB0			
ETH_MII_RXD3	推挽复用输出，高速（50MHz）	PB1			
ETH_PPS_OUT	推挽复用输出，高速（50MHz）	PB5	PG8	PB5	PG8
ETH_MII_TXD3	推挽复用输出，高速（50MHz）	PB8	PE2		
ETH_MII_RX_ER	推挽复用输出，高速（50MHz）	PB10	PI10		
ETH_MII_TX_EN ETH_RMII_TX_EN	推挽复用输出，高速（50MHz）	PB11	PG11	PB11	PG11
ETH_MII_TXD0 ETH_RMII_TXD0	推挽复用输出，高速（50MHz）	PB12	PG13	PB12	PG13
ETH_MII_TXD1 ETH_RMII_TXD1	推挽复用输出，高速（50MHz）	PB13	PG14	PB13	PG14

注：对任意接口模式（MII/RMII），应用程序都需确保 PIN（1）或 PIN（2）中只有一个被映射到 AF11。

13.3 功能描述

13.3.1 接口配置

以太网模块通过 MII/RMII 与片外 PHY 连接，传送与接收以太网包。MII 或 RMII 模式由软件选择并通过站点管理接口（SMI）对 PHY 进行管理。

1. SMI

SMI 用于访问和设置 PHY 的配置。SMI 通过 MDC 时钟线与 MDIO 数据线与外部 PHY 通信，可以通过其访问任意 PHY 的任意寄存器。SMI 可以支持最多 32 个 PHY，但在任意时刻只能访问一个 PHY 的一个寄存器。

图 13-3 展示了以太网模块站点管理接口信号，MDC 时钟线和 MDIO 数据线具体作用如下：

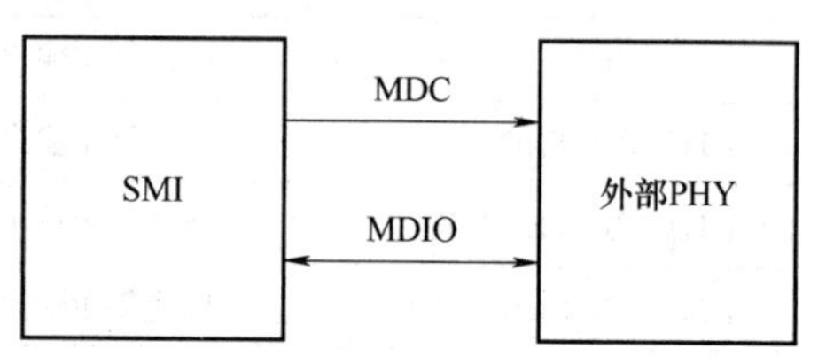

图 13-3 以太网模块站点管理接口信号

1）MDC：最高频率为 2.5MHz 的时钟信号，在空闲状态下该引脚保持为低电平状态。在传输数据时，该信号的高电平和低电平的最短保持时间为 160ns，信号的最小周期为 400ns。

2）MDIO：用于与 PHY 之间的数据传输，与 MDC 时钟线配合，接收 / 发送数据。

2. SMI 时钟选择

SMI 的时钟源由 AHB 时钟分频得到。为了保证 MDC 时钟频率不超过 2.5MHz，需根据 AHB 时钟频率对 PHY 控制寄存器中相关位进行设置，选择合适的分频系数。表 13-2 列出了对应 AHB 时钟范围的分频系数的选择。

表 13-2 时钟范围

AHB 时钟频率 /MHz	MDC 时钟频率	选择位
150~240	AHB 时钟频率 /102	0x4
35~60	AHB 时钟频率 /26	0x3
20~35	AHB 时钟频率 /16	0x2
100~150	AHB 时钟频率 /62	0x1
60~100	AHB 时钟频率 /42	0x0

3. MII

MII 用于 MAC 与外部 PHY 互连，支持 10Mbit/s 和 100Mbit/s 的数据传输模式。图 13-4 展示了 MII 信号线。

1）MII_TX_CLK：发送数据使用的时钟信号，对于 10Mbit/s 的数据传输，此时钟频率为 2.5MHz；对于 100Mbit/s 的数据传输，此时钟频率为 25MHz。

2）MII_RX_CLK：接收数据使用的时钟信号，对于 10Mbit/s 的数据传输，此时钟频率为 2.5MHz；对于 100Mbit/s 的数据传输，此时钟频率为 25MHz。

3）MII_TX_EN：发送使能信号，此信号必须与数据前导符的起始位同步出现，并在传输完毕前一直保持。

4）MII_TXD［3:0］：发送数据线，每次传输 4 位数据，数据在 MII_TX_EN 信号有效时有效。MII_TXD［0］是数据的最低有效位，MII_TXD［3］是最高有效位。当 MII_TX_EN 信号无效时，PHY 忽略传输的数据。

5）MII_CRS：载波侦听信号，仅工作在半双工模式下，由 PHY 控制。当发送或接收介质非空闲时，此信号有效。PHY 必须保证 MII_CRS 信号在发生冲突的整个时间段内都保持有效。此信号不需要与发送 / 接收的时钟同步。

6）MII_COL：冲突检测信号，仅工作在半双工模式下，由 PHY 控制。当检测到介质发生冲突时，此信号有效，并且在整个冲突的持续时间内，保持此信号有效。此信号不需要与发送 / 接收的时钟同步。

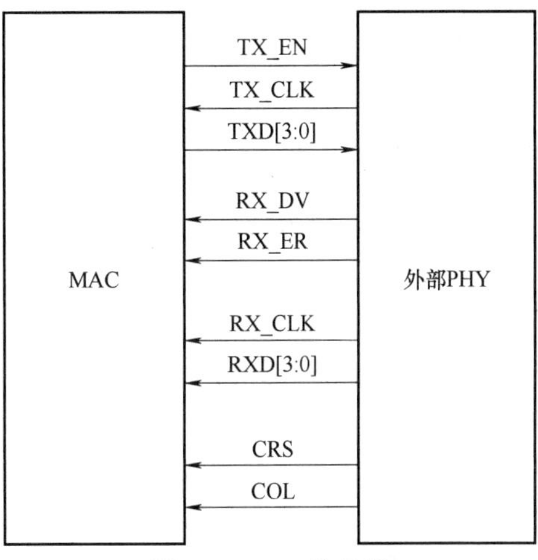

图 13-4　MII 信号线

7）MII_RXD［3:0］：接收数据线，每次接收 4 位数据，数据在 MII_RX_DV 信号有效时有效。MII_RXD［0］是数据的最低位，MII_RXD［3］是最高位。当 MII_RX_DV 无效，而 MII_RX_ER 有效时，MII_RXD［3:0］数据值代表特定的信息（可参考表 13-3）。

8）MII_RX_DV：接收数据使能信号，由 PHY 控制，当 PHY 准备好数据供 MAC 接收时，该信号有效。此信号必须和帧数据的第一个 4 位同步出现，并保持有效直到数据传输完成。在传送最后 4 位数据后的第一个时钟之前，此信号必须变为无效状态。为了正确地接收帧，有效电平不能滞后于数据线上的帧首界定码出现。

9）MII_RX_ER：接收出错信号，保持一个或多个时钟周期（MII_RX_CLK）的有效状态，表明 MAC 在接收过程中检测到错误。具体错误原因需结合 MII_RX_DV 的状态及 MII_RXD［3:0］的数据值，详见表 13-3。

表 13-3　接收接口信号编码

MII_RX_ER	MII_RX_DV	MII_RXD［3:0］	说明
0	0	0000~1111	正常的帧间隔
0	1	0000~1111	正常的数据接收
1	0	0000	正常的帧间隔
1	0	0001~1101	保留
1	0	1110	载波错误指示
1	0	1111	保留
1	1	0000~1111	数据接收出错

4. MII 时钟源

为了产生 TX_CLK 和 RX_CLK 时钟信号，外部 PHY 模块必须有来自外部的 25MHz 时钟驱动。该时钟不需要与 MAC 时钟相同。可以使用外部的 25MHz 晶振或者微控制器的时钟输出引脚 CK_OUTx（x=0，1）提供这一时钟。当时钟来源为 CK_OUTx（x=0，1）引脚时，需配置合适的PLL，保证CK_OUTx（x=0，1）引脚输出的时钟频率为25MHz。

5. RMII

RMII规范减少了以太网通信所需要的引脚数。根据IEEE 802.3标准，MII需要16个引脚用于数据和控制信号，而RMII标准则将引脚数减少到了7个。图13-5展示了RMII信号线。

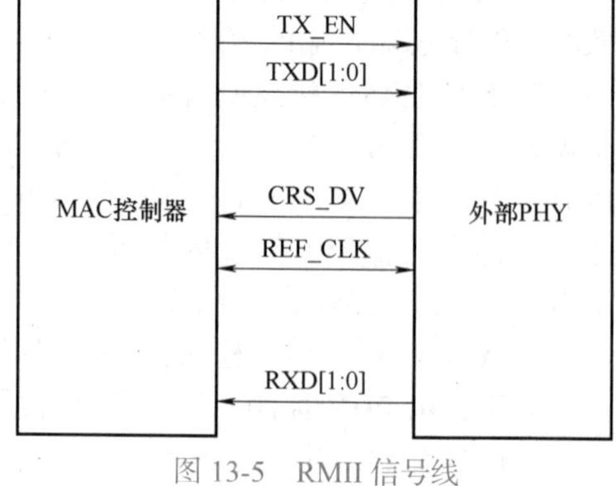

图13-5 RMII信号线

RMII具有以下特性：

1）只有一个时钟信号，且该时钟信号频率需要提高到50MHz。

2）MAC和外部的以太网PHY需要使用同样的时钟源。

3）使用2bit宽度的数据收发。

6. MII/RMII位传输顺序

不论选择的是MII还是RMII，发送/接收的次序都是低位先出。

MII和RMII之间的区别主要是数据位数和发送次数的不同：MII是先发送/接收低4位数据，再发送/接收高4位；RMII则是先发送/接收最低2位数据，再次低2位数据，次高2位数据和最高2位数据。

例如，一个字节数据为10011101b（从左到右顺序：高位到低位）。

使用MII发送需2个时钟周期：1101→1001（从左到右顺序：高位到低位）。

使用RMII发送需4个时钟周期：01→11→01→10（从左到右顺序：高位到低位）。

7. RMII时钟源

通过将相同的时钟源接到MAC和以太网PHY的REF_CLK引脚保证两者时钟源的同步。可以通过外部的50MHz信号或者微控制器的CK_OUTx（x=0，1）引脚提供这一时钟。当时钟来源为CK_OUTx（x=0，1）引脚时需配置合适的PLL，保证CK_OUTx（x=0，1）引脚输出的时钟为50MHz。

13.3.2 MAC功能简介

MAC模块能够实现以下功能数据封装（传送和接收）：

1）帧检测/解码、帧边界定界。

2）寻址（管理源地址和目标地址）。

3）错误检测。

介质访问管理（半双工模式下）的主要功能为介质分配（防止冲突）和冲突解决（处理冲突）。

MAC模块可以在以下两种模式下工作：

1）半双工模式。通过CSMA/CD算法来抢占对物理介质的访问，在同一时间只有一个传输方向的两个站点有效。

2）全双工模式。满足以下条件时，可同时进行收发而不发生冲突：①物理介质支持同时进行收发操作；②只有两个站点接入LAN，且两个站点都配置为全双工模式。

1. MAC的发送流程

所有的发送均由以太网模块中专用DMA控制器和MAC来控制。在收到应用程序发送指令后，DMA将发送帧从系统存储区读出并存入深度为2KB的TxFIFO中，之后根据选择的模式（直通或者存储转发模式，具体定义请查看下段）将数据取出到 MAC，通过 MII/RMII 发送到以太网 PHY，并可以选择配置使 MAC 自动将硬件计算的 CRC 值添加到数据帧的帧校验序列中。当 MAC 收到来自 TxFIFO 的帧结束信号后，完成整个传输过程。传输完毕后，传输状态信息将会由 MAC 生成并写回到 DMA 控制器中，应用程序可以通过 DMA 当前发送描述符查询发送状态。

TxFIFO 取出数据到 MAC 的操作有两种模式：

1）在直通模式（Cut-Through）下，当 FIFO 中的数据等于或超过了所设置的阈值时（或者在达到阈值之前写入了 EOF），数据会从 FIFO 中取出并送入 MAC 中。这个阈值可以通过 ENET_DMA_CTL 寄存器的 TTHC 位来设置。

2）在存储转发模式（Store-and-Forward）下，只有当一个完整的帧写入 FIFO 之后，FIFO 中的数据才会被送入 MAC。但还有一种情况，即帧没有被完整写入 FIFO，FIFO 也会取出数据。这种情况为 TxFIFO 的长度小于要发送的以太网帧长度，那么在 TxFIFO 即将全满时，数据会被送入 MAC。

在传输过程中，如果空闲的 DMA 发送描述符不足，或者误操作了 ENET_DMA_CTL 的 FTF 位清空了 FIFO（此位置 1 时将清空 TxFIFO 中的数据并将 FIFO 的指针复位，清空操作完成后由硬件将此位清 0），则将导致不能及时连续地发送数据，此时 MAC 会标识数据下溢状态。对于只收到帧起始信号却没有收到帧结束信号的情况，MAC 会忽略第 2 帧数据的帧起始，而将第 2 帧作为前一帧的延续。

若被发送的一帧占用两个 DMA 发送描述符，则第 1 个描述符的首段（FSG）位和末段（LSG）位应为 10b，第 2 个描述符的应为 01b。若第 1 个描述符与第 2 个描述符的 FSG 位都置位了，且第 1 个描述符的 LSG 位复位了，则将忽略第 2 个描述符的 FSG 位，并认为这两个描述符为只发送一个帧。

若发送 MAC 帧的数据域长度小于 46 或者带标签的 MAC 帧的数据域长度小于 42，可以选择配置 MAC 自动填充内容为 0 的数据，使帧数据域的长度符合 IEEE 802.3 规范的相关定义。若执行了自动填充 0 功能，则 MAC 将忽略 DMA 描述符 DCRC 位的配置，自动计算并添加 CRC 值到帧的帧校验序列中。

2. MAC 的发送管理

（1）Jabber 定时器

为了防止出现一个站点长时间占用 PHY 的情况，以太网内置的 Jabber 定时器会在以太网帧发送超过 2048B 后终止发送。默认情况下，Jabber 定时器是使能的，因此当以太网帧发送超过 2048B，则 MAC 将只发送 2048B，并丢弃剩余的帧数据。

（2）冲突处理机制：重发

在半双工模式下，MAC 发送数据帧时可能会发生冲突。当发生冲突事件时，如果 FIFO 中只有不超过 96B 的帧数据被取出到 MAC 中，那么帧重发功能将被激活。重发功能激活后，MAC 会中止当前的传输，然后重新从 FIFO 中读取数据并发送。当发生冲突事件时，如果已有超过 96B 的数据从 FIFO 中取出到 MAC 中，那么 MAC 会中止当前的传输但不会激活重发功能，然后在描述符中置位 LCO 以通知应用程序。

（3）发送状态信息字

发送状态信息字包括了许多用于应用程序的发送状态标志，在 MAC 完成帧的发送后，将会更新发送状态信息。如果使能了 IEEE 1588 时间戳功能，时间戳的值将会随发送状态信息一起写回到发送描述符中。

（4）清空TxFIFO操作

将ENET_DMA_CTL寄存器的FTF位（位20）置1将清空TxFIFO，并将FIFO数据指针复位。无论TxFIFO是否正在取出数据到MAC中，清空操作都会立刻执行。因此这也将导致MAC产生数据下溢事件，并终止发送当前帧，同时返回该帧的状态信息和发送状态信息字到应用程序。并标记数据下溢位和清空位（TDES0的位1和位13）。在应用程序（DMA）接收到所有被清空帧的状态信息字以后，清空操作完成。清空操作完成后，ENET_DMA_CTL寄存器的FTF位将自动清0。当收到清空操作指令时，所有从FIFO取出到MAC的数据都将被丢弃，直到收到FSG位为1的描述符。

（5）发送流控

MAC主要通过背压（半双工模式）和暂停控制帧（全双工模式）来管理帧的发送流控。

1）半双工模式流控：背压。

当MAC采用半双工模式进行通信时，如果设置了发送流控使能位（ENET_MAC_FCTL寄存器的TFCEN位），有两种情况可以触发背压流控。背压流控是通过发送一个32位的堵塞信号0x55555555，通知所有其他站点发生了冲突。两种触发情况中，第一种情况是通过置位ENET_MAC_FCTL寄存器的FLCB/BKPA位来使能发送流控。第二种情况在接收帧时发生，MAC在接收帧的过程中，RxFIFO中字节数不断增大，当接收数目超过流控激活阈值（ENET_MAC_FCTH寄存器中的RFA位）时，MAC将置位背压挂起标志。若背压挂起标志置位了，且又有新的帧到来，MAC将发送堵塞信号以延迟一段背压时间再接收帧。在背压时间结束后，PHY会重新发送这个新的帧。若在背压期间，RxFIFO中字节数大于或等于流控失活阈值（ENET_MAC_FCTH寄存器中的RFD位），则MAC会再次发送背压信号；反之，则MAC将复位背压挂起标志，并可以接收新的帧，不再发送堵塞信号。

2）全双工模式流控：暂停帧。

对于全双工模式，MAC使用“暂停帧”进行流控制。这种方式可以使接收端能够命令发送端暂停一段时间再发送，如当接收缓冲区快要溢出的情况。如果设置了发送流控使能位（ENET_MAC_FCTL寄存器的TFCEN位），在全双工模式下，MAC会在以下两种情况下产生并发送暂停帧：

① 应用程序把ENET_MAC_FCTL寄存器的FLCB/BKPA位置位，将立即发送一个暂停帧。这个暂停帧指定的暂停时间为ENET_MAC_FCTL寄存器中PTM位配置好的暂停时间值。如果应用程序前面要求了一段时间的暂停，但在这段时间内，应用程序准备好了，可以不需要剩余的暂停时间了，这时应用程序需要发一个零时间片暂停帧来通知发送方可以继续发送了。零时间片暂停帧是通过设置ENET_MAC_FCTL寄存器中的PTM位为0，并将FLCB/BKPA位置位来发送的。

② 在RxFIFO满足一定的条件下，MAC会自动发送暂停帧。在接收过程中，RxFIFO不停地有数据进来，同时RxFIFO也取出数据给RxDMA，如果RxFIFO取出数据的频率小于其接收数据的频率，RxFIFO中的数据就会越来越多。一旦RxFIFO中的数据量超过了流控的激活阈值（ENET_MAC_FCTH寄存器中的RFA位），MAC将发送一个暂停时间为PTM位定义的值的暂停帧。发送暂停帧之后，MAC将启动一个计数器，计数器的时间由ENET_MAC_FCTL寄存器的PLTS位定义，当到了计数器规定的时间，MAC将重新检查RxFIFO。此时若RxFIFO中的数据量仍然大于流控激活阈值，MAC将再次发送一个暂停帧。若RxFIFO中的数据量小于流控失活阈值，并且ENET_MAC_FCTL寄存器中的DZQP位被复位，则MAC将发送一个零时间片暂停帧。这个零时间片暂停帧用于指示远程站点结束暂

停，本地缓存区已经准备好接收新的数据帧。

（6）帧间隔管理

MAC 管理两个帧之间的时间间隔。两个帧之间的时间间隔称为帧间隙时间。在全双工模式下，在完成帧发送后或者 MAC 进入空闲状态时，帧间隙计数器开始计数。如果在帧间隙时间未到达 ENET_MAC_CFG 寄存器中 IGBS 位所配置的值时，来了新的发送帧，则这个发送帧将被延迟发送直到达到帧间隙时间值。若这个新的发送帧在帧间隙时间之后到达，则会立即发送该帧。在半双工模式下，MAC 遵循截断二进制指数退让算法，简要来说，就是在前一个发送帧发送完成之后或者 MAC 进入空闲状态时，帧间隙计数器开始计数。在帧间隙时间内，可能会有 3 种情况发生：

1）如果在帧间隙时间的前 2/3 时间检测到载波信号，帧间隙计数器将复位并重新计数。

2）如果在帧间隙时间的后 1/3 时间里检测到载波信号，帧间隙计数器不会复位，将继续计数，当帧间隙时间到达后，MAC 发送新的帧。

3）如果在整个帧间隙时间内都没有检测到载波信号，则在到达帧间隙时间后停止帧间隙计数器，并在之前有帧被延迟的情况下立即发送新的帧。

（7）发送校验和模块

以太网控制器具有发送校验和的功能，支持计算校验和，并在发送时插入计算结果，以及在接收时侦测校验和错误。下面将描述发送帧的校验和模块的操作功能。

注意：只有将 ENET_DMA_CTL 寄存器的 TSFD 位置 1（TxFIFO 设置成存储转发模式），同时必须保证 TxFIFO 的深度足够容纳将要发送的完整帧时，才能使能此功能。若 FIFO 深度小于帧长度，则仅仅计算和插入 IPv4 报头的校验和域。

欲了解 IPv4、TCP、UDP、ICMP、IPv6 和 ICMPv6 报头的规范，请分别查阅 IETF 规范 RFC791、RFC793、RFC768、RFC792、RFC2460 和 RFC4443。

1）IP 头校验和。若以太网帧的类型域值为 0x0800，同时 IP 数据包的版本域值为 0x4，则校验和模块标记其为 IPv4 数据包并会用计算结果取代帧的校验和域的内容。IPv6 的报头不包含校验和域，因此校验和模块不会改变 IPv6 报头的值。IP 头校验和计算完毕之后，其结果会写到 IPHE 位（TDES0 的位 16）。当发生下述情况时，IPHE 错误状态位会被硬件置 1：

① 对于 IPv4 数据帧。

a）接收到的以太网类型域值为 0x0800，但 IP 报头版本域的值不等于 0x4。

b）IPv4 报头长度域值大于帧的总长度。

c）IPv4 报头长度域值小于 IP 报头总长 0x5（20B）。

② 对于 IPv6 数据帧。接收到的以太网类型域值为 0x86dd，但 IP 报头版本域的值不等于 0x6。帧在完整接收 IPv6 报头（40B）或者扩展报头（扩展报头包含报头长度域）之前结束。

2）TCP/UDP/ICMP 数据校验和。校验和模块通过分析 IPv4 或 IPv6 报头（包括扩展报头）来判断帧的类型（TCP、UDP 或 ICMP）。当帧发生以下情况时，将绕过校验和功能，校验和模块不对这些帧进行处理：

① 不完整的 IPv4 或 IPv6 帧。

② 包含安全功能的 IP 帧（如验证报头或者封装有安全数据）。

③ 非 TCP、UDP、ICMPv4、ICMPv6 数据的 IP 帧。

④ 带路由报头的 IPv6 帧。

校验和模块会对 TCP、UDP 或者 ICMP 的数据进行计算，并插入报头的相应域。它有以下两种工作模式：

① 校验和计算不包括TCP、UDP或者ICMPv6的伪首部，并假定输入帧的校验和字段已有值。校验和字段包含在校验和计算中，在计算完成后插入并替换原校验和域的值。

② 校验和计算包括TCP、UDP或者ICMPv6的伪首部，将传输帧的校验和字段清0。进行校验和的计算，计算完成后插入传输帧的原校验和域。

校验和计算完毕之后，其结果会写到IPPE位（TDES0的位12）。当发生下述情况时，IPPE错误状态位会被硬件置1：

① 在存储转发模式下，帧未被完整写入FIFO之前就被转发给MAC。

② 帧已发送完毕，但MAC从FIFO中取出的数据包字节数小于IP报头中数据长度域标明的字节数。

如果数据包长度大于标明的长度，不会报告错误，之后的数据会被当成填充字节而丢弃。如果检测到第一类错误情况，校验和的值不会插入TCP、UDP或者ICMP报头。如果检测到第二类错误情况，仍然会把校验和计算结果插入报头的相应域。

注意：无论采用哪种模式，对于IPv4上的ICMP数据包，由于这类数据包没有定义伪报头，为正确计算其校验和，校验和域内容必须为0x0000。

3. MAC接收过滤器

MAC过滤分为错误过滤（诸如过短帧、CRC错误以及坏帧的过滤）和地址过滤。此处主要讨论地址过滤。

（1）地址过滤

地址过滤利用静态物理地址（MAC地址）过滤和多播哈希（HASH）列表过滤实现。若ENET_MAC_FRMF过滤器寄存器的FAR位为0（默认值），则只有通过地址过滤的帧才会被接收。该功能会根据应用程序设定的参数（帧过滤器寄存器）对单播帧或多播帧的目的地址与/或源地址进行过滤（通过目标地址的I/G位可判断是单播帧还是多播帧），并报告相应的地址过滤结果，所有不能通过过滤器的帧将被丢弃。

注意：若ENET_MAC_FRMF过滤器寄存器的FAR位为1，则所有帧都会被接收。在这种情况下，帧过滤结果仍会更新到接收描述符中，但帧过滤结果不会影响到帧是否会被过滤。

（2）单播目标地址过滤器

通过对ENET_MAC_FRMF寄存器HUF位的设置，可以选择使用静态物理地址（HUF位为0）或者HASH列表（HUF位为1）的方式实现单播过滤。

1）静态物理地址过滤。MAC支持多达4个MAC地址对单播地址进行完美过滤。在这种方式下，MAC会把接收到帧的6B单播地址与设好的MAC地址寄存器逐位比较，检查是否相符。对于MAC地址0寄存器始终使能，对于MAC地址1~MAC地址3寄存器分别有对应的使能位。MAC地址1~MAC地址3寄存器的每一个字节都可以通过相应MAC地址的高寄存器的屏蔽字节控制位（MB位），来设置是否与接收帧的目标地址相应字节比较。

2）HASH列表过滤。这种过滤使用一种HASH机制。MAC利用64位的HASH列表对单播地址进行不完美过滤。这种过滤模式遵循以下两个过滤步骤：

① MAC计算接收帧的目标地址的CRC值。

② 取CRC计算结果高6位作为索引检索HASH列表。如果CRC值对应的HASH列表上的相应位为1，则该帧能通过HASH过滤器，反之则该帧不能通过HASH过滤器。

这种类型过滤器的优点是可以仅用一个小表就覆盖任何可能的地址。缺点是过滤不完全，即有时应该丢弃的帧也会被接收。

（3）多播目标地址过滤器

将帧过滤寄存器 ENET_MAC_FRMF 的 MFD 位清 0，以开启 MAC 多播地址过滤功能。此时根据帧过滤寄存器 ENET_MAC_FRMF 的 HMF 位的取值可以选择类似于单播目标地址过滤的两种方式进行地址过滤。

（4）HASH 或者完美地址过滤器

设置帧过滤器寄存器 ENET_MAC_FRMF 的 HPFLT 位为 1，并设置相应的 HUF 位（对单播帧）或者 HMF 位（对多播帧）为 1，则可以将过滤器配置成只要接收帧的目标地址匹配 HASH 过滤器或者物理地址过滤器之一，就令帧通过。

（5）广播地址过滤器

默认情况下，MAC 无条件地接收任何广播帧。但当设置帧过滤寄存器 ENET_MAC_FRMF 的 BFRMD 位为 1 时，MAC 将丢弃接收到的所有广播帧。

（6）单播源地址过滤器

使能 MAC 地址 1~MAC 地址 3 寄存器，并设置其对应 MAC 地址高寄存器的 SAF 位为 1，MAC 可以将 MAC 地址 1~MAC 地址 3 寄存器中设置的物理（MAC）地址与接收帧的源地址进行比较并过滤。MAC 也支持对源地址的成组过滤。若设置帧过滤寄存器 ENET_MAC_FRMF 的 SAFLT 位为 1，MAC 会丢弃没能通过源地址过滤的帧，同时过滤结果会通过 DMA 接收描述符的 RDES0 的 SAFF 位反映出来。当 SAFLT 位为 1 的同时，目标地址过滤器也在工作，此时 MAC 以两个滤波器结果的逻辑“与”形式判定帧是否通过。这意味着只要帧没能通过其中一个过滤器，就会被丢弃。MAC 只会把通过全部过滤器的帧转发给应用程序。

（7）逆转过滤操作

无论是目标地址过滤还是源地址过滤，都能在过滤器输出端逆转过滤结果。即地址与过滤器匹配时，帧不通过；不匹配时，帧通过。通过设置帧过滤寄存器 ENET_MAC_FRMF 的 DAIFLT 位和 SAIFLT 位为 1 可以实现这一功能。DAIFLT 位作用于单播和多播帧的目标地址的过滤结果，SAIFLT 位作用于单播和多播帧的源地址的过滤结果。

表 13-4 和表 13-5 总结了目标地址和源地址过滤器在不同设置下的工作状态。

表 13-4 目标地址过滤器结果列表

帧类型	PM	HPFLT	HUF	DAIFLT	HMF	MFD	BFRMD	目标地址过滤器操作
广播帧	1	—	—	—	—	—	—	通过
	0	—	—	—	—	—	0	通过
	0	—	—	—	—	—	1	不通过
单播帧	1	—	—	—	—	—	—	所有帧通过
	0	—	0	0	—	—	—	匹配完美 / 组过滤器时通过
	0	—	0	1	—	—	—	匹配完美 / 组过滤器时不通过
	0	0	1	0	—	—	—	匹配 HASH 过滤器时通过
	0	0	1	1	—	—	—	匹配 HASH 过滤器时不通过
	0	1	1	0	—	—	—	匹配 HASH 或者完美 / 组过滤器时通过
	0	1	1	1	—	—	—	匹配 HASH 或者完美 / 组过滤器时不通过

（续）

帧类型	PM	HPFLT	HUF	DAIFLT	HMF	MFD	BFRMD	目标地址过滤器操作
多播帧	1	—	—	—	—	—	—	所有帧通过
	—	—	—	—	—	1	—	所有帧通过
	0	—	—	0	0	0	—	匹配完美/组过滤器时通过，如果PCFRM = 0x，丢弃暂停控制帧
	0	0	—	0	1	0	—	匹配HASH过滤器时通过，如果PCFRM= 0x，丢弃暂停控制帧
	0	1	—	0	1	0	—	匹配HASH或者完美/组过滤器时通过，如果PCFRM = 0x，丢弃暂停控制帧
	0	—	—	1	0	0	—	匹配完美/组过滤器时不通过，如果PCFRM = 0x，丢弃暂停控制帧
	0	0	—	1	1	0	—	匹配HASH过滤器时不通过，如果PCFRM = 0x，丢弃暂停控制帧
	0	1	—	1	1	0	—	匹配HASH或者完美/组过滤器时不通过，如果PCFRM = 0x，丢弃暂停控制帧

表13-5 源地址过滤器结果列表

帧类型	PM	SAIFLT	SAFLT	源地址过滤器操作
单播帧	1	—	—	所有帧通过
	0	0	0	匹配完美/组过滤器时返回通过状态，不匹配时状态为不通过，但不丢弃不通过的帧
	0	1	0	匹配完美/组过滤器时返回不通过状态，但不丢弃帧
	0	0	1	匹配完美/组过滤器时通过，丢弃不通过的帧
	0	1	1	匹配完美/组过滤器时不通过，丢弃不通过的帧

（8）混杂模式

若设置ENET_MAC_FRMF寄存器的PM位为1，将使能混杂模式，此时地址过滤器无效，所有帧均可通过过滤器。同时接收状态信息的目标地址/源地址错误位总是为0。

（9）暂停控制帧过滤

MAC会检测接收到的控制帧内的6B目标地址域，若ENET_MAC_FCTL寄存器的UPFDT位设为0，则判断目标地址域的值是否符合IEEE 802.3规范控制帧的唯一值（0x0180C2000001）。若ENET_MAC_FCTL寄存器的UPFDT位设为1，则在与IEEE 802.3规范定义的唯一值比较外，同时与控制器所设置的MAC地址逐位比较。如果目标地址域比较通过且接收流控制被使能（ENET_MAC_FCTL的RFCEN位被置1），则相应暂停控制帧功能将被触发。这个通过过滤的暂停帧是否会被转发给应用，取决于ENET_MAC_FRMF寄存器的PCFRM [1:0] 位设置。

4. MAC 的接收流程

MAC 接收到的帧都会被送入 RxFIFO 中。MAC 接收到帧后，会剥离其前导码和帧首界定码，并从帧首界定码后的第一个字节（目标地址）开始向 FIFO 发送帧数据。如果使能了 IEEE 1588 时间戳，MAC 会在检测到帧的帧首界定码时记录下系统的当前时间。如果这个帧通过地址过滤器的检查，MAC 会把这个时间戳通过接收描述符一并发给应用程序。

若 ENET_MAC_CFG 寄存器的 APCD 位置位，且接收到的帧长度 / 类型域的值小于 0x600 时，MAC 将自动剥离填充域和帧校验序列。MAC 会在向 RxFIFO 发送完帧长度 / 类型域规定字节数后，丢弃包括帧校验序列在内的余下字节。如果帧长度 / 类型域的值大于或等于 0x600，则忽略 APCD 位，由 TFCD 位来确定是否自动剥离帧校验序列。

若看门狗定时器被使能（ENET_MAC_CFG 寄存器中的 WDD 位被复位），当帧长度超过 2048B（目标地址 + 源地址 + 长度 / 类型 + 数据 + 帧校验序列）时将被切断。即使看门狗定时器被禁止，MAC 仍然会切断长度大于 16384B（16KB）的帧。

当 RxFIFO 工作于直通模式时，如果 FIFO 中的数据量大于阈值（可通过 ENET_DMA_CTL 寄存器的 RTHC 位设置），就开始从 FIFO 中取出数据，并通知 DMA 接收。当 FIFO 完成取出整个帧后，MAC 将接收状态信息字发送给 DMA 控制器以回写到接收描述符中。在这种模式下，假如一个帧开始由 FIFO 取出、由 DMA 发送到应用程序，则即使检测到错误，帧也会一直接收直到整个帧接收完毕。由于错误信息也要等到此时才会发送给 DMA 控制器，此时帧的前部分已经被 DMA 接收，所以在这种模式下将 MAC 设置成将所有错误帧丢弃将无效。

当 RxFIFO 工作于存储转发模式（通过 ENET_DMA_CTL 寄存器的 RSFD 位设置）时，DMA 只在 RxFIFO 完整地收到一帧后，才将其读出。此模式下，如果 MAC 设置成将所有错误帧丢弃，那么 DMA 只会读出合法的帧，并转发给应用程序。一旦 MAC 在接口上检测到帧首界定码就会启动接收过程。MAC 在处理帧之前会剥离前导码和帧首界定码，会通过过滤器检查帧的报头，并用帧校验序列核对帧的 CRC 值。如果帧没能通过地址滤波器，MAC 就会丢弃该帧。

5. MAC 的接收管理

（1）多个帧的接收处理

与 TxFIFO 不同，由于帧的状态信息紧随在帧数据之后，MAC 可以判断接收帧的状态，因此第二个接收帧的传送是紧接着第一个接收帧的数据与状态信息的，只要 RxFIFO 未满，就可以存放任意数量的帧。

（2）接收流控

在全双工模式下，MAC 能够检测暂停帧，并按照暂停帧中的暂停时间域参数，在暂停一定时间后再发送数据。可以通过设置 ENET_MAC_FCTL 寄存器的 RFCEN 位，使能或者取消暂停帧检测功能。如果没有使能该功能，则 MAC 会忽略接收到的暂停帧。若使能了该功能，MAC 将能够对接收到的暂停帧进行解码。类型域、操作数域和暂停时间域都将能够被 MAC 识别。在暂停期间，如果收到一个新的暂停帧，则新的暂停时间将立即被加载到暂停时间计数器中。如果接收到的暂停时间域值为 0，则 MAC 会停止暂停时间计数器，恢复数据的发送。通过配置 ENET_MAC_FRMF 寄存器的 PCFRM 位值，来处理这些接收到的控制帧。

（3）接收校验和模块

置位 ENET_MAC_CFG 寄存器的 IPFCO 位，可以使能接收校验和模块。接收校验和模块可以计算 IPv4 报头的校验和，并检查它是否与 IPv4 报头的校验和域的内容相匹配。MAC 可根据检查接收到的以太网帧类型域是 0x0800 还是 0x86dd，来判别是 IPv4 帧还是 IPv6 帧，这个方法也用于带 VLAN 标签的帧识别。DMA 接收描述符的报头校验和错误位（RDES0 的第 7 位）反映了对报头的校验和结果，该位在接收到的 IP 报头出现下述错误时被置 1：

1）计算的 IPv4 报头的校验和值与其校验和域的内容不匹配。

2）以太网类型域值指示的数据类型与 IP 报头版本域不匹配。

3）接收到的帧长少于 IPv4 报头长度域指示的长度，或者 IPv4、IPv6 报头少于 20B。

接收校验和模块还能识别 IP 数据包的数据类型是 TCP、UDP 还是 ICMP，并按照 TCP、UDP 或 ICMP 的规范计算它们的校验和。计算过程包括 TCP、UDP、ICMPv6 伪报头的数据。DMA 接收描述符（RDES0 的第 0 位）的数据校验和错误位反映了对数据的校验和结果，该位在接收到的 IP 数据包数据出现下述错误时被置 1：

1）计算的 TCP、UDP 或 ICMP 校验和与其帧的 TCP、UDP 或 ICMP 校验和域值不匹配。

2）收到的 TCP、UDP 或 ICMP 数据长度与 IP 报头给出的长度不符。

接收校验和模块不计算下列情况：不完整的 IP 数据包、带安全功能的 IP 数据包、IPv6 路由报头以及数据类型不是 TCP、UDP 或者 ICMP 的数据包。

（4）错误处理

1）在从 MAC 接收到 EOF 之前，RxFIFO 已满，则 MAC 会将整个帧丢弃并返回一个溢出状态，同时将溢出计数器加 1。

2）若 RxFIFO 设置成存储转发模式，MAC 可以过滤并丢弃所有的错误帧。但根据 ENET_DMA_CTL 寄存器的 FERF 和 FUF 位的设置，RxFIFO 仍可以接收错误帧和长度低于最小帧长的帧。

3）若 RxFIFO 设置成直通模式，并不能将所有的错误帧都丢弃，仅当 DMA 从 RxFIFO 读出帧的 SOF 时，RxFIFO 也已获得了该帧的错误状态时可以丢弃错误帧。

（5）接收状态信息字

在接收以太网帧结束时，MAC 将会分析并记录关于帧以及接收过程的一些状态信息，并把详细的接收状态信息回写到 DMA 接收描述符和 DMA 状态标志。应用程序可以通过检查这些状态位来实现上层协议。

注意：帧长度值为 0 意味着由于某种原因（如 FIFO 溢出或在接收过程中动态地修改了过滤器的值，导致未通过过滤器的情况等）造成写入 FIFO 的帧不完整。

6. MAC 回环模式

通常，回环模式用于应用程序对系统硬件和软件的测试与调试。通过将 ENET_MAC_CFG 寄存器的 LBM 位置 1，可以使能 MAC 回环模式。在该模式下，MAC 发射端把帧发送到自身的接收端上。该模式默认为关闭。

13.3.3 MAC 统计计数器

为了了解发送和接收帧的统计情况，利用一组计数器来收集相关的统计数据。这些 MAC 计数器被称为 MAC 统计计数器（MSC）。

当发送帧没有出现下述错误时，该帧被认为是“好帧”，MSC 发送计数器会自动更新：帧溢出、没有载波、载波丢失、顺延（Deferral）过多、延迟冲突、过度冲突、Jabber 超时。

当接收帧没有出现下述错误时，该帧被认为是“好帧”，MSC 接收计数器会自动更新：

对齐错误、CRC 错误（CRC 计算结果与帧校验序列值不一致）、过短帧（帧长少于 64B）、长度错误（长度域值与实际接收到的字节数不符）、超出范围（长度域值超过 IEEE 802.3 所规定的最大值，即对于非标签帧最大值为 1518B，对于 VLAN 标签帧最大值为 1522B）、MII_RX_ER 输入错误。

注意：当被丢弃的帧是长度小于 6B 的过短帧（没有完整接收到目标地址）时，MSC 接收计数器也会更新。

13.3.4 DMA 控制器描述

为了减少 CPU 的干预，设计了以太网专用 DMA 控制器，用于实现 FIFO 和系统存储之间的帧数据传输。DMA 和 CPU 之间的通信通过两种数据结构实现：①描述符列表（链结构或环结构）和数据缓存；②控制和状态寄存器。

应用程序需要开辟存储描述符列表及数据缓存用到的物理内存。在存储器里，描述符以指向缓存的指针的形式存放。有两个描述符队列，一个用作发送，另一个用作接收。两个队列的基地址分别存放在 ENET_DMA_TDTADDR 寄存器和 ENET_DMA_RDTADDR 寄存器中。当 DFM 位为 0 时，发送描述符由 4 个描述符字（TDES0~TDES3）组成；当 DFM 位为 1 时，发送描述符由 8 个描述符字（TDES0~TDES7）组成。同样，当 DFM 位为 0 时，接收描述符由 4 个描述符字（RDES0~RDES3）组成；当 DFM 位为 1 时，接收描述符由 8 个描述符字（RDES0~RDES7）组成。每个描述符可以指向最多两个缓存用来存储帧的数据。

根据描述符列表类型是环结构还是链结构，来决定第二个缓存是被配置为第二个数据存储地址，还是下一个描述符地址。数据缓存存放在 MCU 的物理内存里，可以存放一个帧的全部或者部分，但是不允许存放不属于同一个帧的数据。描述符队列可以是显性（链结构）或者隐性（环结构）的方式前向连接。通过设置接收描述符的 RDES1 位 14 和发送描述符的 TDES0 位 20 为 1，可以实现描述符的显性连接，此时 RDES2 及 TDES2 中将存放缓存地址，RDES3 及 TDES3 中将存放下一个描述符的地址，这种链接的描述符也可以称为描述符的链结构。通过设置接收描述符的 RDES1 位 14 和发送描述符的 TDES0 位 20 为 0，可以实现描述符的隐性连接，此时 RDES2 及 TDES2、RDES3 及 TDES3 中都将存放缓存地址，这种链接的描述符也可以称为描述符的环结构。在使用当前的描述符所指向的缓存地址时，描述符指针就指向下一个描述符。当使用链结构时，描述符指针指向的是第二个缓存。当使用环结构时，根据下式计算描述符指针下一个所指向的地址：

DFM=0：下个描述符地址 = 当前描述符地址 + 16 + DPSL × 4

DFM=1：下个描述符地址 = 当前描述符地址 + 32 + DPSL × 4

若当前描述符是描述符列表的最后一个描述符，环结构下必须设置 TDES0 的位 21 或 RDES1 的位 15 以标识当前描述符为列表的最后一个，此时下一个描述符又指向描述符列表的第一个；链结构下还可以通过设置 TDES3 或 RDES3 的值指向描述符列表中第一个的地址。DMA 一旦检测到帧结束就会跳到下一个帧的缓存。图 13-6 所示是描述符的环结构和链结构。

1. 数据缓存地址对齐

以太网 DMA 控制器支持所有对齐类型：字节对齐、半字对齐和字对齐，这意味着应用程序可将发送和接收数据缓存地址配置到任意地址。但是在 DMA 发起传输时，总是以字对齐的方式访问地址。对于读和写缓存的访问也不一样。示例如下：

1）读缓存示例：如果发送缓存的地址为 0x2000 0AB2，并需要传输 15B，在开始读操作后，DMA实际会从地址0x2000 0AB0、0x2000 0AB4、0x2000 0AB8、0x2000 0ABC和0x2000 0AC0先读5个字，但是在往FIFO发送数据时，会丢弃头2B（0x2000 0AB0和0x2000 0AB1）和最后3B（0x2000 0AC1、0x2000 0AC2和0x2000 0AC3）。

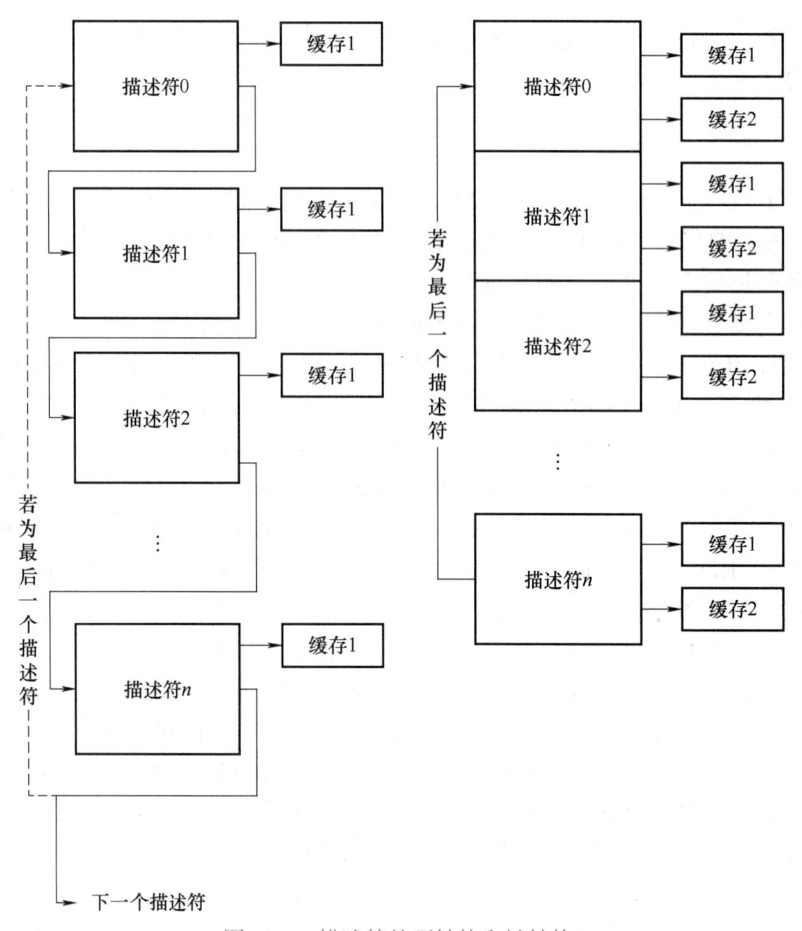

图13-6 描述符的环结构和链结构

2）写缓存示例：如果接收缓存的地址为0x2000 0CD2，并需要传输16B，在开始写操作后，DMA实际会从地址0x2000 0CD0~0x2000 0CE0先写5个32位数据。但是头2B（0x2000 0CD0和0x2000 0CD1）和末尾的2B（0x2000 0CE2和0x2000 0CE3）会用虚拟字节替代。

注意：DMA控制器不会写任何数据到定义的缓存区之外的地址。

2. 缓冲区有效长度

发送帧的过程中，TxDMA会传输与TDES1中标明的缓存有效长度的字节给MAC。如前所述，一个发送帧可以用多个描述符来描述一个帧，即一个帧的数据可以处于多个不同的缓存中。如果DMA控制器读取的描述符TDES0的FSG位为1，那么DMA就明确了当前缓存存储的是一个新的帧，并标记发送的第一个字节是帧首。如果DMA控制器读取的描述符TDES0的LSG位为1，则DMA就明确了当前缓存存储的是当前帧的最后一部分数据。通常来说，一个帧只存在一个缓存里（因为缓存的大小对于一个正常的帧来说足够大了），因此FSG位和LSG位会在一个相同的描述符中同时置位。

接收帧的过程中，接收帧的缓存长度域值必须是字对齐的。对于字对齐或非字对齐的缓存地址，接收操作与发送操作不大相同。如果接收缓存地址是字对齐的，则与发送流程是类似的，缓存的有效长度为由 RDES1 中配置的值。如果接收缓存地址是非字对齐的，则缓存的有效长度将小于 RDES1 中配置的值。缓存有效长度值应为 RDES1 中配置的值减去缓存地址的低 2 位值。例如，假设缓存的总大小为 2048B，缓存地址为 0x2000 0001，地址的低 2 位值为 0b01，那么缓存有效长度为 2047B，范围为 0x2000 0001（帧首）~0x2000 07FF。

当收到了一个帧起始（SOF），则 DMA 控制器将 FSG 位置位，当收到一个帧结束（EOF）时，则 LSG 位被置位。如果接收缓存长度域值配置得足够大，能放下整个帧，则 FSG 位和 LSG 位将在同个描述符中被置位。实际接收的帧长度可从 RDES0 的 FRML 位域获取，从而应用程序可计算未被使用的缓存空间。RxDMA 总是用新的描述符来接收下一帧。

3. 发送帧格式

根据前述的 IEEE 802.3 规范，一个正常的发送帧应该由以下几部分构成：前导码、帧首界定码（SFD）、目标地址（DA）、源地址（SA）、QTAG 前缀（可选）、长度 / 类型域（LT）、数据、PAD 填充域（可选）和帧校验序列（FCS）。

前导码和帧首界定码都是由 MAC 自动生成的，因此应用程序只需要存储目标地址、源地址、QTAG（若需要）、长度 / 类型域、数据、PAD 填充域（若需要）、帧校验序列（若需要）。如果帧需要填充位，即缓存中没有存储填充位和帧校验序列部分，则应用程序可配置自动生成帧校验序列和填充位功能。如果帧仅需帧校验序列，即缓存中没有存储帧校验序列部分，则应用程序可配置自动生成帧校验序列。DPAD 位和 DCRC 位用于配置填充位和帧校验序列的自动生成。

13.3.5 典型的以太网配置流程示例

在上电复位或系统复位之后，应用程序可按以下的典型操作流程来配置并启动以太网模块：

1）使能以太网时钟：配置 RCU 模块来使能 HCLK 时钟和以太网发送 / 接收时钟。

2）配置通信接口：配置 SYSCFG 模块，选择接口模式（MII 或 RMII）；配置 GPIO 模块，将相应的功能引脚映射到复用功能 11（AF11）上。

3）等待复位完成：轮询 ENET_DMA_BCTL 寄存器直到 SWR 位复位（SWR 位在上电复位后或系统复位后默认置位）。

4）获取并配置 PHY 寄存器参数：根据 HCLK 频率，配置 SMI 时钟频率，并访问 PHY 寄存器获取 PHY 的信息（如是否支持半 / 全双工，是否支持 10/100Mbit/s 速度等）。根据外部 PHY 支持的模式，配置 ENET_MAC_CFG 寄存器，使与 PHY 寄存器信息一致。初始化以太网 DMA 模块用于数据传输：配置 ENET_DMA_BCTL、ENET_DMA_RDTADDR、ENET_DMA_TDTADDR 和 ENET_DMA_CTL 寄存器，完成 DMA 模块初始化（详细信息请参考 DMA 控制器描述章节）。

5）初始化用于存放描述符列表以及数据缓存的物理内存空间：根据 ENET_DMA_RDTADDR 和 ENET_DMA_TDTADDR 寄存器中的地址，初始化发送和接收描述符（DAV=1），以及数据缓存。

6）使能 MAC 和 DMA 模块，开始发送和接收：置位 ENET_MAC_CFG 寄存器中的 TEN 和 REN 位，开启 MAC 发送器和接收器。置位 ENET_DMA_CTL 寄存器中的 STE 位和 SRE

位，使能DMA的发送和接收。

7）如果有帧要发送：

① 选择一个或多个描述符发送描述符，将发送帧数据写到TDES中指定的缓存地址中。

② 将这些发送帧描述符中的DAV位置位。

③ 写入任意值到ENET_DMA_TPEN寄存器中，使TxDMA退出挂起模式，开始发送数据。

④ 有两种方法来确定当前帧是否发送完毕：第一种方法为轮询当前描述符的DAV位直到其复位；第二种方法仅适用于当INTC位为1的情况，应用程序可以轮询ENET_DMA_STAT寄存器的TS位直到其置位。

8）如果有帧要接收：

① 查看描述符列表中的第一个接收描述符（其地址在ENET_DMA_RDTADDR寄存器中配置）。

② 如果RDES0的DAV位复位，则说明描述符已被使用过，且接收缓存空间已存储了接收帧。

③ 处理接收帧数据。

④ 置位当前描述符的DAV位，以复用当前描述符接收新的帧。

⑤ 查看列表中的下一个描述符，跳到步骤②。

13.4 以太网协议栈LwIP

13.4.1 LwIP简介

LwIP全名是Light weight IP，意思是轻量化的TCP/IP，是瑞典计算机科学院（SICS）的Adam Dunkels开发的一个小型开源的TCP/IP协议栈。目前LwIP最新版本是2.1.3。LwIP的设计初衷是：用少量的资源消耗实现一个较为完整的TCP/IP协议栈，其中“完整”主要指的是TCP的完整性，实现的重点是在保持TCP主要功能的基础上减少对RAM的占用。此外，LwIP既可以移植到操作系统上运行，也可以在无操作系统的情况下独立运行。

LwIP具有以下主要特性：

1）支持以太网ARP（地址解析协议）。

2）支持ICMP（控制报文协议），用于网络的调试与维护。

3）支持IGMP（互联网组管理协议），可以实现多播数据的接收。

4）支持UDP（用户数据报协议）。

5）支持TCP（传输控制协议），包括阻塞控制、RTT估算、快速恢复和快速转发。

6）支持PPP（点对点通信协议），支持PPPoE。

7）支持DNS（域名解析）。

8）支持DHCP（动态主机配置协议），动态分配IP地址。

9）支持IP，包括IPv4、IPv6协议，支持IP分片与重装功能，多网络接口下的数据包转发。

10）支持SNMP（简单网络管理协议）。

11）支持AUTOIP，自动IP地址配置。

12）提供专门的内部回调接口（RawAPI），用于提高应用程序性能。

13）提供可选择的 Socket API、NETCONN API[㊀]（在多线程情况下使用）。

LwIP 在嵌入式中使用具有以下优点：

1）资源开销低，即轻量化。LwIP 内核有自己的内存管理策略和数据包管理策略，使得内核处理数据包的效率很高。另外，LwIP 高度可剪裁，一切不需要的功能都可以通过宏编译选项去掉。LwIP 的流畅运行需要 40KB 的代码 ROM 和几十 KB 的 RAM，这让它非常适合用在内存资源受限的嵌入式设备中。

2）支持的协议较为完整。几乎支持 TCP/IP 中所有常见的协议，这在嵌入式设备中早已够用。

3）实现了一些常见的应用程序：DHCP 客户端、DNS 客户端、HTTP 服务器、MQTT 客户端、TFTP 服务器、SNTP 客户端等。

4）同时提供了 3 种编程接口：RAWAPI、NETCONN API 和 Socket API。这 3 种 API 的执行效率、易用性、可移植性以及时空间的开销各不相同，用户可以根据实际需要平衡利弊，选择合适的 API 进行网络应用程序的开发。

5）高度可移植。其源代码全部用 C 语言实现，用户可以很方便地实现跨处理器、跨编译器的移植。另外，它对内核中会使用到操作系统功能的地方进行了抽象，使用了一套自定义的 API，用户可以通过自己实现这些 API，从而实现跨操作系统的移植工作。

6）开源、免费，用户可以不用承担任何商业风险地使用它。

7）相比于嵌入式领域其他的 TCP/IP 协议栈，比如 uC-TCP/IP、FreeRTOS-TCP 等，LwIP 的发展历史要更悠久一些，得到了更多的验证和测试。LwIP 被广泛用在嵌入式网络设备中，国内一些物联网公司推出的物联网操作系统，其 TCP/IP 核心就是 LwIP；物联网知名的 Wi-Fi 模块 ESP8266，其 TCP/IP 固件使用的就是 LwIP。LwIP 尽管有如此多的优点，但它毕竟是为嵌入式而生，所以并没有很完整地实现 TCP/IP 协议栈。相比于 Linux 和 Windows 操作系统自带的 TCP/IP 协议栈，LwIP 的功能不算完整和强大。但对于大多数物联网领域的网络应用程序，LwIP 已经足够了。

13.4.2 LwIP 源码分析

LwIP 的代码已经交给 Savannah 托管，LwIP 的项目主页是 http://savannah.nongnu.org/projects/lwip/。该主页简单介绍了 LwIP，然后给出了许多链接，用户可以通过这些链接去挖掘更多关于 LwIP 的信息。在这里，为了方便读者，直接给出最终的下载链接：http://download.savannah.nongnu.org/releases/lwip/，并下载两个包：lwip-2.1.3.zip（源码包）和 contrib-2.1.0.zip（contrib 包）。

下载完成后，解压 lwip-2.1.3.zip 文件到当前目录，进入 lwip-2.1.3 目录。该目录的内容如下：

1）CHANGELOG 文件记录了 LwIP 在版本升级过程中源代码发生的变化。

2）COPYING 文件记录了开源软件 LwIP 的 license。一个软件开源，不代表用户能无限制地使用它，用户需要在使用它的过程中遵守一定的规则，这些规则就是 license。用户可以用记事本打开 COPYING 文件浏览其内容。开源软件的 license 有很多种，LwIP 属于 BSDLicense。LwIP 的开源程度很高，用户几乎可以无限制地使用它。

㊀ NETCONN API 即为 Sequential API，为了统一，本书均采用 NETCONN API。

3）FILES 文件用于介绍当前目录下的目录信息。

4）README 文件对 LwIP 进行简单的介绍。

5）UPGRADING 文件记录了 LwIP 每个大版本的更新，会对用户使用和移植 LwIP 造成影响。所谓大版本更新指的是 1.3.x—1.4.x—2.0.x—2.1.x。小版本更新比如 2.0.1—2.0.2—2.0.3，这个过程只是一些错误的修复和性能的改善，不会对用户的使用造成影响。用户只要将原有工程的目录中与 LwIP 相关的旧版本文件替换成新版本的文件，重新编译，就能直接使用。

6）doc 文件夹里是关于 LwIP 的一些文档，可以看成是应用和移植 LwIP 的指南。但是这些文档比较零散，不成体系，而且纯文本阅读起来很吃力，阅读意义不是很大。

7）test 文件夹里是测试 LwIP 内核性能的源码，将它们和 LwIP 源码加入工程中一起编译，调用它们提供的函数，可以获得许多与 LwIP 内核性能有关的指标。这种内核性能测试功能，只有非常专业的人士才会用到。

8）src 文件夹里面就是 LwIP 源码文件，下面会详细讲解。打开 src 文件夹，如图 13-7 所示。

名称	修改日期	类型	大小
api	2021/11/11 2:34	文件夹	
apps	2021/11/11 2:34	文件夹	
core	2021/11/11 2:34	文件夹	
include	2021/11/11 2:34	文件夹	
netif	2021/11/11 2:34	文件夹	
Filelists.cmake	2021/11/11 2:25	CMake 源文件	9 KB
Filelists.mk	2021/11/11 2:25	Makefile 源文件	7 KB
FILES	2021/11/11 2:25	文件	1 KB

图 13-7　src 目录（LwIP 源码文件所在的目录）

api 文件夹里是 NETCONNAPI 和 SocketAPI 相关的源文件，只有在操作系统的环境中才能被编译。apps 文件夹里是应用程序的源文件，包括常见的应用程序如 httpd、mqtt、tftp、sntp、snmp 等。core 文件夹里是 LwIP 的内核源文件，后续会详细讲解。include 文件夹里是 LwIP 所有模块对应的头文件。netif 文件夹里是与网卡移植有关的文件，这些文件为移植网卡提供了模板，可以直接使用。

LwIP 内核是由一系列模块组合而成的，这些模块包括 TCP/IP 协议栈的各种协议、内存管理模块、数据包管理模块、网卡管理模块、网卡接口模块、基础功能类模块、API 模块。每个模块是由相关的几个源文件和头文件组成的，通过头文件对外声明一些函数、宏、数据类型，使得其他模块可以方便地调用此模块的功能。而构成每个模块的头文件都被组织在了 include 目录中，而源文件则根据类型被分散地组织在 api、apps、core、netif 目录中。

LwIP 提供了 3 种编程接口，分别为 RAW/Callback API、NETCONN API、Socket API。它们的易用性从左到右依次提高，而执行效率从左到右依次降低，用户可以根据实际情况平衡利弊，选择合适的 API 进行网络应用程序的开发。下面将分别介绍这 3 种 API。

（1）RAW/Callback API

RAW/Callback API 是指内核回调型的 API，它在许多通信协议的 C 语言实现中都有所应用。对于从来没有接触过回调式编程的人来说，可能理解起来会比较困难，在后面的章节中将会详细介绍有关内容。

RAW/Callback API 是 LwIP 的一大特色，在没有操作系统支持的裸机环境中，只能使用这种 API 进行开发，同时这种 API 也可以用在操作系统环境中。这里先简要说明“回调”的概念：若用户新建了一个 TCP 或者 UDP 的连接，想等它接收到数据以后去处理它们，这时需要把处理该数据的操作封装成一个函数，然后将这个函数的指针注册到 LwIP 内核中。LwIP 内核会在需要时去检测该连接是否收到数据，如果收到了数据，内核会在第一时间调用注册的函数，这个过程被称为“回调”，这个注册函数被称为“回调函数”。该回调函数中装着业务逻辑，在这个函数中，用户可以自由处理接收的数据，也可以发送任何数据，也就是说，该回调函数就是应用程序。到这里可以发现，在回调编程中，LwIP 内核把数据交给应用程序的过程就只是一次简单的函数调用，这是非常节省时间和空间资源的。每一个回调函数实际上只是一个普通的 C 函数，该函数在 TCP/IP 内核中被调用。每一个回调函数都作为一个参数传递给当前 TCP 或 UDP 连接。而为了能够保存程序的特定状态，可以向回调函数传递一个指定的状态，并且这个指定的状态是独立于 TCP/IP 协议栈的。

在有操作系统的环境中，如果使用 RAW/Callback API，用户的应用程序就以回调函数的形式成了内核代码的一部分，用户应用程序和内核程序会处于同一个线程之中，这样就省去了任务间通信和切换任务的开销。

简单来说，RAW/Callback API 有以下两个优点：

1）可以在没有操作系统的环境中使用。

2）在有操作系统的环境中使用它，对比其他两种 API，可以提高应用程序的效率、节省内存开销。

RAW/Callback API 的优点是显著的，但缺点同样显著：

1）基于回调函数开发应用程序时的思维过程比较复杂。在后面与 RAW/Callback API 相关的章节中可以看到，利用回调函数去实现复杂的业务逻辑会很麻烦，代码的可读性较差。

2）在操作系统环境中，应用程序代码与内核代码处于同一个线程，虽然能够节省任务间通信和切换任务的开销，但是相应地，应用程序的执行会制约内核程序的执行，不同的应用程序之间也会互相制约。在应用程序执行的过程中，内核程序将不可能得到运行，这会影响网络数据包的处理效率。如果应用程序占用的时间过长，而碰巧这时又有大量的数据包到达，由于内核代码长期得不到执行，网卡接收缓存里的数据包持续积累到最后很可能因为满载而丢弃一些数据包，从而造成丢包的现象。

（2）NETCONN API

在操作系统环境中，可以使用 NETCONN API 或者 Socket API 进行网络应用程序的开发。NET-CONN API 是基于操作系统的 IPC 机制（即信号量和邮箱机制）实现的，它的设计将 LwIP 内核代码和网络应用程序分离成了独立的线程。如此一来，LwIP 内核线程就只负责数据包的 TCP/IP 封装和拆封，而不用进行数据的应用层处理，大大提高了系统对网络数据包的处理效率。

前面提到，使用 RAW/Callback API 会造成内核程序和网络应用程序、不同网络应用程序之间的相互制约，如果使用 NETCONN API 或者 Socket API，这种制约将不复存在。

在操作系统环境中，LwIP 内核会被实现为一个独立的线程，名为 tcpip_thread，使用 NETCONN API 或者 Socket API 的应用程序处在不同的线程中，可以根据任务的重要性分配不同的优先级给这些线程，从而保证重要任务的时效性，分配优先级的原则具体见表 13-6。

表 13-6 线程优先级分配原则

线程	优先级
LwIP 内核线程 tcpip_thread	很高
重要的网络应用程序	高
不太重要而处理数据比较耗时的网络应用程序	低

NETCONN API 使用了操作系统的 IPC 机制，对网络连接进行了抽象，用户可以像操作文件一样操作网络连接（打开 / 关闭、读 / 写数据）。但是 NETCONN API 并不如操作文件的 API 那样简单易用。例如，调用 f_read 函数读文件时，读到的数据会被放在一个用户指定的数组中，用户操作起来很方便，而 NETCONN API 的读数据 API，就没有那么人性化了。用户获得的不是一个数组，而是一个特殊的数据结构 netbuf，用户如果想使用好它，就需要对内核的 pbuf 和 netbuf 结构体有所了解，我们会在后续的章节中对它们进行讲解。NETCONN API 之所以采取这种不人性化的设计，是为了避免数据包在内核程序和应用程序之间发生复制，从而降低程序运行效率。当然，用户如果不在意数据递交时的效率问题，也可以把 netbuf 中的数据取出来复制到一个数组中，然后去处理这个数组。

简单来说，NETCONN API 的优缺点如下：

1）相较于 RAW/Callback API，NETCONN API 简化了编程工作，用户可以按照操作文件的方式来操作网络连接。但是，内核程序和网络应用程序之间的数据包传递，需要依靠操作系统的信号量和邮箱机制完成，这需要耗费更多的时间和内存，另外还要加上任务切换的时间开销，效率较低。

2）相较于 Socket API，NETCONN API 避免了内核程序和网络应用程序之间的数据复制，提高了数据递交的效率。但是，NETCONN API 的易用性不如 Socket API，它需要用户对 LwIP 内核所使用数据结构有一定的了解。

（3）Socket API

Socket 即套接字，它对网络连接进行了高级的抽象，使得用户可以像操作文件一样操作网络连接。它十分易用，许多网络开发人员最早接触的就是 Socket 编程，Socket 已经成了网络编程的标准。不同的系统中运行着不同的 TCP/IP，但是只要它实现了 Socket 接口，那么用 Socket 编写的网络应用程序就能在其中运行。可见，用 Socket 编写的网络应用程序具有很好的可移植性。

不同的系统有自己的一套 Socket 接口。Windows 系统支持 WinSock，UNIX/Linux 系统支持 BSD Socket，它们虽然风格不一致，但大同小异。LwIP 中的 Socket API 是 BSD Socket。但是 LwIP 并没有也没办法实现全部的 BSD Socket，如果开发人员想要移植 UNIX/Linux 系统中的网络应用程序到使用 LwIP 的系统中，就要注意这一点。

相较于 NETCONN API，Socket API 具有更好的易用性。使用 Socket API 编写的程序可读性好，便于维护，也便于移植到其他系统中。Socket API 在内核程序和应用程序之间存在数据复制，这会降低数据递交的效率。另外，LwIP 的 Socket API 是基于 NETCONN API 实现的，所以效率上要低一些。

13.4.3 无操作系统移植 LwIP

首先，LwIP 需要提供一个时钟基准。需要使用者自行实现 sys_now（ ）这个函数，其原型如下：

```
u32_t sys_now(void);
```

在 GD32 中一般使用 systick 定时器提供时钟基准，因此需要改写 GD32 库函数中的 systick 程序。在 systick.c 文件中，增加一个全局变量：

```
volatile static uint32_t g_localtime; /* for creating a time reference
incremented by 1ms */
```

在 systick_config（ ）函数中，将 g_localtime 变量初始化为 0。

在 systick.c 文件中，增加 void time_update（void）和 uint32_t get_time（void）两个函数，内容如下：

```
void time_update(void)
{
    g_localtime +=SYSTEMTICK_PERIOD_MS;
}
uint32_t get_time(void)
{
    return g_localtime;
}
```

在 gd32f4xx_it.c 文件中，找到函数 systick（ ）的中断服务函数 void SysTick_Handler（void）。在该函数中调用 time_update（ ），相当于变量 g_localtime 每间隔 1ms 就自增 1。get_time（ ）函数后面会用到。

在工程目录中 Hardware 文件夹下新建 ENET 文件夹。在 GD32 的库函数包中，找到 gd32f4xx_enet_eval.h 和 gd32f4xx_enet_eval.c 这两个文件，放在工程目录中的 ENET 文件夹中，将 netconf.c、netconf.h 和 lwipopts.h 这 3 个文件也放在工程目录中的 ENET 文件夹中。将 lwip-2.1.3\src 复制到工程根目录下，并重命名为 LwIP。

在 LwIP 文件夹中新建 arch 目录，随后进入 GD32 库函数根目录，将 GD32F4xx_Firmware_Library_V2.1.4\Examples\ENET\Telnet\lwip-1.4.1\port\GD32F4xx\arch 文件夹下的 cc.h、perf.h 和 lwip_cpu.h 3 个头文件复制到工程目录中 LwIP 文件夹下的 arch 目录中，并且在工程设置中添加 LwIP 文件夹和 arch 文件夹到头文件路径。

进入 contrib-2.1.0 文件夹，找到 contrib-2.1.0\examples\ethernetif\ethernetif.c 文件，将 ethernetif.c 文件复制到 ENET 文件夹下，同时新建 ethernetif.h 文件，内容如下：

```
#ifndef__ETHERNETIF_H__
#define__ETHERNETIF_H__

#include "lwip/err.h"
#include "lwip/netif.h"

err_t ethernetif_init(struct netif *netif);
void ethernetif_input(struct netif *netif);

#endif
```

改写 ethernetif.c 文件，内容如下：

```
#include "lwip/opt.h"
#include "lwip/def.h"
#include "lwip/mem.h"
#include "lwip/pbuf.h"
#include "lwip/stats.h"
#include "lwip/snmp.h"
#include "lwip/ethip6.h"
#include "lwip/etharp.h"
#include "netif/ppp/pppoe.h"
#include "ethernetif.h"
#include "gd32f4xx_enet.h"
#include "main.h"
#include <string.h>

/* Define those to better describe your network interface. */
#define IFNAME0 'G'
#define IFNAME1 'D'

/* ENET RxDMA/TxDMA descriptor */
extern enet_descriptors_struct rxdesc_tab[ENET_RXBUF_NUM],txdesc_
tab[ENET_TXBUF_NUM];

/* ENET receive buffer */
extern uint8_t rx_buff[ENET_RXBUF_NUM][ENET_RXBUF_SIZE];

/* ENET transmit buffer */
extern uint8_t tx_buff[ENET_TXBUF_NUM][ENET_TXBUF_SIZE];

/*global transmit and receive descriptors pointers */
extern enet_descriptors_struct  *dma_current_txdesc;
extern enet_descriptors_struct  *dma_current_rxdesc;

/* preserve another ENET RxDMA/TxDMA ptp descriptor for normal mode */
enet_descriptors_struct  ptp_txstructure[ENET_TXBUF_NUM];
enet_descriptors_struct  ptp_rxstructure[ENET_RXBUF_NUM];

/**
 * Helper struct to hold private data used to operate your ethernet interface.
 * Keeping the ethernet address of the MAC in this struct is not necessary
 * as it is already kept in the struct netif.
 * But this is only an example,anyway...
 */
struct ethernetif {
  struct eth_addr *ethaddr;
  /* Add whatever per-interface state that is needed here. */
```

```
};

/**
 * In this function,the hardware should be initialized.
 * Called from ethernetif_init( ).
 *
 * @param netif the already initialized lwip network interface structure
 *        for this ethernetif
 */
static void
low_level_init(struct netif *netif)
{
#ifdef CHECKSUM_BY_HARDWARE
  int i;
#endif /* CHECKSUM_BY_HARDWARE */
  struct ethernetif *ethernetif=netif->state;

  /* set MAC hardware address length */
  netif->hwaddr_len=ETHARP_HWADDR_LEN;

  /* set MAC hardware address */
  netif->hwaddr[0] = MAC_ADDR0;
  netif->hwaddr[1] = MAC_ADDR1;
  netif->hwaddr[2] = MAC_ADDR2;
  netif->hwaddr[3] = MAC_ADDR3;
  netif->hwaddr[4] = MAC_ADDR4;
  netif->hwaddr[5] = MAC_ADDR5;

  /* initialize MAC address in ethernet MAC */
  enet_mac_address_set(ENET_MAC_ADDRESS0,netif->hwaddr);

  /* maximum transfer unit */
  netif->mtu=1500;

  /* device capabilities */
  /* don't set NETIF_FLAG_ETHARP if this device is not an ethernet one */
   netif->flags=NETIF_FLAG_BROADCAST | NETIF_FLAG_ETHARP | NETIF_FLAG_
LINK_UP;

 #if LWIP_IPV6 && LWIP_IPV6_MLD
  /*
   * For hardware/netifs that implement MAC filtering.
   * All-nodes link-local is handled by default,so we must let the hardware
   * know to allow multicast packets in.
   * Should set mld_mac_filter previously. */
  if (netif->mld_mac_filter !=NULL) {
    ip6_addr_t ip6_allnodes_ll;
```

```
        ip6_addr_set_allnodes_linklocal(&ip6_allnodes_ll);
        netif->mld_mac_filter(netif,&ip6_allnodes_ll,NETIF_ADD_MAC_FILTER);
      }
    #endif /* LWIP_IPV6 && LWIP_IPV6_MLD */

      /* Do whatever else is needed to initialize interface. */
      /* initialize descriptors list: chain/ring mode */
    #ifdef SELECT_DESCRIPTORS_ENHANCED_MODE
      enet_ptp_enhanced_descriptors_chain_init(ENET_DMA_TX);
      enet_ptp_enhanced_descriptors_chain_init(ENET_DMA_RX);
    #else

      enet_descriptors_chain_init(ENET_DMA_TX);
      enet_descriptors_chain_init(ENET_DMA_RX);

    //   enet_descriptors_ring_init(ENET_DMA_TX);
    //   enet_descriptors_ring_init(ENET_DMA_RX);

    #endif /* SELECT_DESCRIPTORS_ENHANCED_MODE */

      /* enable ethernet Rx interrrupt */
      {   int i;
        for(i=0; i<ENET_RXBUF_NUM; i++){
          enet_rx_desc_immediate_receive_complete_interrupt(&rxdesc_tab[i]);
        }
      }

    #ifdef CHECKSUM_BY_HARDWARE
      /* enable the TCP,UDP and ICMP checksum insertion for the Tx frames */
      for(i=0; i < ENET_TXBUF_NUM; i++){
          enet_transmit_checksum_config(&txdesc_tab[i],ENET_CHECKSUM_
TCPUDPICMP_FULL);
      }
    #endif /* CHECKSUM_BY_HARDWARE */

      /* note: TCP,UDP,ICMP checksum checking for received frame are enabled
in DMA config */

      /* enable MAC and DMA transmission and reception */
      enet_enable( );
    }

    /**
     * This function should do the actual transmission of the packet.
     * The packet is contained in the pbuf that is passed to the function.
     * This pbuf might be chained.
     *
```

```
  * @param netif the lwip network interface structure for this ethernetif
  * @param p the MAC packet to send (e.g. IP packet including MAC addresses
and type)
  * @return ERR_OK if the packet could be sent
  *         an err_t value if the packet couldn't be sent
  *
  * @note Returning ERR_MEM here if a DMA queue of your MAC is full can lead
  *       to strange results. You might consider waiting for space in the DMA
  *       queue to become available since the stack doesn't retry to send a
  *       packet dropped because of memory failure (except for the TCP timers).
  */

 static err_t
 low_level_output(struct netif *netif,struct pbuf *p)
 {
   struct ethernetif *ethernetif=netif->state;
   struct pbuf *q;
   int framelength=0;
   uint8_t *buffer;

   while((uint32_t)RESET !=(dma_current_txdesc->status & ENET_TDES0_DAV)){
   }

    buffer=(uint8_t *)(enet_desc_information_get(dma_current_txdesc,
TXDESC_BUFFER_1_ADDR));

   /* copy frame from pbufs to driver buffers */
   for(q=p; q !=NULL; q=q->next){
     memcpy((uint8_t *)&buffer[framelength],q->payload,q->len);
     framelength=framelength + q->len;
   }

   /* note: padding and CRC for transmitted frame
     are automatically inserted by DMA */

   /* transmit descriptors to give to DMA */
 #ifdef SELECT_DESCRIPTORS_ENHANCED_MODE
   ENET_NOCOPY_PTPFRAME_TRANSMIT_ENHANCED_MODE(framelength,NULL);
 #else
   ENET_NOCOPY_FRAME_TRANSMIT(framelength);
 #endif /* SELECT_DESCRIPTORS_ENHANCED_MODE */

   return ERR_OK;
 }

 /**
  * Should allocate a pbuf and transfer the bytes of the incoming
```

```
 * packet from the interface into the pbuf.
 *
 * @param netif the lwip network interface structure for this ethernetif
 * @return a pbuf filled with the received packet (including MAC header)
 *         NULL on memory error
 */
static struct pbuf *
low_level_input(struct netif *netif)
{
  struct ethernetif *ethernetif=netif->state;
  struct pbuf *p,*q;
  u16_t len;
  int l=0;
  uint8_t *buffer;

  /* Obtain the size of the packet and put it into the“len”
     variable. */
  len=enet_desc_information_get(dma_current_rxdesc,RXDESC_FRAME_LENGTH);
  buffer=(uint8_t *)(enet_desc_information_get(dma_current_rxdesc,RXDESC_
BUFFER_1_ADDR));

  /* We allocate a pbuf chain of pbufs from the pool. */
  p=pbuf_alloc(PBUF_RAW,len,PBUF_POOL);

  if (p !=NULL) {

  /* We iterate over the pbuf chain until we have read the entire
   * packet into the pbuf. */
  for (q=p; q !=NULL; q=q->next) {
    /* Read enough bytes to fill this pbuf in the chain. The
     * available data in the pbuf is given by the q->len
     * variable.
     * This does not necessarily have to be a memcpy,you can also
     * preallocate pbufs for a DMA-enabled MAC and after receiving truncate
     * it to the actually received size. In this case,ensure the
     * tot_len member of the pbuf is the sum of the chained pbuf len members.
     */
    memcpy((uint8_t *)q->payload,(u8_t*)&buffer[l],q->len);
    l=l + q->len;
  }

#ifdef SELECT_DESCRIPTORS_ENHANCED_MODE
  ENET_NOCOPY_PTPFRAME_RECEIVE_ENHANCED_MODE(NULL);

#else

  ENET_NOCOPY_FRAME_RECEIVE( );
```

```
#endif /* SELECT_DESCRIPTORS_ENHANCED_MODE */
  }

  return p;
}

/**
 * This function should be called when a packet is ready to be read
 * from the interface. It uses the function low_level_input() that
 * should handle the actual reception of bytes from the network
 * interface. Then the type of the received packet is determined and
 * the appropriate input function is called.
 *
 * @param netif the lwip network interface structure for this ethernetif
 */
void
ethernetif_input(struct netif *netif)
{
  struct ethernetif *ethernetif;
  struct eth_hdr *ethhdr;
  struct pbuf *p;

  ethernetif=netif->state;

  /* move received packet into a new pbuf */
  p=low_level_input(netif);
  /* if no packet could be read,silently ignore this */
  if (p !=NULL) {
     /* pass all packets to ethernet_input,which decides what packets it
supports */
     if (netif->input(p,netif) !=ERR_OK) {
        LWIP_DEBUGF(NETIF_DEBUG,("ethernetif_input: IP input error\n"));
        pbuf_free(p);
        p=NULL;
     }
  }
}

/**
 * Should be called at the beginning of the program to set up the
 * network interface. It calls the function low_level_init() to do the
 * actual setup of the hardware.
 *
 * This function should be passed as a parameter to netif_add().
 *
 * @param netif the lwip network interface structure for this ethernetif
 * @return ERR_OK if the loopif is initialized
 *         ERR_MEM if private data couldn't be allocated
```

```
 *        any other err_t on error
 */
err_t
ethernetif_init(struct netif *netif)
{
  struct ethernetif *ethernetif;

  LWIP_ASSERT("netif !=NULL",(netif !=NULL));

  ethernetif=mem_malloc(sizeof(struct ethernetif));
  if (ethernetif==NULL) {
    LWIP_DEBUGF(NETIF_DEBUG,("ethernetif_init: out of memory\n"));
    return ERR_MEM;
  }

#if LWIP_NETIF_HOSTNAME
  /* Initialize interface hostname */
  netif->hostname= "lwip";
#endif /* LWIP_NETIF_HOSTNAME */

  /*
   * Initialize the snmp variables and counters inside the struct netif.
   * The last argument should be replaced with your link speed,in units
   * of bits per second.
   */
  //MIB2_INIT_NETIF(netif,snmp_ifType_ethernet_csmacd,LINK_SPEED_OF_
YOUR_NETIF_IN_BPS);

  netif->state=ethernetif;
  netif->name[0]=IFNAME0;
  netif->name[1]=IFNAME1;
  /* We directly use etharp_output() here to save a function call.
   * You can instead declare your own function an call etharp_output()
   * from it if you have to do some checks before sending (e.g. if link
   * is available...) */
#if LWIP_IPV4
  netif->output=etharp_output;
#endif /* LWIP_IPV4 */
#if LWIP_IPV6
  netif->output_ip6=ethip6_output;
#endif /* LWIP_IPV6 */
  netif->linkoutput=low_level_output;

  ethernetif->ethaddr=(struct eth_addr *) & (netif->hwaddr[0]);

  /* initialize the hardware */
  low_level_init(netif);
  return ERR_OK;
}
```

新建 netconf.h 文件，内容如下：

```
#ifndef NETCONF_H
#define NETCONF_H
#include "main.h"

#ifdef USE_DHCP
void lwip_dhcp_process_handle(void);
#endif /* USE_DHCP */

void lwip_stack_init(void);
void lwip_pkt_handle(void);
void lwip_periodic_handle(void);

#endif /* NETCONF_H */
```

新建 netconf.h 文件，内容如下：

```
#include "gd32f4xx.h"
#include "lwip/mem.h"
#include "lwip/memp.h"
#include "lwip/tcp.h"
#include "lwip/udp.h"
#include "lwip/timeouts.h"
#include "netif/etharp.h"
#include "lwip/dhcp.h"
#include "lwip/init.h"
#include "ethernetif.h"
#include "stdint.h"
#include "main.h"
#include "systick.h"
#include "netconf.h"
#include <stdio.h>

#define MAX_DHCP_TRIES         4

typedef enum
{
    DHCP_START=0,
    DHCP_WAIT_ADDRESS,
    DHCP_ADDRESS_ASSIGNED,
    DHCP_TIMEOUT
}dhcp_state_enum;

#ifdef USE_DHCP
uint32_t dhcp_fine_timer=0;
```

```
uint32_t dhcp_coarse_timer=0;
dhcp_state_enum dhcp_state=DHCP_START;
#endif /* USE_DHCP */

struct netif g_mynetif;
uint32_t tcp_timer=0;
uint32_t arp_timer=0;
uint32_t ip_address=0;

void lwip_dhcp_process_handle(void);
void lwip_netif_status_callback(struct netif *netif);

/*!
    \brief      initializes the LwIP stack
    \param[in]  none
    \param[out] none
    \retval     none
*/
void lwip_stack_init(void)
{
    ip4_addr_t ipaddr;
    ip4_addr_t netmask;
    ip4_addr_t gw;

#ifdef USE_DHCP
    ipaddr.addr=0;
    netmask.addr=0;
    gw.addr=0;
#else
    IP4_ADDR(&ipaddr,IP_ADDR0,IP_ADDR1,IP_ADDR2,IP_ADDR3);
    IP4_ADDR(&netmask,NETMASK_ADDR0,NETMASK_ADDR1 ,NETMASK_ADDR2,
NETMASK_ADDR3);
    IP4_ADDR(&gw,GW_ADDR0,GW_ADDR1,GW_ADDR2,GW_ADDR3);

#endif /* USE_DHCP */

    /* Initilialize the LwIP stack without RTOS */
    lwip_init( );

    /* - netif_add(struct netif *netif,struct ip_addr *ipaddr,
              struct ip_addr *netmask,struct ip_addr *gw,
              void *state,err_t (* init)(struct netif *netif),
              err_t (* input)(struct pbuf *p,struct netif *netif))

     Adds your network interface to the netif_list. Allocate a struct
    netif and pass a pointer to this structure as the first argument.
    Give pointers to cleared ip_addr structures when using DHCP,
    or fill them with sane numbers otherwise. The state pointer may be NULL.
```

```
    The init function pointer must point to a initialization function for
    your ethernet netif interface. The following code illustrates it's use.*/

    netif_add(&g_mynetif,&ipaddr,&netmask,&gw,NULL,&ethernetif_init,
&ethernet_input);
    /* registers the default network interface */
    netif_set_default(&g_mynetif);
    //netif_set_status_callback(&g_mynetif,lwip_netif_status_callback);

    if (netif_is_link_up(&g_mynetif))
    {
        /*When the netif is fully configured this function must be called */
        netif_set_up(&g_mynetif);
    }
    else
    {
        /* When the netif link is down this function must be called */
        netif_set_down(&g_mynetif);
    }
}

/*!
    \brief      called when a frame is received
    \param[in]  none
    \param[out] none
    \retval     none
*/
void lwip_pkt_handle(void)
{
    /* read a received packet from the Ethernet buffers and send it to
the lwIP for handling */
    ethernetif_input(&g_mynetif);
}

/*!
    \brief      LwIP periodic tasks
    \param[in]  localtime the current LocalTime value
    \param[out] none
    \retval     none
*/
void lwip_periodic_handle(void)
{
    if(enet_rxframe_size_get( ))
    {
        ethernetif_input(&g_mynetif);
    }
    sys_check_timeouts( );
}
```

```
#ifdef USE_DHCP
/*!
    \brief      lwip_dhcp_process_handle
    \param[in]  none
    \param[out] none
    \retval     none
*/
void lwip_dhcp_process_handle(void)
{
    struct ip_addr ipaddr;
    struct ip_addr netmask;
    struct ip_addr gw;

    switch(dhcp_state){
    case DHCP_START:
        dhcp_start(&g_mynetif);
        ip_address=0;
        dhcp_state=DHCP_WAIT_ADDRESS;
        break;

    case DHCP_WAIT_ADDRESS:
        /* read the new IP address */
        ip_address=g_mynetif.ip_addr.addr;

        if(0 !=ip_address){
            dhcp_state=DHCP_ADDRESS_ASSIGNED;
            /* stop DHCP */
            dhcp_stop(&g_mynetif);
            printf("\r\nDHCP -- eval board ip address: %d.%d.%d.%d \r\n",
ip4_addr1_16(&ip_address),\
                        ip4_addr2_16(&ip_address),ip4_addr3_16(&ip_address),
ip4_addr4_16(&ip_address));
        }else{
            /* DHCP timeout */
            if(g_mynetif.dhcp->tries > MAX_DHCP_TRIES){
                dhcp_state=DHCP_TIMEOUT;
                /* stop DHCP */
                dhcp_stop(&g_mynetif);

                /* static address used */
                IP4_ADDR(&ipaddr,IP_ADDR0,IP_ADDR1,IP_ADDR2,IP_ADDR3);
                IP4_ADDR(&netmask,NETMASK_ADDR0,NETMASK_ADDR1,NETMASK_
ADDR2,NETMASK_ADDR3);
                IP4_ADDR(&gw,GW_ADDR0,GW_ADDR1,GW_ADDR2,GW_ADDR3);
                netif_set_addr(&g_mynetif,&ipaddr,&netmask,&gw);
            }
        }
        break;
```

```
    default:
        break;
    }
}
#endif /* USE_DHCP */

unsigned long sys_now(void)
{
    return get_time( );
}
```

在 main( ) 函数中，调用 lwip_stack_init( ) 函数对 LwIP 协议栈进行初始化。在 main( ) 函数中的 while(1) 循环中，调用 lwip_periodic_handle( ) 函数，实现对以太网接口的轮询功能。

在 main.h 文件中，加入如下定义：

```
#define MAC_ADDR0   0x2
#define MAC_ADDR1   0xA
#define MAC_ADDR2   0xF
#define MAC_ADDR3   0xE
#define MAC_ADDR4   0xD
#define MAC_ADDR5   0x6

/* Static IP ADDRESS:IP_ADDR0.IP_ADDR1.IP_ADDR2.IP_ADDR3 */
#define IP_ADDR0                    192
#define IP_ADDR1                    168
#define IP_ADDR2                      0
#define IP_ADDR3                    122

/* NETMASK */
#define NETMASK_ADDR0               255
#define NETMASK_ADDR1               255
#define NETMASK_ADDR2               255
#define NETMASK_ADDR3                 0

/* Gateway Address */
#define GW_ADDR0                    192
#define GW_ADDR1                    168
#define GW_ADDR2                      0
#define GW_ADDR3                      1

/* MII and RMII mode selection */
 #define RMII_MODE  //user have to provide the 50MHz clock by soldering a
50MHz //oscillator
```

编译工程并烧录进入开发板中。设置计算机的 IP 地址为 192.168.0.150，子网掩码为 255.255.255.0，打开 CMD 命令行，执行如下操作：

```
ping 192.168.0.122
```

PING 操作运行结果如图 13-8 所示。由此可知 LwIP 已经成功移植在 GD32F4xx 上面。

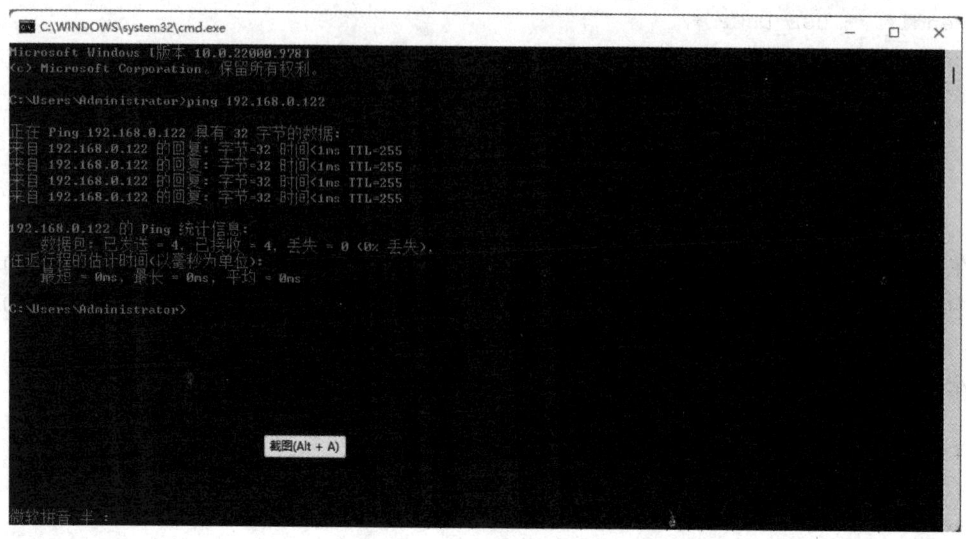

图 13-8 PING 操作运行结果

13.5 小结

本章介绍了 GD32F4xx 微控制器的以太网接口，介绍了以太网数据包、以太网信号和 MAC 的功能及配置流程，并编写程序移植以太网协议栈 LwIP 到开发板，实现以太网联网功能。

实验视频

13-1 以太网简介

13-2 LwIP 简介

13-3 LwIP 移植

  习 题

1. 简述 IEEE 802.3 中定义的以太网数据包格式。
2. 以太网 MAC 与外部 PHY 连接有哪两种接口？它们的信号定义分别是什么？
3. 以太网 DMA 控制器描述符有哪两种结构？
4. 简述以太网配置流程。
5. 以太网协议栈 LwIP 有哪些 API？

第14章 通用串行总线全速接口

通用串行总线（Universal Serial Bus，USB）是一种串口总线标准，也是一种输入 / 输出接口的技术规范，被广泛地应用于个人计算机和移动设备等信息通信产品。本章将介绍GD32系列微处理器的通用串行总线全速接口，从特征、结构、功能特性方面进行说明。

14.1 概述

USB全速（USBFS）控制器为便携式设备提供了一套USB通信解决方案。USBFS不仅提供了主机模式和设备模式，也提供了遵循主机协商协议（HNP）和会话请求协议（SRP）的OTG[㊀]模式。USBFS包含了一个内部的全速USB PHY（不再需要外部PHY芯片）。USBFS可提供USB 2.0协议所定义的所有4种传输方式，即控制传输、批量传输、中断传输和同步传输。

14.2 主要特性

1）支持USB 2.0全速（12Mbit/s）/ 低速（1.5Mbit/s）主机模式。

2）支持USB 2.0全速（12Mbit/s）设备模式。

3）支持遵循主机协商协议（HNP）和会话请求协议（SRP）的OTG模式。

4）支持所有的4种传输方式：控制传输、批量传输、中断传输和同步传输。

5）在主机模式下，包含USB事务调度器，用于有效地处理从应用层获取的USB传输请求。

6）包含一个1.25KB的FIFO RAM。

7）在主机模式下，支持8个通道。

8）在主机模式下，包含2个发送FIFO（周期性发送FIFO和非周期性发送FIFO）和1个接收FIFO（由所有的通道共享）。

㊀ OTG是On-The-Go的缩写，是无线通信设备和移动设备的一种拓展功能，可以用于数据交换和不同设备之间的互相连接。

9）在设备模式下，包含4个发送FIFO（每个IN端点一个发送FIFO）和1个接收FIFO（由所有的OUT端点共享）。

10）在设备模式下，支持4个OUT端点和4个IN端点。

11）在设备模式下，支持远程唤醒功能。

12）包含一个支持USB协议的全速USB PHY。

13）在主机模式下，SOF的时间间隔可动态调节。

14）可将SOF脉冲输出到PAD。

15）可检测ID引脚电平和VBUS电压。

16）在主机模式或者OTG A设备模式下，需要外部部件为连接的USB设备提供电源。

14.3 结构框图

USBFS结构如图14-1所示。

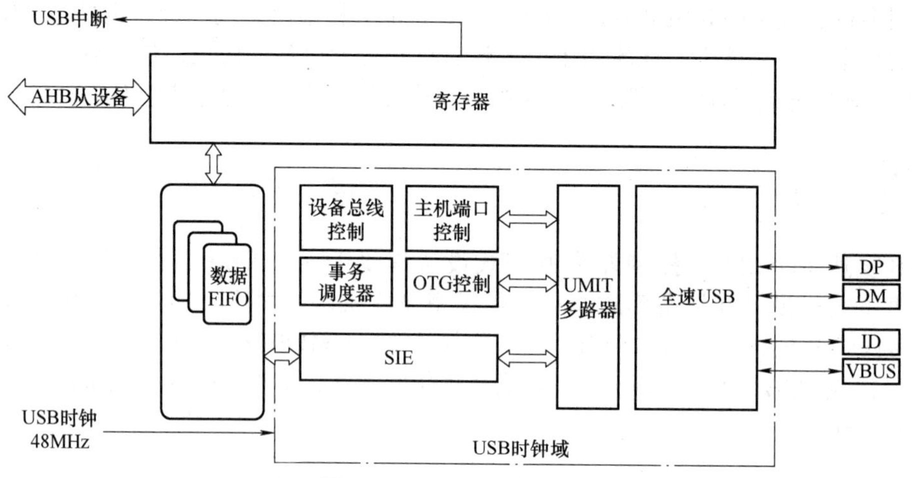

图14-1 USBFS结构框图

14.4 信号线描述

USBFS信号线描述见表14-1。

表14-1 USBFS信号线描述

I/O端口	类型	描述
VBUS	发送缓冲区空	总线电源端口
DM	接收缓冲区非空	差分信号D−端口
DP	发送欠载错误	差分信号D+端口
ID	接收过载错误	USB识别：微连接器识别接口

14.5 功能描述

14.5.1 USBFS 时钟及工作模式

USBFS 可以作为一个主机、一个设备或者一个 DRD（双角色设备），并且包含一个内部全速 PHY。

内部 PHY 支持主机模式下的全速和低速、设备模式下全速以及具备 HNP 和 SRP 的 OTG 模式。USBFS 所使用的 USB 时钟需要配置为 48MHz。该 48MHz USB 时钟从系统内部时钟产生，并且其时钟源和分频器需要在 RCU 模块中配置。

上拉或下拉电阻已经集成在内部全速 PHY 的内部，并且 USBFS 可根据当前模式（主机、设备或 OTG 模式）和连接状态进行自动选择。一个利用内部全速 PHY 的典型连接示意图如图 14-2 所示。

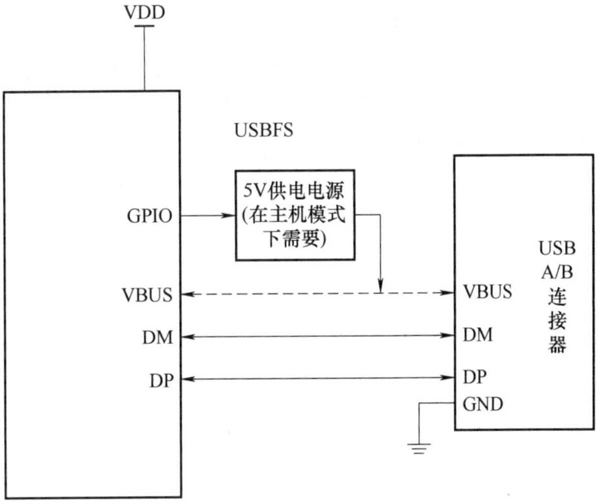

图 14-2　利用内部全速 PHY 的典型连接示意图

当 USBFS 工作在主机模式下时（FHM 控制位置位、PDM 控制位清除），VBUS 为 USB 协议所定义的 5V 电源检测引脚。内部 PHY 不能提供 5V VBUS 电源，仅在 VBUS 信号线上具有电压比较器和充电放电电路。所以，如果应用需要提供 VBUS 电源，那么需要一个外部的供电电源 IC。在主机模式下，USBFS 和 USB 连接头之间的 VBUS 连接可以被忽略，这是由于 USBFS 并不检测 VBUS 引脚的电平状态，并假定 5V 供电电源一直存在。

当 USBFS 工作在设备模式下时（FHM 控制位清除、FDM 控制位置位），VBUS 检测电路由 USBFS_GCCFG 寄存器中的 VBUSIG 控制位所确定。所以，如果设备不需要检测 VBUS 引脚电压，可以置位 VBUSIG 控制位，并可释放 VBUS 引脚作为其他用途。否则，VBUS 引脚的连接不能被忽略，并且 USBFS 需要不断地检测 VBUS 电平状态，一旦 VBUS 电压降至所需有效值以下，需要立即关闭 DP 信号线上的上拉电阻，这样会产生一个断开状态。

OTG 模式连接示意图如图 14-3 所示。当 USBFS 工作在 OTG 模式下时，USBFS_GUSBCS 寄存器内的 FHM、FDM 控制位应该被清除。在这种模式

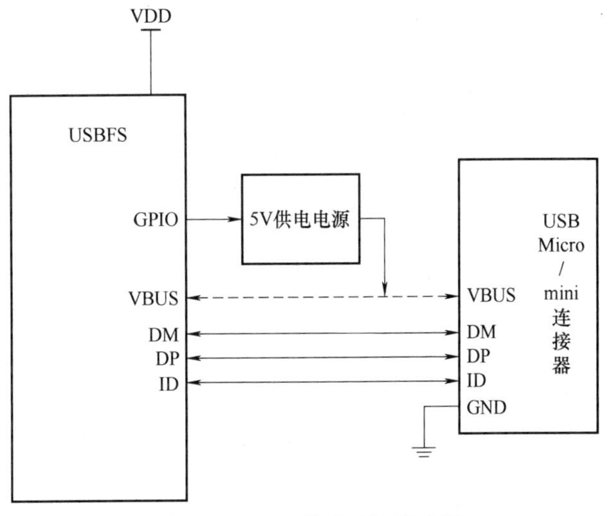

图 14-3　OTG 模式连接示意图

下，USBFS 需要以下 4 个引脚：DM、DP、VBUS 和 ID，并且需要使用电压比较器检测这些引脚的电压。USBFS 也包含 VBUS 充电和放电电路，用以完成 OTG 模式中所描述的 SRP 请求。OTGA 设备或 B 设备由 ID 引脚的电平状态所决定。在实现 HNP 的过程中，USBFS 控制上拉和下拉电阻。

14.5.2 USB 主机功能

1. USB 主机端口状态

主机应用可以通过 USBFS_HPCS 寄存器控制 USB 端口状态。系统初始化之后，USB 端口保持掉电状态。通过软件置位 PP 控制位后，USB PHY（内部或外部）将被上电，并且 USB 端口变为断开状态。检测到连接后，USB 端口变为连接状态。在 USB 上产生一个复位后，USB 端口将变为使能状态。USB 主机端口状态可能的转移方式如图 14-4 所示。

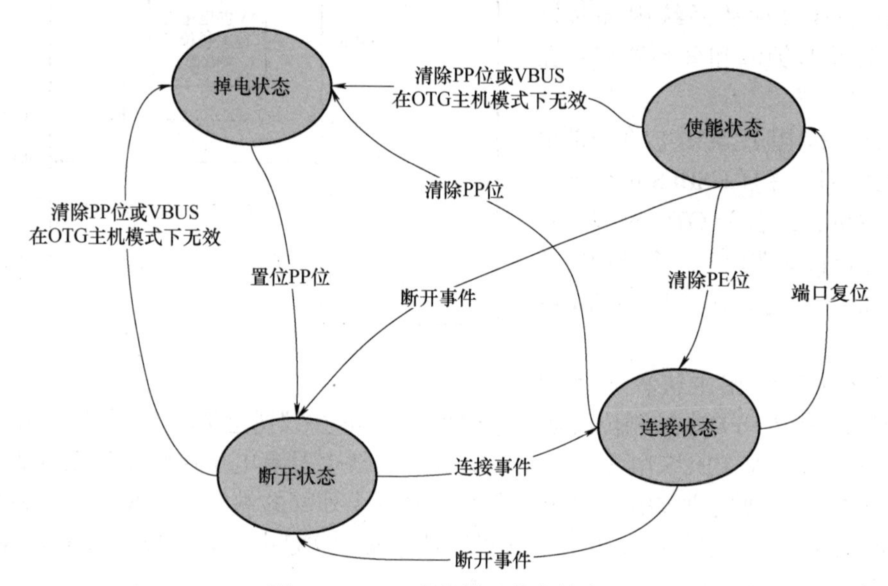

图 14-4 USB 主机端口状态转移图

2. 连接、复位和速度识别

作为USB主机，在检测到一个连接事件后，USBFS会为应用触发一个连接标志；同样，若检测到一个断开事件后，将会触发一个断开标志。

PRST 控制位用于实现 USB 复位序列。应用可以置位该控制位以启动一个 USB 复位，或者清除该控制位以结束 USB 复位。仅当端口在连接或使能状态时，该控制位有效。

USBFS 在连接和复位时执行速度检测，并且速度检测的结果会反馈在 USBFS_HPCS 寄存器的 PS［1:0］标志位中。USBFS 从 DM 或 DP 的电平状态决定设备速度。就像 USB 协议中所描述的那样，全速设备上拉 DP 信号线，而低速设备上拉 DM 信号线。

3. 挂起和复位

USBFS 支持挂起和复位状态，当 USBFS 端口在使能状态时，向 USBFS_HPCS 寄存器的 PSP 控制位写 1，USBFS 会进入挂起状态。在挂起状态，USBFS 停止在 USB 上发送 SOF，并且这样会让连接的 USB 设备在 3ms 后进入挂起状态。应用能够置位 USBFS_HPCS 寄存器中的 PREM 控制位以启动一个恢复序列，用以唤醒挂起的设备；清除该控制位可以停止启动的恢复序列。如果主机在挂起状态检测到一个远程唤醒信号，将会置位 USBFS_

GINTF 寄存器的 WKUPIF 标志位，并且触发 USBFS 唤醒中断。

4. SOF 产生器

在主机模式下，USBFS 向 USB 发送 SOF 令牌包。如 USB 2.0 协议所描述，在全速连接下，SOF 令牌包每 1ms 产生一次（由主机控制器或者 HUB 事务转换器产生）。

每次 USBFS 进入使能状态后，它将会使用 USB 2.0 所定义的周期产生 SOF 令牌包。然而，应用可以通过写 USBFS_HFT 寄存器中的 FRI［15:0］控制位来调整一帧的间隔。FRI 控制位定义了在一帧中的 USB 时钟周期个数，并且应用应该基于 USBFS 所使用的 USB 时钟频率计算该值。FRT［14:0］控制位反映了当前帧剩余的时钟周期个数，并且在挂起状态时，该值将停止改变。

USBFS 能够在每个 SOF 令牌包中产生一个脉冲信号，并且将其输出至一个引脚。该脉冲长度为 12 个 HCLK 周期。如果应用希望使用该功能，需要置位 USBFS_GCCFG 寄存器的 SOFOEN 控制位，并且配置相应的引脚寄存器为 GPIO 功能。

5. USB 通道和事务

USBFS 在主机模式下包含 8 个独立的通道。每个通道能够连接一个 USB 设备端点。传输类型、方向、包长和其他信息都在通道相应的寄存器中配置，如 USBFS_HCHxCTL 和 USBFS_HCHxLEN 寄存器。

USBFS 支持所有的 4 种传输类型：控制传输、批量传输、中断传输和同步传输。USB 2.0 协议将这些传输类型划分为两类：非周期性传输（控制传输和批量传输）和周期性传输（中断传输和同步传输）。基于此，为了完成有效的传输安排，USBFS 包含两种请求队列：周期性请求队列和非周期性请求队列。在请求队列上方描述的请求条目可能代表一个 USB 事务请求或者一个通道操作请求。

如果应用想要在 USB 上启动一个 OUT 事务，应用需要通过 AHB 寄存器接口向数据 FIFO 中写入数据包。USBFS 硬件会在应用写完整包数据后，自动产生一个事务请求并进入请求队列。

请求队列中的请求条目通过 USBFS 中的事务控制模块按顺序处理。USBFS 通常首先尝试处理周期性请求队列，然后处理非周期性请求队列。

在帧起始之后，USBFS 首先开始处理周期性队列，直到队列为空或者当前周期性请求队列所需时间不够，然后处理非周期性队列。这种做法保证了一帧中周期性传输的带宽。每次 USBFS 从请求队列中读取并取出一个请求条目。如果取出的是通道禁用请求，这将直接禁用通道并准备处理下个条目。

如果当前请求是一个事务请求并且 USB 时间能够处理这个请求，USBFS 会使用串行接口引擎（SIE）在 USB 上产生该事务。

在当前帧内，当前请求所需的总线时间不足时，如果当前请求为周期性请求，USBFS 停止处理该周期性请求队列，并启动处理非周期性请求。如果当前请求为非周期性请求，USBFS 会停止处理任何队列，并等待直到当前帧结束。

14.5.3 USB 设备功能

1. USB 设备连接

在设备模式下，USBFS 在初始化后保持掉电状态。利用 VBUS 引脚上的 5V 电源连接 USB 主机后或者置位 USBFS_GCCFG 寄存器中 VBUSIG 控制位，USBFS 将进入供电状态。USBFS 首先打开 DP 信号线上的上拉电阻，之后主机方将会检测到一个连接事件。

2. 复位和速度识别

USB主机在检测到设备连接之后，总是会启动一个USB复位，并且在设备模式下，检测到USB总线复位事件后，USBFS会为软件触发一个复位中断。

在复位序列后，USBFS将会触发USBFS_GINTF寄存器中的ENUMF中断，并且利用USBFS_DSTAT寄存器内的ES标志位反映当前枚举设备速度，该段位域一直为11（全速）。如USB 2.0协议所需要，USBFS在外设模式下不支持低速。

3. 挂起和唤醒

USB保持IDLE状态并且数据线3ms无变化，USB设备将会进入挂起状态。当USB设备在挂起状态时，软件能够关闭大部分的时钟以节省电能。USB主机可以通过在USB上产生恢复信号，来唤醒挂起的设备。USBFS检测到恢复信号后，将置位USBFS_GINTF寄存器的WKUPIF标志位并且触发USBFS唤醒中断。

在挂起设备模式下，USBFS也能够远程唤醒USB。软件可以通过置位USBFS_DCTL寄存器的RWKUP控制位来发送一个远程唤醒信号，并且如果USB主机支持远程唤醒，主机会在USB上启动发送一个恢复信号。

4. 软件断开

USBFS支持软件断开。设备进入供电状态后，USBFS会打开DP信号线的上拉电阻，并且这样主机会检测到设备连接。然后，软件可以通过置位USBFS_DCTL寄存器中SD控制位进行强制断开。SD控制位置位后，USBFS将会直接关闭上拉电阻。这样，USB主机将会在USB上检测到设备断开。

5. SOF跟踪

当USBFS在USB上接收一个SOF令牌包时，将触发一个SOF中断，并且开始利用本地USB时钟计算总线时间。当前帧的帧号将会反馈在USBFS_DSTAT寄存器的FNRSOF[13:0]控制位内。当USB时间达到EOF1或EOF2点（帧结束，在USB 2.0协议中描述），USBFS会触发USBFS_GINTF寄存器中的EOPFIF中断。软件能够使用这些标志位和寄存器以获得当前总线时间和位置信息。

14.5.4 OTG功能概述

USBFS支持OTG协议1.3中所描述的OTG功能，OTG功能包括SRP和HNP。

1. A设备和B设备

当标准A或微A插头插入相应的插座时，具有OTG功能的USB设备为A设备。A设备向VBUS供电，并且在会话开始时默认为主机。当标准B、微B、迷你B插头插入相应的插座或采用一端为标准A插头的不可分离电缆时，具有OTG功能的USB设备为B设备。B设备在会话开始时默认为外设。USBFS使用ID引脚电平状态决定A设备或B设备。ID引脚状态反馈在USBFS_GOTGCS寄存器的IDPS状态位。若要了解A设备和B设备之间传输的详细状态，请参考OTG 1.3协议。

2. 主机协商协议（HNP）

HNP允许主机功能在两个直接连接的OTG设备之间转换，并且用户不需要为了设备之间通信控制的改变而切换电缆线的连接。典型地，HNP是由B设备上的用户或应用启动，HNP只能通过设备上的微型AB插座执行。

一旦OTG设备具有一个微型AB插座，该OTG设备可通过插入的插头类型决定默认为主机或设备（微A插头插入为主机，微B插头插入为设备）。通过使用HNP，一个默认为外设的 OTG 设备可以请求成为主机。HNP 使用户不需要为了更改连接设备的角色而切换电缆线的连接。

当 USBFS 工作在 OTG A 主机模式时，并且其想放弃主机角色，可以首先置位 USBFS_HPCS 寄存器的 PSP 控制位来使 USB 进入挂起状态。然后 B 设备在 3ms 后进入挂起状态。如果 B 设备想要变为主机，软件需要置位 USBFS_GOTGCS 寄存器的 HNPREQ 控制位，然后 USBFS 会开始在总线上执行 HNP。最后，HNP 的结果会反馈在 USBFS_GOTGCS 寄存器的 HNPS 状态位。另外，软件总能从 USBFS_GINTF 寄存器的 COPM 状态位获取当前设备角色（主机或外设）。

3. 会话请求协议（SRP）

SRP 允许 B 设备请求 A 设备打开 VBUS 并启动一个会话。该协议允许 A 设备（或许是电池供电）当总线无活动时通过关闭 VBUS 以节省电能，并为 B 设备启动总线活动提供了一种方法。如 OTG 协议中所描述，OTG 设备必须和几个阈值比较 VBUS 电压，并且将比较结果反馈在 USBFS_GOTGCS 寄存器的 ASV 和 BSV 状态位中。

当 USBFS 工作在 B 设备 OTG 模式时，软件可以通过置位 USBFS_GOTGCS 寄存器的 SRPREQ 控制位来启动一个 SRP 请求，并且如果 SRP 请求成功，USBFS 会在 USBFS_GOTGCS 寄存器中产生一个成功标志位 SRPS。

当 USBFS 工作在 OTGA 设备模式且从 B 设备检测到一个 SRP 请求时，USBFS 将会置位 USBFS_GINTF 寄存器中的 SESIF 标志位。软件获取该标志位后，需要准备为 VBUS 引脚打开 5V 供电电源。

14.5.5　数据 FIFO

USBFS 中采用 1.25KB 数据 FIFO 存储包数据，数据 FIFO 是通过 USBFS 的内部 SRAM 实现的。

1. 主机模式

主机模式下，数据 FIFO 空间分为 3 个部分，分别是用于接收包数据的 RxFIFO、用于非周期性发送包数据的非周期性 TxFIFO、用于周期性发送包数据的周期性 TxFIFO。所有的 IN 通道通过共享 RxFIFO 接收数据。所有的周期性 OUT 通道通过共享周期性 TxFIFO 来发送数据，所有的非周期性 OUT 通道共享非周期性 TxFIFO。通过寄存器 USBFS_GRFLEN、USBFS_HNPTFLEN 和 USBFS_HPTFLEN，软件可以配置以上数据 FIFO 的大小和起始偏移地址。图 14-5 描述的是主机模式 SRAM 中各 FIFO 的结构，图中的数值是按照 32 位写的。

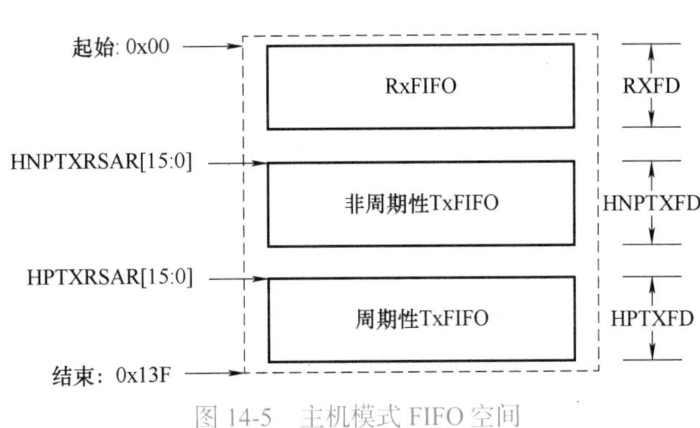

图 14-5　主机模式 FIFO 空间

USBFS 为程序提供了专有寄存器空间来读 / 写数据 FIFO。图 14-6 描述的是主机模式数据 FIFO 所访问的寄存器存储空间，图中的数值以字节为单位寻址。尽管所有的非周期通道共享相同的 FIFO 以及所有的周期通道共享相同的 FIFO，每个通道都拥有它们的 FIFO 访问寄存器空间。对 USBFS 而言，获知当前压入数据包的通道号是非常重要的，通过寄存器 USBFS_GRXTATR/USBFS_GRSTATP 来访问数据包所从属的 RxFIFO。

2. 设备模式

在设备模式下，数据 FIFO 分为多个部分，其中包含 1 个 RxFIFO 和 4 个 TxFIFO，每个 TxFIFO 对应着一个 IN 端点，所有的 OUT 端点通过共享 RxFIFO 接收包数据。通过寄存器 USBFS_GRFLEN 和 USBFS_DIEPxTFLEN（x=0~3），程序可配置数据 FIFO 的大小和起始偏移地址。图 14-7 描述的是设备模式 SRAM 中各 FIFO 的结构，图中的数值是按照 32 位写的。

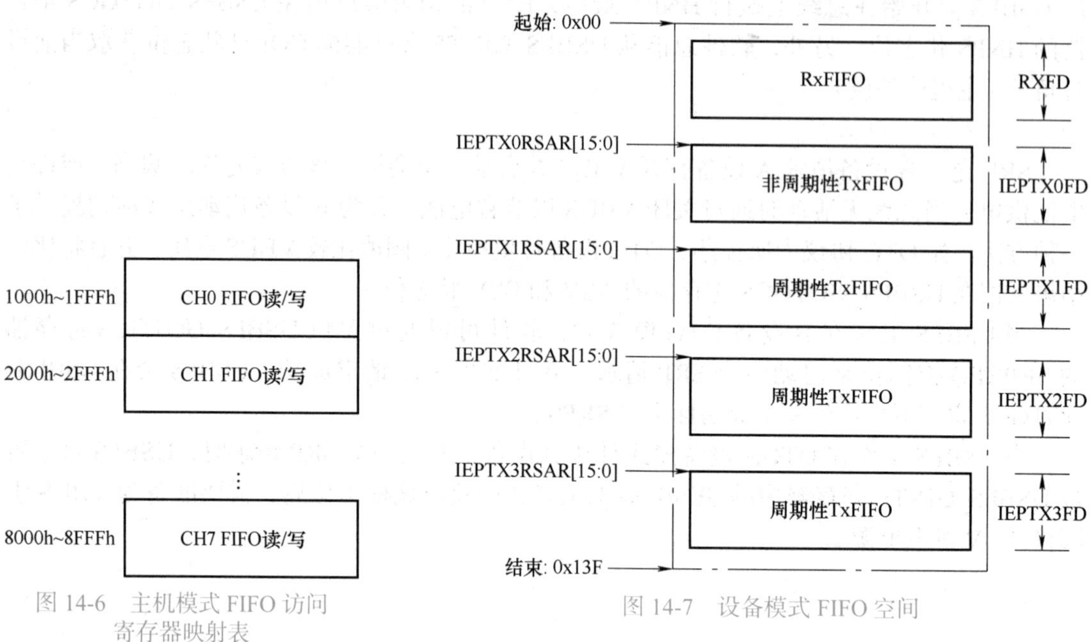

图 14-6 主机模式 FIFO 访问寄存器映射表

图 14-7 设备模式 FIFO 空间

USBFS 为程序提供了专有寄存器空间来读 / 写数据 FIFO。图 14-8 描述的是设备模式数据 FIFO 所访问的寄存器存储空间，图中的数值以字节为单位寻址。每个端点都拥有它们的 FIFO 访问寄存器空间，通过寄存器 USBFS_GRXTATR/USBFS_GRSTATP 来访问 RxFIFO。

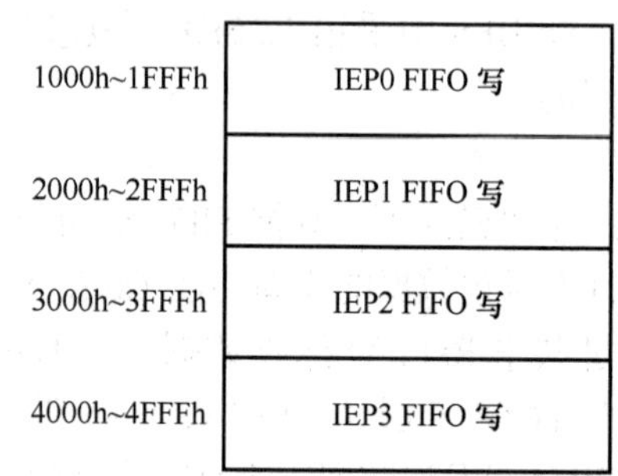

图 14-8 设备模式 FIFO 访问寄存器映射表

14.5.6 操作流程

本节将介绍 USBFS 在主机模式、设备模式下的操作流程。

1. 主机模式操作流程

（1）全局寄存器初始化顺序

1）根据应用的需求，如 TxFIFO 的空阈值等，设置寄存器 USBFS_GAHBCS，此时 GINTEN 位需要保持清 0 状态。

2）根据应用的需求，如操作模式（主机模式、设备模式或 OTG 模式）、某些 OTG 参数和 USB 协议，设置寄存器 USBFS_GUSBCS。

3）根据应用的需求，设置寄存器 USBFS_GCCFG。

4）根据应用的需求，设置寄存器 USBFS_GRFLEN、USBFS_HNPTFLEN_DIEP0TFLEN、USBFS_HPTFLEN，配置数据 FIFO。

5）通过设置寄存器 USBFS_GINTEN 使能模式错误和主机端口中断，置位 USBFS_GAHBCS

寄存器的 GINTEN 位使能全局中断。

6）设置寄存器 USBFS_HPCS，置位 PP 位。

7）等待设备连接，当设备连接后，触发寄存器 USBFS_HPCS 的 PCD 位，然后置位 PRST 位，执行一次端口复位，等待至少 10ms 后，清除 PRST 位。

8）等待 USBFS_HPCS 寄存器的 PEDC 中断，然后读取 PE 位以确认端口被成功地使能，读取 PS 位以获取连接的设备速度，之后，如果软件需要改变 SOF 间隔，设置 USBFS_HFT 寄存器。

（2）通道初始化和使能顺序

1）根据期望的传输类型、方向、包大小等信息，设置寄存器 USBFS_HCHxCTL，在设置期间，要保证 CEN 位和 CDIS 位保持清除。

2）设置寄存器 USBFS_HCHxINTEN，设置期望的中断使能位。

3）设置寄存器 USBFS_HCHxLEN，PCNT 表示一次传输中的包数，TLEN 表示一次传输中发送或接收的包数据的总字节数。对于 OUT 通道，如果 PCNT 为 1，单包的大小等于 TLEN；如果 PCNT 大于 1，前 PCNT−1 个包被认定为最大包长度的包，其大小由寄存器 USBFS_HCHxCTL 的位 MPL 所定义。最后一包的大小可通过 PCNT、TLEN 和 MPL 计算得到。如果程序想要发出一个零长度的包，应该设定 TLEN 为 0，PCNT 为 1。对于 IN 通道，因为在 IN 事务结束之前，程序不知道实际接收的数据大小，程序可将 TLEN 设定为 RxFIFO 所支持的最大值。

4）置位寄存器 USBFS_HCHxCTL 中的 CEN 位以使能通道。

（3）通道除能顺序

程序可以通过同时置位 CEN 和 CDIS 除能通道。在寄存器操作后，USBFS 将在请求队列中产生一个通道除能请求条目。当这个请求条目到达请求队列的顶部时，USBFS 立即进行处理。

对于 OUT 通道而言，特定的通道将被立即除能。然后会产生 CH 标志，USBFS 将清除 CEN 和 CDIS 位。

对于 IN 通道而言，USBFS 将通道除能状态条目压入 RxFIFO，然后程序应该处理 RxFIFO 非空事件：读和取出该状态条目，随后会产生 CH 标志，USBFS 将清除 CEN 和 CDIS 位。

（4）IN 传输操作顺序

1）初始化 USBFS 全局寄存器。

2）初始化相应的通道。

3）使能相应的通道。

4）通过软件使能 IN 通道后，USBFS 在相应请求队列中生成一个 Rx 请求条目。

5）当 Rx 请求条目到达请求队列的顶部时，USBFS 开始执行该请求条目。对于由请求条目所指示的事务而言，如果总线时间足够，USBFS 在 USB 上开始 IN 事务。

6）当 IN 事务结束时（收到 ACK 握手包），USBFS 将接收到的数据包压入 RxFIFO，ACK 标志位被触发，否则，状态标志（NAK）会指示事务结果。

7）如果步骤 5）所描述的 IN 事务完成后且步骤 2）的 PCNT 的数值比 1 大，程序将会返回步骤 3），继续接收剩下的数据包。如果步骤 5）中描述的 IN 事务没有成功完成，程序将会返回步骤 3）来再次发送该数据包。

8）在所有传输中的事务都被成功接收后，USBFS 将 TF 状态条目压入 RxFIFO 的最后的数据包的顶部，这样，软件在读取所有接收的包数据后，再读取 TF 状态条目。USBFS 生成 TF 标志来指示传输成功结束。

9）除能通道，当通道处于空闲状态，即可为其他传输做准备。

（5）OUT 传输操作顺序

1）初始化 USBFS 全局寄存器。

2）初始化及使能相应通道。

3）将包数据写入通道的 TxFIFO（周期性 TxFIFO 或非周期性 TxFIFO）。在所有的包数据都被写入 FIFO 后，USBFS 在相应的请求队列中产生一个 Tx 请求条目，并且将 USBFS_HCHxTLEN 中的 TLEN 值减少，减少的数值等于已写的包大小。

4）当请求条目到达请求队列的顶部时，USBFS 开始执行该请求条目。如果请求条目对应的事务的总线时间足够，USBFS 在 USB 上开展 OUT 事务。

5）当由请求条目所指示的 OUT 事务结束时，寄存器 USBFS_HCHnTLEN 的位 PCNT 减 1。如果该事务完成（收到 ACK 握手包），ACK 标志位被触发，否则，状态标志（NAK）会指示事务结果。

6）如果步骤 5）所描述的 OUT 事务完成后且步骤 2）的 PCNT 的数值比 1 大，程序将会返回步骤 3），继续发送剩下的数据包。如果步骤 5）中描述的 OUT 事务没有成功完成，程序将会返回步骤 3）来再次发送该包。

7）在所有传输中的事务都被成功送达后，USBFS 生成 TF 标志来指示传输成功结束。

8）除能通道，当通道处于空闲状态，即可为其他传输做准备。

2. 设备模式操作流程

（1）全局寄存器初始化顺序

1）根据应用的需求，如 TxFIFO 的空阈值等，设置寄存器 USBFS_GAHBCS，此时 GINTEN 位需要保持清 0 状态。

2）根据应用的需求，如操作模式（主机模式、设备模式或 OTG 模式）、某些 OTG 参数和 USB 协议，设置寄存器 USBFS_GUSBCS。

3）根据应用的需求，设置寄存器 USBFS_GCCFG。

4）根据应用的需求，设置寄存器 USBFS_GRFLEN、USBFS_HNPTFLEN_DIEP0TFLEN、USBFS_HPTFLEN，配置数据 FIFO。

5）通过设置寄存器 USBFS_GINTEN 使能模式错误、挂起、SOF、枚举完成和 USB 复位中断，置位 USBFS_GAHBCS 寄存器的 GINTEN 位使能全局中断。

6）根据应用的需求，如设备的地址等，设置寄存器 USBFS_DCFG。

7）在设备连接上主机后，主机在 USB 上执行端口复位，触发寄存器 USBFS_GINTF 的 RST 中断。

8）等待寄存器 USBFS_GINTF 的 ENUMF 中断。

（2）端点初始化和使能顺序

1）根据预期的传输类型、包大小等信息，设置寄存器 USBFS_DIEPnCTL 或 USBFS_DOEPxCTL。

2）设定寄存器 USBFS_DIEPINTEN 或 USBFS_DOEPINTEN，置位相应中断使能位。

3）设定寄存器 USBFS_DIEPxLEN 或 USBFS_DOEPxLEN，PCNT 表示一次传输中的包数，TLEN 表示一次传输中发送或接收的包数据的总字节数。对于 IN 端点，如果 PCNT 等于 1，单数据包的大小等于 TLEN。如果 PCNT 大于 1，前 PCNT−1 个包被认定为最大包长度的包，其大小由寄存器 USBFS_DIEPxCTL 的位 MPL 所定义。最后一包的大小可通过 PCNT、TLEN 和 MPL 计算得到。如果程序想要发出一个零长度的包，应该设定 TLEN 为 0，

PCNT 为 1。对于 OUT 端点，因为在 IN 事务结束之前，程序不知道实际接收的数据大小，程序可将 TLEN 设定为 Rx FIFO 所支持的最大值。

4）置位 USBFS_DIEPxCTL 或 USBFS_DOEPxCTL 寄存器 EPEN 位使能端点。

（3）端点除能顺序

当 USBFS_DIEPnCTL 或 USBFS_DOEPnCTL 寄存器的 EPEN 位被清除时，程序可以在任何时候除能端点。

（4）IN 传输操作顺序

1）初始化 USBFS 全局寄存器。

2）初始化和使能 IN 端点。

3）将数据包写入端点的 TxFIFO，每当包数据写入 FIFO，USBFS 减少 USBFS_DIEPxLEN 寄存器的 TLEN 域的数值，其减少的数值等于已写的包数据大小。

4）当 IN 令牌接收后，USBFS 发送数据包，在 USB 上的事务完成后，USBFS_DIEPxLEN 寄存器的 PCNT 值减 1。如果事务成功完成（接收到 ACK 握手包），ACK 标志被触发，或者其他状态标志表示事务的结果。

5）在一次传输的所有数据包都被成功发送后，USBFS 生成一个 TF 标志位表明传输成功结束，除能相应 IN 端点。

（5）OUT 传输操作顺序（DMA 除能）

1）初始化 USBFS 全局寄存器。

2）初始化和使能端点。

3）当 OUT 令牌接收后，USBFS 接收包数据或基于 RxFIFO 状态和寄存器配置回复 NAK 握手包。如果事务成功完成（USBFS 接收并保存数据到 RxFIFO，发送 ACK 握手包），USBFS_DOEPxLEN 寄存器的 PCNT 值减 1。如果事务成功完成（接收到 ACK 握手包），ACK 标志被触发，或者其他状态标志表示事务的结果。

4）在一次传输的所有数据包都被成功接收后，USBFS 将 TF 状态条目压入 RxFIFO 的最后的数据包的顶部，这样软件在读取所有接收的包数据后，再读取 TF 状态条目。USBFS 生成 TF 标志来指示传输成功结束。USBFS 生成一个 TF 标志位表明传输成功结束，除能相应 OUT 端点。

14.5.7 中断

OTG 有两种中断：全局中断、唤醒中断。

全局中断是软件需要处理的主要中断，全局中断的标志位可在 USBFS_GINTF 寄存器读取，USBFS 全局中断见表 14-2。

表 14-2 USBFS 全局中断

中断标志	描述	运行模式
SEIF	会话中断	主机或设备模式
DISCIF	断开连接中断标志	主机模式
IDPSC	ID 引脚状态变化	主机或设备模式
PTXFEIF	周期性 TxFIFO 空中断标志	主机模式

（续）

中断标志	描述	运行模式
HCIF	主机通道中断标志	主机模式
HPIF	主机端口中断标志	主机模式
ISOONCIF/PXNCIF	周期性传输未完成中断标志 / 同步 OUT 传输未完成中断标志	主机或设备模式
ISOINCIF	同步 IN 传输未完成中断标志	设备模式
OEPIF	OUT 端点中断标志	设备模式
IEPIF	IN 端点中断标志	设备模式
EOPFIF	周期性帧尾中断标志	设备模式
ISOOPDIF	同步 OUT 丢包中断标志	设备模式
ENUMF	枚举完成	设备模式
RST	USB 复位	设备模式
SP	USB 挂起	设备模式
ESP	早挂起	设备模式
GONAK	全局 OUTNAK 有效	设备模式
GNPINAK	全局非周期 INNAK 有效	设备模式
NPTXFEIF	非周期 TxFIFO 空中断标志	主机模式
RXFNEIF	RxFIFO 非空中断标志	主机或设备模式
SOF	帧首	主机或设备模式
OTGIF	OTG 中断标志	主机或设备模式
MFIF	模式错误中断标志	主机或设备模式

唤醒中断可以在 USBFS 处于挂起状态时触发，即使 USBFS 的时钟停止。寄存器 USBFS_GINTF 的 WKUPIF 位是唤醒源。

14.6 USBFS 操作实例

14.6.1 实例介绍

功能：实现一个 HID_ 键盘。支持 USB 键盘远程唤醒主机，其中，Wakeup 按键被作为唤醒源。利用 Wakeup 键、Tamper 键和 User 键输出 3 个字符（‘b’‘a’‘c’）。

硬件连接：开发板具有 4 个按键和 1 个 USBFS 接口，这 4 个按键分别是 Reset 按键、Wakeup 按键、User 按键和 Tamper 按键。JP13 是否跳到 USB_FS 则要根据 USBFS_GCCFG 寄存器的 VBUSIG 位的设定来决定。

14.6.2　程序

1. 主程序

```
#include "drv_usb_hw.h"
#include "standard_hid_core.h"

extern hid_fop_handler fop_handler;

usb_core_driver hid_keyboard;

/**
  * @brief  Main routine will construct a USB virtual ComPort device
  * @param  None
  * @retval None
  */
int main(void)
{
    usb_gpio_config( );
    usb_rcu_config( );
    usb_timer_init( );

    hid_itfop_register(&hid_keyboard,&fop_handler);

    usbd_init(&hid_keyboard,
#ifdef USE_USB_FS
                USB_CORE_ENUM_FS,
#elif defined(USE_USB_HS)
                USB_CORE_ENUM_HS,
#endif
&hid_desc,
&usbd_hid_cb);

    usb_intr_config( );

#ifdef USE_IRC48M
    /*CTC peripheral clock enable*/
    rcu_periph_clock_enable(RCU_CTC);

    /*CTC configure*/
    ctc_config( );

    while(ctc_flag_get(CTC_FLAG_CKOK)==RESET){
    }
#endif
```

```
    /* check if USB device is enumerated successfully */
    while(USBD_CONFIGURED!=hid_keyboard.dev.cur_status){
    }

    while(1){
        fop_handler.hid_itf_data_process(&hid_keyboard);
    }
}
```

2. 键盘按键处理程序

```
#include "standard_hid_core.h"
#include "drv_usb_hw.h"

typedef enum
{
    CHAR_A=1,
    CHAR_B,
    CHAR_C
}key_char;

/* local function prototypes('static') */
static void key_config(void);
static uint8_t key_state(void);
static void hid_key_data_send(usb_dev*udev);

hid_fop_handler fop_handler={
    .hid_itf_config=key_config,
    .hid_itf_data_process=hid_key_data_send
};

/*!
    \brief      configure the keys
    \param[in]  none
    \param[out] none
    \retval     none
*/
static void key_config(void)
{
    /* configure the wakeup key in EXTI mode to remote wakeup */
    gd_eval_key_init(KEY_WAKEUP,KEY_MODE_EXTI);
    gd_eval_key_init(KEY_TAMPER,KEY_MODE_GPIO);
    gd_eval_key_init(KEY_USER,KEY_MODE_GPIO);

    exti_interrupt_flag_clear(WAKEUP_KEY_EXTI_LINE);
}
```

```
/*!
    \brief      get USB keyboard state
    \param[in]  none
    \param[out] none
    \retval     the char
*/
static uint8_t key_state(void)
{
    /*have pressed tamper key*/
    if(!gd_eval_key_state_get(KEY_TAMPER)){
        usb_mdelay(50U);

        if(!gd_eval_key_state_get(KEY_TAMPER)){
            return CHAR_A;
        }
    }

    /*have pressed wakeup key*/
    if(!gd_eval_key_state_get(KEY_WAKEUP)){
        usb_mdelay(50U);

        if(!gd_eval_key_state_get(KEY_WAKEUP)){
            return CHAR_B;
        }
    }

    /*have pressed user key*/
    if(!gd_eval_key_state_get(KEY_USER)){
        usb_mdelay(50U);

        if(!gd_eval_key_state_get(KEY_USER)){
            return CHAR_C;
        }
    }

    /*no pressed any key*/
    return 0U;
}

/*!
    \brief      send hid keyboard data
    \param[in]  none
    \param[out] none
    \retval     the char
```

```
*/
static void hid_key_data_send(usb_dev*udev)
{
    standard_hid_handler*hid=(standard_hid_handler*)udev->dev.class_data
[USBD_HID_INTERFACE];

    if(hid->prev_transfer_complete){
        switch(key_state()){
        case CHAR_A:
            hid->data[2]=0x04;
            break;
        case CHAR_B:
            hid->data[2]=0x05;
            break;
        case CHAR_C:
            hid->data[2]=0x06;
            break;
        default:
            break;
        }

        if(0!=hid->data[2]){
            hid_report_send(udev,hid->data,HID_IN_PACKET);
        }
    }
}
```

14.6.3 运行结果

将USB线接到USB_FS接口来连接开发板与PC主机，运行系统。

按下Wakeup键，输出‘b’；按下Tamper键，输出‘a’；按下User键，输出‘c’。

可利用以下步骤所说明的方法验证USB远程唤醒的功能：

1）手动将PC切换到睡眠模式。

2）等待主机完全进入睡眠模式。

3）按下Wakeup键。

4）如果PC被唤醒，表明USB远程唤醒功能正常，否则失败。

14.7 小结

本章介绍了GD32通用串行总线接口，介绍了USBFS的特征、结构、功能特性，并编写示例程序说明了该接口的使用方法。

实验视频

14-1　USB

习　题

1. USBFS 支持哪些运行模式?
2. USB 主机端口状态有哪些?绘制主机端口状态转移图。
3. USBFS OTG 模式有几种中断?

第15章 嵌入式操作系统及实践

15.1 嵌入式操作系统简介

嵌入式操作系统（Embedded Operating System，EOS）是指用于嵌入式系统的操作系统。嵌入式操作系统是一种用途广泛的系统软件，通常包括与硬件相关的底层驱动软件、系统内核、设备驱动接口、通信协议、图形界面、标准化浏览器等。嵌入式操作系统负责嵌入式系统的全部软、硬件资源的分配、任务调度，控制、协调并发活动，其功能如图 15-1 所示。它必须体现其所在系统的特征，能够通过装卸某些模块来达到系统所要求的功能。目前在嵌入式领域广泛使用的操作系统有嵌入式实时操作系统 μC/OS-Ⅲ、FreeRTOS、嵌入式 Linux、嵌入式 Windows、VxWorks 等，以及应用在智能手机和平板计算机的 Android、iOS 等。

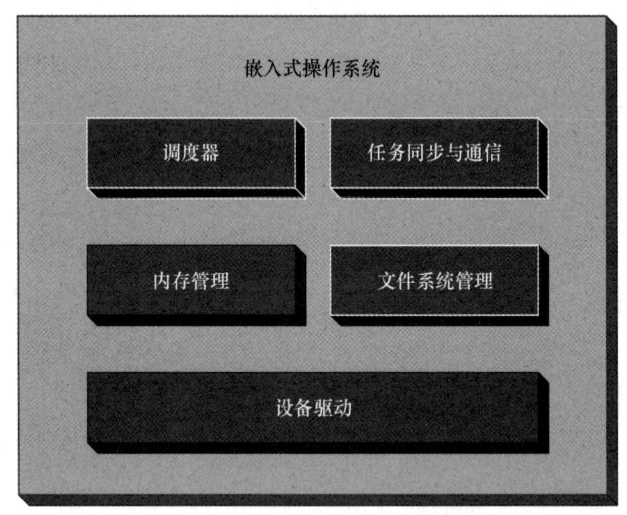

图 15-1　嵌入式操作系统功能框图

15.1.1　嵌入式操作系统的特点

1. 系统内核小

由于嵌入式操作系统一般应用于小型电子装置，系统资源相对有限，所以内核较之传统的操作系统要小得多。比如 Enea 公司的 OSE 分布式系统，内核只有 5KB。

2. 专用性强

嵌入式操作系统的个性化很强，其中的软件系统和硬件的结合非常紧密，一般要针对硬件进行系统移植，即使在同一品牌、同一系列的产品中也需要根据系统硬件的变化和增减不断进行修改。同时针对不同的任务，往往需要对系统进行较大更改，程序的编译下载要和系统相结合，这种修改和通用软件的“升级”是完全两个概念。

3. 系统精简

嵌入式操作系统一般没有系统软件和应用软件的明显区分，不要求其功能设计及实现上过于复杂，这样一方面利于控制系统成本，另一方面也利于实现系统安全。

4. 高实时性

高实时性是嵌入式软件的基本要求。而且软件要求固态存储，以提高速度；软件代码要求高质量和高可靠性。

5. 多任务的操作系统

嵌入式软件开发要想走向标准化，就必须使用多任务的操作系统。嵌入式操作系统的应用程序可以没有操作系统直接在芯片上运行；但是为了合理地调度多任务、利用系统资源、系统函数以及和专用库函数接口，用户必须自行选配实时操作系统（Real-Time Operating System，RTOS）开发平台，这样才能保证程序执行的实时性、可靠性，并减少开发时间，保障软件质量。

6. 需要开发工具和环境

嵌入式操作系统开发需要开发工具和环境。由于其本身不具备自主开发能力，即使设计完成以后用户通常也不能对其中的程序功能进行修改，必须有一套开发工具和环境才能进行开发，这些工具和环境一般基于通用计算机上的软硬件设备以及各种逻辑分析仪、混合信号示波器等。开发时往往有主机和目标机的概念，主机用于程序的开发，目标机作为最后的执行机，开发时需要交替结合进行。

15.1.2 常见的嵌入式操作系统

1. μClinux

μClinux 是一种优秀的嵌入式 Linux 版本，其全称为 micro-control Linux，从字面意思看是指微控制 Linux。同标准 Linux 相比，μClinux 的内核非常小，但它仍然继承了 Linux 操作系统的主要特性，包括良好的稳定性和移植性、强大的网络功能、出色的文件系统支持、标准丰富的 API，以及 TCP/IP 等。因为没有内存管理单元（MMU），所以其多任务的实现需要一定技巧。

μClinux 在结构上继承了标准 Linux 的多任务实现方式，分为实时进程和普通进程，分别采用先来先服务和时间片轮转调度，仅针对中低档嵌入式 CPU 特点进行改良，且不支持内核抢占，实时性一般。

μClinux 结构复杂，移植相对困难，内核也较大，其实时性也差一些，若开发的嵌入式产品注重文件系统和网络应用，μClinux 是一个不错的选择。

图 15-2 展示了 μClinux 配置界面。

2. μC/OS-Ⅲ

μC/OS-Ⅲ是一个可剪裁、可固化、可剥夺型的实时内核，管理任务的数目不受限制。μC/OS-Ⅲ是第三代内核，可提供现代实时内核所能提供的所有服务，如资源管理、任务间同步、任务间通信等。然而，μC/OS-Ⅲ还提供许多其他实时内核所没有的独特功能，如在系统运行时做性能测试，向任务直接发送信号量或消息，以及同时等待多个内核对象等。

μC/OS 系列实时内核最早于 1992 年推出，经过这么多年，根据成千上万 μC/OS 用户的反馈意见做了大量的改进。

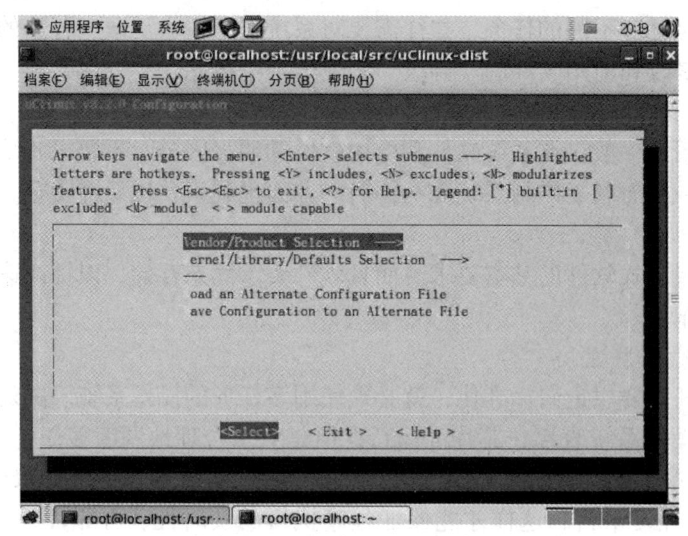

图 15-2 μClinux 配置界面图

μC/OS-Ⅲ是用户反馈意见和设计者经验的融合。μC/OS-Ⅲ摒弃了μC/OS-Ⅱ中那些很少使用的功能，而增加了一些新的、更有效的功能和服务。例如，用户最一致的要求就是增加时间片轮转调度，这在μC/OS-Ⅱ中是不可能做到的，而现在它已成为μC/OS-Ⅲ的一个新功能。

μC/OS-Ⅲ还提供了一些其他功能，使当今一些新处理器的能力得到了更好的发挥。μC/OS-Ⅲ是针对32位处理器开发和设计的，当然，它依然能够很好地支持16位处理器，甚至一些8位处理器。

μC/OS-Ⅲ提供70多个系统功能函数，能充分发挥CPU的能力。μC/OS-Ⅲ需要1~4KB的额外RAM资源，每个任务还需要自己的堆栈RAM空间。经过仔细设计，μC/OS-Ⅲ能够在具有4KB RAM资源的微控制器上运行。

μC/OS-Ⅲ的结构及其与硬件的关系如图15-3所示。

3. FreeRTOS

FreeRTOS是一种市场领先的用于微控制器和小型微处理器的实时操作系统（RTOS）。FreeRTOS在麻省理工学院开放源码许可下免费发布，包括一个内核和一组不断增长的库，适合所有行业使用。FreeRTOS平均每170s被下载一次，构建时强调可靠性、可访问性和易用性。

FreeRTOS是完全免费的操作系统，具有源码公开、可移植、可裁减、调度策略灵活的特点，可以方便地移植到各种单片机上运行，其最新版本为10.5.4版。作为一个轻量级的操作系统，FreeRTOS提供的功能包括任务管理、时间管理、信号量、消息队列、内存管理、记录功能等，可基本满足较小系统的需要。FreeRTOS内核支持优先级调度算法，每个任务可根据重要程度的不同被赋予一定的优先级，CPU总是让处于就绪状态的、优先级最高的任务先运行。FreeRTOS内核同时支持轮换调度算法，系统允许不同的任务使用相同的优先级，在没有更高优先级任务就绪的情况下，同一优先级的任务共享CPU的使用时间。

4. RTX

RTX是ARM公司的一款嵌入式实时操作系统，使用标准的C结构编写，运用RealView编译器进行编译。它不仅仅是一个实时内核，还具备丰富的中间层组件，不但免费，而且代码也是开放的。

图 15-3 μC/OS-Ⅲ的结构及其与硬件的关系

主要功能：开始和停止任务（进程），除此之外还支持进程通信，如任务的同步、共享资源（外设或内存）的管理、任务之间消息的传递；开发者可以使用基本函数开启实时运行器，开始和终结任务，以及传递任务间的控制（轮转调度）；开发者可以赋予任务优先级。

主要特点：支持时间片、抢占式和合作式调度；不限制数量的任务，每个任务都具有 254 的优先级；不限制数量的信号量，互斥信号量，消息邮箱和软定时器；支持多线程和线程安全操作；使用 MDK 基于对话框的配置向导，可以很方便地完成 MDK 的配置。

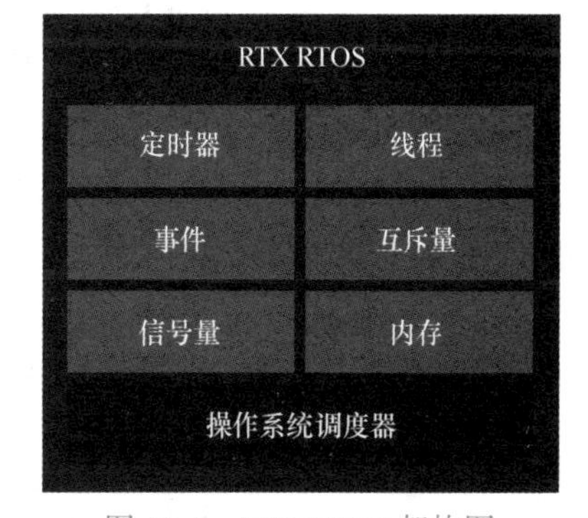

图 15-4 RTX RTOS 架构图

RTX RTOS 架构如图 15-4 所示。

5. VxWorks

VxWorks 是美国 WindRiver 公司于 1983 年设计开发的一种嵌入式实时操作系统（RTOS），具有硬实时、确定性与稳定性，也具备航空与国防、工业、医疗、汽车、消费电子产品、网络及其他行业要求的可伸缩性与安全性。图 15-5 是 VxWorks 操作系统架构图。

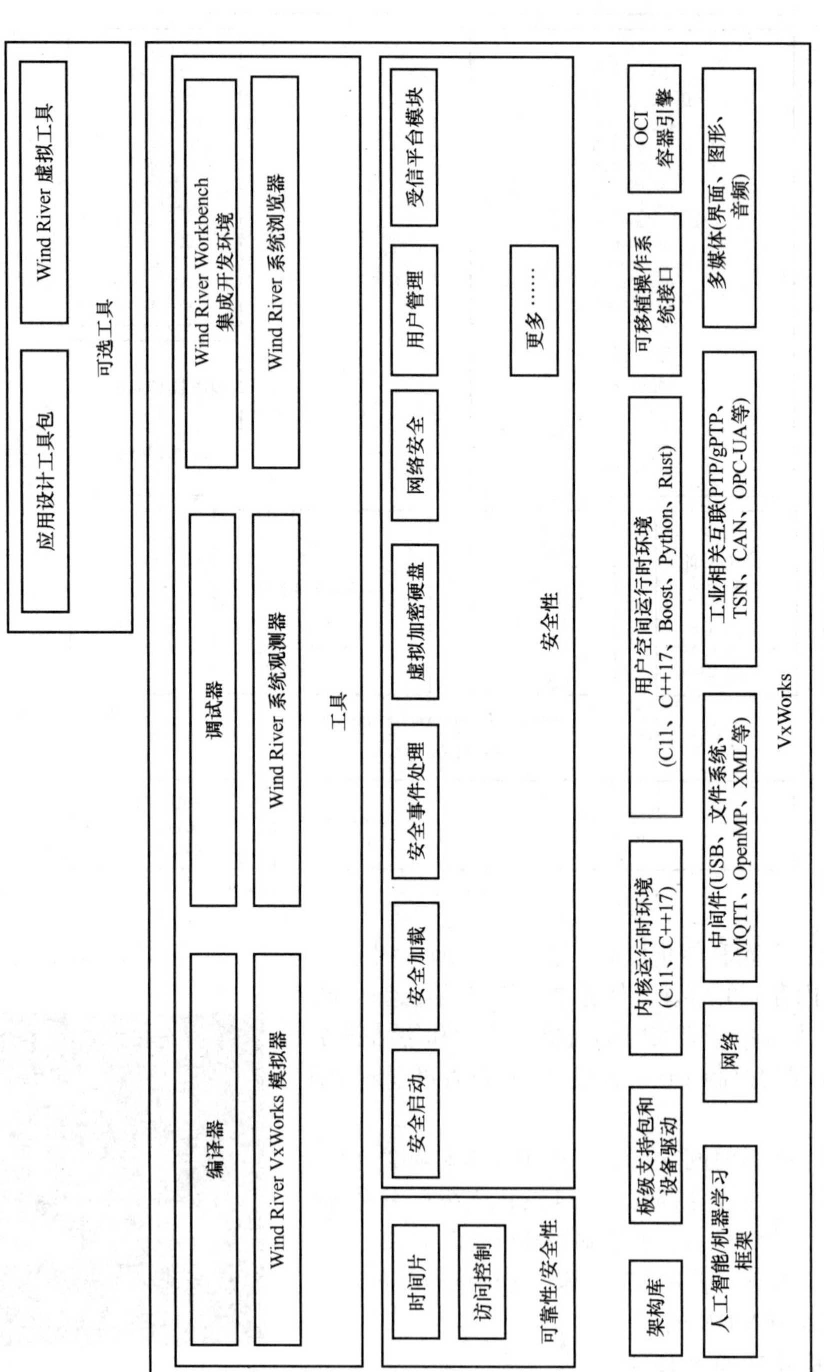

图 15-5 VxWorks 操作系统架构图

主要功能：支持可预测的任务同步机制、支持多任务间的通信、存储器优化管理，操作系统的（中断延迟、任务切换、驱动程序延迟等）行为是可知的和可预测的；实时时钟服务 + 中断管理服务。

主要特点：具有一个高性能的操作系统内核 Wind（实时性好、可裁减），友好的开发调试环境、较好的兼容性、支持多种开发和运行环境。

6. QNX

QNX 诞生于 1980 年，是一种商用的遵从 POSIX 规范的类 UNIX 嵌入式实时操作系统。

主要功能：支持在同一台计算机上同时调度执行多个任务；也可以让多个用户共享一台计算机，这些用户可以通过多个终端向系统提交任务，与 QNX 进行交互操作。

主要特点：核心仅提供 4 种服务，即进程调度、进程间通信、底层网络通信和中断处理，其进程在独立的地址空间运行。所有其他 OS 服务，都实现为协作的用户进程，因此 QNX 核心非常小巧（QNX4.x 大约为 12KB），而且运行速度极快。图 15-6 是 QNX 操作系统架构图。

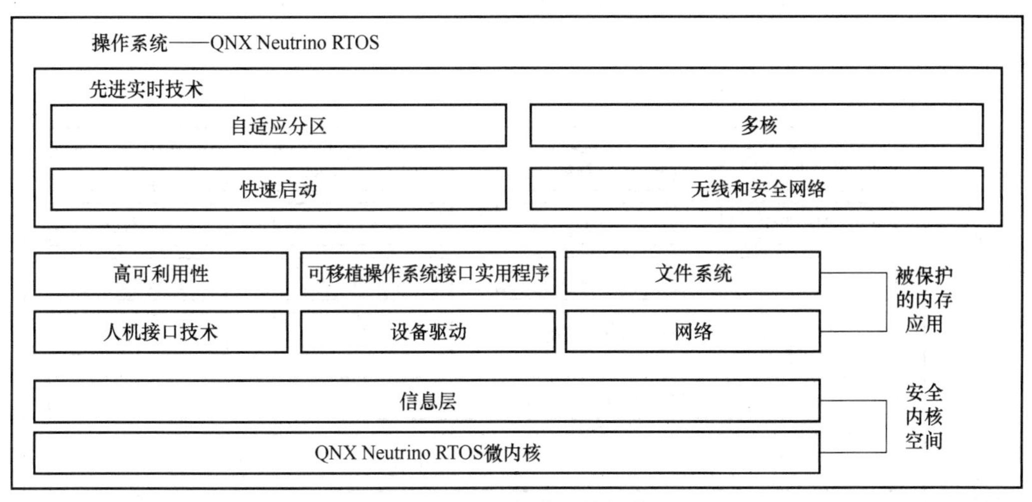

图 15-6 QNX 操作系统架构图

7. Huawei LiteOS

Huawei LiteOS 是华为面向物联网（IoT）领域构建的轻量级物联网操作系统，以轻量级、低功耗、快速启动、互联互通、安全等关键能力为开发者提供“一站式”完整软件平台，有效降低开发门槛、缩短开发周期。图 15-7 是 Huawei LiteOS 操作系统架构图。

8. RT-Thread

RT-Thread 是一个集实时操作系统（RTOS）内核、中间件组件和开发者社区于一体的技术平台，由创始人熊谱翔带领并集合开源社区力量开发而成，RT-Thread 也是一个组件完整丰富、高度可伸缩、简易开发、超低功耗、高安全性的物联网操作系统。

RT-Thread 具备一个 IoT OS 平台所需的所有关键组件，如 GUI、网络协议栈、安全传输、低功耗组件等。经过十多年的累积发展，RT-Thread 已经拥有一个国内最大的嵌入式开源社区，同时被广泛应用于能源、车载、医疗、消费电子等多个行业，累积装机量超过两千万台，成为国人自主开发、国内最成熟稳定和装机量最大的开源 RTOS。图 15-8 是 RT-Thread 操作系统架构图。

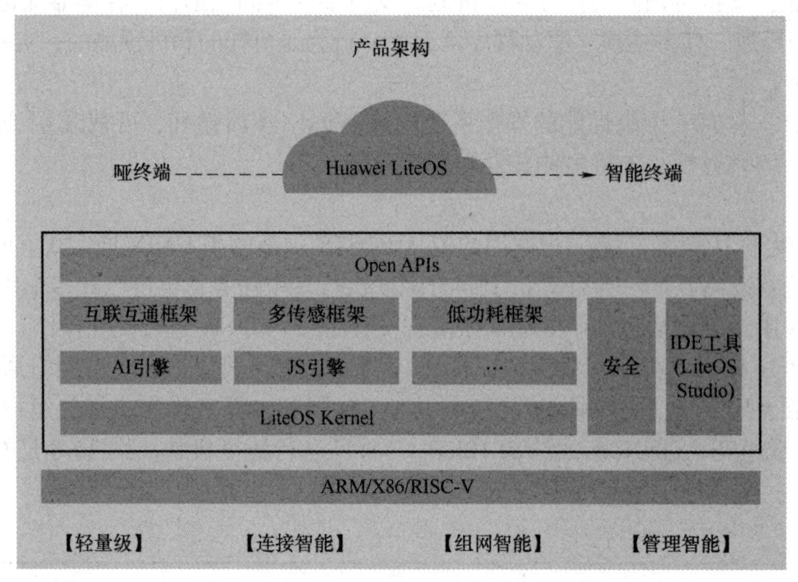

图 15-7 Huawei LiteOS 操作系统架构图

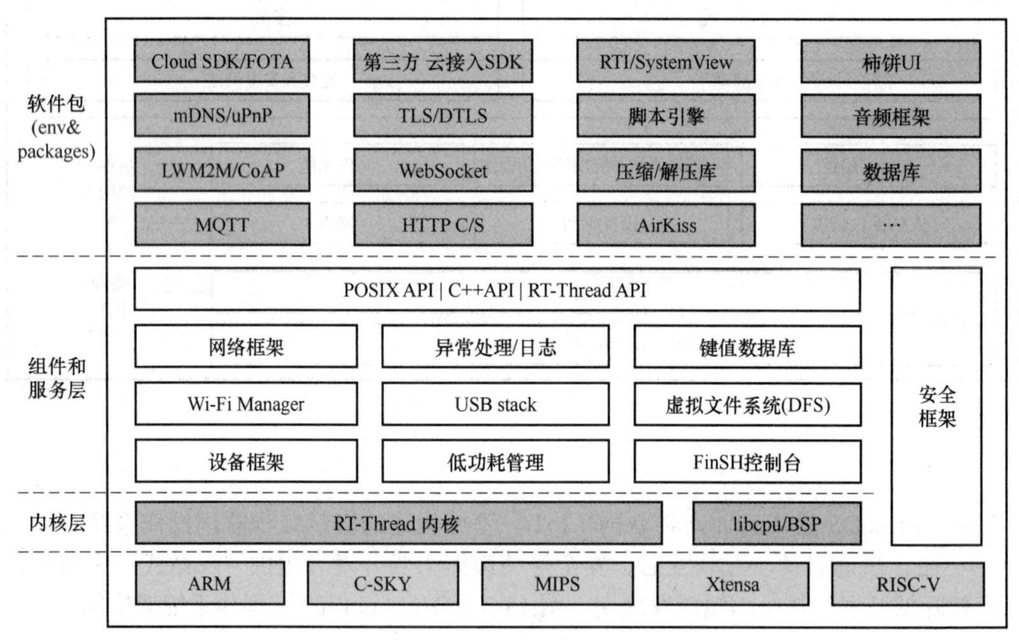

图 15-8 RT-Thread 操作系统架构图

9. SylixOS

SylixOS 是一个开源的跨平台的大型实时操作系统（RTOS），SylixOS 诞生于 2006 年，经过十多年的持续开发，SylixOS 已成为功能最全面的国产操作系统之一。目前已有众多产品和项目应用案例，涉及航空航天、军事防务、轨道交通、智能电网、工业自动化等行业。SylixOS 完全符合 POSIX 规范，开源社区丰富的自由软件移植非常方便。图 15-9 是 SylixOS 操作系统架构图。

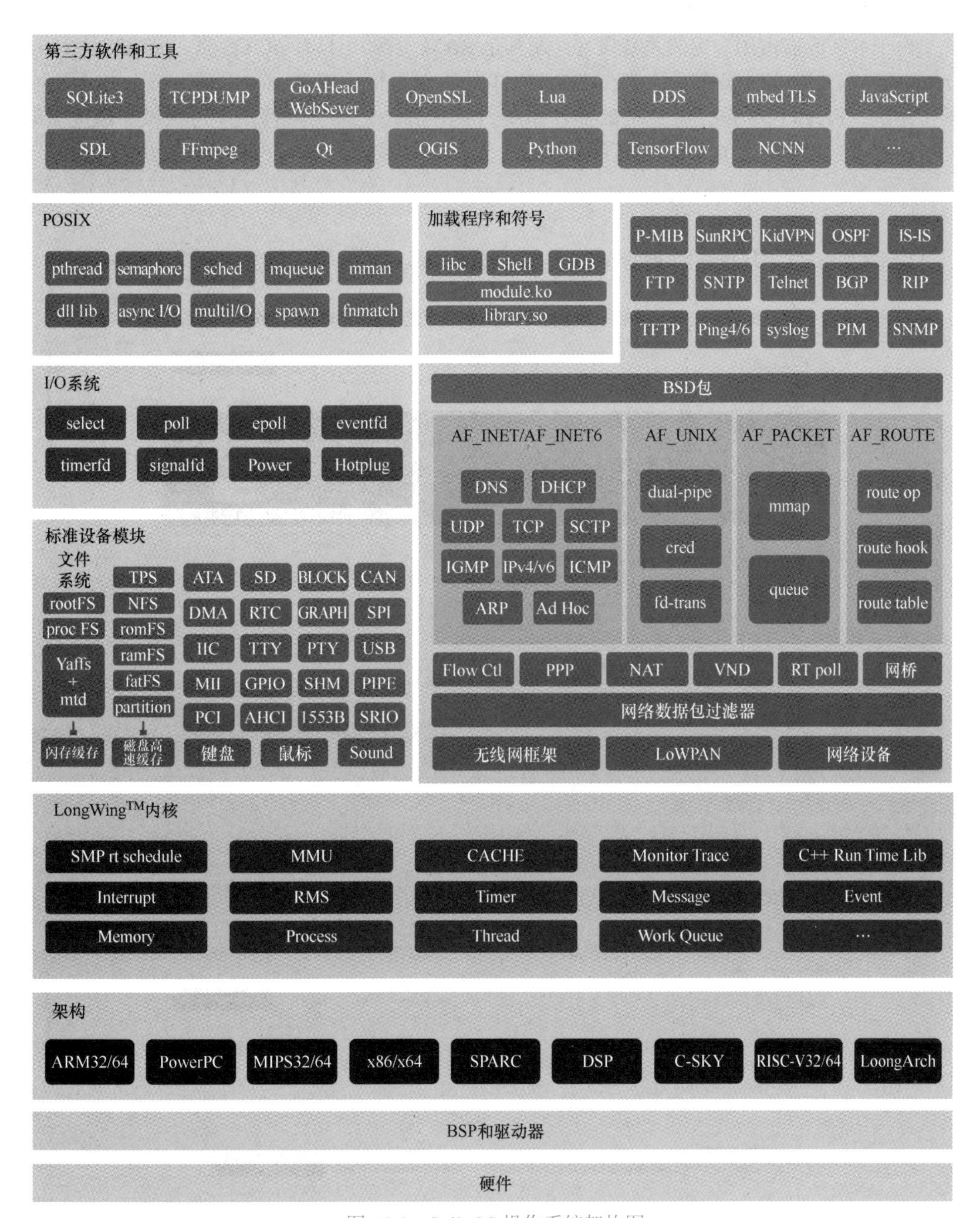

图 15-9　SylixOS 操作系统架构图

15.2 嵌入式操作系统 FreeRTOS 实践

FreeRTOS 是一个微型实时操作系统内核。作为一个轻量级的操作系统，其功能包括任务管理、时间管理、信号量、消息队列、内存管理、记录功能、软件定时器、协程等，可基本满足较小系统的需要。

由于RTOS需占用一定的系统资源（尤其是RAM资源），只有μC/OS-Ⅲ、embOS、salvo、FreeRTOS等少数实时操作系统能在小RAM单片机上运行。相对μC/OS-Ⅲ、embOS等商业操作系统，FreeRTOS是完全免费的操作系统，具有源码公开、可移植、可裁减、调度策略灵活的特点，可以方便地移植到各种单片机上运行，其最新版本为FreeRTOS 202212.01。

15.2.1　FreeRTOS简介

FreeRTOS的官方网站网址是https：//www.freertos.org/，其官网主页如图15-10所示。

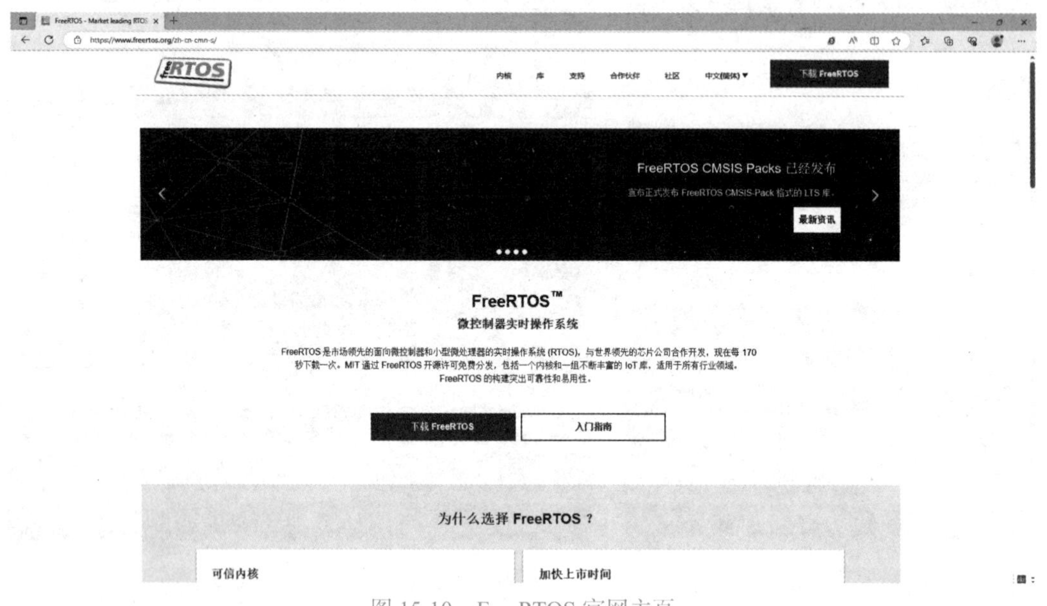

图15-10　FreeRTOS官网主页

单击“下载FreeRTOS”按钮，进入下载页面，如图15-11所示。

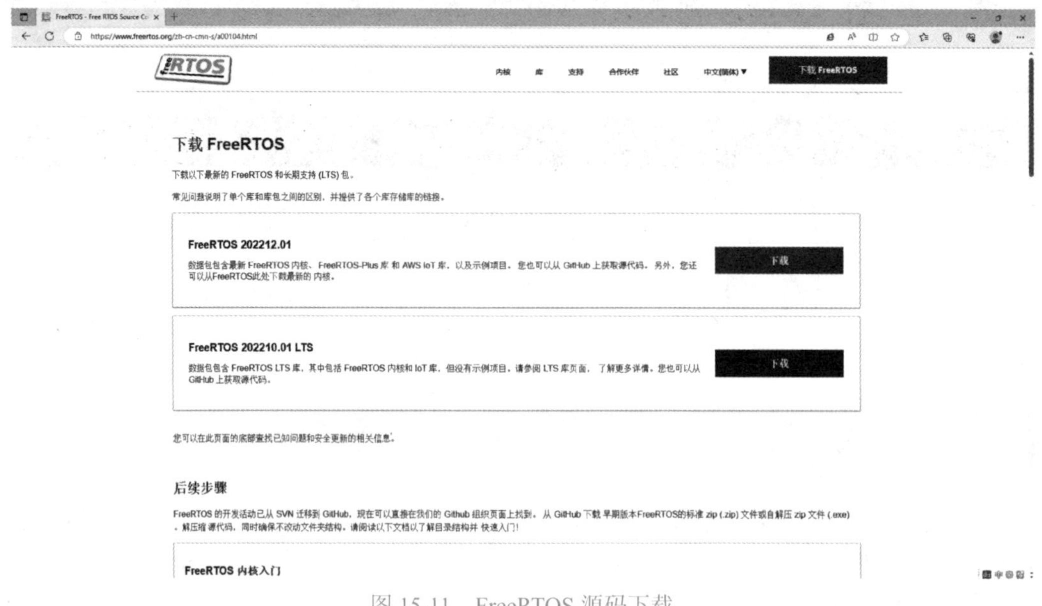

图15-11　FreeRTOS源码下载

“FreeRTOS 202212.01”包含了最新的 FreeRTOS 内核、FreeRTOS-Plus 库和 AWS 物联网库，以及示例项目。而“FreeRTOS 202210.01 LTS”包含了 FreeRTOS 长期支持的 FreeRTOS LTS 库。单击“FreeRTOS 202210.01 LTS”对应的“下载”按钮，开始下载 FreeRTOS 内核，后续的移植工作也将基于“FreeRTOS 202210.01 LTS”这个软件包进行讨论。

LTS 是 Long-Term Support 的缩写，意为长期支持。这是基础库的开发者对库的使用者的一个承诺，保证某个版本的库发布之后的很长一段时间之内都得到支持。如果此版本发现一些紧急问题需要修复，那么就会在这个版本上进行更新。通常这些问题的修复都不会导致 API 变化（API 保证长期兼容），所以版本号的前两位是不变的，通常只变化第三位。

下载完成后，解压“FreeRTOSv202210.01-LTS.zip”这个压缩文件，进入“FreeRTOS-LTS\FreeRTOS\FreeRTOS-Kernel”文件夹，内容如图 15-12 所示。

名称	修改日期	类型	大小
include	2023/7/17 15:53	文件夹	
portable	2023/7/17 15:53	文件夹	
CMakeLists	2022/11/18 8:25	文本文档	17 KB
croutine.c	2022/11/18 8:25	C 文件	16 KB
event_groups.c	2022/11/18 8:25	C 文件	32 KB
GitHub-FreeRTOS-Kernel-Home	2022/11/18 8:25	Internet 快捷方式	1 KB
History	2022/11/18 8:25	文本文档	153 KB
LICENSE	2022/11/18 8:25	MD 文件	2 KB
list.c	2022/11/18 8:25	C 文件	11 KB
manifest.yml	2022/11/18 8:25	YML 文件	1 KB
queue.c	2022/11/18 8:25	C 文件	123 KB
Quick_Start_Guide	2022/11/18 8:25	Internet 快捷方式	1 KB
README	2022/11/18 8:25	MD 文件	3 KB
sbom.spdx	2022/11/18 8:25	SPDX 文件	54 KB
stream_buffer.c	2022/11/18 8:25	C 文件	61 KB
tasks.c	2022/11/18 8:25	C 文件	219 KB
timers.c	2022/11/18 8:25	C 文件	49 KB

图 15-12 FreeRTOS 文件目录

FreeRTOS 的核心源文件由两个文件组成，分别是 tasks.c 和 list.c，位于 FreeRTOS-Kernel 目录下。除了这两个文件外，下列文件也位于 FreeRTOS-Kernel 目录下：

queue.c：该文件提供队列和信号量功能。

timers.c：该文件提供软件定时器功能。

event_groups.c：该文件提供事件组功能。

croutine.c：该文件提供协程功能。协程功能是用在非常小的控制器上面，现在几乎不再使用了。本书不使用协程功能。

stream_buffer.c：该文件提供流缓冲和消息缓冲功能。流缓冲区是一种进程间通信（IPC）原语，针对只有一个读取器和一个写入器的情况进行了优化，如将数据流从中断服务例程（ISR）发送到 RTOS 任务，或从一个处理器核发送到另一个处理器核。消息缓冲区建立在流缓冲区之上。流缓冲区发送一个连续的字节流，而消息缓冲区发送的是长度可变的离散消息。

15.2.2 FreeRTOS 的移植

在工程目录下新建 FreeRTOS 文件夹，将 tasks.c、list.c、queue.c、timers.c、event_groups.c、stream_buffer.c 这 6 个文件复制到 FreeRTOS 文件夹中，同时将 include 文件夹也复制到 FreeRTOS 文件夹中。

打开 FreeRTOS-Kernel\portable\RVDS\ARM_CM4F 目录，将头文件 portmacro.h 放入工程目录下的 FreeRTOS\include 文件夹中，将源文件 port.c 放入工程目录下的 FreeRTOS 文件夹中。

打开 FreeRTOS-Kernel\portable\MemMang 文件夹，将源文件 heap4.c 放入工程目录下的 FreeRTOS 文件夹中。

在 keil 工程中新建 FreeRTOS 分组，将工程目录下的 FreeRTOS 文件夹中所有扩展名为 .c 的文件添加到 keil 工程的 FreeRTOS 分组中。将 FreeRTOS\include 添加至头文件包含路径。

在 FreeRTOS\include 文件夹中新建头文件 FreeRTOSConfig.h，内容如下：

```
#ifndef FREERTOS_CONFIG_H
#define FREERTOS_CONFIG_H

/* ---------------------------------- -
* Application specific definitions.
*
* These definitions should be adjusted for your particular hardware and
* application requirements.
*
* THESE PARAMETERS ARE DESCRIBED WITHIN THE 'CONFIGURATION' SECTION OF THE
* FreeRTOS API DOCUMENTATION AVAILABLE ON THE FreeRTOS.org WEB SITE.
*
* See http://www.freertos.org/a00110.html
* ----------------------------------- */


#if  defined(__ICCARM__)|| defined(__CC_ARM)|| defined(__TASKING__)||
defined(__GNUC__)
#include <stdint.h>
extern uint32_t SystemCoreClock;
#endif

#if defined(__ICCARM__)
#define portFORCE_INLINE inline
#endif
#define configUSE_PREEMPTION              1
#define configCPU_CLOCK_HZ                (SystemCoreClock)
#define configTICK_RATE_HZ                ((TickType_t)1000)
#define configMAX_PRIORITIES              (16)
#define configMINIMAL_STACK_SIZE          ((unsigned short)128)
#define configTOTAL_HEAP_SIZE             ((size_t)(30*1024))
#define configMAX_TASK_NAME_LEN           (16)
#define configUSE_16_BIT_TICKS            0
#define configIDLE_SHOULD_YIELD           1
#define configUSE_MUTEXES                 1
#define configUSE_RECURSIVE_MUTEXES       1
#define configUSE_COUNTING_SEMAPHORES     1
```

```
#define configQUEUE_REGISTRY_SIZE              8
#define configUSE_APPLICATION_TASK_TAG         0

/* hook function related definitions */
#define configUSE_IDLE_HOOK                    0
#define configUSE_TICK_HOOK                    0
#define configCHECK_FOR_STACK_OVERFLOW         0
#define configUSE_MALLOC_FAILED_HOOK           0

/* run time and task stats gathering related definitions */
#define configGENERATE_RUN_TIME_STATS          0
#define configUSE_TRACE_FACILITY               1


/* co-routine definitions */
#define configUSE_CO_ROUTINES                  0
#define configMAX_CO_ROUTINE_PRIORITIES        (2)

/* software timer definitions */
#define configUSE_TIMERS                       1
#define configTIMER_TASK_PRIORITY              (2)
#define configTIMER_QUEUE_LENGTH               10
#define configTIMER_TASK_STACK_DEPTH           (configMINIMAL_STACK_SIZE*2)

/* set to 1 to include the API function,or 0 to exclude the API function */
#define INCLUDE_vTaskPrioritySet               1
#define INCLUDE_uxTaskPriorityGet              1
#define INCLUDE_vTaskDelete                    1
#define INCLUDE_vTaskCleanUpResources          0
#define INCLUDE_vTaskSuspend                   1
#define INCLUDE_vTaskDelayUntil                1
#define INCLUDE_vTaskDelay                     1



/* Cortex-M specific definitions */
#ifdef__NVIC_PRIO_BITS
    /* __NVIC_PRIO_BITS will be specified when CMSIS is being used. */
    #define configPRIO_BITS        __NVIC_PRIO_BITS
  #else
    #define configPRIO_BITS              4  /* 15 priority levels */
#endif

/* the lowest interrupt priority that can be used in a call to a "set
priority" function */
```

```
#define configLIBRARY_LOWEST_INTERRUPT_PRIORITY    0xf

/* The highest interrupt priority that can be used by any interrupt service
routine that makes calls to interrupt safe FreeRTOS API functions. Do
not call interrupt safe freertos api functions from any interrupt
that has a higher priority than this!(higher priorities are lower
numeric values.*/
#define configLIBRARY_MAX_SYSCALL_INTERRUPT_PRIORITY    2

/* interrupt priorities used by the kernel port layer itself */
#define configKERNEL_INTERRUPT_PRIORITY
(configLIBRARY_LOWEST_INTERRUPT_PRIORITY《(8-configPRIO_BITS))
/* configMAX_SYSCALL_INTERRUPT_PRIORITY must not be set to zero */
#define configMAX_SYSCALL_INTERRUPT_PRIORITY
(configLIBRARY_MAX_SYSCALL_INTERRUPT_PRIORITY《(8-configPRIO_BITS))



/* normal assert()semantics without relying on the provision of an assert.h
header file */
#define configASSERT(x)                          if((x)==0)
{taskDISABLE_INTERRUPTS(); for(;;);}

/* map the FreeRTOS port interrupt handlers to CMSIS standard names */
#define vPortSVCHandler SVC_Handler
#define xPortPendSVHandler PendSV_Handler
#define xPortSysTickHandler SysTick_Handler

#endif/*FREERTOS_CONFIG_H*/
```

修改主函数内容如下：

```
int main(void)
{
    nvic_priority_group_set(NVIC_PRIGROUP_PRE4_SUB0);

    xTaskCreate(init_task,"init_task",configMINIMAL_STACK_SIZE,NULL,
tskIDLE_PRIORITY+2,&INIT_Task_Handle);
    vTaskStartScheduler();
    while(1){
    }
}
```

在main.c文件中增加初始化线程：

```
static void init_task(void*pvParameters)
{
    /* configure EVAL_COM0 */
    gd_eval_com_init(EVAL_COM0);

    xTaskCreate(key_task,"key_task",configMINIMAL_STACK_SIZE*2,NULL,tskIDLE_
PRIORITY+5,&KEY_Task_Handle);
    xTaskCreate(led_task,"led_task",configMINIMAL_STACK_SIZE,NULL,tskIDLE_
PRIORITY+4,&LED_Task_Handle);
    xTaskCreate(led_toggle_task,"led_toggle_task",configMINIMAL_STACK_
SIZE,NULL,tskIDLE_PRIORITY+3,&LED_Toggle_Task_Handle);

    vTaskDelete(NULL);
}
```

在 LED.c 文件夹中增加 LED 线程：

```
void led_task(void*pvParameters)
{
    gd_eval_led_init(LED1);
    for(;;){
        /* toggle LED1 each 250ms */
        gd_eval_led_toggle(LED1);
        vTaskDelay(250);
    }
}
```

在 LED.c 文件夹中增加 LED 翻转线程：

```
void led_toggle_task(void *pvParameters)
{
    uint8_t status;
    gd_eval_led_init(LED2);
    for(;;){
        if(NULL!=KEY_QUEUE)
        {
            if(xQueueReceive(KEY_QUEUE,(void *)&status,portMAX_DELAY))
            {
                    gd_eval_led_toggle(LED2);
            }
        }
    }
}
```

在 KEY.c 中增加 KEY 线程：

```
void key_task(void *pvParameters)
{
    uint8_t count,status;
    BaseType_t err;
    count=0;
    status=0;
    gd_eval_key_init(KEY_TAMPER,KEY_MODE_GPIO);
    KEY_QUEUE=xQueueCreate(KEY_QUEUE_LENGTH,KEY_QUEUE_ITEM_SIZE);
    if(NULL==KEY_QUEUE)
    {
        while(1);
    }
    for(;;){
        /* get tamper key value */
        if(0==gd_eval_key_state_get(KEY_TAMPER))
        {
            count++;
        }
        else
        {
            status=0;
            count=0;
        }
        if(count >=2)
        {
            if(0==status)
            {
                status=1;
                err=xQueueSend(KEY_QUEUE,(void *)&status,10);
                if(pdPASS!=err)
                    printf("queue send failed!\n");
            }
        }
        vTaskDelay(pdMS_TO_TICKS(20));
    }
}
```

15.2.3 实验现象

LED1 以 500ms 为周期闪烁，当按下 Tamper 键时，LED2 翻转。

15.3 嵌入式操作系统 FreeRTOS 应用实例

编者和项目组成员使用 GD32F4xxx 系列微控制器和 FreeRTOS 研发了一个充电桩管理系统，该系统由充电桩管理平台、服务器数据管理平台和手机 APP 组成。本节主要介绍充电桩操作管理平台的功能。

15.3.1 充电桩操作管理平台功能介绍

充电桩操作管理硬件由 3 个核心模块组成：电路板、液晶显示器、外壳。外壳是电路板、液晶显示器和必要的插头、灯等辅助元器件的安装载体。充电桩操作仿真平台组成结构如图 15-13 所示。

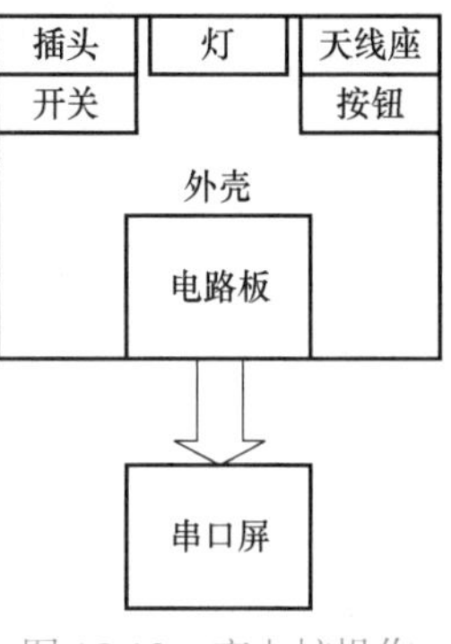

图 15-13 充电桩操作仿真平台组成结构图

充电桩操作管理平台用于模拟电动汽车充电桩的人机互动及后台传输功能。该平台能够真实地模拟出用户使用充电桩实现充电服务的全部过程，通过无线公共网络与服务器进行数据交互，获取服务器管理平台发送的功能指令，并向服务器管理平台上传自身的状态信息。该平台能够为服务器端的充电桩管理诊断功能和手机客户端的查询功能提供依据。

充电桩操作管理平台主要包括显示与交互、定位与通信、工作状态管理、输入 / 输出接口 4 个功能模块。平台的各个功能模块分别由独立的小功能单元构成，各模块间可以通过嵌入式操作系统中的消息队列和任务通知功能实现数据共享与传输，各模块能够协同工作。

1. 显示与交互功能

充电桩操作管理平台能够显示一个开机界面。在平台刚刚上电启动时，液晶显示器显示充电界面。当平台已经连接到无线公共网络并且平台已经获取到有效的定位数据时，管理平台控制液晶显示器切换至空闲工作界面，同时播放开机提示音乐。开机界面如图 15-14 所示。

图 15-14 开机界面图

当管理平台离开开机界面后，平台默认进入空闲工作状态。空闲界面如图 15-15 所示。在空闲工作状态下，液晶显示器显示空闲界面。液晶显示器左上部位显示当前的实时时间信息，时间信息格式为“Y-M-D H：Q：S W”，其中，Y 表示年份，M 表示月份，D 表示日期，H 表示小时，Q 表示分钟，S 表示秒钟，W 表示星期；右上部位显示当前的移动网络信号强度。液晶显示器右半部分显示充电功能用的二维码信息，左半部分显示 APP 下载链接的二维码信息。通过点击左侧按钮，用户能够选择 Android 或 iPhone 客户端，通过扫描对应的二维码下载相应的客户端 APP。下载完成后，用户进入手机操作；在 APP 完成登录认证后，可以使用手机 APP 扫描二维码开始充电操作。

图 15-15　空闲界面图

当用户在手机 APP 端完成扫码相关操作后，管理平台进入充电工作状态。充电工作状态下的显示功能包含 3 个界面：充电监控界面、费用信息界面和电池信息界面，分别如图 15-16~ 图 15-18 所示。充电监控界面用于实时显示充电的一些参数，如工作状态、充电时间、充电方式、充电电压、充电电流、当前表码等；费用信息界面用于显示实时费用信息，该界面能够模拟显示充电电量和充电金额，并且该界面能够同时模拟显示尖峰电量和尖峰金额、高峰电量和高峰金额、平峰电量和平峰金额以及谷峰电量和谷峰金额；电池信息界面用于模拟显示当前正在执行充电操作的电池相关信息，包括电池的需求参数和额定参数，如需求电压和额定电压。充电监控界面、费用信息界面和电池信息界面能够通过切换选项卡的方式相互切换显示，操作便捷。

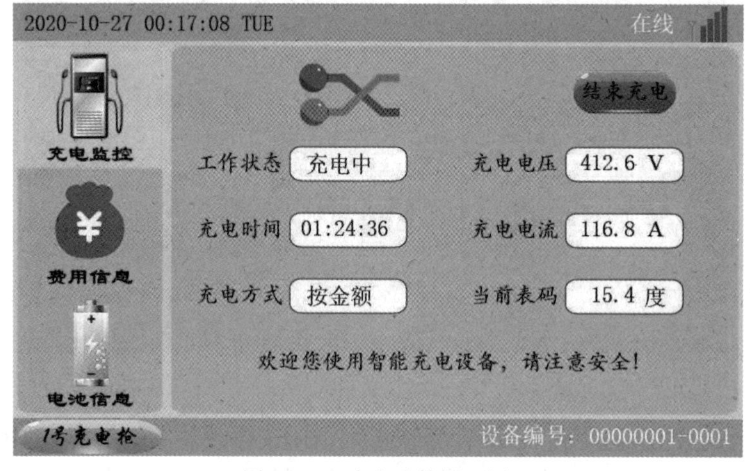

图 15-16　充电监控界面图

2. 定位与通信功能

充电桩操作管理平台能够实时接收来自北斗卫星发送的定位信息，根据卫星信号实时计算自身的位置，并将位置信息通过移动网络发送至服务器。管理平台能够通过移动公共网络向服务器发送自身的工作状态和定位信息，并从服务器获取操作指令，模拟手机扫码充电功能。当用户使用手机 APP 扫描仿真平台显示的充电二维码后，管理平台能够从服务器获取扫码状态和操作指令，开启充电功能；当用户点击管理平台屏幕上的“结束充电”按钮时，管理平台停止模拟充电功能，并向服务器管理平台发送充电结束的空闲状态；当用户在手机 APP 上点击“结束充电”按钮时，管理平台能够从服务器管理平台接收结束充电的指令，停止模拟充电功能，并向服务器管理平台发送充电结束的空闲状态。

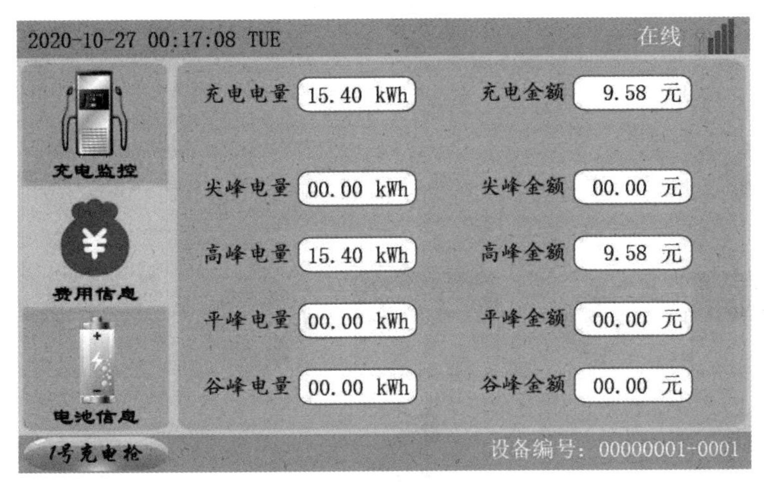

图 15-17 费用信息界面图

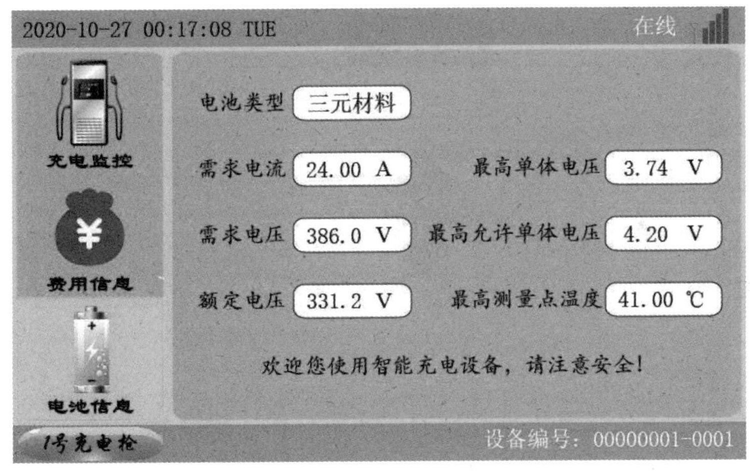

图 15-18 电池信息界面图

3. 工作状态管理功能

管理平台包含 5 种工作状态，分别是初始化状态、空闲状态、占用状态、充电状态和故障状态。当管理平台上电启动时，管理平台尚未与服务器建立有效的数据连接，此时管理平台的工作状态是初始化状态，管理平台对自身的各个功能模块进行初始化操作。初始化完成后，管理平台尝试通过移动公共网络与服务器建立数据连接。当管理平台连接至服务器后，管理平台进入空闲状态。在空闲状态下，用户可以按下管理平台上的“模拟占用”功能按键，按下后管理平台进入占用状态，管理平台上的“占用”指示灯亮起。在空闲状态或占用状态下，用户可以扫描充电二维码开启模拟充电功能。模拟充电功能开启后，管理平台进入充电状态。在充电状态下，用户点击管理平台屏幕上的“结束充电”按钮或手机 APP 中的“结束充电”按钮，管理平台可以回到空闲状态。在空闲状态、占用状态或充电状态下，用户按下管理平台上的“模拟故障”按键，管理平台将进入故障状态。屏幕上将显示故障信息，并播放故障音乐。当“模拟故障”按键被释放后，管理平台将回到空闲状态。工作状态转换图如图15-19所示。

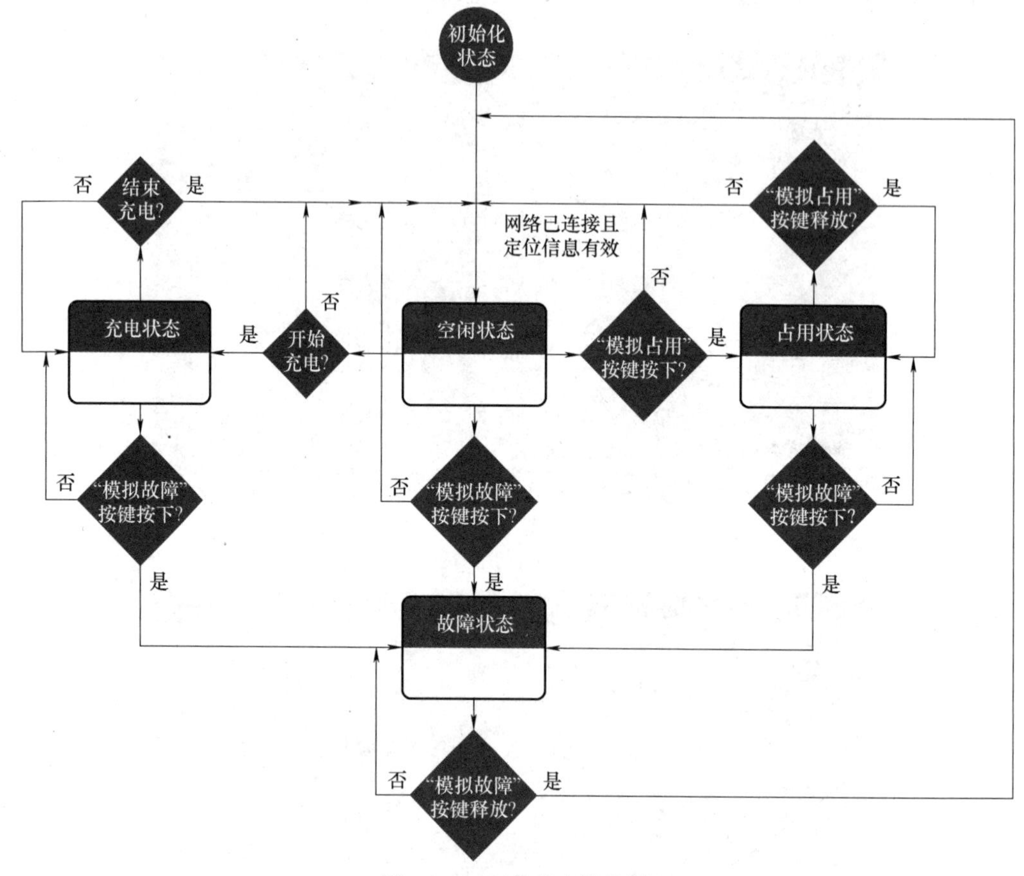

图15-19 工作状态转换图

4. 输入/输出接口功能

管理平台有两个输入按键和两个LED显示灯。输入按键分别为“占用模拟”按键和“故障模拟”按键。显示灯分别为“占用”状态指示和“故障”状态指示。“占用模拟”按键用于模拟当有车辆停放在充电桩位置时，充电桩处于被“占用”的状态。当“占用模拟”按键按下时，管理平台进入占用状态，向服务器发送当前充电桩处于被占用的状态；当“占用模拟”按键被释放时，如果当前管理平台处于充电状态，则继续向服务器发送充电状态信息；如果当前管理平台没有进入充电状态，则向服务器发送空闲状态信息。当“故障模拟”按键被按下时，无论之前管理平台处于何种工作状态，管理平台立刻进入故障状态，向服务器发送故障信息；当“故障模拟”按键被释放后，管理平台返回空闲状态，向服务器管理平台发送空闲状态信息。

15.3.2 充电桩操作管理平台程序设计

充电桩操作管理平台程序执行环境为GD32F450微控制器。由于GD32F450微控制器具有低中断延迟的特点，并且具有丰富的外设资源，因此，程序架构采用基于嵌入式操作系统的设计方案。在程序设计中引入嵌入式实时操作系统 FreeRTOS。程序架构自底向上可以分为 3 层：驱动程序层、操作系统层和任务层。程序架构如图 15-20 所示。

1. 驱动程序层

驱动程序包括定时器、输入接口、输出接口、网络模块和触摸屏。其中，定时器用于向操作系统和任务提供时间基准，定时器使用 ARM® Cortex®-M4F 处理器内核中的系统节拍定时器实现；输入接口用于检测是否有外部按键按下，输入接口功能使用模数转换器实现；输出接口用于控制外部 LED 显示状态，输出接口使用通用输入 / 输出接口实现；网络模块用于连接移动公共网络及获取定位信息；触摸屏驱动用于控制屏幕显示内容，并获取屏幕触摸位置信息。网络模块驱动和触摸屏驱动都使用通用同步异步收发器实现，网络模块使用收发器 0，触摸屏使用收发器 1。

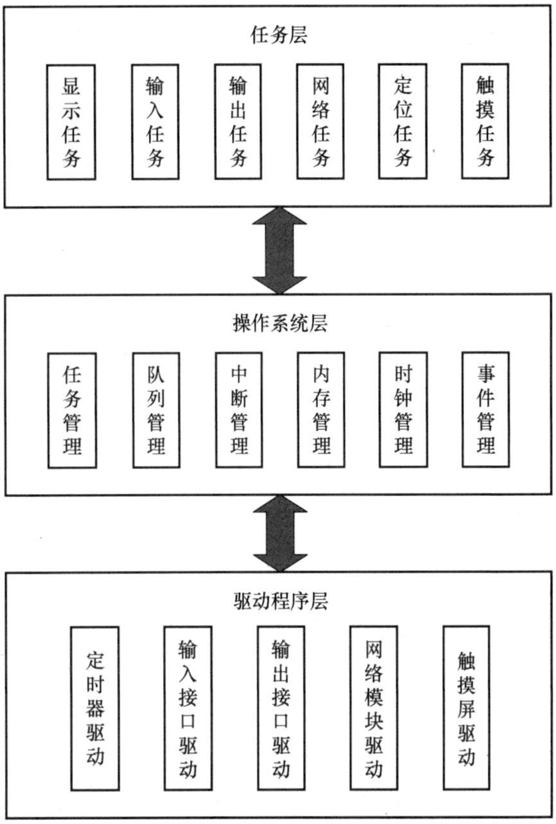

2. 操作系统层

操作系统层的所有功能已由操作系统提供方开发并测试完成，开发者只需要调用操作系统提供的接口变量或函数即可实现功能。此处不再赘述。

任务层
显示任务　输入任务　输出任务　网络任务　定位任务　触摸任务

操作系统层
任务管理　队列管理　中断管理　内存管理　时钟管理　事件管理

驱动程序层
定时器驱动　输入接口驱动　输出接口驱动　网络模块驱动　触摸屏驱动

图 15-20　程序架构图

3. 任务层

显示任务用于控制触摸屏上显示的内容。显示任务通过消息队列接收来自定位任务的时间信息，并发送至触摸屏上。显示任务通过任务通知接收来自网络任务的控制状态信息和来自输入任务或触摸任务的按键信息，根据控制状态和按键信息，向触摸屏发送控制指令，控制屏幕显示内容。

输入任务用于检测外部按键的状态。外部按键检测使用微控制器中模数转换器的连续检测功能，以直接存储器访问的形式连续检测输入电路输出端的电压值。当电压值小于指定阈值时，输入任务认为相应的按键被按下；反之则认为该按键被释放。当对所有的按键检测完成后，按键任务通过任务通知将按键状态发送至显示任务和输出任务中。

输出任务接收来自输入任务的按键信息。当接收到某一按键被按下的状态后，输出任务将相应的通用输入 / 输出端口置为高电平，外部 LED 被点亮；当某一按键被释放后，输出任务将端口置为低电平，外部 LED 被熄灭。

网络任务用于控制网络模块访问远程服务器，向远程服务器发送仿真平台自身的状态，并且从远程服务器端获取控制信息。网络传输协议使用 HTTP。网络任务接收来自显示任务的显示状态，并将当前状态和自身定位信息发送至服务器。当网络任务接收到来自服务器的控制信息时，网络任务通过消息队列将控制信息发送至显示任务中。

定位任务接收来自网络模块的定位信息。当网络模块被初始化完成后，该模块将持续向微控制器发送定位信息。当定位信息有效后，仿真平台启动工作，进入空闲状态。当定位任务接收到定位信息后，定位任务对该信息进行解析，并将解析后的定位信息发送至显示任务和网络任务中。

触摸任务用于检测并解析触摸屏上按键的状态。当有按键按下时，触摸屏将被按下按键的按键码和按键存储地址通过同步异步收发器发送至微控制器，经过触摸屏驱动程序和嵌入式操作系统的处理后，按键信息被发送至触摸任务。触摸任务解析按键码后将按键状态通过任务通知的形式发送至显示任务和网络任务中。

15.4 小结

本章简要介绍了嵌入式操作系统的概念，列举了常见的嵌入式操作系统，讲解了如何将嵌入式操作系统 FreeRTOS 移植到 GD32F4xxx 系列器件上，并用实际项目开发讲解应用案例。

实验、学习视频

15-1 FreeRTOS 简介

15-2 FreeRTOS 移植

15-3 FreeRTOS 应用实例

15-4 中国创造：天河三号

15-5 “两路”精神

习　题

1. 请列举常见的嵌入式操作系统。
2. FreeRTOS 源代码包含哪些文件？它们的功能是什么？
3. 请尝试自己移植 FreeRTOS 到 GD32 开发板上。
4. 在自己移植的 FreeRTOS 基础上，移植网络协议栈 LwIP，分别使用 NETCONN API 和 Socket API 实现 TCP 回传功能。

参考文献 / REFERENCES

[1] 方伟民. 基于 Cortex-M4 的嵌入式操作系统设计研究 [D]. 南京：南京大学，2019.

[2] 武奇生，白璘，惠萌，等. 基于 ARM 的单片机应用及实践：STM32 案例式教学 [M]. 北京：机械工业出版社，2014.

[3] 程都. 基于 ARM Cortex-M4 的数据采集系统的设计与研究 [D]. 南京：东南大学，2018.

[4] 雍明超，王伟杰，王磊，等. 基于 Cortex-M4 的电缆物联感知终端设计及应用 [J]. 仪表技术与传感器，2022 (6)：40-44.

[5] 尹成娟，张晓荣，伊庭睿. 基于 GD32F103ZKT6 的国产化综合控制板设计 [J]. 现代工业经济和信息化，2021，11 (9)：41-43.

[6] 吕华溢，谢政. 一种软硬件自主可控的嵌入式实时控制系统 [J]. 单片机与嵌入式系统应用，2017，17 (3)：27-31.

[7] 兆易发布 GD32F101 系列入门级产品 [J]. 电子产品世界，2013，20 (7)：35.

[8] 冯伟松. 基于 Cortex-M4 微功耗数据采集器的硬件设计与实现 [D]. 西安：西安石油大学，2015.

[9] 陈涛. 基于 Cortex-M4 内核的 AT91SAM4L32 位处理器低功耗的研究 [D]. 厦门：厦门大学，2014.

[10] 罗魏魏. 单片机交互式学习系统设计 [D]. 大连：大连交通大学，2017.

[11] 刘超. 单片机技术在电子产品设计中的应用 [J]. 电子技术（上海），2022，51 (9)：222-223.

[12] 韩彩霞. 单片机技术教学改革研究与实践 [J]. 计算机时代，2022 (8)：108-111.

[13] 崔宝影，程权成. “单片机技术应用”实践项目改革与创新：以全国大学生电子设计竞赛为例 [J]. 清远职业技术学院学报，2022，15 (4)：72-76.

[14] 徐鹏，林辉. 产教融合教学改革探究与实践：以“单片机技术及应用”课程为例 [J]. 机电技术，2022 (2)：106-108.

[15] 付向艳，房露青，张楠，等. 浅析单片机应用系统设计与开发 [J]. 计算机产品与流通，2020 (1)：160.

[16] 张扬，李恒，谭洁. 基于 Cortex-M4 处理器的 μC/OS-Ⅲ移植分析与实现 [J]. 工业仪表与自动化装置，2017 (6)：15-19+64.

[17] 刘贯营，赵玉荣. Cortex-M4 内核微处理器 DMA 方式的高速 A/D 采样 [J]. 单片机与嵌入式系统应用，2012，12 (7)：71-72.

[18] 邹圣雷. 基于嵌入式系统任务调度算法的研究 [J]. 电子设计工程，2019，27 (7)：180-183+188.

[19] 徐健，孙庆. LwIP 协议栈的 pbuf 结构探索与研究 [J]. 单片机与嵌入式系统应用，

2018，18（2）：14-17.
[20] 候海霞. FreeRTOS和LwIP的移植与系统内存分配策略的比较［D］. 北京：华北电力大学，2017.
[21] 王亚丁，徐俊臣，李冠宇，等. 基于FreeRTOS系统和LwIP协议栈的网络通讯［J］. 电子技术与软件工程，2016（20）：14-15.
[22] 张青青. LwIP网络应用开发平台系统设计［J］. 数字技术与应用，2016（8）：191.
[23] 张文亮，田沛，刘晖，等. 基于FreeRTOS的LwIP协议栈的移植与测试［J］. 自动化技术与应用，2015，34（11）：25-29.
[24] 张青青. LwIP协议栈的移植［J］. 信息系统工程，2015（8）：139.
[25] IEEE 802.3 Committee. Carrier sense multiple access with collision detection（CSMA/CD）access method and physical layer specifications：IEEE 802.3［S］. New York：IEEE，2000.
[26] IEEE.IEEE标准信息技术标准化应用环境简介（AEP）：POSIX实时和嵌入式应用支持：ANSI/IEEE 1003.13-2003［S］. New York：IEEE，2003.
[27] ISO/IEC. 信息技术. 便携式操作系统接口（POSIX）. 测量POSIX一致性的测试方法. 第1部分：系统接口. 修改件1：实时扩展（C语言）：ISO/IEC 14515-1/AMD 1-2003［S］.
[28] LABROSSE J J. 嵌入式实时操作系统μC/OS-Ⅲ［M］. 宫辉，曾鸣，龚光华，等译. 北京：北京航空航天大学出版社，2012.
[29] 谢宏飞. 基于Cortex-M4内核的多任务实时操作系统设计［J］. 信息与电脑，2022，34（2）：142-144.